数理生物学講義

展開編 数理モデル解析の講究

齋藤 保久・佐藤 一憲・瀬野 裕美 著

An Introductory Course in Mathematical Biology II:
Further steps into the analysis of mathematical models

共立出版

まえがき

　本書【展開編】は，兄弟本【基礎編】の入門からさらに深く，生命現象に対する数理モデルの数理的意味や，その数学的解析，関連する理論へ踏み込むための基礎を提供することを趣旨として執筆されました．

　本書の主題は，学部の卒業研究や大学院初年度でのゼミナールに用いられるテキストを想定し，数理モデリングや数理モデル解析の考究のための，数理生物学に現れる典型的な数理モデルを題材とした基本的な数学的概念や手法の講究です．兄弟本【基礎編】には，本書【展開編】の内容に関する基礎知識が記されています．そして，数理生物学における数理モデル解析の観点から，本書でも，数理モデル解析，および，その結果を，単なる数学的内容としてではなく，数理モデルを用いた理論生物学の議論として記述しています．ただし，数理生物学や数理生態学の概論や俯瞰をまとめたものではありませんので，それらに関心の扉を開いた読者には，本書や兄弟本【基礎編】でも示されているような数理生物学の専門書に進んで頂ければと思います．

　読者として，数学・数理科学系のみならず，生命科学系の学生や研究者も想定していますが，この【展開編】には，大学理系学部初年次に学ぶ微分積分学，線形代数学等の基礎数学の内容に通例含まれる基本知識を必要とする内容が少なからず含まれます．もっとも，それらは，読者が大学教科書などから必要な情報を容易に入手できる範囲の知識です．本書に現れる数学的内容の詳細やその先に関心のある読者にはもの足りないかもしれませんが，適宜示されている参考文献などからその関心に応じたさらなる奥に進むことも決して難しくはないでしょう．また，本書でも，【基礎編】同様に，読者が基本的な数学的概念を把握し，数理モデリングの本質や数理モデルの解析手法を理解するための手助けとなるように，内容に関連する演習問題を編み込み，その詳しい（ときに発展的内容も含む）解説を巻末につけました．さらに，主要部に関連する有用性，応用性の高い数学的内容については，積極的に付録として収録してあります．

　本書に現れる数理モデルやその解析手法には，『新しい』内容はほとんど含まれませんが，それらの考究により得られる経験を通して，『温故知新』，すなわち，「故（ふる）きを温（たず）ね」ることによって「新しきを知る」に至る道程にも踏み込む読者が現れることを心から期待しています．

本書を入門として，数理モデリング，あるいは，数理モデル解析への読者諸氏の理解が深まり，本書がその先に目を開くきっかけになるならば本望です。

本書の出版を引き受けてくださった共立出版株式会社，著者のわがままな希望にも柔軟に対応してくださった同社 大谷早紀氏と信沢孝一氏に心から感謝します。

著者一同
平成 29（2017）年 4 月
桜の新葉艶やかな松江と浜松，
　桜花の色鮮やかな仙台にて

目 次

第1章	**出生・死亡過程の数理モデル**	**1**
1.1	Yule–Furry 過程	1
1.2	Malthus 型増殖過程	4
1.3	死亡過程	6
1.4	純増殖率	18
1.5	Logistic 方程式	21
第2章	**捕食過程の数理モデル**	**23**
2.1	搾取型競争：1餌–独立2捕食者系	23
2.2	捕食による競争緩和：2種競争系＋単食性捕食者	29
2.3	見かけの競争：独立2餌–1捕食者系	42
2.4	多食性捕食者と複数の独立餌種の共存	50
2.5	古典的餌選択理論	63
2.6	レプリケータダイナミクス	69
2.7	スウィッチング捕食	96
第3章	**構造をもつ個体群の数理モデル**	**117**
3.1	個体群内の構造と状態変数	117
3.2	構造をもつ個体群の離散世代ダイナミクス	118
3.3	安定状態分布	122
3.4	繁殖価	124
3.5	感度分析	126
3.6	連続状態変数による個体群ダイナミクス	128
3.7	特性曲線上の密度分布関数	132
3.8	von Foerster 方程式	138
3.9	Leslie 行列と von Foerster 方程式	146
3.10	死亡過程による齢分布	147

第 4 章　構造を伴う感染症伝染ダイナミクスモデル　　151

- 4.1　Kermack–McKendrick モデル再考 151
- 4.2　有限感染齢構造をもつ SIR モデル 158
- 4.3　未回復確率による平均感染期間の定式化 165
- 4.4　感染齢構造下の基本再生産数 166
- 4.5　感染齢構造下の最終規模方程式 169
- 4.6　無限感染齢構造をもつ SIR モデル 171
- 4.7　時間遅れの入った SIR モデル 172
- 4.8　出生・死亡項をもつ SIR モデル 177
- 4.9　公共場で交わる 2 集団 SIR モデル 186

第 5 章　個体群ダイナミクスの格子モデル　　203

- 5.1　格子空間上の感染症伝染ダイナミクス 203
- 5.2　隣接格子点ペアの状態遷移 205
- 5.3　状態頻度の時間変動 208
- 5.4　平均場近似モデル 209
- 5.5　ペア近似モデル 210
- 5.6　格子モデルの基本再生産数 215
- 5.7　感染症のない平衡点の局所安定性 217
- 5.8　最終規模 220
- 5.9　初期感染者数と空間構造 223
- 5.10　より精度の高いペア近似における課題：ループ 224

付録 A　Poisson 過程/Poisson 分布/生起時間間隔　　229

付録 B　Lotka–Volterra 方程式系 ⇄ レプリケータ方程式系　　237

付録 C　Stieltjes 積分　　245

付録 D　感染齢構造をもつ SIR モデルの解の存在と一意性　　247

付録 E　Lyapunov の方法/LaSalle の不変原理　　261

付録 F　次世代行列による基本再生産数の導出　　271

付録 G　Routh–Hurwitz の判定条件/Liénard–Chipart の判定条件　　275

付録 H　Jury の安定性判別法　　277

演習問題解説	**279**
参考文献	**311**
あとがき	**317**
索　引	**319**

第 1 章

出生・死亡過程の数理モデル

現実の現象はすべからく確率的な揺らぎの影響を受けており，現象の特性を理解する上で，その確率的因子が本質的であるような場合も少なくない。一方，確率的因子の影響下であっても，現象の主特性を決定論的な見方で理解できる側面が多くの場合に認められる。数理モデリングにおいても，現象に関する確率性と決定論性の捉え方が肝要である。また，決定論的モデルの解析結果の理解・解釈においても，確率論・確率過程論的な概念が必要かつ有用である。本章では，数理モデリング・数理モデルの理解・解釈にとって重要な確率過程論の概念を用いた数理モデリングの考え方の基礎について解説する。

1.1 Yule–Furry 過程

細胞分裂によって増殖する単細胞生物の個体数のように，クローン増殖による**出生過程**（birth process）によって個体数変動が支配される個体群サイズを考えてみる。ここでは，死亡を無視する。このような出生過程は，**Yule**［ユール］**–Furry**［ファーリ］**過程**（Yule–Furry process）と呼ばれる[*1]。

個体群サイズの確率分布

時刻 t において個体数が n である確率を $P(n,t)$ と表し，時刻 t において個体数が n であったときに，時刻 t と $t+\Delta t$ の間の時間 $[t, t+\Delta t]$ において分裂が 1 回起こる確率を

$$\binom{n}{1} \times \{\beta \Delta t + \mathrm{o}(\Delta t)\} = n\beta \Delta t + \mathrm{o}(\Delta t)$$

とする。パラメータ β は正定数であり，分裂の起こりやすさを表す。n 個体のそれぞれについて，時間 $[t, t+\Delta t]$ において分裂が起こる確率を $\beta \Delta t + \mathrm{o}(\Delta t)$ と仮定している。n

---

[*1] Yule［ユール］過程（Yule process）あるいは Furry［ファーリ］過程（Furry process）と呼ばれることもある。

は時刻 t における個体数であり，$\binom{n}{1} = {}_n\mathrm{C}_1 = n$ は，n 個体のうち，分裂を起こす個体がいずれであるかの場合の数を表す．この確率は，$\lambda = \beta n$ とおけば，パラメータ λ をもつ非同次 Poisson 過程を与える（Poisson 過程については，付録 A を参照）．

初期条件を

$$P(n,0) = \begin{cases} 1 & (n = n_0) \\ 0 & (n \neq n_0) \end{cases} = \delta_{n,n_0} \ [\text{クロネッカーのデルタ}; n_0 > 0]$$

とし，付録 A に示した Poisson 分布の導出と同じ手順で次の常微分方程式系を得ることができる：

$$\begin{aligned} \frac{dP(n_0,t)}{dt} &= -\beta n_0 P(n_0,t) \\ \frac{dP(n,t)}{dt} &= -\beta n P(n,t) + \beta(n-1)P(n-1,t) \qquad (n > n_0) \end{aligned} \tag{1.1}$$

ここでは，この常微分方程式系の初期値問題の解を**確率母関数**（probability-generating function）[*2]

$$F(s,t) = \sum_{n=n_0}^{\infty} P(n,t)s^n \tag{1.2}$$

を用いて導出する．系 (1.1) の方程式を用いれば，偏微分方程式

$$\frac{\partial}{\partial t}F(s,t) = \beta s(s-1)\frac{\partial}{\partial s}F(s,t) \tag{1.3}$$

を導くことができる．また，確率母関数 $F(s,t)$ に対する初期条件は，$F(s,0) = s^{n_0}$ で与えられ，境界条件として，$F(1,t) = 1$ が加わる．この境界条件は，すべての事象についての確率 $P(n,t)$ の和が 1 となる条件と同等である．

計算の詳細は割愛するが，これらの初期条件と境界条件を用いれば，式 (1.3) から，次の確率母関数が得られる：

$$F(s,t) = \mathrm{e}^{-n_0\beta t}s^{n_0}\left[1 - (1 - \mathrm{e}^{-\beta t})s\right]^{-n_0} \tag{1.4}$$

$$= \sum_{n=n_0}^{\infty} (-1)^{n-n_0} \binom{-n_0}{n-n_0} \mathrm{e}^{-n_0\beta t}(1 - \mathrm{e}^{-\beta t})^{n-n_0}s^n$$

$$= \sum_{n=n_0}^{\infty} \binom{n-1}{n-n_0} \mathrm{e}^{-n_0\beta t}(1 - \mathrm{e}^{-\beta t})^{n-n_0}s^n \tag{1.5}$$

[*2] 単に，母関数（generating function）と呼ばれることもある．

1.1 Yule–Furry 過程

ここで，級数展開

$$(1+x)^{-n} = \sum_{k=0}^{\infty} \binom{-n}{k} x^k = \sum_{k=0}^{\infty} \binom{n+k-1}{k} (-x)^k$$

と，負の二項係数の関係式

$$\binom{-a}{k} = \frac{(-a)(-a-1)(-a-2)\cdots(-a-k+1)}{k!} = (-1)^k \binom{a+k-1}{k}$$

を使った。

よって，式 (1.2) と (1.5) から，

$$P(n,t) = \frac{(n-1)!}{(n_0-1)!(n-n_0)!} e^{-n_0 \beta t}(1-e^{-\beta t})^{n-n_0} \qquad (1.6)$$

となる。これは，**負の二項分布** (negative binomial distribution) あるいは **Pascal 分布** (Pascal distribution) と呼ばれるものである。

> **詳説** 式 (1.6) は，成功確率（上式の因子 $e^{-\beta t}$ に相当）が与えられた Bernoulli（コイン投げ）試行において，初めて n_0 回成功する（表［あるいは裏］が出る）までの失敗の（裏［あるいは表］が出る）回数 X に対する確率分布と同じ関数形である。n が初めて n_0 回成功するまでの試行回数，$n-n_0$ が失敗の回数に対応する。

期待個体群サイズ

時刻 t における**期待個体群サイズ** (expected population size)

$$\langle n \rangle_t := \sum_{n=n_0}^{\infty} n P(n,t) \qquad (1.7)$$

を考えてみよう。$n < n_0$ という事象は起こり得ないことに注意する。「起こり得ない」事象とは，生起確率が 0 の事象であるから，任意の $n < n_0$ に対して，$P(n,t) = 0$ と定義すれば，一般の Poisson 過程における期待値 (A.4)（付録 A）が (1.7) を与える。

確率母関数 $F(s,t)$ の定義 (1.2) により，

$$\left.\frac{\partial F(s,t)}{\partial s}\right|_{s=1} = \sum_{n=n_0}^{\infty} n P(n,t)$$

であるから，式 (1.4) の s 偏導関数により計算すれば，容易に，$\langle n \rangle_t = n_0 e^{\beta t}$ であることがわかる。よって，期待個体群サイズ $\langle n \rangle_t$ は時間経過に伴って指数関数的に増大する。

期待個体群サイズ $\langle n \rangle_t$ についてのこの結果は，期待個体群サイズ $\langle n \rangle_t$ の定義式 (1.7) に従って，常微分方程式系 (1.1) から，$\langle n \rangle_t$ についての閉じた常微分方程式

$$\frac{d\langle n \rangle_t}{dt} = \beta \langle n \rangle_t \tag{1.8}$$

が導出できる［演習問題 1］ので，与えられた初期条件 $\langle n \rangle_0 = n_0$ を用いてこの常微分方程式を解くことによっても得られる。

演習問題 1

式 (1.1) と (1.7) から常微分方程式 (1.8) を導け。

この結果は，期待個体群サイズ $\langle n \rangle_t$ の時間変動が **Malthus（マルサス）係数**（Malthusian coefficient）β の **Malthus 型増殖過程**（Malthusian growth, Malthus growth）であることを表している[*3]。本節で議論した Yule–Furry 過程では，死亡を無視しているが，死亡過程も導入しても，同様に，期待個体群サイズ $\langle n \rangle_t$ が Malthus 型増殖過程として現れることを次節で解説する。

1.2 Malthus 型増殖過程

本節では，前節で解説した Yule–Furry 過程に死亡過程も導入して，個体の増殖が Poisson 過程に従う確率過程から，死亡過程も入った Malthus 型増殖過程を導く[*4]。

前述の Yule–Furry 過程と同様に，時刻 t に個体数が n であるとき，時間 $[t, t+\Delta t]$ に個体数が $n+1$ になる確率を $n\beta \Delta t + \mathrm{o}(\Delta t)$，個体数が $n-1$ になる確率を $n\mu \Delta t + \mathrm{o}(\Delta t)$ とおく。パラメータ β, μ は正定数であり，β は前節の Yule–Furry 過程の場合と同様，個体の分裂または出生の起こりやすさを表し，μ は，個体の死亡の起こりやすさを表すパラメータである。前者を出生率（birth rate），出生係数（coefficient of birth），または分裂率（proliferation rate），後者を死亡率（death rate），または死亡係数（coefficient of death）と呼ぶことができる。

前節と同様に考えれば，時刻 t において個体数が n である確率 $P(n, t)$ について，次の

[*3]【基礎編】3.2 節参照。
[*4] 本節の内容のより詳しい解説は，たとえば，藤曲 [19] や寺本 [117] を参照されたい。

1.2 Malthus型増殖過程

関係式を導くことができる：

$P(0, t + \Delta t) = P(0, t) + \{\mu \Delta t + \mathrm{o}(\Delta t)\} P(1, t) + \mathrm{o}(\Delta t)$

$P(1, t + \Delta t) = [1 - \{\beta \Delta t + \mathrm{o}(\Delta t)\}][1 - \{\mu \Delta t + \mathrm{o}(\Delta t)\}] P(1, t)$
$\qquad\qquad\qquad + [1 - \{\beta \Delta t + \mathrm{o}(\Delta t)\}]\{2\mu \Delta t + \mathrm{o}(\Delta t)\} P(2, t) + \mathrm{o}(\Delta t)$
$\qquad\quad = [1 - \{\beta \Delta t + \mathrm{o}(\Delta t)\} - \{\mu \Delta t + \mathrm{o}(\Delta t)\}] P(1, t)$
$\qquad\qquad\qquad + \{2\mu \Delta t + \mathrm{o}(\Delta t)\} P(2, t) + \mathrm{o}(\Delta t)$

$P(n, t + \Delta t) = [1 - \{\beta n \Delta t + \mathrm{o}(\Delta t)\}][1 - \{\mu n \Delta t + \mathrm{o}(\Delta t)\}] P(n, t)$
$\qquad\qquad\qquad + [1 - \{\beta(n+1)\Delta t + \mathrm{o}(\Delta t)\}]\{\mu(n+1)\Delta t + \mathrm{o}(\Delta t)\} P(n+1, t)$
$\qquad\qquad\qquad + \{\beta(n-1)\Delta t + \mathrm{o}(\Delta t)\}[1 - \{\mu(n-1)\Delta t + \mathrm{o}(\Delta t)\}] P(n-1, t)$
$\qquad\qquad\qquad\qquad + \mathrm{o}(\Delta t)$
$\qquad\quad = [1 - \{\beta n \Delta t + \mathrm{o}(\Delta t)\} - \{\mu n \Delta t + \mathrm{o}(\Delta t)\}] P(n, t)$
$\qquad\qquad\qquad + \{\mu(n+1)\Delta t + \mathrm{o}(\Delta t)\} P(n+1, t)$
$\qquad\qquad\qquad + \{\beta(n-1)\Delta t + \mathrm{o}(\Delta t)\} P(n-1, t) + \mathrm{o}(\Delta t)$
$\qquad\qquad\qquad\qquad (n = 2, 3, \ldots)$

ここでは死亡が導入されているので，初期条件によらず，十分に時間が経過した後には，個体群が絶滅する確率 $P(0, t)$ が正となる（0ではなくなる）可能性がある。

上の関係式から，極限 $\Delta t \to 0$ において，常微分方程式系

$$\begin{aligned}
\frac{dP(0, t)}{dt} &= \mu P(1, t) \\
\frac{dP(1, t)}{dt} &= -(\beta + \mu) P(1, t) + 2\mu P(2, t) \\
\frac{dP(n, t)}{dt} &= -(\beta + \mu) n P(n, t) + (n+1)\mu P(n+1, t) + (n-1)\beta P(n-1, t) \\
&\qquad (n = 2, 3, \ldots)
\end{aligned} \qquad (1.9)$$

が得られる。この常微分方程式系 (1.9) を用いて，時刻 t における期待個体群サイズ

$$\langle n \rangle_t := \sum_{n=0}^{\infty} n P(n, t) \qquad (1.10)$$

の満たす微分方程式を導けば，

$$\frac{d\langle n \rangle_t}{dt} = (\beta - \mu) \langle n \rangle_t \qquad (1.11)$$

となり，個体数の期待値 $\langle n \rangle_t$ の時間変動が Malthus 係数 $\beta - \mu$ をもつ Malthus 型増殖過程として現れることを示す微分方程式が得られる［演習問題 2］。

> **演習問題 2**
>
> 常微分方程式 (1.11) を導け。

1.3 死亡過程

時刻 $t=0$ において生存する n_0 個体から成るある集団,コホート(cohort)[*5]が,その成員たる個体の死亡によって徐々に小さくなっていく過程,**死亡過程**(death process)について考える[*6]。ここでは,コホートの成員は,死亡という事象について同等であるとし,時刻 t において生存している個体が時間 $[t, t+\Delta t]$ において死亡する確率を $\mu\Delta t + \mathrm{o}(\Delta t)$ とする。パラメータ μ は死亡率(死亡係数)である。

生存確率

個体が時間 $[0,t]$ で生存している確率を $Q(t)$ とすると,個体が時間 $[0, t+\Delta t]$ で生存している確率 $Q(t+\Delta t)$ は,今,

$$Q(t+\Delta t) = [1 - \{\mu\Delta t + \mathrm{o}(\Delta t)\}] Q(t)$$

と表すことができる。よって,

$$\frac{Q(t+\Delta t) - Q(t)}{\Delta t} = \left\{-\mu + \frac{\mathrm{o}(\Delta t)}{\Delta t}\right\} Q(t)$$

により,$\Delta t \to 0$ の極限をとれば,微分方程式

$$\frac{dQ(t)}{dt} = -\mu Q(t) \tag{1.12}$$

が得られる。時刻 $t=0$ において生存していた個体を考えているのであるから,時刻 $t=0$ において生存している確率は 1,すなわち,$Q(0)=1$ でなければならない。$Q(0)=1$ を初期条件として,微分方程式 (1.12) を解けば,個体が時間 $[0,t]$ で生存している確率 $Q(t)$ は $Q(t) = \mathrm{e}^{-\mu t}$ であることがわかる。

演習問題 3

死亡率 μ が適当になめらかな時間の関数 $\mu = \mu(t)$ である場合には,死亡率の時間平均

$$\langle\mu\rangle_t := \frac{1}{t}\int_0^t \mu(\tau)d\tau$$

を用いて,生存確率 $Q(t)$ が $Q(t) = \mathrm{e}^{-\langle\mu\rangle_t t}$ と表されることを示せ。

[*5] しばしば,コホートは,同時出生集団を指すが,本節での議論では,この限りではない。
[*6] 本節の議論は,時刻 t における量が $N(t)$ で与えられる放射性物質の崩壊についての議論と数理的には同等である。

1.3 死亡過程

期待寿命

個体が時間 $[t, t+\Delta t]$ において死亡する確率は,個体が時間 $[0, t]$ で生存している確率 $Q(t) = \mathrm{e}^{-\mu t}$ と,時刻 t において生存している個体が時間 $[t, t+\Delta t]$ において死亡する確率 $\mu \Delta t + \mathrm{o}(\Delta t)$ の積

$$Q(t)\{\mu\Delta t + \mathrm{o}(\Delta t)\} = \mathrm{e}^{-\mu t}\mu\Delta t + \mathrm{o}(\Delta t)$$

によって与えられる。したがって,考えているコホートの個体の期待寿命(expected life span)$\langle t \rangle$ が次のように得られる:

$$\begin{aligned}\langle t \rangle &= \int_0^\infty t \cdot \mathrm{e}^{-\mu t}\mu\, dt \\ &= -\int_0^\infty t \frac{d}{dt}\left\{\mathrm{e}^{-\mu t}\right\} dt \\ &= \left[-t\,\mathrm{e}^{-\mu t}\right]_0^\infty + \int_0^\infty \mathrm{e}^{-\mu t}\, dt = \frac{1}{\mu}\end{aligned} \quad (1.13)$$

つまり,期待寿命 $\langle t \rangle$ は,パラメータ μ の逆数に等しい。

この議論において,$f(t) = \mu\mathrm{e}^{-\mu t}$ は,寿命の**確率密度関数**(probability density function)であり,

$$F(t) = \int_0^t f(\tau)\, d\tau = 1 - \mathrm{e}^{-\mu t} \quad (1.14)$$

は,**確率(累積)分布関数**(probability [cumulative] distribution function)を与える。$F(t)$ は個体が時刻 t までに死亡する確率である。Poisson 過程による死亡過程についての寿命が指数分布 $\mu\mathrm{e}^{-\mu t}$ に従うことがわかる。

詳説 上記の確率分布関数 (1.14) は,次のように導出することもできる。ある個体が時刻 t までに死亡する確率 $F(t)$ については,仮定により,次の関係式を満たす:

$$F(t + \Delta t) = F(t) + \{\mu\Delta t + \mathrm{o}(\Delta t)\}\{1 - F(t)\}$$

両辺を Δt で割り,極限 $\Delta t \to 0$ をとれば,次の常微分方程式が得られる:

$$\frac{dF(t)}{dt} = \mu\{1 - F(t)\} \quad (1.15)$$

時刻 $t = 0$ では死亡していないので,初期条件は $F(0) = 0$ である。この初期条件の下,常微分方程式 (1.15) は容易に解けて,解 (1.14) が得られる。

詳説 死亡率 μ が時間の関数 $\mu = \mu(t)$ である場合には，上記の議論と同様にして，期待寿命 $\langle t \rangle$ は，

$$\langle t \rangle = \int_0^\infty t f(t) dt = \int_0^\infty t \cdot \mathrm{e}^{-\langle \mu \rangle_t t} \mu(t) \, dt$$

$$= \int_0^\infty t\, \mu(t) \exp\left[-\int_0^t \mu(\tau) d\tau\right] dt$$

$$= -\int_0^\infty t \frac{d}{dt} \left\{\exp\left[-\int_0^t \mu(\tau) d\tau\right]\right\} dt$$

$$= \left[-t \exp\left[-\int_0^t \mu(\tau) d\tau\right]\right]_0^\infty + \int_0^\infty \exp\left[-\int_0^t \mu(\tau) d\tau\right] dt$$

$$\left(\left[-t \exp\left[-\int_0^t \mu(\tau) d\tau\right]\right]_0^\infty = 0 \text{ ならば}\right)$$

$$= \int_0^\infty \exp\left[-\int_0^t \mu(\tau) d\tau\right] dt \tag{1.16}$$

で与えられる．

演習問題 4

以下の時刻 t に依存して変動する死亡率 $\mu = \mu(t)$ それぞれについて，期待寿命 $\langle t \rangle$ を計算せよ．

(a) 時間に比例して増加：$\mu(t) = mt$ （m は正定数）

(b) 時間周期 h の周期関数：

$$\mu = \mu(t) = \begin{cases} \mu_1 & \text{for } t \in [kh, kh + \theta h); \\ \mu_2 & \text{for } t \in [kh + \theta h, (k+1)h) \end{cases} \quad (k = 0, 1, 2, \ldots)$$

ただし，μ_i $(i = 1, 2)$ と θ は正定数であり，$\theta \leq 1$ とする．

コホートサイズの確率分布

時刻 t においてコホートの個体数が n であったとき，時間 $[t, t + \Delta t]$ において死亡が 1 回起こる確率を

$$\binom{n}{1} \times \{\mu \Delta t + \mathrm{o}(\Delta t)\} = n\mu \Delta t + \mathrm{o}(\Delta t) \tag{1.17}$$

1.3 死亡過程

とする．パラメータ μ は正定数であり，死亡という事象の生起しやすさを表す．この確率が時刻 t に依存せずに定義されていることに注意する．

時刻 t においてコホートの個体数が n である確率を $P(n,t)$ と表す．前出の Yule–Furry 過程の場合と同様に，初期条件を $P(n,0) = \delta_{n,n_0}$（クロネッカーのデルタ；$n_0 > 0$）とし，次の常微分方程式系を得ることができる：

$$\frac{dP(n_0,t)}{dt} = -\mu n_0 P(n_0,t)$$

$$\frac{dP(n,t)}{dt} = -\mu n P(n,t) + \mu(n+1)P(n+1,t) \qquad (0 < n < n_0) \quad (1.18)$$

$$\frac{dP(0,t)}{dt} = \mu P(1,t)$$

Yule–Furry 過程の場合と異なり，上記の常微分方程式系は，有限な n_0+1 個の連立から成ることに注意する．

系 (1.18) の第 1 式と初期条件により，

$$P(n_0,t) = e^{-n_0 \mu t}$$

であることは容易に導出できる．付録 A.2 節での Poisson 分布の導出と同様に，

$$P(n_0-1,t) = u_{n_0-1}(t) e^{-\mu(n_0-1)t}$$

とおいて，系 (1.18) の第 2 式と初期条件を用いれば，

$$\frac{du_{n_0-1}}{dt} = \mu n_0 e^{-\mu t}$$

により，$u_{n_0-1} = n_0(1 - e^{-\mu t})$ が得られるので，

$$P(n_0-1,t) = n_0(1 - e^{-\mu t}) e^{-\mu(n_0-1)t}$$

を導出できる．この手順を繰り返せば，

$$\frac{du_{n_0-2}}{dt} = \mu n_0 (n_0 - 1)(1 - e^{-\mu t}) e^{-\mu t}$$

$$= \frac{n_0(n_0-1)}{2} \frac{d}{dt}(1 - e^{-\mu t})^2$$

により，

$$P(n_0-2,t) = \frac{n_0(n_0-1)}{2}(1 - e^{-\mu t})^2 e^{-\mu(n_0-2)t}$$

を導出できる．結局，数学的帰納法を用いて，

$$P(n,t) = \binom{n_0}{n}(1 - e^{-\mu t})^{n_0-n} e^{-n\mu t} \quad (1.19)$$

であることを $n=1,2,\ldots,n_0$ について証明できる．

そして，$P(0,t)$ については，系 (1.18) の第3式と初期条件，および，得られた $P(1,t)$ により，$P(0,t)=(1-\mathrm{e}^{-\mu t})^{n_0}$ であることが導出できる．このとき，慣用的に用いられる定義として，$0!=1$，$\binom{n}{0}=1$ とおけば，式 (1.19) が $n=0,1,2,\ldots,n_0$ についてのすべての $P(n,t)$ を与えている．

結果として得られた確率分布 $\{P(n,t)\}$ は，**二項分布**（binomial distribution）と呼ばれるものである[*7]．ある成功確率が与えられた n_0 回の Bernoulli（コイン投げ）試行において成功する（表［あるいは裏］が出る）回数 X の分布と同じ関数形である．コホートの各成員に着目すると，時刻 t までに死亡しているか，あるいは，時刻 t において生存しているかの二者択一の事象を考えているので，二項分布が現れるのは自然であることが確率過程の意味からも理解できるだろう．

> **注記** 表式 (1.19) において，$n_0=1$ の場合について考えてみれば，任意に選んだコホート成員が時刻 t において生存している確率 $Q(t)$ が $\mathrm{e}^{-\mu t}$ であること[*8]も容易に確かめることができる．特に $n_0=1$ の場合を考えれば，常微分方程式系 (1.18) は，$P(n_0,t)=P(1,t)$ と $P(0,t)$ に関する2連立系である．解は容易に得られて，$P(1,t)=\mathrm{e}^{-\mu t}$，$P(0,t)=1-\mathrm{e}^{-\mu t}$ となり，定義により，$Q(t)=P(1,t)$ であるから，このことが示された．

> **演習問題 5**
> 死亡率 μ が時間の関数 $\mu=\mu(t)$ である場合について，確率分布 $\{P(n,t)\}$ を導け．

期待個体群サイズ

時刻 t におけるコホートの期待個体群サイズ

$$\langle n \rangle_t := \sum_{n=0}^{n_0} n P(n,t)$$

については，常微分方程式系 (1.18) により，期待個体群サイズ $\langle n \rangle_t$ が満たす常微分方程式

$$\frac{d\langle n \rangle_t}{dt} = -\mu \langle n \rangle_t$$

を容易に導出できる[*9]ので，初期条件 $\langle n \rangle_0 = n_0$ を用いれば，$\langle n \rangle_t = n_0 \mathrm{e}^{-\mu t}$ であることがわかる．期待個体群サイズは時間経過に伴って指数関数的に 0 に向かって減少する．こ

[*7] 特に，$n_0=1$ の場合には，**Bernoulli 分布**（Bernoulli distribution）とも呼ばれる．
[*8] p. 6 参照．
[*9] 演習問題 1, 2 参照．

1.3 死亡過程

れは，期待個体群サイズ $\langle n \rangle_t$ の時間変動が負の Malthus 係数 $-\mu$ をもつ Malthus 型増殖過程として現れることを示している．

絶滅個体群における平均寿命

本節では，個体群サイズ N が負の Malthus 係数 $-\nu$ をもつ Malthus 型増殖過程

$$N(t) = N(0)e^{-\nu t} \tag{1.20}$$

に従って絶滅に向かった個体群における平均寿命（average life span; mean life span）$\bar{t}$ が $1/\nu$ であることについて説明する．

> **注記** この場合，この個体群については，個体間の年齢などの生理的特性にばらつきがあっても構わないことに注意しよう．つまり，前出の死亡過程における仮定とは異なり，個体群の成員が死亡という事象に対して同等である必要はない．ここで導出される平均寿命 $\bar{t}$ は，式 (1.20) で与えられるように指数関数的な個体群サイズ減少を伴う個体群における（死亡の要因がなんであれ）個体の生存時間の平均値だからである．この意味で，**本節の議論は，前出の死亡率 μ による確率過程の議論とは異なる**ことに注意してほしい．

時間を経るにつれ，死亡する個体が現れ，個体群サイズは減少を続けるわけであるから，考えている個体群が絶滅した結果において，個々の個体の死亡時刻は確定しており，時間軸の上にある分布をもっている．言い換えると，個体群が絶滅した結果，個々の個体の寿命が死亡時刻から確定しているので，時刻 $t = 0$ における個体群内の個体の寿命の分布が定まる．

時刻 t と $t + \Delta t$ の間に死滅した個体群サイズは，

$$N(t) - N(t + \Delta t) = N(0)\{e^{-\nu t} - e^{-\nu(t+\Delta t)}\} \tag{1.21}$$

によって与えられる．よって，初期個体群サイズ $N(0)$ のうち，時刻 t と $t + \Delta t$ の間に死滅した個体群サイズの割合は，

$$\frac{N(t) - N(t + \Delta t)}{N(0)} = e^{-\nu t} - e^{-\nu(t+\Delta t)} \tag{1.22}$$

で与えられる．言い換えると，サイズ $N(0)$ の初期個体群メンバーのうち，寿命が t と $t + \Delta t$ の間の長さだったメンバーの割合が式 (1.22) で与えられる．さらに言い換えると，初期個体群からランダム（無作為）に 1 個体を選んだとき，その個体の（結果的な）寿命が t と $t + \Delta t$ の間の長さである確率が式 (1.22) で与えられる．

さて，ここで，寿命の頻度密度分布（frequency density distribution）$f(t)$ を考えよう．

$$F(t) = \int_0^t f(\tau)d\tau \tag{1.23}$$

で定義される累積頻度分布（cumulative frequency distribution）$F(t)$ は，寿命が t 以下である個体の頻度を与えており，$F(0) = 0$ であり，

$$\lim_{t\to\infty} F(t) = \int_0^\infty f(\tau)d\tau = 1$$

である。頻度密度分布 $f(t)$ は，積分 (1.23) によって $F(t)$ との関係が与えられ，定義されるが，$F(0) = 0$ を満たす累積頻度分布 $F(t)$ によって次のように定義されると考えてもよい：

$$f(t) = \frac{dF(t)}{dt}$$

注記 ここで定義した頻度密度分布 $f(t)$ や累積頻度分布 $F(t)$ は，p. 7 で定義した確率密度関数や確率（累積）分布関数と数学的には同等である。しかしながら，本節の議論では，確率分布が前提として与えられた議論ではなく，生起した現象をある確率分布に従う確率過程として扱う。たとえば，ある現象における事象生起頻度のデータが得られた場合，そのデータからその現象の起因を支配すると考えられる確率分布を考察する場合に相当する。本節の議論では，Malthus 型増殖過程 (1.20) をその現象として扱っている。この意味で，本節では，Malthus 型増殖過程 (1.20) から導かれる $f(t)$ を頻度密度分布，$F(t)$ を累積頻度分布と呼ぶ。

累積頻度分布の定義により，$F(t + \Delta t) - F(t)$ は，寿命が t と $t + \Delta t$ の間である個体の頻度である。よって，式 (1.22) と等しい。すなわち，関係式

$$\frac{F(t + \Delta t) - F(t)}{\Delta t} = -\frac{\mathrm{e}^{-\nu(t+\Delta t)} - \mathrm{e}^{-\nu t}}{\Delta t} \tag{1.24}$$

が成り立つ。両辺の極限 $\Delta t \to 0$ をとれば，微分の定義により，

$$\frac{dF(t)}{dt} = -\frac{d}{dt}\mathrm{e}^{-\nu t}$$

つまり，

$$f(t) = \nu\,\mathrm{e}^{-\nu t} \tag{1.25}$$

であることが導かれる。この $f(t)$ の無限区間 $[0, \infty)$ にわたる広義積分（improper integral）が 1 に収束することは容易に計算でき，寿命の頻度密度分布が指数分布になっていることがわかる。累積頻度分布 $F(t)$ は，式 (1.23) により，式 (1.25) を積分することによって，

$$F(t) = 1 - \mathrm{e}^{-\nu t} \tag{1.26}$$

となる。極限 $t \to \infty$ において $F(t) \to 1$ であることは，すべての個体がいつかは死亡することに対応する。

1.3 死亡過程

平均寿命 $\bar{t}$ は，寿命の頻度密度分布 (1.25) を用いて，

$$\bar{t} := \int_0^\infty t f(t)\, dt$$

により計算すると，$\bar{t} = 1/\nu$ であることがわかる。

演習問題 6

Malthus 係数 $-\nu$ が時間変動を伴う場合，つまり，$\nu = \nu(t)$（任意の $t > 0$ について正値）であるとき，個体群サイズ N は

$$N(t) = N(0) \mathrm{e}^{-\int_0^t \nu(\tau) d\tau} \tag{1.27}$$

に従って絶滅に向かう。この個体群について，平均寿命 $\bar{t}$ を与える式を導け。

より一般的に，個体群サイズが

$$N(t) = N(0) g(t)$$

に従って単調に絶滅に向かう個体群における平均寿命 $\bar{t}$ について考えてみる。時間の関数 $g(t)$ は，条件 $g(0) = 1$ かつ $\lim_{t \to \infty} g(t) = 0$ を満たし，時間 t について（広義）単調減少であるとする。

詳説 絶滅個体群の意味の上では，数学的に，$g(t)$ は連続である必要も，微分可能である必要もない。しかし，絶滅個体群に対する「数理モデリング」として，$g(t)$ を連続で微分可能な十分になめらかな関数とする数理的な仮定（近似）を採用することはしばしば合理的である。ここでは，この仮定を採用することにする。

指数関数型の絶滅個体群の場合についての前出の議論に沿って考えれば，時刻 t と $t + \Delta t$ の間に死滅した個体群サイズが

$$N(t) - N(t + \Delta t) = N(0)\{g(t) - g(t + \Delta t)\}$$

によって与えられ，寿命が t 以下である個体の頻度を与える累積頻度分布 $F(t)$ との間に

$$\frac{F(t + \Delta t) - F(t)}{\Delta t} = -\frac{g(t + \Delta t) - g(t)}{\Delta t} \tag{1.28}$$

という関係式が成り立つ。すなわち，

$$\frac{dF(t)}{dt} = -\frac{dg(t)}{dt}$$

であり，この微分方程式により，$F(0) = 0$ と $g(0) = 1$ を用いれば，

$$F(t) = 1 - g(t)$$

である．また，寿命の頻度密度分布関数 $f(t)$ が $-dg(t)/dt$ で与えられることもわかる．したがって，平均寿命 $\bar{t}$ は次のように計算できる：

$$\bar{t} := \int_0^\infty t f(t)\,dt$$

$$= -\int_0^\infty t \frac{dg(t)}{dt}\,dt = \left[-tg(t)\right]_0^\infty + \int_0^\infty g(t)\,dt$$

前出の期待寿命 $\langle t \rangle$，および，本節で考察している平均寿命 $\bar{t}$ は，無限区間 $[0,\infty)$ にわたる関数 $tf(t)$ についての広義積分によって定義されており，その広義積分が収束するか発散するかは重要な点である．

関数 $tf(t)$ の無限区間 $[0,\infty)$ にわたる広義積分が発散する（無限大である）場合には，数学的には，期待寿命 $\langle t \rangle$ あるいは平均寿命 $\bar{t}$ は無限である．直感的には，平均寿命が無限であることは理解しがたいだろう．寿命が無限ということは「不死」ということである．しかし，数理モデリングの観点からは，数学上の無限，すなわち，ここで考えている場合の $t \to \infty$ は，必ずしも実時間の無限を指していると解釈すべきではない．しばしば，数理モデルにおける $t \to \infty$ は，数理モデルが対象とする現象における適当な時間スケールでの十分に時間が経過した状態を指していると解釈される．そのような場合，数理モデルにおける $t \to \infty$ は数理モデルが対象とする現象における十分に時間が経過したことの数理的な（ある意味での）近似である．すなわち，$tf(t)$ の無限区間 $[0,\infty)$ にわたる広義積分が発散し，期待寿命 $\langle t \rangle$ あるいは平均寿命 $\bar{t}$ が無限となる数理モデルにおいては，それらが「無限」であるということ自体は意味を成さないが，期待寿命が「相当に長い」，あるいは，平均寿命が「定まらない」場合として解釈される．

詳説 関数 $tf(t)$ の無限区間 $[0,\infty)$ にわたる広義積分が有限確定値に収束する場合，$tf(t)$ が非負値関数であることから，明らかに，$\lim_{t \to \infty} tf(t) = 0$ でなければならないことは，直感的にもわかるであろう．しかし，それだけでは不十分である．

可積分関数 $\mathscr{F}(t)$ の無限区間 $[0,\infty)$ にわたる広義積分の収束性については，たとえば，大学1年次レベルの解析学や微分積分学で学ぶ次のような定理がある[*10]：

定理 $\mathscr{F}(x)$ は $[a,\infty)$ で定義された有界な連続関数で，かつ適当な $c > 0$ をとれば $\mathscr{F}(x) > 0 \ (x \geq c)$ を満たすとする．

(i) $0 < \mathscr{F}(x) \leq K/x^p \ (x \geq c)$ となる $K > 0$，$p > 1$ が存在すれば，$\displaystyle\int_a^\infty \mathscr{F}(x)dx$ は収束する．

[*10] p. 234 に記載の定理と同じ．

(ii) $\mathscr{F}(x) \geq K/x^p$ $(x \geq c)$ となる $K > 0$, $1 \geq p > 0$ が存在すれば, $\int_a^\infty \mathscr{F}(x)dx$ は発散する。

(iii) 特に, $\lim_{x \to \infty} x^p \mathscr{F}(x) = A < \infty$ となるとき, $p > 1$ ならば, $\int_a^\infty \mathscr{F}(x)dx$ は収束し, $0 < p \leq 1$, $A > 0$ ならば, $\int_a^\infty \mathscr{F}(x)dx$ は発散する。

本節の最初に考察した場合では, $\mathscr{F}(t) = tf(t) = t\nu e^{-\nu t}$ である。この場合, 任意の $p \geq 0$ に対して, 区間 $(0, \infty)$ において $0 < t^p \mathscr{F}(t) = t^{p+1} \nu e^{-\nu t} < \{(p+1)/\nu\}^{p+1} e^{-(p+1)} < \infty$ であるから, 上記の定理の (i) により, 有限な平均寿命 $\bar{t}$ が得られた。一方, 切断コーシー分布 (truncated Cauchy distribution) と呼ばれる $f(t) = (2/\pi)/(1+t^2)$ の場合[*11], $\lim_{t \to \infty} tf(t) = 0$ は成り立つが,

$$\int_0^\infty tf(t)\, dt = \lim_{\tau \to \infty} \frac{1}{\pi} \int_0^\tau \frac{2t}{1+t^2}\, dt$$
$$= \lim_{\tau \to \infty} \frac{1}{\pi} \log(1+\tau^2) = \infty$$

である。このように, 頻度密度分布関数 $f(t)$ として適切に定義できる場合であっても, 期待寿命 $\langle t \rangle$ や平均寿命 $\bar{t}$ が有限値として定まるためには, 関数 $f(t)$ に適当な性質が必要である。やはり, 大学 1 年次レベルの解析学や微分積分学で学ぶ次のような定理がある:

定理 $\mathscr{F}(x)$ を $[a, \infty)$ で定義された有界な連続関数とする。積分 $\int_a^\infty \mathscr{F}(x)dx$ が収束するための必要十分条件は, 任意の $\epsilon > 0$ に対して, M を十分大きくとれば, $M < x_1 < x_2$ なるすべての x_1, x_2 に対して,

$$\left| \int_{x_1}^{x_2} \mathscr{F}(x)\, dx \right| < \epsilon$$

が成り立つことである。

感覚的には, 期待寿命 $\langle t \rangle$ や平均寿命 $\bar{t}$ が有限値として定まるためには, 頻度密度分布関数 $f(t)$ が, より大きな t において, この定理が示す条件を満足するだけ速く, より小さくなるような性質をもつ関数でなければならないことを意味している。

数理モデリングの観点からは, 頻度密度分布関数 $f(t)$ が十分に大きな任意の t に対して 0 であるという仮定もとりうるだろう:

$$\begin{cases} f(t) > 0 & \text{for } t < \widetilde{T} \\ f(t) = 0 & \text{for } t \geq \widetilde{T} \end{cases}$$

[*11] t は非負なる実数の範囲である。一般に, t をすべての実数の範囲で考える $f(t) = (1/\pi)/(1+t^2)$ をコーシー分布 (Cauchy distribution) と呼ぶ。

この場合には，
$$\int_0^\infty f(t)\,dt = \int_0^{\widetilde{T}} f(t)\,dt = 1$$
であり，任意の $t \geq \widetilde{T}$ に対して $F(t) = 1$ である．これは，$\widetilde{T}$ 以上の寿命をもつ個体が存在しないことを意味する仮定である．このように，$f(t)$ が有限な t の区間においてのみ正の値をとる仮定の下では，期待寿命 $\langle t \rangle$ や平均寿命 $\bar{t}$ は自然に有限値として求められる．数学的には，$f(t)$ の有界性などの条件が破られると，この場合であっても，期待寿命や平均寿命が発散することはあり得るが，数理モデリングとしてそのような結果が得られるような性質をもつ $f(t)$ を仮定することは，まずあり得ないだろう．

注記 ある個体群が絶滅した場合には，結果として，このような寿命の最大値が存在する．また，一般に，動物には，生理的寿命（physiological life span）が存在し，個体が恒常性を維持する生命活動の継続には限界がある．$\widetilde{T}$ は生理的寿命に対応すると考えられる場合もあるだろう．

期待絶滅時間

コホートが絶滅するまでの期待時間（expected extinction time）$\langle T_e \rangle$ について考える．今，時刻 t における個体群サイズが n のとき，時間 $[t, t+\Delta t]$（Δt は微小時間）において死亡が 1 回起こる確率は $\mu n \Delta t + \mathrm{o}(\Delta t)$ であると仮定されているから，時間 $[t, t+\Delta t]$ において死亡が 2 回以上起こる確率は，死亡が 1 回起こる確率のべき乗となり[*12]，$\mathrm{o}(\Delta t)$ である．すなわち，コホートの絶滅が時間 $[t, t+\Delta t]$（Δt は微小時間）において起こる確率は，時刻 t のコホートの個体群サイズが 1 のとき，$\mu \Delta t + \mathrm{o}(\Delta t)$，時刻 t のコホートの個体群サイズが 1 より大きいときには，$\mathrm{o}(\Delta t)$ である．したがって，コホートの絶滅が時間 $[t, t+\Delta t]$（Δt は微小時間）において起こる確率は，

$$P(1,t) \cdot \{\mu \Delta t + \mathrm{o}(\Delta t)\} + \sum_{k=2}^{\infty} P(k,t)\mathrm{o}(\Delta t) = n_0\left(1 - \mathrm{e}^{-\mu t}\right)^{n_0 - 1}\mathrm{e}^{-\mu t} \cdot \mu \Delta t + \mathrm{o}(\Delta t)$$

である．

初期個体群サイズが n_0 のときの期待絶滅時間 $\langle T_e \rangle_{n_0}$ は，この確率を用いて，時刻 t に関する平均をとれば得られるので，数学的には次のように与えられる：

$$\langle T_e \rangle_{n_0} = \int_0^\infty t \cdot n_0\left(1 - \mathrm{e}^{-\mu t}\right)^{n_0 - 1}\mathrm{e}^{-\mu t} \cdot \mu\,dt \left[= \int_0^\infty t\frac{d}{dt}\left(1 - \mathrm{e}^{-\mu t}\right)^{n_0}\,dt\right]$$

[*12] 正確には，個体の死亡という事象それぞれが独立に生起するという仮定の下でこのことが成り立つ．

1.3 死亡過程

そして，この積分は次のように計算できる:

$$\langle T_e\rangle_{n_0} = \int_0^\infty t\cdot n_0\left[\sum_{k=0}^{n_0-1}\binom{n_0-1}{k}(-\mathrm{e}^{-\mu t})^k\right]\mathrm{e}^{-\mu t}\cdot\mu\,dt$$

$$= n_0\mu\sum_{k=0}^{n_0-1}\binom{n_0-1}{k}(-1)^k\left\{\int_0^\infty t\cdot\mathrm{e}^{-(k+1)\mu t}\,dt\right\}$$

$$= n_0\mu\sum_{k=0}^{n_0-1}\binom{n_0-1}{k}(-1)^k$$
$$\times\left\{\left[-\frac{t}{(k+1)\mu}\mathrm{e}^{-(k+1)\mu t}\right]_0^\infty + \frac{1}{(k+1)\mu}\int_0^\infty \mathrm{e}^{-(k+1)\mu t}\,dt\right\}$$

$$= n_0\mu\sum_{k=0}^{n_0-1}\binom{n_0-1}{k}(-1)^k\frac{1}{(k+1)^2\mu^2}$$

$$= \frac{n_0}{\mu}\sum_{k=0}^{n_0-1}\frac{(n_0-1)!}{(n_0-1-k)!k!}(-1)^k\frac{1}{(k+1)^2}$$

$$= \frac{1}{\mu}\sum_{k=0}^{n_0-1}\frac{n_0!}{(n_0-k-1)!(k+1)!}(-1)^k\frac{1}{k+1}$$

$$= \frac{1}{\mu}\sum_{k=0}^{n_0-1}\binom{n_0}{k+1}(-1)^k\frac{1}{k+1} = \frac{1}{\mu}\sum_{k=1}^{n_0}\binom{n_0}{k}(-1)^{k+1}\frac{1}{k} \quad (1.29)$$

得られたこの結果は，次のより簡単な形と同値である［演習問題7］:

$$\langle T_e\rangle_{n_0} = \frac{1}{\mu}\sum_{k=1}^{n_0}\frac{1}{k} \quad (1.30)$$

演習問題 7

式 (1.29) と (1.30) が等しいことを示せ．

詳説 期待絶滅時間 $\langle T_e\rangle_{n_0}$ の表式 (1.30) は，別の考え方によって導出することも可能であり，応用性も高いので，以下に解説を補足しよう．初期個体群サイズが n_0 のとき，コホートの個体群サイズが n_0-1 になるまでの期待時間 $\langle T_1\rangle_{n_0}$ を考える．これは，着目しているコ

ホートで起こる最初の死亡の期待時刻である．時刻 t まで死亡が起こらず，時間 $[t, t+\Delta t]$ で起こるとすれば，その確率は，

$$P(n_0, t)\cdot\left\{\mu\Delta t \times \begin{pmatrix} n_0 \\ 1 \end{pmatrix} + \mathrm{o}(\Delta t)\right\} = \mathrm{e}^{-n_0\mu t} n_0 \mu \Delta t + \mathrm{o}(\Delta t)$$

であるから，期待時間 $\langle T_1 \rangle_{n_0}$ を次のように導出できる：

$$\begin{aligned}
\langle T_1 \rangle_{n_0} &= \int_0^\infty t\, \mathrm{e}^{-n_0\mu t} n_0 \mu\, dt \\
&= -\int_0^\infty t\, \frac{d}{dt}\mathrm{e}^{-n_0\mu t}\, dt \\
&= -\left[t\, \mathrm{e}^{-n_0\mu t}\right]_0^\infty + \int_0^\infty \mathrm{e}^{-n_0\mu t}\, dt \\
&= \left[-\frac{1}{n_0\mu}\mathrm{e}^{-n_0\mu t}\right]_0^\infty \\
&= \frac{1}{n_0\mu}
\end{aligned}$$

個体群サイズが $n_0 - 1$ になった時刻からコホートが絶滅するまでの期待時間は，初期個体群サイズが $n_0 - 1$ のコホートが絶滅するまでの期待時間 $\langle T_e \rangle_{n_0 - 1}$ と同じである．すると，初期個体群サイズが n_0 のとき，最初の死亡が起こるまでの期待時間と，最初の死亡が起こった時刻からコホートが絶滅するまでの期待時間は独立に定まるので，次の関係式が成り立つ：

$$\begin{aligned}
\langle T_e \rangle_{n_0} &= \langle T_1 \rangle_{n_0} + \langle T_e \rangle_{n_0 - 1} \\
&= \frac{1}{n_0\mu} + \langle T_e \rangle_{n_0 - 1}
\end{aligned}$$

この式は，数列 $\{\langle T_e \rangle_1, \langle T_e \rangle_2, \ldots, \langle T_e \rangle_k, \ldots\}$ を定める漸化式とみなすことができる．この漸化式から得られる数列の一般項が (1.30) である．

1.4 純増殖率

純増殖率（純繁殖率，純再生産率，net reproductive rate, net replacement rate）は，生物学的には，ある世代に出生した雌1個体あたりの平均雌出生数，あるいは生殖齢の1雌あたりに生ずる次世代生殖雌数として定義されている．これに対して，死亡を考慮しないときの1雌親が産出すると期待される平均雌出生数を**総増殖率**（総再生産率，gross reproductive rate）という．定義から，純増殖率には，雌親個体の死亡も考慮されているため，総増殖率が純増殖率の上限を意味する．

1.4 純増殖率

本節では,1.2 節の Malthus 型増殖過程に関する純増殖率を考えてみる。個体群を成す個体それぞれの死亡や出生は独立と仮定されているので,純増殖率は,任意の時刻 t に存在する任意の個体に対して唯一定義でき,初期時刻 $t=0$ に存在する個体について考えれば十分である。

1.2 節で示された仮定から,時刻 $t=0$ に存在していたある個体が時間 $[t, t+\Delta t]$ に分裂または 1 個体を産生する確率は,出生率 β により,$\beta \Delta t + \mathrm{o}(\Delta t)$ である[*13]。2 個体以上を産生する確率はこの確率のべき乗として与えられ,$\mathrm{o}(\Delta t)$ であることに注意する。また,1.3 節の議論から,着目している個体が時間 $[t, t+\Delta t]$ において死亡する確率は,死亡率 μ により,$\mu \Delta t + \mathrm{o}(\Delta t)$ であり,時刻 t まで生残している確率は,$Q(t) = \mathrm{e}^{-\mu t}$ である。

まず,時刻 $t=0$ に存在していたある個体が時刻 t まで生残し,時刻 t までに k 個体の子を産生する確率を $p(k,t)$ と表すと,1.2 節の Malthus 型増殖過程に関する議論と同様に考えれば,次の関係式が導かれる:

$$\begin{aligned}
p(0, t+\Delta t) &= [1 - \{\beta \Delta t + \mathrm{o}(\Delta t)\}][1 - \{\mu \Delta t + \mathrm{o}(\Delta t)\}] p(0,t) + \mathrm{o}(\Delta t) \\
&= [1 - \{\beta \Delta t + \mathrm{o}(\Delta t)\} - \{\mu \Delta t + \mathrm{o}(\Delta t)\}] p(0,t) + \mathrm{o}(\Delta t)
\end{aligned}$$

$$\begin{aligned}
p(k+1, t+\Delta t) &= \{\beta \Delta t + \mathrm{o}(\Delta t)\}[1 - \{\mu \Delta t + \mathrm{o}(\Delta t)\}] p(k,t) \\
&\quad + [1 - \{\beta \Delta t + \mathrm{o}(\Delta t)\}][1 - \{\mu \Delta t + \mathrm{o}(\Delta t)\}] p(k+1, t) + \mathrm{o}(\Delta t) \\
&= \{\beta \Delta t + \mathrm{o}(\Delta t)\} p(k,t) \\
&\quad + [1 - \{\beta \Delta t + \mathrm{o}(\Delta t)\} - \{\mu \Delta t + \mathrm{o}(\Delta t)\}] p(k+1, t) + \mathrm{o}(\Delta t) \\
&\qquad\qquad (k = 0, 1, 2, \ldots)
\end{aligned}$$

この関係式から,極限 $\Delta t \to 0$ において,$p(k,t)$ を定める常微分方程式系

$$\begin{aligned}
\frac{dp(0,t)}{dt} &= -(\beta + \mu) p(0,t) \\
\frac{dp(k+1,t)}{dt} &= \beta p(k,t) - (\beta + \mu) p(k+1, t) \quad (k = 0, 1, 2, \ldots)
\end{aligned} \tag{1.31}$$

が得られる。ここで,初期条件は,$p(k,0) = \delta_{k,0}$ である。時刻 $t=0$ においては,着目している個体は存在するが,子は産生していないので,$p(0,0) = 1$,$p(k,0) = 0$ $(k>0)$ である。この初期値問題は容易に解けて,次の解が得られる [演習問題 8]:

$$p(k,t) = \frac{(\beta t)^k}{k!} \mathrm{e}^{-(\beta + \mu) t} \quad (k = 0, 1, 2, \ldots) \tag{1.32}$$

ただし,$0! = 1$ とする。

[*13] このことは,1.1 節における Yule–Furry 過程に関する解説にも述べられている。

注記 これにより，

$$\sum_{k=0}^{\infty} p(k,t) = \sum_{k=0}^{\infty} \frac{(\beta t)^k}{k!} e^{-(\beta+\mu)t} = \left\{ \sum_{k=0}^{\infty} \frac{(\beta t)^k}{k!} \right\} e^{-(\beta+\mu)t} = e^{\beta t} \cdot e^{-(\beta+\mu)t} = e^{-\mu t} = Q(t)$$

であることが示される．これは，和 $\sum_{k=0}^{\infty} p(k,t)$ が，産生した子の数によらず，時刻 t まで生残する確率であるという意味から，$Q(t)$ に等しいことを表している．

演習問題 8

式 (1.32) を導け．

1.3 節の期待寿命の議論（p. 7）と同様の考え方により，時間 $[t, t+\Delta t]$ において死亡し，死亡するまでに k 個体の子を産生する確率は，

$$\{\mu \Delta t + o(\Delta t)\} p(k,t) = \mu p(k,t) \Delta t + o(\Delta t)$$

であるから，個体が死亡するまでに産生する子の数の期待値，すなわち，純増殖率 $\langle b \rangle$ は，次の式によって与えられる：

$$\langle b \rangle = \sum_{k=0}^{\infty} \int_0^{\infty} k \cdot \mu p(k,t)\, dt = \sum_{k=0}^{\infty} k \int_0^{\infty} \mu p(k,t)\, dt = \sum_{k=0}^{\infty} k \mathscr{P}(k) \tag{1.33}$$

ここで，

$$\mathscr{P}(k) := \int_0^{\infty} \mu p(k,t)\, dt$$

は，寿命（死亡するまでの時間）によらず，生涯において，k 個体の子を産生する確率である．式 (1.32) から直接計算によって，

$$\mathscr{P}(0) = \int_0^{\infty} \mu e^{-(\beta+\mu)t} dt = \frac{\mu}{\beta+\mu}$$

$$\mathscr{P}(k) = \int_0^{\infty} \mu \frac{(\beta t)^k}{k!} e^{-(\beta+\mu)t} dt$$
$$= \frac{\mu}{k!} \left\{ \left[(\beta t)^k \left(-\frac{1}{\beta+\mu} \right) e^{-(\beta+\mu)t} \right]_0^{\infty} + \frac{1}{\beta+\mu} \int_0^{\infty} k(\beta t)^{k-1} \beta e^{-(\beta+\mu)t} dt \right\}$$
$$= \frac{\beta}{\beta+\mu} \int_0^{\infty} \mu \frac{(\beta t)^{k-1}}{(k-1)!} e^{-(\beta+\mu)t} dt = \frac{\beta}{\beta+\mu} \mathscr{P}(k-1)$$

が導かれるので，

$$\mathscr{P}(k) = \frac{\mu}{\beta+\mu} \left(\frac{\beta}{\beta+\mu} \right)^k = \frac{\mu}{\beta+\mu} \left(1 - \frac{\mu}{\beta+\mu} \right)^k \tag{1.34}$$

であることがわかる。$\mathscr{P}(k)$ は，確率 $\mu/(\beta+\mu)$ で死亡するまでに，確率 $\{1-\mu/(\beta+\mu)\}^k$ で k 個体の子を産生する幾何分布（geometric distribution）の式になっている。

したがって，式 (1.34) を式 (1.33) に代入して計算すれば，純増殖率

$$\langle b \rangle = \sum_{k=0}^{\infty} k \frac{\mu}{\beta+\mu} \left(\frac{\beta}{\beta+\mu} \right)^k = \frac{\beta}{\mu} \tag{1.35}$$

が導かれる。この結果は，1.3 節で導かれた期待寿命 $\langle t \rangle = 1/\mu$ を用いて，$\langle b \rangle = \beta \langle t \rangle$ として理解することもできる。すなわち，期待寿命に単位時間あたりの産仔数の意味をもつ出生率を掛けたものが純増殖率となっている。

注記 この関係式「純増殖率＝単位時間あたり産仔数×期待寿命」は，死亡率が産仔あるいは分裂に依存する場合には必ずしも成り立たない。上記の議論では，死亡率が時刻や個体の状態に依存しない定数であり，死亡という事象が産仔あるいは分裂という事象とは独立であったことがこの結果に結びついている。

詳説 ここで解説した純増殖率の取り扱いは，【基礎編】6.7 節で扱った感染症の流行過程を表す Kermack–McKendrick モデルに関する**基本再生産数**（basic reproduction number）と同一である。感染症の流行過程における「純増殖率」が「基本再生産数」である。感染症の場合の基本再生産数とは，初期時刻に現れた 1 感染者が感染力を失うまでに感染させることのできる感受性者数の期待値であり，上記の議論における子を産生する個体が「感染者」，産生された子が「感染させられた感受性者」，すなわち「新たな感染者」に対応している。

1.5 Logistic 方程式

Logistic 方程式[*14]は，個体の増殖が密度依存の Poisson 過程に従う確率過程から導くこともできる[*15]。1.2 節の Malthus 型増殖過程に関する Poisson 過程による解説と同様に，時刻 t において個体数が n であるとき，時間 $[t, t+\Delta t]$ に個体数が $n+1$ となる確率を $n\beta\Delta t + \mathrm{o}(\Delta t)$ とおく。一方，1.2 節の場合とは異なり，$[t, t+\Delta t]$ における各個体の死亡する確率を $n\mu\Delta t + \mathrm{o}(\Delta t)$ とし，その結果，$[t, t+\Delta t]$ に個体数が $n-1$ となる確率を $n^2\mu\Delta t + \mathrm{o}(\Delta t)$ によって数理モデリングに導入する。各個体の死亡確率が密度効果（density effect）を伴う仮定の下，1.2 節の Malthus 型増殖過程と同様に，各個体の死亡は，他個体の死亡とは独立な事象であるとした結果，十分に短い時間 Δt において死亡という事象が生起する確率が，各個体の死亡確率の和，すなわち，個体数倍で与えられるという数理モデリングになっている。

[*14] 【基礎編】3.4 節
[*15] 本節の内容のより詳しい解説は，たとえば，寺本 [117] や藤曲 [19] にある。

この場合，1.2 節の Malthus 型増殖過程に関する Poisson 過程による解説の場合と同様にして，時刻 t における個体数が n である確率 $P(n,t)$ について次の常微分方程式系が得られる：

$$\frac{dP(0,t)}{dt} = \mu P(1,t)$$

$$\frac{dP(1,t)}{dt} = -(\beta + \mu)P(1,t) + 4\mu P(2,t)$$

$$\frac{dP(n,t)}{dt} = -(\beta + n\mu)nP(n,t) + (n+1)^2 \mu P(n+1,t) + (n-1)\beta P(n-1,t)$$
$$(n = 2, 3, \ldots)$$

この常微分方程式系を用いて，時刻 t における個体数の期待値

$$\langle n \rangle_t = \sum_{k=0}^{\infty} k P(k,t)$$

の満たす微分方程式を導けば，

$$\begin{aligned}\frac{d\langle n\rangle_t}{dt} &= \beta \langle n\rangle_t - \mu \langle n^2\rangle_t \\ &= (\beta - \mu\langle n\rangle_t)\langle n\rangle_t - \mu \sigma_t^2\end{aligned}$$

となる（演習問題 1, 2 参照）。ここで，$\langle n^2 \rangle_t$ は，時刻 t における個体数の二乗期待値 $\langle n^2 \rangle_t = \sum_{k=0}^{\infty} k^2 P(k,t)$ であり，$\sigma_t^2 = \langle n^2 \rangle_t - \langle n \rangle_t^2$ は，時刻 t における個体数に関する分散である。したがって，分散 σ_t^2 が十分に小さく，$\sigma_t^2 \approx 0$ ならば，個体数の期待値 $\langle n \rangle_t$ は，logistic 方程式と同等な振る舞いをもつものとして現れる。

第 2 章

捕食過程の数理モデル

数理生物学における数理モデル研究においては，数理モデルの数学的な性質の単なる解析ではなく，考察すべき生物学的課題に応じた解析結果を導出する解析デザインが必要である．本章では，捕食者と餌の関係に関する基礎的な数理モデルの具体的な解析に踏み込んだ議論を通して，【基礎編】に記された基本的な解析手法の応用とともに，数理生物学的な議論を展開するための解析のデザインを記述する．

2.1 搾取型競争：1 餌–独立 2 捕食者系

Lotka–Volterra 1 餌–2 捕食者系

$$\begin{cases} \dfrac{dH}{dt} = (r - \beta H)H - \nu_1 H P_1 - \nu_2 H P_2 \\ \dfrac{dP_1}{dt} = -\delta_1 P_1 + \kappa_1 \nu_1 H P_1 \\ \dfrac{dP_2}{dt} = -\delta_2 P_2 + \kappa_2 \nu_2 H P_2 \end{cases} \quad (2.1)$$

において，捕食者 2 種は，直接的な相互作用をもたない（互いに独立である）が，共通の餌個体群をめぐる**搾取型競争**（exploitative competition）下にある[*1]．H は餌の個体群サイズ，P_i $(i=1,2)$ は捕食者種 i の個体群サイズ，r は餌個体群の内的自然増殖率，β は餌個体群の種内密度効果係数，$\nu_i, \delta_i, \kappa_i$ $(i=1,2)$ は，それぞれ，捕食者種 i による餌個体群への捕食係数，捕食者種 i の内的自然死亡率，捕食による捕食者種 i の繁殖へのエネルギー変換係数である[*2]．

この系について存在し得る（意味のある）平衡点は，$(H^*, P_1^*, 0)$, $(H^*, 0, P_2^*)$, $(H^*, 0, 0)$, $(0,0,0)$ の 4 つである[*3]．3 種共存平衡点 (H^*, P_1^*, P_2^*) は，$\delta_1/(\kappa_1 \nu_1) = \delta_2/(\kappa_2 \nu_2)$ が成

[*1] 搾取型競争などの種間競争に関する基礎概念については，【基礎編】5.1 節を参照．
[*2] 【基礎編】3.4 節，6.3 節．
[*3] H^* 等の * 付き記号によって平衡値を表すが，特定の値を指すとは限らないことに注意．

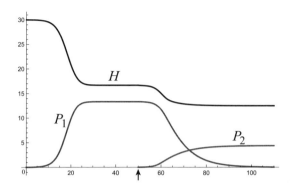

図 2.1 1餌–2捕食者系 (2.1) の個体群サイズの時間変動の数値計算。時間 $[0,50)$ においては,捕食者種 2 は不在であり,餌種と捕食者種 1 は共存するが,時刻 $t=50$ における系への捕食者種 2 の侵入後,共通の餌種をめぐる搾取型競争により,捕食者種 1 は絶滅に向かう。$r=3.0, \beta=0.1, \delta_1=0.5, \delta_2=1.5, \nu_1=0.1, \nu_2=0.4, \kappa_1=0.3, \kappa_2=0.3, H(0)=30.0, P_1(0)=0.01, P_2(50)=0.01$。初期値 $H(0)$ は,餌個体群の環境許容量 r/β に等しい。

り立つ特殊な場合には存在するが,このパラメータ間の関係式が常に成り立つ餌–捕食者系は一般的な数理モデルたり得ないので,ここでは考えない。

Gause の競争排他律

1餌–2捕食者系 (2.1) においては,捕食者 2 種の少なくとも 1 種は絶滅に向かう(図 2.1 参照)。すなわち,この系では,**Gause の競争排他律**(競争的排除則,competitive exclusion principle)[*4]が成立する。このことは,以下の解析により,数学的に理解できる。ただし,数理モデル (2.1) を考える上で,$0 < H(0) \leq r/\beta$, $P_1(0) > 0$, $P_2(0) > 0$ を満たす初期条件の下で考える。

> **注記** ここで,r/β は餌種個体群に対する環境許容量であり,数理モデルとして,初期値 $H(0)$ が環境許容量を超えない条件は自然に要請される仮定であるが,以下の数学的議論は,$H(0) > r/\beta$ の場合であっても成立する。

[*4] 【基礎編】5.1 節

2.1 搾取型競争：1餌–独立2捕食者系

まず，式 (2.1) から，形式的に，

$$
\begin{aligned}
H(t) &= H(0) \exp\Big[\int_0^t \{r - \beta H(\tau) - \nu_1 P_1(\tau) - \nu_2 P_2(\tau)\}d\tau\Big] \\
P_1(t) &= P_1(0) \exp\Big[\int_0^t \{-\delta_1 + \kappa_1\nu_1 H(\tau)\}d\tau\Big] \\
P_2(t) &= P_2(0) \exp\Big[\int_0^t \{-\delta_2 + \kappa_2\nu_2 H(\tau)\}d\tau\Big]
\end{aligned}
\tag{2.2}
$$

なので，$H(0) > 0$, $P_1(0) > 0$, $P_2(0) > 0$ に対して，任意の有限の時刻 $t > 0$ において，$H(t) > 0$, $P_1(t) > 0$, $P_2(t) > 0$ である。さらに，このとき，系 (2.1) の第 1 式により，

$$
\left.\frac{dH}{dt}\right|_{H \geq r/\beta} < 0
$$

であるから，$H(0) \leq r/\beta$ に対して，任意の有限の時刻 $t > 0$ において，$H(t) < r/\beta$ も成り立つ[*5]。

注記 r/β は捕食者が不在の場合の餌個体群の環境許容量なのであるから，餌個体群サイズ H が r/β を超えないことは，数理モデルとして当然要求される。上記の議論は，系 (2.1) がこの当然の要求を満たす点で合理的な数理モデルであることを数学的に保証している。

引き続いて，$P_1(t)$，$P_2(t)$ がいずれも有界であることを示す。今，極限 $t \to \infty$ において $P_1(t) \to \infty$ であると仮定すると，$t > t_1$ なる任意の時刻 t に対して，$P_1(t) > r/\nu_1$ となるような t_1 が存在する。すると，系 (2.1) の第 1 式から，任意の時刻 $t > t_1$ に対して，$dH/dt < 0$ となるので，$t > t_1$ において $H(t)$ は狭義単調減少であり，$t > t_2$ なる任意の時刻 t に対して，$H(t) < \delta_1/(\kappa_1\nu_1)$ となるような $t_2 \geq t_1$ が存在する。すなわち，$t > t_2$ なる任意の時刻 t に対して，$dP_1(t)/dt < 0$ が成立するが，これは，$t \to \infty$ において $P_1(t) \to \infty$ であることに矛盾する。したがって，$t \to \infty$ において $P_1(t) \to \infty$ とはならない，すなわち，$P_1(t)$ は有界であることがわかった。$P_2(t)$ についても同様である。

次に，系 (2.1) の捕食者についての 2 式から，方程式

$$
\frac{1}{\kappa_1\nu_1}\frac{1}{P_1}\frac{dP_1}{dt} - \frac{1}{\kappa_2\nu_2}\frac{1}{P_2}\frac{dP_2}{dt} = -\frac{\delta_1}{\kappa_1\nu_1} + \frac{\delta_2}{\kappa_2\nu_2}
$$

が得られるので，積分することにより，

$$
\frac{\{P_1(t)\}^{1/(\kappa_1\nu_1)}}{\{P_2(t)\}^{1/(\kappa_2\nu_2)}} = \frac{\{P_1(0)\}^{1/(\kappa_1\nu_1)}}{\{P_2(0)\}^{1/(\kappa_2\nu_2)}} \exp\Big[\big(-\frac{\delta_1}{\kappa_1\nu_1} + \frac{\delta_2}{\kappa_2\nu_2}\big)t\Big]
$$

[*5] このような微分方程式系の解の正値性や有界性についての数学的によりデリケートな扱い方については，後述の 4.1 節を参照されたい。

が導かれ，

$$\begin{cases} \dfrac{\delta_1}{\kappa_1\nu_1} > \dfrac{\delta_2}{\kappa_2\nu_2} & \text{ならば，} \displaystyle\lim_{t\to\infty}\dfrac{\{P_1(t)\}^{1/(\kappa_1\nu_1)}}{\{P_2(t)\}^{1/(\kappa_2\nu_2)}} = 0 \\[2ex] \dfrac{\delta_1}{\kappa_1\nu_1} < \dfrac{\delta_2}{\kappa_2\nu_2} & \text{ならば，} \displaystyle\lim_{t\to\infty}\dfrac{\{P_1(t)\}^{1/(\kappa_1\nu_1)}}{\{P_2(t)\}^{1/(\kappa_2\nu_2)}} = \infty \end{cases} \quad (2.3)$$

であることがわかる．前述の議論により，$P_1(t)$，$P_2(t)$ はいずれも有界であるから，結果 (2.3) により，

$$\begin{cases} \dfrac{\delta_1}{\kappa_1\nu_1} > \dfrac{\delta_2}{\kappa_2\nu_2} & \text{ならば，} \displaystyle\lim_{t\to\infty} P_1(t) = 0 \\[2ex] \dfrac{\delta_1}{\kappa_1\nu_1} < \dfrac{\delta_2}{\kappa_2\nu_2} & \text{ならば，} \displaystyle\lim_{t\to\infty} P_2(t) = 0 \end{cases} \quad (2.4)$$

となることが示された．すなわち，系 (2.1) においては，捕食者2種の少なくとも1種が絶滅に向かい，餌1種と捕食者2種の共存状態は周期解を含むいかなる定常状態としても現れない．

> **詳説** 結果 (2.4) に現れた条件が，捕食者2種に関するパラメータに対する条件のみであることに注意しよう．すなわち，結果 (2.4) で示された捕食者種の絶滅は，本質的に，共通の餌をめぐる搾取型競争の結末であると考えられる．
> さらに，$\delta_i/(\kappa_i\nu_i)$ が，他の捕食者種が絶滅し，捕食者種 i と餌種が共存する場合の餌種の平衡個体群サイズであることに注目すると，結果 (2.4) に現れた条件は，共存した際の平衡状態において，餌種の平衡個体群サイズをより小さくできる捕食者種が搾取型競争において優位であることを意味している．よって，餌種をより効率的に捕食できる捕食者種が競争について優位な結果になっていることを示唆していると考えてもよいだろう．

漸近平衡状態

上記の議論により，系 (2.1) においては，捕食者2種の少なくとも1種が絶滅に向かうことがわかったが，系が漸近する平衡状態がどのようなものであるかについては，さらなる検討が必要である．すなわち，捕食者の一方の種が絶滅に向かうとき，他方の種が餌1種と共存できるか否かについての議論が必要である．

まず，結果 (2.4) における前者の場合，すなわち，$\delta_1/(\kappa_1\nu_1) > \delta_2/(\kappa_2\nu_2)$ の場合について考える．このとき，捕食者種1は絶滅に向かう．よって，この場合，十分に時間が経過した後には，$P_1(t)$ は相当に小さくなっているとみなしてよいので，系の振る舞いは，

2.1 搾取型競争：1餌–独立2捕食者系

近似的に，Lotka–Volterra 1餌–1捕食者系

$$\begin{cases} \dfrac{dH}{dt} = (r - \beta H)H - \nu_2 H P_2 \\ \dfrac{dP_2}{dt} = -\delta_2 P_2 + \kappa_2 \nu_2 H P_2 \end{cases} \quad (2.5)$$

に従うと考えることができる。

Lotka–Volterra 1餌–1捕食者系 (2.5) については，平衡点の局所安定性解析とアイソクライン法，および，共存平衡点 (H^*, P_2^*) に対する Lyapunov 関数

$$V(H, P_2) := \kappa_2 \{H - H^* - H^*(\log H - \log H^*)\} \\ + P_2 - P_2^* - P_2^*(\log P_2 - \log P_2^*) \quad (2.6)$$

を用いた議論により，

$$\begin{cases} \dfrac{\delta_2}{\kappa_2 \nu_2} > \dfrac{r}{\beta} & \text{ならば，} \lim_{t \to \infty}(H, P_2) = \left(\dfrac{r}{\beta},\ 0\right) \\ \dfrac{\delta_2}{\kappa_2 \nu_2} < \dfrac{r}{\beta} & \text{ならば，} \lim_{t \to \infty}(H, P_2) = \left(\dfrac{\delta_2}{\kappa_2 \nu_2},\ \dfrac{\beta}{\nu_2}\left(\dfrac{r}{\beta} - \dfrac{\delta_2}{\kappa_2 \nu_2}\right)\right) \end{cases} \quad (2.7)$$

であることがわかっている[*6]。

結果 (2.4) における後者，$\delta_1/(\kappa_1 \nu_1) < \delta_2/(\kappa_2 \nu_2)$ の場合についても同様の議論が適用でき，以上の解析により，系 (2.1) が漸近する平衡状態のパラメータ依存性について，図 2.2(a) の結果が得られる。

捕食者種 i の特性を代表的に表すパラメータ値 $\delta_i/(\kappa_i \nu_i)$ （$i = 1, 2$）と餌種の環境許容量 r/β の大小関係によって漸近平衡状態が決まる。特に，同じ餌個体群をめぐる搾取型競争によってどちらの捕食者種が絶滅するかは，餌の豊かさ（つまり，餌種の環境許容量の大きさ）には無関係であることは面白い結果である。

> **詳説** 前記の競争排他に関する考察により，餌種をより効率的に捕食できる捕食者種が搾取型競争について優位であったことを考え合わせると，結果 (2.7) は，その捕食効率が相当に高くなければ，搾取型競争について他捕食者種より優位であっても，餌種との共存が叶わずに絶滅に向かうこともあり得ることがわかる。

搾取型競争で勝ち残り，餌種と共存できる捕食者種については，捕食効率が高いほど，共存した場合の捕食者種の平衡個体群サイズがより大きいとは限らないこともわかる。これは，結果 (2.7) で得られた平衡点における捕食者種2の個体群サイズのパラメータ ν_2 への依存性から結論される。捕食係数 ν_i が大きければ大きいほど，搾取型競争における捕食者種 i の優位性が高いことは前記の結果からわかったが，捕食者種 i の平衡個体群サ

[*6]【基礎編】6.3 節，6.4 節，本書付録 E.1

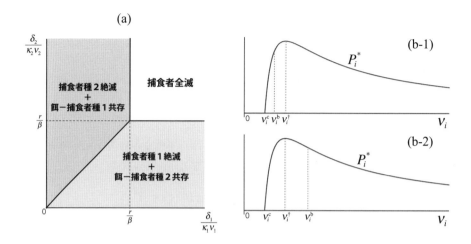

図 2.2 Lotka–Volterra 1 餌–2 捕食者系モデル (2.1) における (a) 漸近平衡状態のパラメータ依存性，(b) 餌種と捕食者種 i の共存平衡状態における捕食者個体群サイズの捕食係数 ν_i への依存性。(b-1) $r < 2\delta_i$；(b-2) $r > 2\delta_i$。$\nu_i^c := (\delta_i/\kappa_i)/(r/\beta)$，$\nu_i^\dagger := 2\nu_i^c$，$\nu_i^b := [(1+\sqrt{1+4r/\delta_i})/2]\nu_i^c$。$\nu_i > \nu_i^b$ の場合，共存平衡点は安定渦状点であり，共存平衡状態への漸近は減衰振動を伴う。

イズ P_i^* については，図 2.2(b) が示すように，$\nu_i < \nu_i^\dagger := 2(\delta_i/\kappa_i)/(r/\beta)$ では，捕食係数 ν_i が大きければ大きいほど，より大きくなるが，$\nu_i = \nu_i^\dagger$ において最大値をとり，$\nu_i > \nu_i^\dagger$ では，捕食係数 ν_i が大きければ大きいほど，より小さくなる。一方，結果 (2.7) からわかるように，共存平衡状態における餌個体群サイズは，捕食係数 ν_i に反比例している。

内的自然増殖率（r）や密度効果の強さ（β）によって決まる餌個体群の増殖過程のもつ更新効率に対して，あまりに高い捕食係数は，餌個体群の平衡状態におけるサイズを相当に小さくしてしまうために，その餌個体群によって持続されうる捕食者個体群のサイズが小さくならざるを得ないという関係を明示する理論的結果である。

詳説 さらに，Lotka–Volterra 1 餌–1 捕食者系 (2.5) については，共存平衡点 (H^*, P_2^*) が

$$\begin{cases} \dfrac{\delta_2}{\kappa_2\nu_2} \geq \dfrac{r}{\beta} \cdot \dfrac{2}{1+\sqrt{1+4r/\delta_2}} & \text{ならば，安定結節点} \\ \dfrac{\delta_2}{\kappa_2\nu_2} < \dfrac{r}{\beta} \cdot \dfrac{2}{1+\sqrt{1+4r/\delta_2}} & \text{ならば，安定渦状点} \end{cases} \tag{2.8}$$

であることもわかっている[*7]。すなわち，大きな捕食係数は，系の漸近的振る舞いにおける振動を誘起する（図 2.2(b)）。よって，相当に大きな捕食係数をもつ捕食者種は搾取型競争において優位に立ち，餌種と共存状態に至るが，個体群サイズは相対的に小さく，また，振動を伴

[*7]【基礎編】6.3 節

う時間変動により，たとえば，気候や人的介入による生態的攪乱（ecological disturbance）による絶滅の可能性が高くなると考えられる。

2.2　捕食による競争緩和：2種競争系＋単食性捕食者

Lotka–Volterra 2 餌–1 捕食者系の 1 つ

$$\begin{cases} \dfrac{dH_1}{dt} = (r_1 - \beta_1 H_1 - \gamma_{12} H_2) H_1 - \nu_1 H_1 P \\ \dfrac{dH_2}{dt} = (r_2 - \beta_2 H_2 - \gamma_{21} H_1) H_2 \\ \dfrac{dP}{dt} = -\delta P + \kappa_1 \nu_1 H_1 P \end{cases} \tag{2.9}$$

においては，捕食者 1 種が餌 1 種を捕食するが，その餌種と競争関係にある種が存在し，その競争種は捕食者の捕食対象ではない。系 (2.9) において，捕食者は，餌種 1 のみを捕食する**単食性捕食者**（monophagous predator）であり，**スペシャリスト**（specialist）と呼ばれる捕食者の 1 種である。捕食者が存在しない場合（$P \equiv 0$）には，この系は，Lotka–Volterra 2 種競争系である[*8]。パラメータ γ_{ij} $(i, j = 1, 2; i \neq j)$ は，種 j から他種 i への密度効果（競争による作用）による増殖率減少（増殖の阻害）の影響の強さを表し，しばしば，**競争係数**（competition coefficient）や**種間競争係数**（interspecific competition coefficient）と呼ばれる。

> **注記** 特定の餌種のみを捕食の対象とする捕食者を単食性と呼ぶが，スペシャリストは，より広い意味をもち，捕食に関する特徴的な嗜好性をもつ捕食者を指す。一例として，特定の大きさの種子のみを餌とするような鳥類を考えることができる。なお，スペシャリストに対して，捕食に関する特徴的な嗜好性をもたない，複数の餌種を利用する捕食者を**ジェネラリスト**（generalist）と呼ぶ[*9]。**多食性種**（polyphagous species）という用語もある。

捕食者が存在しない場合（$P \equiv 0$）のこの Lotka–Volterra 2 種競争系 (2.9) では，次のような振る舞いが起こる：

(a) $r_1/\beta_1 < r_2/\gamma_{21},\ r_2/\beta_2 > r_1/\gamma_{12}$ の場合：$t \to \infty$ において種 1 は絶滅し，種 2 だけが生き残る。

(b) $r_1/\beta_1 > r_2/\gamma_{21},\ r_2/\beta_2 > r_1/\gamma_{12}$ の場合：初期値に依存して $t \to \infty$ において種 1, 2 のどちらかが絶滅し，いずれかが生き残る。

(c) $r_1/\beta_1 < r_2/\gamma_{21},\ r_2/\beta_2 < r_1/\gamma_{12}$ の場合：$t \to \infty$ において，2 種ともに生き残り共存する。

[*8]【基礎編】5.2 節
[*9] 和文用語の場合，「ゼネラリスト」と記されることも多い。

(d) $r_1/\beta_1 > r_2/\gamma_{21}$, $r_2/\beta_2 < r_1/\gamma_{12}$ の場合：$t \to \infty$ において種2は絶滅し，種1だけが生き残る。

(c) 以外の場合，競争関係にある餌2種のいずれかが絶滅する競争排除（competitive exclusion）が起こる[*10]。

捕食者絶滅平衡点

2餌–1捕食者系 (2.9) の平衡点 (H_1^*, H_2^*, P^*) に関するヤコビ行列 A は，

$$A = \begin{pmatrix} r_1 - 2\beta_1 H_1^* - \gamma_{12} H_2^* - \nu_1 P^* & -\gamma_{12} H_1^* & -\nu_1 H_1^* \\ -\gamma_{21} H_2^* & r_2 - 2\beta_2 H_2^* - \gamma_{21} H_1^* & 0 \\ \kappa_1 \nu_1 P^* & 0 & -\delta + \kappa_1 \nu_1 H_1^* \end{pmatrix} \quad (2.10)$$

となる[*11]。そして，存在し得る平衡点は，(H_1^*, H_2^*, P^*), $(H_1^*, 0, P^*)$, $(H_1^*, H_2^*, 0)$, $(H_1^*, 0, 0)$, $(0, H_2^*, 0)$, $(0, 0, 0)$ の6つである。

捕食者種が絶滅する平衡点については，$P^* = 0$ を式 (2.10) に代入すれば，

$$A = \begin{pmatrix} r_1 - 2\beta_1 H_1^* - \gamma_{12} H_2^* & -\gamma_{12} H_1^* & -\nu_1 H_1^* \\ -\gamma_{21} H_2^* & r_2 - 2\beta_2 H_2^* - \gamma_{21} H_1^* & 0 \\ 0 & 0 & -\delta + \kappa_1 \nu_1 H_1^* \end{pmatrix} \quad (2.11)$$

となるので，固有方程式 $\det(A - \lambda E_3) = 0$ を定義する固有多項式 $\det(A - \lambda E_3)$ について，

$$\det(A - \lambda E_3) = (-\delta + \kappa_1 \nu_1 H_1^* - \lambda) \det(A_{(3,3)} - \lambda E_2) \quad (2.12)$$

である。ここで，E_3, E_2 は，それぞれ，3×3 単位行列，2×2 単位行列であり，$A_{(3,3)}$ は，式 (2.11) で定義される 3×3 行列 A の $(3,3)$ 成分の余因子 2×2 行列

$$A_{(3,3)} := \begin{pmatrix} r_1 - 2\beta_1 H_1^* - \gamma_{12} H_2^* & -\gamma_{12} H_1^* \\ -\gamma_{21} H_2^* & r_2 - 2\beta_2 H_2^* - \gamma_{21} H_1^* \end{pmatrix}$$

を表す。

3種が絶滅する平衡点 $(0,0,0)$ が常に不安定であることは，式 (2.12) から，固有値が $-\delta$, r_1, r_2 となり，正の固有値が存在するから明白である。実は，他の捕食者絶滅平衡点についても，捕食者が存在しない場合 ($P \equiv 0$) の2種競争系 (2.9) の平衡点の局所安定性解析の結果をそのまま用いることができる。なぜならば，固有多項式 (2.12) から現れる固有値に関する方程式 $\det(A_{(3,3)} - \lambda E_2) = 0$ は，捕食者が存在しない場合 ($P \equiv 0$)

[*10] 【基礎編】5.2節
[*11] 【基礎編】5.5節

2.2 捕食による競争緩和：2種競争系＋単食性捕食者

の2種競争系 (2.9) の平衡点 (H_1^*, H_2^*) に対する固有方程式になっているからである．行列 $A_{(3,3)}$ は，その平衡点 (H_1^*, H_2^*) に関するヤコビ行列に等しい．すなわち，固有多項式 (2.12) により，系 (2.9) の捕食者絶滅平衡点 $(H_1^*, H_2^*, 0)$ の固有値は，捕食者が存在しない場合（$P \equiv 0$）の2種競争系 (2.9) の対応する平衡点 (H_1^*, H_2^*) の固有値にもう1つの固有値 $-\delta + \kappa_1 \nu_1 H_1^*$ を加えたものとなる．

したがって，p. 29 で示した捕食者が存在しない場合（$P \equiv 0$）の2種競争系 (2.9) の振る舞いに対応して，3つの捕食者絶滅平衡点 $(H_1^*, H_2^*, 0), (H_1^*, 0, 0), (0, H_2^*, 0)$ のそれぞれの局所安定性に関しては，以下の結果が得られる[*12]［演習問題9］：

(a+b) 平衡点 $(0, H_2^*, 0)$ は，$r_2/\beta_2 > r_1/\gamma_{12}$ のとき，局所漸近安定であり，$r_2/\beta_2 < r_1/\gamma_{12}$ のとき，不安定である．

(b+d) 平衡点 $(H_1^*, 0, 0)$ は，$r_1/\beta_1 > r_2/\gamma_{21}$ かつ $\delta/(\kappa_1 \nu_1) > r_1/\beta_1$ のとき，局所漸近安定であり，$r_1/\beta_1 < r_2/\gamma_{21}$ または $\delta/(\kappa_1 \nu_1) < r_1/\beta_1$ のとき，不安定である．

(c+b) 平衡点 $(H_1^*, H_2^*, 0)$ は，$r_1/\beta_1 < r_2/\gamma_{21}$ かつ $r_2/\beta_2 < r_1/\gamma_{12}$ かつ

$$\frac{\delta}{\kappa_1 \nu_1} > \frac{r_1 \beta_2 - r_2 \gamma_{12}}{\beta_1 \beta_2 - \gamma_{12} \gamma_{21}}$$

のとき，局所漸近安定な平衡点として存在し，$r_1/\beta_1 < r_2/\gamma_{21}$ かつ $r_2/\beta_2 < r_1/\gamma_{12}$ かつ

$$\frac{\delta}{\kappa_1 \nu_1} < \frac{r_1 \beta_2 - r_2 \gamma_{12}}{\beta_1 \beta_2 - \gamma_{12} \gamma_{21}}$$

のとき，または，$r_1/\beta_1 > r_2/\gamma_{21}$ かつ $r_2/\beta_2 > r_1/\gamma_{12}$ のとき，不安定な平衡点として存在する．これら以外のときは，存在しない．

> **演習問題 9**
>
> 捕食者絶滅平衡点の局所安定性についての上記の結果 (a+b), (b+d), (c+b) を説明せよ．

上記の (a+b) は，平衡点 $(0, H_2^*, 0)$ の局所安定性が捕食者の有無に関わらずに決まる結果である．種間競争によって絶滅しかかっている種（＝餌種1）がある場合に，その種に対する単食性捕食者が導入されても，系の運命は変わらない．

また，結果 (b+d) は，種間競争によって絶滅しかかっている種（＝餌種2）がある場合に，競争優位種（＝餌種1）に対する単食性捕食者の導入によってその絶滅から回避させることのできる可能性を示唆している．

[*12] (a+b), (b+d), (c+b) という場合分けの表記は，それぞれの場合で扱う平衡点が，p. 29 で示した場合分け (a〜d) のどれに関連するかを示している．

さらに，(a+b) と (b+d) の結果により，$r_2/\beta_2 > r_1/\gamma_{12}$ かつ $r_1/\beta_1 > r_2/\gamma_{21}$ かつ $\delta/(\kappa_1\nu_1) > r_1/\beta_1$ のときには，平衡点 $(0, H_2^*, 0)$ と平衡点 $(H_1^*, 0, 0)$ がともに局所漸近安定な双安定状態（bistable situation）[*13]が現れることがわかる．すなわち，初期条件に依存して，系が平衡点 $(0, H_2^*, 0)$ あるいは，平衡点 $(H_1^*, 0, 0)$ のいずれかに漸近する可能性をもつ状態が現れ，単食性捕食者の導入が系の競争種の運命を大きく左右させうる可能性が示唆されている．

一方，結果 (c+b) は，競争2種が共存平衡状態にある系に，いずれかの種を餌とする単食性捕食者が系に侵入することで共存平衡状態が崩壊する可能性を示唆している．ただし，その場合，競争2種のいずれかの絶滅が起こるかどうかについては，さらなる解析で検討していかなければわからない．

捕食者存続平衡点

餌種2が絶滅した平衡点 $(H_1^*, 0, P^*)$ は，次の式によって定まる：

$$H_1^* = \frac{\delta}{\kappa_1\nu_1}; \quad P^* = \frac{r_1 - \beta_1 H_1^*}{\nu_1} \tag{2.13}$$

この平衡点の存在条件は，$P^* > 0$ により，

$$\frac{H_1^*}{r_2/\gamma_{21}} < R := \frac{r_1/\beta_1}{r_2/\gamma_{21}} \tag{2.14}$$

である．そして，局所安定性については，ヤコビ行列 (2.10) から，固有方程式

$$(r_2 - \gamma_{21}H_1^* - \lambda)(\lambda^2 + \beta_1 H_1^* \lambda + \nu_1 H_1^* \cdot \kappa_1\nu_1 P^*) = 0$$

が得られ，固有値は，$r_2 - \gamma_{21}H_1^*$ と負の実部をもつ値のみであることがわかるので，平衡点 $(H_1^*, 0, P^*)$ は，

$$\frac{H_1^*}{r_2/\gamma_{21}} > 1 \text{ ならば局所漸近安定}, \quad \frac{H_1^*}{r_2/\gamma_{21}} < 1 \text{ ならば不安定} \tag{2.15}$$

である．

> **注記** 2次方程式 $\lambda^2 + \beta_1 H_1^* \lambda + \nu_1 H_1^* \cdot \kappa_1\nu_1 P^* = 0$ が重解をもつ縮退した場合については，明示しては言及していない．しかし，重解となる場合についても，解の実部は負であり，この場合でも，平衡点の局所安定性を決める固有値は $r_2 - \gamma_{21}H_1^*$ である．本書の兄弟本【基礎編】の 5.4，5.5 節および同付録 B.2 では，2元連立常微分方程式の平衡点の局所安定性解析についての解説が述べられているが，ここで扱っている3元連立常微分方程式に関する平衡点の局所安定性解析についても，その解説を拡張することでこのことがわかる．

[*13]【基礎編】3.6, 5.3, 5.4 節

2.2 捕食による競争緩和：2種競争系＋単食性捕食者

2餌–1捕食者系 (2.9) の3種共存平衡点 (H_1^*, H_2^*, P^*) は，次の式によって定まる：

$$H_1^* = \frac{\delta}{\kappa_1 \nu_1}; \quad H_2^* = \frac{r_2 - \gamma_{21} H_1^*}{\beta_2}; \quad P^* = \frac{r_1 - \beta_1 H_1^* - \gamma_{12} H_2^*}{\nu_1} \tag{2.16}$$

$H_2^* > 0$ かつ $P^* > 0$ により，この平衡点の存在条件は，

$$\frac{H_1^*}{r_2/\gamma_{21}} < 1 \quad \text{かつ} \quad \Gamma\left(1 - \frac{H_1^*}{r_2/\gamma_{21}}\right) < R - \frac{H_1^*}{r_2/\gamma_{21}} \tag{2.17}$$

である。ただし，R は式 (2.14) の右辺で，Γ は次式で定める：

$$\Gamma := \frac{\gamma_{12} \gamma_{21}}{\beta_1 \beta_2}$$

この結果から，$\Gamma \geq R$ かつ $R \leq 1$ の場合には，共存平衡点 (H_1^*, H_2^*, P^*) は存在し得ないことがわかる。

共存平衡点 (H_1^*, H_2^*, P^*) の局所安定性については，上記の存在条件 (2.17) の下で，3次式による固有方程式 $\lambda^3 + a_1 \lambda^2 + a_2 \lambda + a_3 = 0$ の解で与えられる固有値を調べることになる。ヤコビ行列 (2.10) から，

$$\begin{aligned}
a_1 &= \beta_1 H_1^* + \beta_2 H_2^* \\
a_2 &= \nu_1 H_1^* \cdot \kappa_1 \nu_1 P^* + (\beta_1 \beta_2 - \gamma_{12} \gamma_{21}) H_1^* H_2^* \\
a_3 &= \nu_1 H_1^* \cdot \kappa_1 \nu_1 P^* \cdot \beta_2 H_2^*
\end{aligned} \tag{2.18}$$

である。式 (2.16) を用いて，この3次式による固有方程式 $\lambda^3 + a_1 \lambda^2 + a_2 \lambda + a_3 = 0$ をそのまま扱うのは煩雑であることは明白であろう。ここでは，付録 G に記した Routh–Hurwitz の判定条件を応用する。3次方程式 $\lambda^3 + a_1 \lambda^2 + a_2 \lambda + a_3 = 0$ のすべての解の実部が負になる必要十分条件は，Routh–Hurwitz の判定条件により，$a_1 > 0$ かつ $a_3 > 0$ かつ $a_1 a_2 - a_3 > 0$ である。

共存平衡点 (H_1^*, H_2^*, P^*) の存在条件 (2.17) の下で，式 (2.18) から，$a_1 > 0$ と $a_3 > 0$ は必ず成り立つ。そして，

$$a_1 a_2 - a_3 = \beta_1 H_1^* \cdot \nu_1 H_1^* \cdot \kappa_1 \nu_1 P^* + (\beta_1 H_1^* + \beta_2 H_2^*)(\beta_1 \beta_2 - \gamma_{12} \gamma_{21}) H_1^* H_2^*$$

となるので，$\beta_1 \beta_2 - \gamma_{12} \gamma_{21} \geq 0$ の場合には，$a_1 a_2 - a_3 > 0$ が必ず成り立つ。つまり，$\beta_1 \beta_2 - \gamma_{12} \gamma_{21} \geq 0$ の場合には，共存平衡点 (H_1^*, H_2^*, P^*) に対する固有値の実部はすべて負となる。よって，$\Gamma \leq 1$ の場合には，共存平衡点 (H_1^*, H_2^*, P^*) が存在すれば，必ず，局所漸近安定である。

$\beta_1 \beta_2 - \gamma_{12} \gamma_{21} < 0$ の場合には，共存平衡点 (H_1^*, H_2^*, P^*) は，必ずしも漸近安定とはならない。少し面倒な計算を丁寧に遂行すると，条件 $a_1 a_2 - a_3 > 0$ と同等な次の条件式を導出できる：

$$\left\{ (1 - B)\left(1 - \frac{H_1^*}{r_2/\gamma_{21}}\right) + 1 + \frac{C}{\Gamma - 1} \right\} \frac{H_1^*}{r_2/\gamma_{21}} < 1 \tag{2.19}$$

ここで，
$$B := \frac{\beta_1}{\gamma_{21}}\left(\frac{\kappa_1 \nu_1}{\gamma_{21}} + 1\right); \quad C := \frac{\beta_1}{\gamma_{21}} \cdot \frac{\kappa_1 \nu_1}{\gamma_{21}}(R - 1)$$
とおいており，今考えているのは，$\Gamma > 1$ の場合であることに注意する．そして，存在条件 (2.17) の下，$\Gamma > 1$ のときには，$R > 1$，すなわち，$C > 0$ である．

以上の解析により，$\Gamma > 1$ の場合には，共存平衡点 (H_1^*, H_2^*, P^*) が存在するとき，条件 (2.19) が満たされるならば，局所漸近安定であり，条件 (2.19) の逆向き不等号が成り立つならば，不安定であることがわかった．

実は，$\beta_1 \beta_2 - \gamma_{12}\gamma_{21} \geq 0$ の場合，すなわち，$\Gamma \leq 1$ の場合に共存平衡点 (H_1^*, H_2^*, P^*) が存在すれば，大域安定であることが，次の広い意味での狭義 Lyapunov 関数[*14]の存在によって示される [演習問題 10]：

$$\begin{aligned} V(H_1, H_2, P) = c_1 \Big[&\kappa_1 \{(H_1 - H_1^*) - H_1^*(\log H_1 - \log H_1^*)\} \\ &+ P - P^* - P^*(\log P - \log P^*) \Big] \\ + c_2 &\{(H_2 - H_2^*) - H_2^*(\log H_2 - \log H_2^*)\} \end{aligned} \quad (2.20)$$

ここで，定数 c_1, c_2 は，$c_1 \kappa_1 \gamma_{12} + c_2 \gamma_{21} = 2\sqrt{\beta_1 \beta_2}$, $c_1 \kappa_1 c_2 = 1$ を満たすようにとる．すなわち，

$$c_1 = \frac{\sqrt{\beta_1 \beta_2} - \sqrt{\beta_1 \beta_2 - \gamma_{12}\gamma_{21}}}{\kappa_1 \gamma_{12}}; \quad c_2 = \frac{\sqrt{\beta_1 \beta_2} + \sqrt{\beta_1 \beta_2 - \gamma_{12}\gamma_{21}}}{\gamma_{21}} \quad (2.21)$$

である．

注記 $\Gamma \leq 1$ の場合の Lotka–Volterra 2 餌–1 捕食者系 (2.9) の共存平衡点 (H_1^*, H_2^*, P^*) に関する Lyapunov 関数 (2.20) の形は，捕食者が存在しない場合 ($P \equiv 0$) の Lotka–Volterra 2 種競争系 (2.9) における競争 2 種の漸近安定な共存平衡点 (H_1^*, H_2^*) に対する Lyapunov 関数[*15]

$$\begin{aligned} V(H_1, H_2) = a_1 &\{(H_1 - H_1^*) - H_1^*(\log H_1 - \log H_1^*)\} \\ + a_2 &\{(H_2 - H_2^*) - H_2^*(\log H_2 - \log H_2^*)\} \end{aligned} \quad (2.22)$$

($a_1 = c_1 \kappa_1$, $a_2 = c_2$) と，餌種 2 が存在しない場合 ($H_2 \equiv 0$) の Lotka–Volterra 1 餌–1 捕食者系 (2.9) の Lyapunov 関数 (2.6) の線形和の形になっているが，決して Lyapunov 関数の構成に関する一般的な性質というわけではない．

[*14] 【基礎編】6.4 節，本書付録 E.1
[*15] 【基礎編】6.4 節参照．

2.2 捕食による競争緩和：2種競争系＋単食性捕食者

詳説 Lotka–Volterra 常微分方程式系[*16]

$$\frac{du_i(t)}{dt} = \left\{r_i + \sum_{j=1}^{n} \gamma_{ij} u_j(t)\right\} u_i(t) \quad (i = 1, 2, \ldots, n) \tag{2.23}$$

が, $\mathbb{R}_+^n$ に唯一の正値の平衡点 $(u_1^*, u_2^*, \ldots, u_n^*)$ をもつとき, 次の形の Lyapunov 関数が存在することを Goh [21] が示した[*17]：

$$V(u_1, u_2, \ldots, u_n) := \sum_{i=1}^{n} c_i \left\{(u_i - u_i^*) - u_i^*(\log u_i - \log u_i^*)\right\} \tag{2.24}$$

ここで, 係数 c_i は, 系 (2.23) のパラメータによって定まる正値である.

演習問題 10

Lotka–Volterra 2餌–1捕食者系 (2.9) の共存平衡点 (2.16) に対して, Lyapunov 関数 (2.24) を仮定し, その係数を定めることにより式 (2.20), (2.21) を導け.

平衡点の存在性と安定性

以上の解析結果を総合して, まず, パラメータ R と Γ に着目して分類すれば, 図 2.3 に示される結果が得られる. 特に, $\Gamma > R$ かつ $R < 1$ の条件下で局所漸近安定な平衡点は, $(0, +, 0)$ のみである. すなわち, 競争種2のみが存続し, 競争種1とその捕食者種が絶滅した平衡状態のみ漸近安定である. $\Gamma < R$ または $R > 1$ の条件下では, 複数の平衡点が漸近安定たり得るが, どの平衡点が漸近安定かは, 捕食者種のパラメータ δ と $\kappa_1 \nu_1$ に依存して決まる.

注記 p. 31 で記述した捕食者絶滅平衡点の局所安定性に関する結果 (a+b), (b+d), (c+b) は, $H_1^* = \delta/(\kappa_1 \nu_1)$ と上記の記号を用いれば, 次のように, 形式的に書き換えることができる：

(a+b) 平衡点 $(0, +, 0)$ は, $\Gamma > R$ のとき, 局所漸近安定であり, $\Gamma < R$ のとき, 不安定である.

(b+d) 平衡点 $(+, 0, 0)$ は, $H_1^*/(r_2/\gamma_{21}) > R > 1$ のとき, 局所漸近安定であり, $R < 1$ または $H_1^*/(r_2/\gamma_{21}) < R$ のとき, 不安定である.

[*16] 競争系, 餌–捕食者系に限らないので, 式 (2.23) の係数 r_i, γ_{ij} の符号は特に限定しないが, 数理モデルとして, 初期値 $u_i(0)$ は非負値に限定する.

[*17] 【基礎編】6.4 節でも触れている.

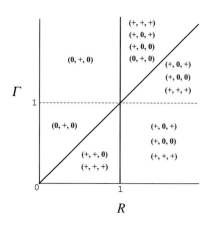

図 2.3　2餌–1捕食者系 (2.9) に関する平衡点 (H_1^*, H_2^*, P^*) の局所安定性に対するパラメータ (R, Γ)-依存性。それぞれの領域に局所漸近安定であり得る平衡点を示した。実際の安定性は，より詳細なパラメータ値に依存する。

(c+b) 平衡点 $(+, +, 0)$ は，$\Gamma < R < 1$ かつ

$$\frac{H_1^*}{r_2/\gamma_{21}} > \frac{R - \Gamma}{1 - \Gamma}$$

のとき，局所漸近安定な平衡点として存在し，$\Gamma < R < 1$ かつ

$$\frac{H_1^*}{r_2/\gamma_{21}} < \frac{R - \Gamma}{1 - \Gamma}$$

のとき，または，$\Gamma > R > 1$ のとき，不安定な平衡点として存在する。これら以外のときは，存在しない。

平衡点 $(0, +, 0)$ と $(+, 0, 0)$ の双安定状態が起こるのは，$\Gamma > R > 1$ かつ $H_1^*/(r_2/\gamma_{21}) > R$ のときである。

上記の捕食者絶滅平衡点の局所安定性に関する結果 (a+b), (b+d), (c+b), および，平衡点 $(+, 0, +)$ に関する結果 (2.14), (2.15), 3種共存平衡点 $(+, +, +)$ に関する結果 (2.17), (2.19) を用いて，漸近安定な平衡点のパラメータ δ と $\kappa_1 \nu_1$ への依存性を数値計算によって図 2.4 に示す。

以上の平衡点の存在性と安定性に関する結果をもう少し詳しくみるために，平衡点の存在性と安定性の分岐を表す分岐図 (bifurcation diagram)[*18] を数値的に作成し，図 2.5 に示した。

[*18] 【基礎編】4.7 節

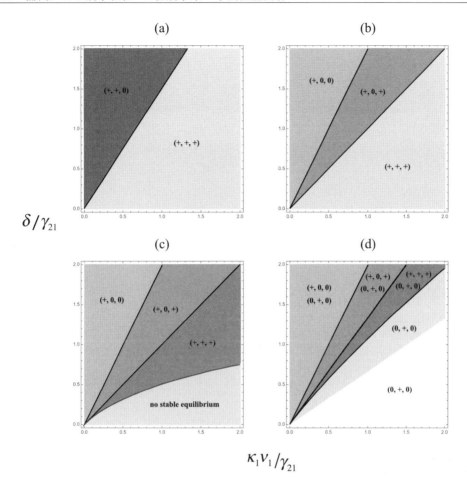

図 2.4　2餌–1捕食者系 (2.9) に関する平衡点 (H_1^*, H_2^*, P^*) の局所安定性に対するパラメータ $(\kappa_1\nu_1/\gamma_{21}, \delta/\gamma_{21})$-依存性。数値計算による例示。それぞれの領域に局所漸近安定な平衡点を示した。パラメータの組 $(\Gamma, R; \beta_1/\gamma_{21}, \beta_2/\gamma_{12}, r_1/\beta_1, r_2/\gamma_{21})$ の4つの場合：(a) $(0.5, 0.8; 0.5, 4.0, 2.0, 2.5)$ $[\Gamma < R < 1]$；(b) $(0.5, 2.0; 0.5, 4.0, 2.0, 1.0)$ $[\Gamma < 1 < R]$；(c) $(1.5, 2.0; 0.5, 1.33, 2.0, 1.0)$ $[R > \Gamma > 1]$；(d) $(2.0, 1.5; 0.5, 1.0, 2.0, 1.33)$ $[\Gamma > R > 1]$。これらに含まれない $\Gamma > R$ かつ $R < 1$ の場合には，平衡点 $(0, +, 0)$ のみ局所漸近安定である。図 2.3 との対応を参照。

周期解の存在

数値計算も用いた結果からここまでに明らかになった興味深い点は，図 2.4(c) が示す $R > \Gamma > 1$ の場合における，漸近安定な平衡点が存在しないパラメータ領域の存在である。このパラメータ領域では，実際，系は，ある周期解（periodic solution）に漸近する

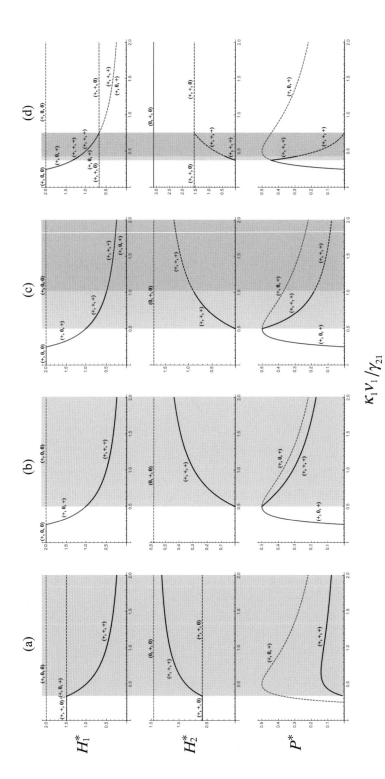

図 2.5 2餌-1捕食者系 (2.9) に関する平衡点 (H_1^*, H_2^*, P^*) の安定性のパラメータ $\kappa_1 \nu_1/\gamma_{21}$ に依存した分岐図。パラメータの組 $(\Gamma, R; \beta_1/\gamma_{21}, \beta_2/\gamma_{12}, r_1/\beta_1, r_2/\gamma_{21})$ の図 2.4 に示した4つの場合と同じパラメータ値を用いた数値計算による例示。(a) 実線は局所漸近安定な平衡点。破線は不安定な平衡点に対応。塗装領域のうち左側は、3種共存平衡点が局所漸近安定である範囲。右側 $\Gamma < R < 1$; (b) $\Gamma < 1 < R$; (c) $R > \Gamma > 1$; (d) $\Gamma > R > 1$。ただし、$\kappa_1 = 0.5$, $\gamma_{12} = 0.3$, $\gamma_{21} = 0.7$, $\delta/\gamma_{21} = 0.5$ とした。実は、漸近安定な周期解が存在することが数値計算によって示唆される。

2.2 捕食による競争緩和：2種競争系＋単食性捕食者

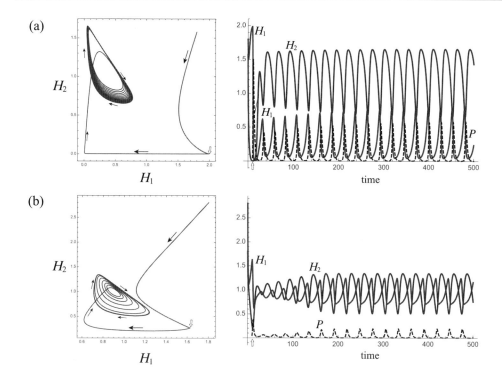

図2.6　2餌–1捕食者系 (2.9) の個体群サイズの時間変動の数値計算により現れる周期解への漸近軌道．捕食者個体群（破線）は，$t = 10$（白矢印の時点）まで不在であり，$t < 10$ における2種競争系においては，種2は絶滅に向かっている．$t = 10$ において捕食者個体群が系に侵入し，系が2餌–1捕食者系となる．(a) $(\Gamma, R) = (1.5, 2.0)$，$r_1 = 0.7$, $r_2 = 0.7$, $\beta_1 = 0.35$, $\beta_2 = 0.4$, $\delta = 0.5$, $(H_1(0), H_2(0)) = (1.8, 1.575)$；(b) $(\Gamma, R) = (2.0, 1.5)$，$r_1 = 0.7$, $r_2 = 0.93$, $\beta_1 = 0.35$, $\beta_2 = 0.3$, $\delta = 1.8$, $(H_1(0), H_2(0)) = (1.8, 2.8)$．いずれの場合も，$\nu_1 = 2.0$, $\kappa_1 = 1.0$, $\gamma_{12} = 0.3$, $\gamma_{21} = 0.7$, $P(10) = 0.05$．

ことが数値計算によって示唆できる（図 2.6(a)）．

また，図 2.4(d) が示す $\Gamma > R > 1$ の場合においては，平衡点 $(0, +, 0)$ のみが漸近安定であるパラメータ領域内に共存平衡点 $(+, +, +)$ が存在して不安定な領域（領域上部）が存在する．この領域に関する図 2.6(b) が示す数値計算は，漸近安定な周期解の存在を示唆している．すなわち，$\Gamma > R > 1$ の場合の平衡点 $(0, +, 0)$ のみが漸近安定であるパラメータ領域において，平衡点 $(0, +, 0)$ とある周期解がともに漸近安定であるような双安定状態の存在が示唆される．実際，図 2.6(b) の数値計算において，パラメータ値を変えずに，初期条件のみを $(H_1(0), H_2(0)) = (0.2, 2.8)$ に変えた結果，系は，$(0, +, 0)$ に漸近する数値計算結果が得られた．

注記 ただし，図 2.6 に示した周期解では，捕食者種あるいは餌種 1 の個体群サイズは，時間周期的に非常に小さくなる期間がある。このような個体群サイズ変動では，系に対する気候変動や人為的事象などによる環境の不確定・確率的な要因で生じる生態的撹乱により，個体群サイズが小さくなった期間に絶滅する可能性がある。餌種 1 が絶滅した場合には，単食性捕食者個体群も絶滅するので，系は，餌種 2 のみの状態，すなわち，$(0, +, 0)$ に漸近することになる。捕食者種が絶滅した場合には，系は 2 種競争系の平衡点に漸近することになる。図 2.6 に示した場合であれば，捕食者種が絶滅後，餌 2 種の種間競争の結果，餌種 2 は絶滅に向かい，系は，餌種 1 のみの状態 $(+, 0, 0)$ に漸近する。数学的には，$R > \Gamma > 1$ の場合の図 2.6(a) におけるパラメータ値では，2 餌–1 捕食者系 (2.9) の平衡点 $(0, +, 0)$ は不安定なので，前者の $(0, +, 0)$ に漸近する場合については矛盾を感じられるかもしれないが，ここでは，系 (2.9) に生態的撹乱という因子を付加した考察であることに注意されたい。

漸近安定な周期解の出現は面白い結果である。捕食者が存在しない場合 ($P \equiv 0$) の Lotka–Volterra 2 種競争系 (2.9) では，周期解は現れない。ましてや，振動する時間変動すら現れない。また，餌種 2 が存在しない場合 ($H_2 \equiv 0$) の Lotka–Volterra 1 餌–1 捕食者系 (2.9) においても，減衰振動を伴う共存平衡点への漸近挙動は現れうるが，周期解は現れない（【基礎編】6.3 節）。したがって，上記の結果で現れた 2 餌–1 捕食者系 (2.9) における周期解は，まさに，捕食関係と競争関係に係るそれぞれの相互作用の複合的産物であると考えられる。

競争緩和

図 2.6 に示した数値計算において，捕食者が存在しない場合 ($P \equiv 0$) の Lotka–Volterra 2 種競争系 (2.9) では，競争種 2 が絶滅に向かい，系は競争種 1 のみの平衡状態に漸近する。しかし，競争種 1 に対する単食性捕食者種の侵入が系を 3 種共存に誘導する。これは，競争優位種個体群が捕食によって縮小され，競争劣位種に対する競争の影響が弱められるからであると解釈できるだろう。

このような捕食の影響による競争緩和は，平衡点の安定性解析の結果からも明らかである。図 2.5(b) が示す結果は，侵入した捕食者種の捕食効率が相対的に低い場合には，競争劣位種を絶滅から回避させることはできないが，捕食効率の十分に高い捕食者の侵入ならば，系を 3 種共存平衡状態に誘導できることを示している。

しかし，高すぎる捕食効率をもつ捕食者種の侵入によって，絶滅に向かっていた競争劣位種のみが生残し，捕食者種と競争優位種の絶滅というシナリオも起こりうることを図 2.5(d) の結果が示している。一例の数値計算を図 2.7 に示す。この場合は，捕食者が存在しない場合の系が双安定状態にあり，競争 2 種の間の競争に関する優劣が拮抗している場合である。すなわち，競争の効果により絶滅に向かっている種の対抗種に対する単食性捕食者種の侵入により対抗種の個体群が縮小されるが，その結果として，捕食者種の侵入以前に絶滅に向かっていた種の対抗種に対する競争の相対的優位性が実現し，その競争の効

2.2 捕食による競争緩和：2種競争系＋単食性捕食者

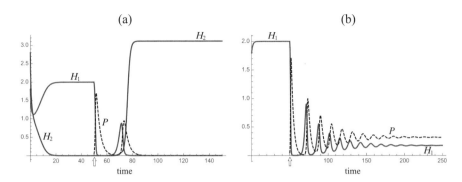

図 2.7 2餌–1捕食者系 (2.9) の個体群サイズの時間変動の数値計算により現れる単食性捕食者種の侵入による存続種の転換。(a) 捕食者個体群（破線）は，$t=50$（白矢印の時点）まで不在であり，$t<50$ における2種競争系においては，種2は絶滅に向かっている。$t=50$ において捕食者個体群が系に侵入し，系が2餌–1捕食者系となることにより，存続種が競争種1から競争種2に転換され，競争種1が絶滅に向かう。それに伴って，侵入した捕食者種も絶滅に向かうシナリオが示されている。(b) 同じ条件下で，競争種2が不在な場合，侵入した捕食者種とその餌となる種1は共存する。$\Gamma>R>1$ の場合：$(\Gamma, R) = (2.0, 1.5)$，$r_1 = 0.7$，$r_2 = 0.93$，$\beta_1 = 0.35$，$\beta_2 = 0.3$，$\gamma_{12} = 0.3$，$\gamma_{21} = 0.7$，$\nu_1 = 2.0$，$\kappa_1 = 1.0$，$\delta = 0.35$，$(H_1(0), H_2(0)) = (1.8, 2.8)$，$P(50) = 0.05$。

果と捕食の効果により対抗種が絶滅に向かうというシナリオと解釈できる。侵入した単食性捕食者種の絶滅も伴うので，捕食者種の定着は失敗する。

図 2.7 に示された数値計算例では，捕食者種の侵入以前に絶滅に向かっていた競争種が不在のとき，その対抗種と捕食者種は共存できるので，対抗種と捕食者種の絶滅において競争の効果が必要であることは明白である。

詳説 このような捕食者種の侵入による存続種の転換現象は，生態系の遷移に重要な役割を果たしてきたと考えられる。ここで扱った場合では，存続種の転換に寄与した捕食者種がその転換に伴って絶滅するので，生態系の遷移後，その系の成員とはならない。すなわち，生態系が現在の構造に至る過程において，現存しない種の侵入がその遷移に重要な寄与をした可能性が示唆される。

また，このような捕食者種導入による系の存続種の転換は，農業における有害生物（害虫や害獣）管理に関する生物防除（biological control）に関係する理論にも現れる。競争種1を害虫とすると，その天敵となる外来捕食者種の導入によって，害虫を駆逐し，在来種あるいは益虫たる種2を存続させる保全過程に対応している。外来天敵導入においては，導入後の在来生態系への影響が評価されなければならないが，図 2.7 に示された数値計算例では，害虫駆逐後に外来天敵も絶滅する場合となっているので，在来生態系への影響も小さいと考えられるだろう。有害生物管理に関しては，生態系保全と関連も深く，多くの理論的課題が示されてきた。関心のある読者は，たとえば，松田 [71, 72]，仲井ほか（編）[81]，日本生態学会（編）[87]，大串ほか（編）[93]，鷲谷・矢原 [129]，安田ほか（編）[134] などを参照されると，その課題の

多様さ，多彩さに触れることができるだろう．

注記 本節を含め，本章では，捕食関係を含む複数種個体群ダイナミクスの数理モデルを主に捕食者種に注目した観点で解析する立場で議論を記述しているが，たとえば，本節の数理モデルに関する議論については，1 餌–1 捕食者系に対する外来の競争餌種を導入する設定での考察も可能である．図 2.7 の結果は，捕食者種が害虫とすれば，害虫の害にさらされている在来種に対する外来の競争種の導入による害虫の駆除方策としての可能性を示していると考えることもできる．害虫駆除については，害虫に対する直接的な効果を方策として検討することが常であろうが，一見，害虫と一緒に在来種を衰退させるだけに見えるこの方策が害虫駆除のみならずその在来種の保全を導く結果は，生態系における間接効果 (indirect effect) の利用という選択肢の可能性を示していると解釈できる．

もっとも，このような 1 餌–1 捕食者系に対する外来の競争餌種を導入する設定における，外来種導入後の系の状態遷移の外来種の特性への依存性を明確に議論するためには，本節で述べた解析の方針とは異なり，外来種と在来種の競争関係に関わるパラメータ（増殖率，種内密度効果係数，競争係数）に着目した解析を進める解析デザインが改めて必要である．本節ではこれ以上踏み込んだ議論には入らないこととする．

2.3 見かけの競争：独立 2 餌–1 捕食者系

Williamson (1972) [131] は，種間競争以外のメカニズムが，生態系の安定性を誘引しているかもしれないと考え，捕食者を共有する構造のメカニズムについて考察した．餌 2 種と捕食者 1 種の場合，どちらの餌種も捕食者から被害を受け，捕食者はどちらの餌種からも利益を得る．餌種 1 を消費することによって捕食者の個体数が増せば，餌種 2 が受ける捕食による被害を増大させる．したがって，間接的に，餌種 1 は餌種 2 に有害な影響を及ぼし，その逆も同様である．このときの餌 2 種の関係が，Holt (1977, 1984) [32,33] が**見かけの競争**[*19] (apparent competition) と呼び，また Jeffries & Lawton (1984, 1985) [50,51] が敵のいない空間をめぐる競争と呼んだ間接効果（indirect effect）である．

詳説 Dodson (1974) [15] は，この間接効果を，動物プランクトン *Daphnia minnehaha* と *D. middendorffiana* の生息地排除の例で説明している．2 種のうち小さい方の *D. minnehaha* は，大きい方の *D. middendorffiana* が生息する池に入れられると増殖した．さらに，捕食性のカイアシ類 *Diaptomus shoshone* をこの池に入れると，*D. minnehaha* は餌として効率的に食べられていたが，大きい方の種 *D. middendorffiana* については小さい個体だけが捕食された．捕食者が池から *D. minnehaha* を排除したので，Dodson は，間接的競争排除が起こったのではないかと推測した．ただし，(Dodson は可能性を明示しなかったが) 餌 2 種は，たと

[*19] 巻き添え競争と呼ばれることもある．

2.3 見かけの競争：独立2餌–1捕食者系

え資源をめぐる競争がなくても間接的に相互作用する，つまり，捕食者個体群のサイズを増加させる効果によって，一方の餌種が他の餌種の排除に巻き込まれる可能性がある。

本節では，この見かけの競争について，互いに相互作用のない（独立な）餌2種とその捕食者1種から成る次のLotka–Volterra 2餌–1捕食者系を考える：

$$\begin{cases} \dfrac{dH_1}{dt} = (r_1 - \beta_1 H_1)H_1 - \nu_1 H_1 P \\ \dfrac{dH_2}{dt} = (r_2 - \beta_2 H_2)H_2 - \nu_2 H_2 P \\ \dfrac{dP}{dt} = -\delta P + \kappa_1 \nu_1 H_1 P + \kappa_2 \nu_2 H_2 P \end{cases} \quad (2.25)$$

ここで，P は捕食者の個体群サイズ，H_i $(i=1,2)$ は餌種 i の個体群サイズ，r_i は餌種 i の内的自然増殖率，β_i は餌種 i の種内密度効果係数，ν_i は捕食者による餌種 i の被食係数，δ は捕食者の自然死亡率，κ_i は餌種 i を捕食者が捕食した場合のエネルギー変換係数である。このモデルでは，餌2種間の相互作用はなく（互いに独立であり），捕食者と餌の捕食関係のみが存在する。餌2種は共通の捕食者をもつので，見かけの競争関係にあるといえる。前節までと同様，数理モデルとして自然に要求される条件として，餌個体群の初期条件に関しては，$0 < H_i(0) \leq r_i/\beta_i$ $(i=1,2)$ とする。

さらに，数学的な便宜として，餌種の番号付けが次の条件を満たしているものとする：

$$\frac{r_1}{\nu_1} \geq \frac{r_2}{\nu_2} \quad (2.26)$$

この番号付けによって一般性は損なわれない。この条件は，捕食者種の餌2種への捕食の偏向性を反映している。たとえば，ν_1 が ν_2 に比べて十分に小さければ，条件 (2.26) は満たされ，この場合，捕食者種が餌種2を餌種1よりも（十分に偏って）好んで捕食している場合や，餌種2の方がより捕獲しやすい場合に相当する。もちろん，条件 (2.26) は，餌2種の増殖能力の違いも反映しているので，さらに，餌種2が餌種1に比べてかなり低い増殖能力しかもたない場合には，この条件がより満たされやすい。

実は，後述の通り，2餌–1捕食者系 (2.25) において，条件 (2.26) が満たされるならば，餌種1が絶滅することはないが，餌種2は見かけの競争の効果によって絶滅し得る（図2.8(a) 参照）。つまり，条件 (2.26) は，見かけの競争に関して，餌種2が餌種1に対して劣位である特性を表すことが以降の議論の結果によって示される。

捕食者絶滅平衡点

2餌–1捕食者系 (2.25) について存在し得る平衡点は，(H_1^*, H_2^*, P^*), $(H_1^*, 0, P^*)$, $(0, H_2^*, P^*)$, $(H_1^*, H_2^*, 0)$, $(H_1^*, 0, 0)$, $(0, H_2^*, 0)$, $(0,0,0)$ の7つである。捕食者種が絶滅する平衡点 $(H_1^*, H_2^*, 0) = (r_1/\beta_1, r_2/\beta_2, 0)$ は，常に存在し，局所漸近安定である条件は，

$$\delta > D_1 + D_2 \quad (2.27)$$

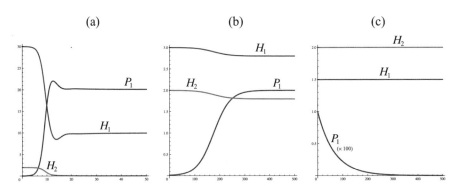

図 2.8 独立 2 餌–1 捕食者系 (2.25) の個体群サイズの時間変動の数値計算。(a) 見かけの競争により餌種 2 の絶滅が起こる；(b) 餌 2 種と捕食者が共存する；(c) 捕食者の絶滅が起こる。(a) $\beta_1 = 0.1$, $(H_1(0), H_2(0), P(0)) = (30.0, 2.0, 0.01)$; (b) $\beta_1 = 1.0$, $(H_1(0), H_2(0), P(0)) = (3.0, 2.0, 0.01)$; (c) $\beta_1 = 2.0$, $(H_1(0), H_2(0), P(0)) = (1.5, 2.0, 0.01)$。$\delta = 0.3$, $\nu_1 = 0.1$, $\nu_2 = 0.1$, $\kappa_1 = 0.3$, $\kappa_2 = 1.2$, $\beta_2 = 1.0$, $r_1 = 3.0$, $r_2 = 2.0$。各数値計算における初期値 $H_i(0)$ は環境許容量 ($= r_i/\beta_i$) に等しい ($i = 1, 2$)。

である (図 2.8(c) 参照)。ただし，

$$D_i := K_i \frac{r_i}{\nu_i}, \quad K_i := \frac{\kappa_i \nu_i^2}{\beta_i} \quad (i = 1, 2)$$

とおく。平衡点 $(H_1^*, 0, 0)$, $(0, H_2^*, 0)$, $(0, 0, 0)$ は，常に存在するが，常に不安定である。

注記 平衡点 $(H_1^*, 0, 0)$, $(0, H_2^*, 0)$, $(0, 0, 0)$ が不安定であることは，それぞれの平衡点についての固有値解析によって容易にわかる。一方，数理モデリングからも理解できる。これら 3 つの平衡点のいずれにおいても，個体群サイズ 0 の餌個体群については，ほんのわずかでもその餌個体群が現れれば，餌 2 種が共存する平衡点へと遷移するからである。捕食者がいない ($P \equiv 0$ である) 系 (2.25) においては，餌 2 種の個体群には相互作用がなく，それぞれが独立に logistic 型増殖によって環境許容量へ向かって成長する。

3 種共存平衡点の大域安定性

3 種共存平衡点 (H_1^*, H_2^*, P^*) は次のように与えられる：

$$\begin{aligned} H_1^* &= \frac{\nu_1}{\beta_1} \left(\frac{r_1}{\nu_1} - P^* \right); \quad H_2^* = \frac{\nu_2}{\beta_2} \left(\frac{r_2}{\nu_2} - P^* \right); \\ P^* &= \frac{1}{K_1 + K_2} (D_1 + D_2 - \delta) \end{aligned} \quad (2.28)$$

2.3 見かけの競争：独立2餌–1捕食者系

存在条件は，$H_1^* > 0$, $H_2^* > 0$, $P^* > 0$ により，

$$\Delta D := K_1 \left(\frac{r_1}{\nu_1} - \frac{r_2}{\nu_2} \right) < \delta < D_1 + D_2 \tag{2.29}$$

であり，以下で述べる通り，広い意味での狭義Lyapunov関数[*20]を用いることにより，存在すれば大域安定であることを示すことができる（図2.8(b) 参照）。

3種共存平衡点 (H_1^*, H_2^*, P^*) を用いて定義される次の関数を考える：

$$V(t) = \sum_{i=1}^2 \kappa_i \left[H_i(t) - H_i^* - H_i^* \{ \log H_i(t) - \log H_i^* \} \right] \\ + P(t) - P^* - P^* \{ \log P(t) - \log P^* \} \tag{2.30}$$

すると，

$$\frac{dV(t)}{dt} = -\sum_{i=1}^2 \kappa_i \beta_i \{ H_i(t) - H_i^* \}^2 \leq 0$$

であることから，$(H_1(t_1), H_2(t_1)) \neq (H_1^*, H_2^*)$ である限り，V は時間について単調減少な関数である。ある時刻 $t = t_1$ において，$(H_1(t_1), H_2(t_1)) = (H_1^*, H_2^*)$ となり，$dV/dt = 0$ であるとすると，式 (2.25) から，同時に $dP/dt = 0$ となる。しかし，$t = t_1$ において，$P(t_1) \neq P^*$ ならば，式 (2.25) から，$t = t_1$ において $dH_1/dt \neq 0$，または，$dH_2/dt \neq 0$ なので，$t = t_1$ 経過直後，$dV/dt < 0$ となる。すなわち，共存平衡点 (H_1^*, H_2^*, P^*) 以外の点 (H_1, H_2, P) において，$V(t)$ は広義単調減少であり，時間経過とともに値が減少する。さらに，$H_1(t) > 0$ かつ $H_2(t) > 0$ かつ $P(t) > 0$ である限り，$V \geq 0$ であり，$V - 0$ となるのは，3種共存平衡点においてのみであることもわかる。よって，関数 V は，3種共存平衡点 (H_1^*, H_2^*, P^*) に関する系 (2.25) についての広い意味での狭義Lyapunov関数となっている。したがって，(H_1^*, H_2^*, P^*) は存在すれば，大域安定である[*21]。

餌種絶滅平衡点

平衡点 $(H_1^*, 0, P^*)$ は次のように与えられる：

$$H_1^* = \frac{\delta}{\kappa_1 \nu_1}; \quad P^* = \frac{1}{K_1} (D_1 - \delta) \tag{2.31}$$

存在条件は，$\delta < D_1$ であり，局所漸近安定である条件は，

$$\delta < \Delta D \tag{2.32}$$

[*20] 【基礎編】6.4節，本書付録 E.1
[*21] 付録Eに解説されているLaSalle（ラサール）の不変原理（LaSalle's invariance principle）を併用したLyapunovの方法の適用による，より数学的に精緻な取り扱い方については，4.8節を参照されたい。

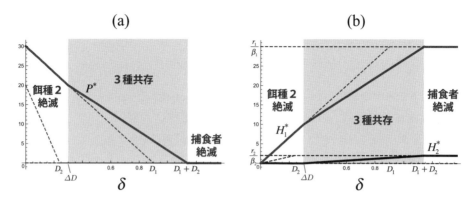

図 2.9　2 餌–1 捕食者系 (2.25) の平衡点に関する分岐図。(a) 捕食者個体群；(b) 餌個体群。実線と破線は，それぞれ，漸近安定な平衡点と不安定な平衡点における値を表す。$\nu_1 = 0.1, \nu_2 = 0.1, \kappa_1 = 0.3, \kappa_2 = 1.2, \beta_1 = 0.1, \beta_2 = 1.0, r_1 = 3.0, r_2 = 2.0$。

である（図 2.8(a) 参照）。同様に，平衡点 $(0, H_2^*, P^*)$ は次のように与えられる：

$$H_2^* = \frac{\delta}{\kappa_2 \nu_2}; \quad P^* = \frac{1}{K_2}(D_2 - \delta) \tag{2.33}$$

存在条件は，$\delta < D_2$ であるが，条件 (2.26) により，存在しても不安定であることを容易に示すことができる［演習問題 11］。

演習問題 11

系 (2.25) の平衡点 $(0, H_2^*, P^*)$ は，条件 (2.26) により，存在しても不安定であることを示せ。

上記の結果からわかるように，条件 (2.26) により，餌種 2 は，見かけの競争について，餌種 1 に対して劣位な種であることに注意する。見かけの競争によって，餌種 1 が絶滅することはないが，餌種 2 は絶滅しうる。

以上の議論をまとめると，図 2.9 に示すような，平衡点の存在性と安定性の δ（捕食者の自然死亡率）依存性に関する分岐図を得ることができる。

1 餌–1 捕食者系への独立餌種追加の影響

以上の結果を元に，餌 1 種と捕食者 1 種が安定に共存している 1 餌–1 捕食者系に，在来の餌種とは相互作用をもたない（互いに独立な）外来の餌 1 種が侵入した場合，あるいは，ある在来餌種を捕食する単食性の捕食者種が他の在来餌 1 種を捕食する多食性に変異した場合について考察してみよう。

2.3 見かけの競争：独立2餌–1捕食者系

■ **餌種2が外来種の場合**　まず，元の系が，在来餌種1と捕食者種から成る1餌–1捕食者系である場合について考える．すなわち，系 (2.25) において，$H_2 \equiv 0$ なる1餌–1捕食者系が元の系であったとする．この1餌–1捕食者系が元の系として安定な2種共存平衡状態にあると仮定して考える．2.1節でも触れたように，系 (2.25) における H_1 と P から成る系に対して，$\delta < D_1$ が H_1 と P の共存平衡点が存在し，大域的に漸近安定となるための必要十分条件である[*22]から，今考える場合については，条件 $\delta < D_1$ の下にあるとする．

この1餌–1捕食者系に，在来餌種1とは相互作用のない［条件 (2.26) を満たす］外来餌種2が侵入するとする．系への外来餌種2の侵入が成功しなければ，侵入した外来餌種2の個体群が絶滅に向かい，系は元の1餌–1捕食者系に戻るだけである．外来餌種2の侵入が成功することは，餌種2が加わった2餌–1捕食者系 (2.25) における平衡点 $(H_1^*, 0, P^*)$ が不安定であることと数学的に同義である．前節までの議論により，餌種2の個体群サイズが0である他の平衡点は，すべて，常に不安定であるから，平衡点 $(H_1^*, 0, P^*)$ が不安定ならば，外来餌種2の個体群は絶滅しないので，侵入が成功したことになる．よって，前節の議論における条件 (2.32) から，外来餌種2の侵入が成功する条件 $\Delta D < \delta$ が成り立つものとする．

したがって，在来餌種1と捕食者種の1餌–1捕食者系への外来餌種2の侵入の影響を考察しようとする今の場合，条件

$$\Delta D < \delta < D_1 \tag{2.34}$$

の下で考える．このとき，前出の議論により，条件 (2.29) が満たされるので，外来餌種2が侵入後，餌種2が加わった2餌–1捕食者系 (2.25) は，式 (2.28) で与えられる3種共存平衡点 (H_1^*, H_2^*, P^*) に漸近収束する．

> **注記**　元の1餌–1捕食者系が安定な2種共存平衡状態にあると仮定して，外来種の侵入後の2餌–1捕食者系における状態の遷移を考察するここでの議論は，次の数学的な解析内容に対応する．餌種1と捕食者種の共存平衡状態 (H_1^*, P^*) に，初期時点 $t = t_0$ で外来餌種2が $H_2 = H_2(t_0)$ として侵入した場合については，時刻 $t = t_0$ における初期条件 $(H_1^*, H_2(t_0), P^*)$ に対して，2餌–1捕食者系 (2.25) の漸近する平衡状態を検討する．

式 (2.31) で与えられる元の1餌–1捕食者系における共存平衡状態における捕食者の平衡個体群サイズを P_{old}^*，外来餌種2の侵入が成功し，定着した2餌–1捕食者系における式 (2.28) で与えられる捕食者の平衡個体群サイズを P_{new}^* とすると，次の結果が得られる：

$$P_{\text{old}}^* - P_{\text{new}}^* = K_2(\Delta D - \delta) \tag{2.35}$$

[*22]【基礎編】6.3節，6.4節

すると，条件 (2.34) の下で考えているので，$P^*_{\text{old}} - P^*_{\text{new}} < 0$ である．すなわち，外来餌種 2 が侵入・定着することにより，捕食者個体群がより大きなサイズへ遷移する結果が得られた．言い換えれば，捕食者種が餌種 1 と餌種 2 をともに捕食することにより，餌種 1 のみを捕食する場合に比べて，捕食者個体群サイズがより大きくなる．

■ **餌種 1 が外来種の場合** 次に，元の系が，在来餌種 2 と捕食者種から成る 1 餌–1 捕食者系である場合について考える．H_2 と P の共存平衡点が存在し，大域的に漸近安定となる必要十分条件は，$\delta < D_2$ である．この系に，在来餌種 2 とは相互作用のない [条件 (2.26) を満たす] 外来餌種 1 が侵入するとする．

外来餌種 1 が加わった 2 餌–1 捕食者系 (2.25) における平衡点 $(0, H_2^*, P^*)$ は常に不安定であることを前記の議論 [演習問題 11] によって示したので，この場合，外来餌種 1 の侵入は必ず成功する．外来餌種 1 の侵入・定着により 3 種共存平衡状態へ漸近するためのこの場合の条件は，前出の議論による条件 (2.29) により，

$$\Delta D < \delta < D_2 \tag{2.36}$$

であるが，条件 (2.26) を満たす餌種 1 がこの条件 (2.36) を満たし得るとは限らない．つまり，条件 (2.26) を満たす餌種 1 が $\Delta D < D_2$ を満たす性質をもつ種でなければ，条件 (2.36) は成り立ち得ない．外来餌種 1 が $\Delta D > D_2$ を満たす性質の種の場合には，3 種共存平衡点は存在せず，条件 (2.32) が成り立つので，在来餌種 2 の個体群 H_2 が絶滅した平衡点 $(H_1^*, 0, P^*)$ が局所漸近安定である．このときには，外来餌種 1 の侵入・定着に伴い在来餌種 2 が絶滅に向かう．すなわち，見かけの競争の効果による餌種の転換が生じ，系は新しい 1 餌–1 捕食者系に遷移する．$\Delta D < D_2$ となる条件が

$$\frac{K_1}{K_1 + K_2} \frac{r_1}{\nu_1} > \frac{r_2}{\nu_2}$$

であることにより，条件 (2.36) から，以下のように結果をまとめることができる：

$\dfrac{K_1}{K_1 + K_2} \dfrac{r_1}{\nu_1} < \dfrac{r_2}{\nu_2}$		餌種の転換
$\dfrac{K_1}{K_1 + K_2} \dfrac{r_1}{\nu_1} > \dfrac{r_2}{\nu_2}$	$\delta < \Delta D$	餌種の転換
	$\Delta D < \delta < D_2$	3 種共存

餌種の転換が起こらず，外来餌種 1 の侵入・定着後の 3 種共存による 2 餌–1 捕食者系が確立するためには，条件 (2.26) において，外来餌種 1 のパラメータ r_1/ν_1 が在来餌種 2 のパラメータ r_2/ν_2 より相当に大きくなければならない．外来餌種 1 のパラメータ r_1/ν_1 が在来餌種 2 の r_2/ν_2 に近い値の場合には，外来餌種 1 の侵入により在来餌種 2 の絶滅が誘引される．

2.3 見かけの競争：独立2餌–1捕食者系

詳説 餌種1の侵入が，系の外部からではなく，在来餌種2からの変異によるもの，つまり，餌種1が餌種2の変異種（変異型；mutant type）であるとするならば，上記の餌種の転換は，自然淘汰（natural selection）によって変異餌種が選択され，在来餌種（野生型；wild type）が排除される現象として捉えることができる．この場合，種の選択と排除は，共通の捕食者の存在による見かけの競争の効果であるから，捕食が淘汰圧（selection pressure）となっている進化過程（evolutionary process）といえる．このように考えるならば，餌種の転換は，餌種のもつパラメータ r/ν の値が大きい方へと進化することに対応する．パラメータ r/ν の値が大きいほど，捕食者のもつ自然死亡率 δ に対する共存条件 $\delta < \delta^*$ を定める δ^* は，（他のパラメータが不変ならば）より大きくなる[*23]ので，1餌–1捕食者系の安定性は崩れない．しかしながら，一般的に，変異に伴う性質（表現型）の変化は変異種の野生型に対する有利と不利の両面を生じさせる（= trade-off）と考えられるので，この議論では単純すぎるだろうが，見かけの競争の効果が自然淘汰の力として働く可能性を示していることは面白い．

餌種2から餌種1への餌種の転換が起こる場合，外来餌種1が侵入する前の平衡状態における捕食者個体群サイズ P_old と，餌種の転換後に至る平衡状態における捕食者個体群サイズ P_new は，それぞれ，式(2.33), (2.31)によって与えられ，大小関係については他のパラメータ条件に依存する．すなわち，餌種の転換が起こる場合では，餌種の転換による捕食者個体群の平衡状態におけるサイズの遷移については，大きくなることも小さくなることもあり得る．

対照的に，外来餌種1の侵入・定着後に系が3種共存状態へ遷移する場合では，

$$P^*_\text{old} - P^*_\text{new} = -\frac{K_1}{K_2(K_1 + K_2)}\left(\frac{K_2}{K_1}\Delta D + \delta\right) < 0 \tag{2.37}$$

から，捕食者個体群がより大きなサイズへ遷移する結果が得られる．言い換えれば，捕食者種が餌種1と餌種2をともに捕食することにより，餌種2のみを捕食する場合に比べて，捕食者個体群サイズがより大きくなる．

演習問題 12

1餌–1捕食者系において，捕食者種が絶滅に向かっている場合に，外来の餌1種の追加によって，系が捕食者1種と餌2種の共存状態へ遷移するための条件を調べよ．

本節で議論したいずれの場合においても，系が1餌–1捕食者系から2餌–1捕食者系になることにより，捕食者個体群がより大きなサイズへ遷移する結果となったことに着目する．

次節では，本節で議論した独立2餌–1捕食者系に関する解析の考え方を，互いに独立な餌 n 種とその捕食者1種から成る系に応用する．

[*23] 本節の議論では，D_i ($i=1,2$) や ΔD が δ^* の値を与えている．

2.4 多食性捕食者と複数の独立餌種の共存

互いに相互作用のない（独立な）餌 n 種とそれらを捕食の対象とする多食性捕食者 1 種から成る次の Lotka–Volterra 系を考える：

$$\begin{cases} \dfrac{dH_i}{dt} = (r_i - \beta_i H_i)H_i - \nu_i H_i P \quad (i = 1, 2, \ldots, n) \\ \dfrac{dP}{dt} = -\delta P + \sum_{i=1}^{n} \kappa_i \nu_i H_i P \end{cases} \quad (2.38)$$

ここで P は捕食者の個体群サイズ，H_i は餌種 i の個体群サイズ，r_i は餌種 i の内的自然増殖率，β_i は餌種 i の種内密度効果係数，ν_i は餌種 i に対する捕食係数，δ は捕食者の自然死亡率，κ_i は餌種 i の捕食についてのエネルギー変換係数を表す．以下，上記の互いに独立な餌 n 種とその捕食者 1 種から成る系を「独立餌 n 種系」と呼ぶことにする．

前節の独立餌 2 種系 (2.25) についてと同様に，初期条件において，餌種に関しては，$0 < H_i(0) \leq r_i/\beta_i\,(n = 1, 2, \ldots, n)$ とする．さらに，次のように餌種の番号付けをする：

$$\frac{r_1}{\nu_1} \geq \frac{r_2}{\nu_2} \geq \cdots \geq \frac{r_n}{\nu_n} \quad (2.39)$$

この番号付けによって一般性は損なわれない．

捕食者絶滅平衡点

独立餌 n 種系 (2.38) について存在しうる平衡点は，高々 2^{n+1} 個である．そのうち，捕食者が絶滅する平衡点は 2^n 個あり，これらは，すべて，常に存在する．捕食者が不在な状況では，各餌種は互いに相互作用をもたずに独立に増殖するので，存在する各餌種個体群はそれぞれの環境許容量（$H_i^* = r_i/\beta_i$）に向かって成長する．

2.4 多食性捕食者と複数の独立餌種の共存

系 (2.38) の平衡点 $(H_1^*, H_2^*, \ldots, H_n^*, P^*)$ に対するヤコビ行列[*24] A は,

$$A = \begin{pmatrix} \Xi_1^* & 0 & \cdots & \cdots & \cdots & \cdots & 0 & -\nu_1 H_1^* \\ 0 & \Xi_2^* & 0 & & & & \vdots & -\nu_2 H_2^* \\ \vdots & \ddots & \ddots & \ddots & & \mathbf{0} & \vdots & \vdots \\ \vdots & & 0 & \Xi_k^* & 0 & & \vdots & -\nu_k H_k^* \\ \vdots & \mathbf{0} & & \ddots & \ddots & \ddots & \vdots & \vdots \\ \vdots & & & & \ddots & \ddots & 0 & \vdots \\ 0 & \cdots & \cdots & \cdots & \cdots & 0 & \Xi_n^* & -\nu_n H_n^* \\ \kappa_1 \nu_1 P^* & \kappa_2 \nu_2 P^* & \cdots & \kappa_k \nu_k P^* & \cdots & \cdots & \kappa_n \nu_n P^* & \Psi^* \end{pmatrix} \quad (2.40)$$

と表すことができる。ここで,

$$\Xi_i^* := r_i - 2\beta_i H_i^* - \nu_i P^* \quad (i = 1, 2, \ldots, n), \quad \Psi^* := -\delta + \sum_{i=1}^n \kappa_i \nu_i H_i^*$$

とおいた。

さて,捕食者が不在 ($P^* = 0$) であるのみならず,餌 n 種のうち,ある餌種 k のみが不在 ($H_k^* = 0$) である平衡点 ($H_i^* = r_i/\beta_i$, $i \neq k$) に対するヤコビ行列は,三角行列

$$\begin{pmatrix} -r_1 & 0 & \cdots & \cdots & \cdots & \cdots & \cdots & 0 & -\nu_1 H_1^* \\ 0 & -r_2 & 0 & & & & & \vdots & -\nu_2 H_2^* \\ \vdots & \ddots & \ddots & \ddots & & \mathbf{0} & & \vdots & \vdots \\ \vdots & & 0 & -r_{k-1} & 0 & & & \vdots & -\nu_{k-1} H_{k-1}^* \\ \vdots & & & 0 & r_k & 0 & & \vdots & 0 \\ \vdots & & & & 0 & -r_{k+1} & 0 & \vdots & -\nu_{k+1} H_{k+1}^* \\ \vdots & \mathbf{0} & & & & \ddots & \ddots & 0 & \vdots \\ 0 & \cdots & \cdots & \cdots & \cdots & \cdots & 0 & -r_n & -\nu_n H_n^* \\ 0 & \cdots & \cdots & \cdots & \cdots & \cdots & \cdots & 0 & \Psi^* \end{pmatrix} \quad (2.41)$$

[*24] 【基礎編】5.5 節

となるので,固有値が,対角要素 $-r_i$ $(i=1,2,\ldots,n,\ i\neq k)$, r_k, Ψ^* で与えられる。正の固有値 r_k を含むので,この平衡点は不安定である。この結果は,不在な餌 1 種がいずれの餌種であるかによらないので,捕食者と任意の餌 1 種が不在である平衡点は常に不安定であることが示された。同様にして,捕食者が不在であるのみならず,2 種以上の任意の餌種が不在であるような平衡点も常に不安定であることがわかる。よって,**捕食者が不在であるのみならず,いずれかの餌種が不在である平衡点は常に不安定である**。

注記 この結果は,前節 p. 43 の捕食者絶滅平衡点についての議論と同様,数理モデリングからも容易に理解できる。

一方,捕食者は不在($P^*=0$)であるが,餌 n 種すべてが存在する平衡点 $(r_1/\beta_1, r_2/\beta_2, \ldots, r_n/\beta_n, 0)$ については,以下の結果が得られる。式 (2.40) から,やはり,ヤコビ行列は三角行列となり,固有値は,$-r_i$ $(i=1,2,\ldots,n)$, Ψ^* で与えられる。したがって,固有値がすべて負となる場合もあり得る。この平衡点は,$\Psi^*>0$ ならば不安定,$\Psi^*<0$ ならば局所的漸近安定である。すなわち,**捕食者絶滅平衡点 $(r_1/\beta_1, r_2/\beta_2, \ldots, r_n/\beta_n, 0)$** は,

$$\begin{cases} \delta < S_n & \text{ならば不安定} \\ \delta > S_n & \text{ならば局所的漸近安定} \end{cases} \tag{2.42}$$

である。ただし,

$$S_n := \sum_{i=1}^n D_i, \quad D_i := K_i \frac{r_i}{\nu_i}, \quad K_i := \frac{\kappa_i \nu_i^2}{\beta_i} \quad (i=1,2,\ldots,n)$$

とおいた。

実は,捕食者絶滅平衡点 $(r_1/\beta_1, r_2/\beta_2, \ldots, r_n/\beta_n, 0)$ は,$\delta > S_n$ ならば,大域的に漸近安定であることを次のように示すことができる。まず,餌種の個体群サイズは,初期値が $0 < H_i(0) \leq r_i/\beta_i$ ならば,任意の時刻 $t > 0$ において,$0 < H_i(t) \leq r_i/\beta_i$ である。これは,2.1 節 p. 25 で述べた議論と同様に容易に示すことができる。このとき,

$$\begin{aligned} \frac{dP}{dt} &= \left(-\delta + \sum_{i=1}^n \kappa_i \nu_i H_i \right) P \\ &\leq \left(-\delta + \sum_{i=1}^n \frac{\kappa_i \nu_i^2}{\beta_i} \frac{r_i}{\nu_i} \right) P = (-\delta + S_n) P \end{aligned}$$

であり,$P(0) > 0$ ならば,任意の時刻 $t > 0$ において,$P(t) > 0$ であることから,$\delta > S_n$ ならば,任意の時刻 $t > 0$,任意の $P(t) > 0$ の値に対して,$dP/dt < 0$ が成り立ち,P は狭義単調減少である。よって,$t \to \infty$ において $P(t) \to 0$ である。

2.4 多食性捕食者と複数の独立餌種の共存

次に，$t \to \infty$ において $P(t) \to 0$ であるとする．系 (2.38) により，$P(t) \to 0$ のとき，明らかに，$H_i(t) \to r_i/\beta_i$ $(i = 1, 2, \ldots, n)$ である．$P = 0$ なる平衡点のうち，捕食者が不在であるのみならず，いずれかの餌種が不在であるような平衡点は常に不安定であったから，$P(t) \to 0$ の場合に系が至る平衡点は $(r_1/\beta_1, r_2/\beta_2, \ldots, r_n/\beta_n, 0)$ である．この平衡点の局所安定性解析により，$t \to \infty$ において $P(t) \to 0$ ならば，この平衡点は局所漸近安定でなければならないから，結果 (2.42) により，$\delta > S_n$ である．

演習問題 13

独立餌 n 種系 (2.38) は，適当な変数変換，パラメータ変換によって，正のパラメータ $\widetilde{r}_i$, $\widetilde{\nu}_i$, $\widetilde{D}_i$ をもつ次の系と数学的に同等であることを示せ：

$$\begin{cases} \dfrac{d\widetilde{H}_i}{d\tau} = \widetilde{r}_i(1 - \widetilde{H}_i)\widetilde{H}_i - \widetilde{\nu}_i\widetilde{H}_iP \quad (i = 1, 2, \ldots, n) \\ \dfrac{dP}{d\tau} = -P + \displaystyle\sum_{i=1}^{n} \widetilde{D}_i\widetilde{H}_iP \end{cases} \tag{2.43}$$

共存平衡点

独立餌 n 種系 (2.38) の共存平衡点 $(H_1^*, H_2^*, \ldots, H_n^*, P^*)$ は次のように得られる（$i = 1, 2, \ldots, n$）：

$$H_i^* = \frac{\nu_i}{\beta_i}\left(\frac{r_i}{\nu_i} - P^*\right); \quad P^* = \frac{S_n - \delta}{B_n} \tag{2.44}$$

ここで，$B_n := \displaystyle\sum_{i=1}^{n} K_i$ である．共存平衡点の存在条件は，$H_i^* > 0$ $(i = 1, 2, \ldots, n)$，$P^* > 0$ により，次のように得られる：

$$S_n - \frac{r_i}{\nu_i}B_n < \delta < S_n \quad (i = 1, 2, \ldots, n) \tag{2.45}$$

条件 (2.39) により，$r_n/\nu_n \leq r_i/\nu_i$ $(i = 1, 2, \ldots, n-1)$ であるから，結局，共存平衡点が存在するための必要十分条件は，

$$\Delta S_n := S_n - \frac{r_n}{\nu_n}B_n = \sum_{i=1}^{n} K_i\left(\frac{r_i}{\nu_i} - \frac{r_n}{\nu_n}\right) < \delta < S_n \tag{2.46}$$

である．条件 (2.39) により，存在条件 (2.46) は，δ に対して，ある正の有限範囲 $(\Delta S_n, S_n)$ に属することを要求している．

条件 (2.46) が成り立ち，共存平衡点 $(H_1^*, H_2^*, \ldots, H_n^*, P^*)$ が存在するとき，前節の独

立餌 2 種系 (2.25) の場合と同様に，次の広い意味での狭義 Lyapunov 関数が存在する：

$$V(t) = \sum_{i=1}^{n} \kappa_i \big[H_i(t) - H_i^* - H_i^* \{\log H_i(t) - \log H_i^*\} \big] \\ + P(t) - P^* - P^* \{\log P(t) - \log P^*\} \tag{2.47}$$

$H_i(t) > 0$ $(i = 1, 2, \ldots, n)$ かつ $P(t) > 0$ である限り，$V \geq 0$ であり，$V = 0$ となるのは，共存平衡点においてのみである。そして，

$$\frac{dV(t)}{dt} = -\sum_{i=1}^{n} \kappa_i \beta_i \{H_i(t) - H_i^*\}^2 \leq 0$$

であるから，V は時間について単調減少な関数である。よって，独立餌 2 種系についての前節の議論と同様に，関数 V は系 (2.38) の共存平衡点 $(H_1^*, H_2^*, \ldots, H_n^*, P^*)$ に関する広い意味での狭義 Lyapunov 関数となっていることがわかり，**共存平衡点 $(H_1^*, H_2^*, \ldots, H_n^*, P^*)$ は存在すれば大域的に漸近安定である**。

餌種絶滅平衡点

捕食者個体群が存在し，餌種のうち，種番 $i_1, i_2, \ldots, i_k$ $(i_1 < i_2 < \cdots < i_k)$ の k 種 $(0 < k < n)$ 以外の餌個体群が不在である平衡点 $\mathcal{E}_{[k]}$ を考える。存在する餌個体群の種番の集合を $\mathcal{H} := \{i_1, i_2, \ldots, i_k\}$ $(\subset \{1, 2, \ldots, n\})$ で表す。平衡点 $\mathcal{E}_{[k]}$ は，捕食者種と餌 k 種が共存する平衡点であるから，その存在条件は，前出の共存平衡点についての存在条件 (2.45), (2.46) の議論から，次のように与えられることがわかる：

$$S_\mathcal{H} - \frac{r_{i_k}}{\nu_{i_k}} B_\mathcal{H} = \sum_{i \in \mathcal{H}} K_i \left(\frac{r_i}{\nu_i} - \frac{r_{i_k}}{\nu_{i_k}} \right) < \delta < S_\mathcal{H} \tag{2.48}$$

ただし，

$$S_\mathcal{H} := \sum_{i \in \mathcal{H}} D_i, \quad B_\mathcal{H} := \sum_{i \in \mathcal{H}} K_i$$

である。

ここで，便宜のため，$\{1, 2, \ldots, n\}$ における $\mathcal{H}$ に含まれる餌種番以外の餌種番を $j_1, j_2, \ldots, j_{n-k}$ $(j_1 < j_2 < \cdots < j_{n-k})$，その集合を $\overline{\mathcal{H}}$ と表すことにする[*25]。平衡点 $\mathcal{E}_{[k]}$ については，$H_{j_\ell}^* = 0$ $(\ell = 1, 2, \ldots, n-k)$ なので，式 (2.40) から，平衡点 $\mathcal{E}_{[k]}$ に対するヤコビ行列 A の行 j_ℓ $(\ell = 1, 2, \ldots, n-k)$ は対角成分 $\Xi_{j_\ell} = r_{j_\ell} - \nu_{j_\ell} P^*$ 以外の成分が 0 である。

[*25] $\overline{\mathcal{H}} = \{1, 2, \ldots, n\} \backslash \mathcal{H}$

2.4 多食性捕食者と複数の独立餌種の共存

このことから，固有方程式 $\det(A - \lambda E_n) = 0$ の左辺の行列式を $n-k$ 個の行 j_ℓ ($\ell = 1, 2, \ldots, n-k$) で $n-k$ 回展開することにより，次の固有方程式を導くことができる[*26]：

$$\det(A - \lambda E_n) = \Big[\prod_{j \in \overline{\mathcal{H}}}(\Xi_j - \lambda)\Big] \det(A_{k+1} - \lambda E_{k+1}) = 0 \quad (2.49)$$

ここで，$(k+1) \times (k+1)$ 行列 A_{k+1} は，$\mathcal{H}$ に含まれる餌 k 種と捕食者種から成る独立餌 k 種系における共存平衡点に対するヤコビ行列になっている．したがって，平衡点 $\mathcal{E}_{[k]}$ の固有値は，$\Xi_{j_1}, \Xi_{j_2}, \ldots, \Xi_{j_{n-k}}$ と，方程式 $\det(A_{k+1} - \lambda E_{k+1}) = 0$ の解である．

条件 (2.48) の下では，独立餌 k 種系における共存平衡点が存在し，大域的に漸近安定であることは，前出の Lyapunov 関数を用いた議論の通りである．このことから，独立餌 k 種系における共存平衡点が存在するならば，共存平衡点が局所漸近安定であることも従うので，その固有方程式 $\det(A_{k+1} - \lambda E_{k+1}) = 0$ の解として与えられる固有値の実部がすべて負であることは数学的に保証される．

よって，独立餌 n 種系の平衡点 $\mathcal{E}_{[k]}$ は，$\Xi_{j_1}, \Xi_{j_2}, \ldots, \Xi_{j_{n-k}}$ がすべて負ならば，局所漸近安定であり，正のものが含まれれば不安定である．すなわち，

$$\frac{r_{j_\ell}}{\nu_{j_\ell}} < P^* = \frac{S_\mathcal{H} - \delta}{B_\mathcal{H}} \quad (\ell = 1, 2, \ldots, n-k) \quad (2.50)$$

ならば，局所漸近安定である．条件 (2.39) により，条件 (2.50) は，次の条件と同等である：

$$\frac{r_{j_1}}{\nu_{j_1}} < P^* = \frac{S_\mathcal{H} - \delta}{B_\mathcal{H}}, \quad \text{すなわち，} \quad \delta < S_\mathcal{H} - \frac{r_{j_1}}{\nu_{j_1}} B_\mathcal{H} = \sum_{i \in \mathcal{H}} K_i \left(\frac{r_i}{\nu_i} - \frac{r_{j_1}}{\nu_{j_1}}\right) \quad (2.51)$$

以上の議論により，ここで考えている平衡点 $\mathcal{E}_{[k]}$ が存在して，局所漸近安定であるための必要十分条件は，式 (2.48) と (2.51) により，条件

$$S_\mathcal{H} - \frac{r_{i_k}}{\nu_{i_k}} B_\mathcal{H} < \delta < S_\mathcal{H} - \frac{r_{j_1}}{\nu_{j_1}} B_\mathcal{H}$$

が満たされることである．この条件が満たされ得るためには，条件

$$\frac{r_{i_k}}{\nu_{i_k}} > \frac{r_{j_1}}{\nu_{j_1}}$$

が成り立つことが必要である．そして，条件 (2.39) から，この必要条件は，$i_k < j_1$ であることと同等である．この条件は，平衡点 $\mathcal{E}_{[k]}$ が存在して，局所漸近安定であるためには，$\mathcal{E}_{[k]}$ において存在する餌種の最大の種番号が不在な餌種の最小の種番号より小さいことが必要であるという意味を表す．すなわち，存在する餌種の種番号の集合 $\mathcal{H}$，不在な

[*26] E_n と E_{k+1} は，それぞれ，$n \times n$ 単位行列と $(k+1) \times (k+1)$ 単位行列．

餌種の種番号の集合 $\overline{\mathcal{H}}$ の定義から，ここで考えてきた平衡点 $\mathcal{E}_{[k]}$ が局所漸近安定な平衡点として存在するものならば，$\mathcal{H} = \{1, 2, \ldots, k\}$，$\overline{\mathcal{H}} = \{k+1, k+2, \ldots, n\}$（つまり，$i_k = k$ かつ $j_1 = k+1$）でなければならず，それ以外の場合には，存在しても必ず不安定であると結論される。

以上の議論の結果，**全餌種のうち k 種のみが存在し，$n-k$ 種が絶滅した（不在な）平衡点 $\mathcal{E}_{[k]}$ で漸近安定になり得るのは**，

$$(H_1^*, H_2^*, \ldots, H_k^*, \underbrace{0, \ldots, 0}_{n-k\,種}, P^*) \tag{2.52}$$

のみであり，これ以外の餌 k 種の組み合わせの平衡点は，存在しても不安定である。平衡点 (2.52) が局所漸近安定な平衡点として存在する条件は，

$$\Delta S_k < \delta < \Delta S_{k+1} \tag{2.53}$$

である。ただし，

$$\Delta S_k := S_k - \frac{r_k}{\nu_k} B_k = \sum_{i=1}^{k} K_i \left(\frac{r_i}{\nu_i} - \frac{r_k}{\nu_k} \right)$$

とおく。

注記 表記の統一のために，関係式

$$\sum_{i=1}^{k} K_i \left(\frac{r_i}{\nu_i} - \frac{r_{k+1}}{\nu_{k+1}} \right) = \sum_{i=1}^{k+1} K_i \left(\frac{r_i}{\nu_i} - \frac{r_{k+1}}{\nu_{k+1}} \right) = \Delta S_{k+1}$$

を使っている。なお，上記の ΔS_k の定義により，条件 (2.39) から，$\Delta S_1 = 0 < \Delta S_2 < \cdots < \Delta S_{n-1} < \Delta S_n < S_n$ が成り立つ。

この結果は，**系 (2.38) について，存在する餌種の数の異なる平衡点が同時に漸近安定にはなり得ない**ことも示している。漸近安定な平衡点としての存在条件 (2.53) において，$k = k_1$ の場合と $k = k_2 \neq k_1$ の場合のそれぞれに対する条件が同時には成り立ち得ないからである。

また，条件 (2.53) が，$0 < k < n$ なる任意の k について，すべての餌種と捕食者種が共存する平衡点の存在条件 (2.46) や捕食者絶滅平衡点の局所漸近安定条件 (2.42) と互いに排反的であることから，結果を総合すれば，**系 (2.38) について，漸近安定な平衡点は必ず存在し，唯一である**ことがわかった（表 2.1）。

さらに，次の狭義 Lyapunov 関数を用いて，捕食者種が共存する局所漸近安定な平衡点

2.4 多食性捕食者と複数の独立餌種の共存

表 2.1 系 (2.38) の漸近安定な平衡点。詳細は本文参照。

条件	漸近安定な平衡点	
$\delta < \Delta S_2$	$(H_1^*, 0, \ldots, 0, P^*)$	[餌種絶滅平衡点]
$\Delta S_k < \delta < \Delta S_{k+1}$ $(k = 2, 3, \ldots, n-1)$	$(H_1^*, H_2^*, \ldots, H_k^*, 0, \ldots, 0, P^*)$	
$\Delta S_n < \delta < S_n$	$(H_1^*, H_2^*, \ldots, H_n^*, P^*)$	[共存平衡点]
$\delta > S_n$	$(r_1/\beta_1, r_2/\beta_2, \ldots, r_n/\beta_n, 0)$	[捕食者絶滅平衡点]

(2.52) が存在すれば，必ず，大域安定であることを示すことができる：

$$V(t) = \sum_{i=1}^{k} \kappa_i \left[H_i(t) - H_i^* - H_i^* \{\log H_i(t) - \log H_i^*\} \right] \\ + P(t) - P^* - P^* \{\log P(t) - \log P^*\} + \sum_{i=k+1}^{n} \kappa_i H_i(t) \quad (2.54)$$

$H_i(t) > 0$ $(i = 1, 2, \ldots, n)$ かつ $P(t) > 0$ である限り，$V \geq 0$ であり，$V = 0$ となるのは，平衡点 (2.52) においてのみである。そして，

$$\frac{dV(t)}{dt} = -\sum_{i=1}^{k} \kappa_i \beta_i \{H_i(t) - H_i^*\}^2 + \sum_{i=k+1}^{n} \kappa_i H_i(t) \{-\nu_i P^* + r_i - \beta_i H_i(t)\} \quad (2.55)$$

は，平衡点 (2.52) が局所漸近安定である条件 (2.50) により，$r_j < \nu_j P^*$ $(j = k+1, k+2, \ldots, n)$ なので，負であることがわかる。すなわち，$V(t)$ は，時間について狭義単調減少である。よって，系 (2.38) の平衡点 (2.52) が局所漸近安定であるとき，式 (2.54) で定義される関数 V は，平衡点 (2.52) に関する狭義 Lyapunov 関数となっている。捕食者絶滅平衡点 $(r_1/\beta_1, r_2/\beta_2, \ldots, r_n/\beta_n, 0)$ が局所漸近安定であれば，大域安定であることは，p. 52 で述べた。以上の議論により，**系 (2.38) について，唯一存在する漸近安定な平衡点は必ず大域安定である**。このことは，系 (2.38) には，周期解やカオス（chaos）解が存在しないことも意味する。

外来餌種の加入の影響

条件 (2.39) を満たす互いに独立な餌 n 種と捕食者種の系 (2.38) が漸近安定な共存平衡状態にあるとする。つまり，前出の議論により，この系では，条件 (2.46) が成り立っているとする（表 2.1）。この状態における捕食者種の平衡個体群サイズ $P_{[n]}^*$ は，式 (2.44) で与えられる。この系に在来餌種と互いに独立な外来餌 1 種が加入した場合の捕食者個体群

サイズの遷移について考える。ただし，外来餌種は，系 (2.38) に従う在来餌種と同質な個体群サイズ変動ダイナミクスに従うものとする。

■ **外来餌種が見かけの競争について完全優位な場合** 外来餌種を特徴付けるパラメータを r_0, ν_0, K_0 ($:= \kappa_0 \nu_0^2 / \beta_0$) で表し，外来餌種が

$$\frac{r_0}{\nu_0} \geq \frac{r_1}{\nu_1} \tag{2.56}$$

なる特徴をもつとする。このとき，外来餌種が加入後に，餌 $n+1$ 種と捕食者種の共存が実現するための必要十分条件は，条件 (2.46) に関する議論を応用すれば，

$$\sum_{i=0}^{n} K_i \left(\frac{r_i}{\nu_i} - \frac{r_n}{\nu_n} \right) < \delta < \sum_{i=0}^{n} K_i \frac{r_i}{\nu_i}$$

すなわち，

$$K_0 \left(\frac{r_0}{\nu_0} - \frac{r_n}{\nu_n} \right) + \Delta S_n < \delta < K_0 \frac{r_0}{\nu_0} + S_n \tag{2.57}$$

である。前提としている条件 (2.46) の下で，この条件 (2.57) が実現しうるためには，条件

$$K_0 \left(\frac{r_0}{\nu_0} - \frac{r_n}{\nu_n} \right) + \Delta S_n < S_n$$

すなわち，ΔS_n, S_n の定義により，

$$\frac{K_0}{K_0 + B_n} \frac{r_0}{\nu_0} = \frac{K_0}{K_0 + K_1 + K_2 + \cdots + K_n} \frac{r_0}{\nu_0} < \frac{r_n}{\nu_n} \tag{2.58}$$

が成り立つことが必要である。条件 (2.57) と (2.58) が成り立つ場合には，外来餌種加入後に，餌 n 種と捕食者種の共存系から餌 $n+1$ 種と捕食者種の共存系への遷移が起こる。

外来餌 1 種が加入後の餌 $n+1$ 種と捕食者種の共存平衡状態における捕食者種の平衡個体群サイズ $P^*_{[n+1]}$ は，式 (2.44) を応用すれば，

$$P^*_{[n+1]} = \frac{K_0 r_0 / \nu_0 + S_n - \delta}{K_0 + B_n} \tag{2.59}$$

で与えられるので，式 (2.44) と (2.59) から，

$$P^*_{[n+1]} - P^*_{[n]} = \frac{K_0}{K_0 + B_n} \left(\frac{r_0}{\nu_0} - \frac{S_n - \delta}{B_n} \right)$$

が導かれ，条件 (2.57) により右辺を下から評価することにより，

$$P^*_{[n+1]} - P^*_{[n]} > \frac{K_0}{B_n} \left(\frac{r_0}{\nu_0} - \frac{r_n}{\nu_n} \right)$$

2.4 多食性捕食者と複数の独立餌種の共存

が得られる。条件 (2.39) と (2.56) により，この右辺は正である。よって，外来餌種加入後に，餌 n 種と捕食者種の共存系から餌 $n+1$ 種と捕食者種の共存系への遷移が起こる場合には，状態遷移により，捕食者個体群サイズはより大きくなる。

条件 (2.58) あるいは (2.57) が成り立たない場合には，

$$\delta < K_0 \left(\frac{r_0}{\nu_0} - \frac{r_n}{\nu_n} \right) + \Delta S_n \tag{2.60}$$

であり，このとき，外来餌種の侵入は，系を餌 $n+1$ 種と捕食者種の共存状態へ遷移させることはなく，侵入した外来餌種が定着し，いくつかの在来餌種が絶滅した新しい平衡状態への遷移が現れる。すなわち，このとき，捕食者を擁する系の餌種の転換のみならず，系を成す餌種数の変化が生じる可能性がある。

詳説 外来餌種の侵入が失敗し，系が在来餌 n 種と捕食者種の元の共存平衡状態に戻ることはないことに注意しよう。外来餌種が侵入してきた独立餌 $n+1$ 種系において，条件 (2.39) と (2.56) により，外来餌種は，見かけの競争に関して最も優位な種であり，表 2.1 からも明白な通り，見かけの競争に関して最も優位な種が絶滅する平衡状態は漸近安定ではあり得ないからである。

また，外来餌種の加入によって捕食者種の絶滅が起こることもあり得ない。外来餌種が加入した後，捕食者種が絶滅に向かう必要十分条件は，(2.42) から，

$$\delta > K_0 \frac{r_0}{\nu_0} + S_n$$

である（表 2.1）。しかし，この条件は，在来の系に対する条件 (2.46) を前提として考えている以上，成り立ち得ないからである。

たとえば，外来種が加入した後，在来餌種のうち，見かけの競争に関して最も劣位な餌種のみが絶滅に向かい，系が外来餌種を含む新しい独立餌 n 種系に遷移する場合を考えてみよう。外来種が加入した独立餌 $n+1$ 種系において見かけの競争に関して最も劣位な餌種が絶滅した平衡点が存在して，漸近安定である条件は，式 (2.53) から，

$$K_0 \left(\frac{r_0}{\nu_0} - \frac{r_{n-1}}{\nu_{n-1}} \right) + \Delta S_{n-1} < \delta < K_0 \left(\frac{r_0}{\nu_0} - \frac{r_n}{\nu_n} \right) + \Delta S_n$$

であり，この条件が成り立つならば，外来種加入後，在来餌種のうち，見かけの競争に関して最も劣位な餌種のみが絶滅に向かい，系が外来餌種を含む新しい独立餌 n 種系に遷移する。

式 (2.53) から，より一般的に，外来餌種が条件

$$K_0 \left(\frac{r_0}{\nu_0} - \frac{r_k}{\nu_k} \right) + \Delta S_k < \delta < K_0 \left(\frac{r_0}{\nu_0} - \frac{r_{k+1}}{\nu_{k+1}} \right) + \Delta S_{k+1} \quad (k = 1, 2, \ldots, n-1)$$

を満たす特徴をもつならば，外来餌種加入後，在来餌種のうち，見かけの競争に関して劣位な餌 $n-k$ 種が絶滅に向かい，系が外来餌種を含む新しい独立餌 $k+1$ 種系に遷移する．

表 2.1 にも示された結果から，特に，外来餌種が条件

$$\delta < K_0 \left(\frac{r_0}{\nu_0} - \frac{r_1}{\nu_1} \right) + \Delta S_1 = K_0 \left(\frac{r_0}{\nu_0} - \frac{r_1}{\nu_1} \right)$$

を満たす特徴をもつならば，在来餌種はすべて絶滅し，外来餌 1 種と捕食者種とから成る 1 餌–1 捕食者系への遷移が起こることになり，外来餌種の加入が系の激変を引き起こす．

■ **外来餌種が見かけの競争について完全劣位な場合**　外来餌種を特徴付けるパラメータを r_{n+1}, ν_{n+1}, K_{n+1} $(:= \kappa_{n+1}\nu_{n+1}^2/\beta_{n+1})$ で表し，外来餌種が

$$\frac{r_n}{\nu_n} \geq \frac{r_{n+1}}{\nu_{n+1}} \tag{2.61}$$

なる性質をもつとする．このとき，外来餌種加入後に，餌 $n+1$ 種と捕食者種の共存が実現する必要十分条件は，条件 (2.46) に関する議論を応用すれば，

$$\Delta S_{n+1} := \sum_{i=1}^{n+1} K_i \left(\frac{r_i}{\nu_i} - \frac{r_{n+1}}{\nu_{n+1}} \right) < \delta < S_{n+1} := \sum_{i=1}^{n+1} K_i \frac{r_i}{\nu_i}$$

すなわち，

$$\Delta S_n + B_n \left(\frac{r_n}{\nu_n} - \frac{r_{n+1}}{\nu_{n+1}} \right) < \delta < S_n + K_{n+1} \frac{r_{n+1}}{\nu_{n+1}} \tag{2.62}$$

である．

前提としている条件 (2.46) の下で，この条件 (2.62) が実現しうるためには，条件 $\Delta S_{n+1} < S_n$ が成り立つことが必要であるが，ΔS_{n+1}, S_n の定義により，この条件は常に成り立つことが容易にわかる．

外来餌種が加入した独立餌 $n+1$ 種系において，最も劣位な餌種，すなわち，外来餌種が絶滅する平衡点が存在して漸近安定である条件は，式 (2.53) から，$\Delta S_n < \delta < \Delta S_{n+1}$ である．よって，前提としている条件 (2.46) の下で性質 (2.61) をもつ外来餌種が加入した後の独立餌 $n+1$ 種系に対する漸近安定な平衡状態は次の 2 通りのみである．

(a) $\Delta S_{n+1} < \delta < S_n$ のとき，外来種を含む餌 $n+1$ 種と捕食者種の共存平衡点
(b) $\Delta S_n < \delta < \Delta S_{n+1}$ のとき，在来の餌 n 種と捕食者種の共存平衡点（元の状態）

この (b) の場合には，外来種の系への侵入は失敗し，外来種のみが絶滅し，系は元の状態へ漸近する．この結果は，見かけの競争について完全優位な外来餌種が加入する前出の場合には現れ得なかったことに注意したい．

2.4 多食性捕食者と複数の独立餌種の共存

外来餌種が加入し，餌 $n+1$ 種と捕食者種が共存平衡状態となる (a) の場合における捕食者種の平衡個体群サイズ $P^*_{[n+1]}$ は，式 (2.44) を応用すれば，

$$P^*_{[n+1]} = \frac{S_{n+1} - \delta}{B_n + K_{n+1}} \tag{2.63}$$

で与えられる．そして，式 (2.44)，(2.63) および条件 $\Delta S_{n+1} < \delta$ から，

$$P^*_{[n+1]} - P^*_{[n]} = \frac{K_{n+1}}{B_n + K_{n+1}} \left(\frac{r_{n+1}}{\nu_{n+1}} - \frac{S_n - \delta}{B_n} \right)$$

$$> \frac{K_{n+1}}{B_n + K_{n+1}} \left(\frac{r_{n+1}}{\nu_{n+1}} - \frac{S_n - \Delta S_{n+1}}{B_n} \right) = 0$$

が導かれる[*27]．よって，外来餌種加入後に，餌 n 種と捕食者種の共存系から餌 $n+1$ 種と捕食者種の共存系への遷移が起こる (a) の場合，状態遷移後，捕食者個体群サイズはより大きくなる．

■ **外来餌種が見かけの競争について中位な場合** 外来餌種を特徴付けるパラメータを r_x, ν_x, K_x（$:= \kappa_x \nu_x^2 / \beta_x$）で表し，外来餌種が

$$\frac{r_1}{\nu_1} > \frac{r_x}{\nu_x} > \frac{r_n}{\nu_n} \tag{2.64}$$

なる特徴をもつとする．このとき，外来餌種加入後に，餌 $n+1$ 種と捕食者種の共存が実現する必要十分条件は，

$$K_x \left(\frac{r_x}{\nu_x} - \frac{r_n}{\nu_n} \right) + \Delta S_n < \delta < K_x \frac{r_x}{\nu_x} + S_n \tag{2.65}$$

である．

前出の議論により，見かけの競争について中位な特徴をもつ外来餌種が共存平衡状態にある独立餌 n 種系に加入した後の独立餌 $n+1$ 種系が至り得る平衡状態は，餌 $n+1$ 種と捕食者種の共存平衡状態か，加入した外来餌種よりも見かけの競争について劣位な在来餌種が劣位な順にいくつか絶滅した（餌種数が n 以下の）平衡状態である．

> **詳説** 外来餌種の侵入は必ず成功し，外来餌種が絶滅することはない．すなわち，外来餌種加入後の独立餌 $n+1$ 種系においては，外来餌種が絶滅する平衡状態に向かうことはない．ここでは，元の独立餌 n 種系が餌 n 種と捕食者種の共存平衡状態にあることが前提条件であるから，前出の p. 54 の議論により，独立餌 n 種系に対する他の平衡点はすべて不安定である（表 2.1 参照）．一方，p. 56 の議論により，見かけの競争について中位な外来餌種が加入した後の独立餌 $n+1$ 種系においては，中位の外来餌種のみが絶滅する平衡点は常に不安定であり，外来餌種よりも見かけの競争について劣位な餌種がすべて絶滅する平衡点でなければ漸近安定た

[*27] 最後の等号は，S_n, ΔS_{n+1}, B_n の定義を用いて少し計算すれば示される．

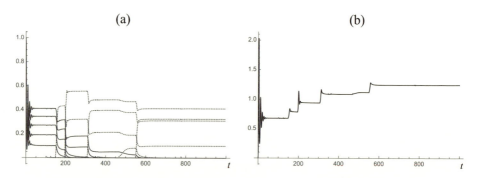

図 2.10 共存状態が大域安定な独立餌 5 種系にランダムに外来餌種が侵入してきた場合の個体群サイズの時間変動の数値計算。系 (2.38) に数学的に同等な系 (2.43) を用いた。(a) 餌個体群サイズ；(b) 捕食者個体群サイズ。(a) における破線が外来餌種の，実線が在来餌種の個体群サイズ変動を表す。$\widetilde{\nu}_i = 0.875$（$i$ によらない定数；外来餌種を含む），$\widetilde{r}_i = (0.9)^{i-1}$（$i = 1, 2, 3, 4, 5$；在来餌種のみ），$\widetilde{D}_i = 0.875\widetilde{r}_i$（外来餌種を含む）。外来餌種の侵入時刻，および，外来餌種のパラメータ $\widetilde{r}_i$ ($0 < \widetilde{r}_i \leq 2$) の値はランダムに与えた。在来餌種の初期値は，$\widetilde{H}_i(0) = 1.0$ ($i = 1, 2, 3, 4, 5$；$H_i(0) = r_i/\beta_i$ に対応)。$P(0) = 0.01$，外来餌種の侵入時の個体群サイズは 0.01。外来餌種の侵入が繰り返されることにより，捕食者が利用できる餌種の構成が，在来餌種の絶滅を伴う餌種転換により，十分な時間経過後，外来餌種のみに置き換わっている。

り得ない。ところが，外来餌種を含めて外来餌種より劣位な在来餌種が絶滅する平衡点は，外来餌種の個体群サイズが 0 なる状態なので，独立餌 n 種系に対する平衡点にもなっている。元の独立餌 n 種系が餌 n 種と捕食者種の共存平衡状態にあるという前提条件により，元の独立餌 n 種系において，外来餌種より劣位な在来餌種が絶滅する平衡点は不安定であるから，外来餌種を含めて外来餌種より劣位な在来餌種が絶滅する平衡点は不安定であり，漸近できる平衡状態ではあり得ない。

条件 (2.65) が成り立ち，外来餌種加入後の系が餌 $n+1$ 種と捕食者種の共存平衡状態に向かう場合の捕食者個体群の平衡サイズの遷移について考えてみよう。外来餌種の加入による独立餌 $n+1$ 種系の共存平衡状態における捕食者種の平衡個体群サイズ $P^*_{[n+1]}$ は，式 (2.44) を応用すれば，

$$P^*_{[n+1]} = \frac{K_x r_x/\nu_x + S_n - \delta}{K_x + B_n} \tag{2.66}$$

で与えられる。そして，式 (2.44), (2.66) および条件 (2.65) から，

$$P^*_{[n+1]} - P^*_{[n]} = \frac{K_x}{K_x + B_n}\left(\frac{r_x}{\nu_x} - \frac{S_n - \delta}{B_n}\right) > \frac{K_x}{B_n}\left(\frac{r_x}{\nu_x} - \frac{r_n}{\nu_n}\right) > 0$$

が導かれる。よって，見かけの競争について中位の外来餌種が加入した後に，餌 n 種と捕食者種の共存系から餌 $n+1$ 種と捕食者種の共存系への遷移が起こる場合には，状態遷移

後，捕食者個体群サイズは，外来餌種の見かけの競争についての順位によらず，必ずより大きくなる。

> **詳説** 以上の議論により，互いに独立な餌種を利用する捕食者個体群については，共存できる餌種数が多いほど捕食者個体群サイズは大きくなる傾向が示唆された。しかし，本節の議論から，利用する餌種の拡大は，利用される餌種の絶滅の誘因にもなり得る。図 2.10 が例示するように，生態系の状態遷移におけるある捕食者種の利用する餌種の変化が，必ずしも，その捕食者種に利用される餌種数の増加として観測できるわけではない。

> **演習問題 14**
> 共存平衡状態にある独立餌 n 種系 (2.38) への外来餌種の追加が捕食者種の絶滅を誘引することがあり得るか？

2.5 古典的餌選択理論

これまでの 2.3, 2.4 節で議論したような，2 つ以上の餌種を利用できる捕食者については，その餌種利用の仕方の生物学的な特性に関する様々な研究テーマが見出され続けている[*28]。捕食者種にとって，捕食は生存と繁殖という生物としての存在の実体であり，進化の歴史の中で「自然選択」あるいは「自然淘汰」(natural selection) にさらされて，鍛え上げられた生物現象の 1 つである。本節以降では，前節までの議論を念頭に，捕食者による餌種の利用について，

- どの餌種を利用するか
- 利用するとしたらどの程度利用するか

という 2 つの観点に注目する。

前者の観点は，動物行動学における「餌選択理論 (diet selection theory, diet menu theory)」として古くから研究されてきた。後者の観点も同様に長い研究の歴史をもち，「採餌理論 (foraging theory)」[*29] が多彩な広がりをもって築かれてきた。それらの研究における典型的な立場は，ある捕食者 1 個体の餌の利用に関する行動において，餌種の

[*28] 関連する生態学の多くの書籍も出版されている。たとえば，Begon ほか [4,5]，Davies ほか [12,13]，松本 [73] などの教科書を覗くだけでも研究テーマの広がりを感じられるはずである。

[*29] たとえば，Stephens & Krebs [114] は，採餌理論に関してコンパクトにまとめられた良書である。入門としては，日本生態学会（編）[85]，粕谷 [53]，伊藤・山村・嶋田 [42]，嶋田ほか [108] を，より進んだトピックスについては，土肥ほか [16]，Fryxell & Lundberg [18]，Hughes [36] を参照。また，中川 [80] には，本書で入門を解説している餌選択理論や採餌理論を活かしたニホンザルの生態の研究についての出色の解説がまとめられている。

どのような利用が最も優れているか，すなわち，最適な餌種の利用とはどのような戦略（strategy）か，というものである．

まず，本節では，上記の前者の観点としての最適餌選択理論（optimal diet selection theory）において最も基本的な古典的餌選択理論について解説する．ある捕食者 1 個体にとって餌 n 種が利用可能であるとき，この捕食者にとって，どの餌種を利用すれば適応的（adaptive）なのか，という問題について考える．

注記 2.4 節における独立餌 n 種系による個体群ダイナミクスでは，捕食者種の特性に依存して，捕食者種が利用できる餌種は，存続（共存）可能な餌種によって決まっていた．しかし，それは，捕食者種と餌種の捕食を介した相互作用により，絶滅する餌種が現れる結果として定まる餌種数である．本節で議論する捕食者が利用する餌種の選択は，捕食者種にかかる自然選択に対する適応戦略（optimal strategy）の意味をもつ．2.4 節における独立餌 n 種系による個体群ダイナミクスに関するこの意味での選択とは，捕食者種が餌 n 種のうちのどの餌種を捕食の対象とするか，であり，餌 n 種系において捕食の対象としない餌種があるのであれば，それは，そもそも，餌 n 種系ではなく，捕食対象とならない餌種を除き，捕食対象とする独立餌 k 種（$k < n$）と捕食者種から成る餌 k 種系を考えるのが，2.4 節における個体群ダイナミクスの議論であった．

仮定

古典的餌選択理論においては，以下の仮定による数理モデリングを考える：

1. 捕食（捕獲・摂餌）による単位時間あたりの期待エネルギー摂取量を最大にする餌選択が捕食者にとって最適である．
2. 捕食者は餌をランダムに探索する．
3. 捕食者 1 個体の餌種利用に関して，他の捕食者個体からの影響は無視できる．
4. 捕食者が餌を捕食している間は他の餌個体を利用できない．
5. 捕食者の採餌活動は，過去の捕食歴に依存しない．
6. 捕食者が餌 1 個体を捕獲し，摂餌するためには，餌種のみに依存して決まる処理時間（handling time）がかかる．捕食者が餌種 i の 1 個体を捕獲し，摂餌するための処理時間を h_i（定数；$i = 1, 2, \ldots, n$）とする．
7. 捕食が行われても餌密度は一定で変化しない．
8. 捕食者が単位時間あたりに遭遇する餌種 i の個体数頻度を λ_i（定数；$i = 1, 2, \ldots, n$）とする．λ_i が大きいほど餌種 i は遭遇しやすい（見つけやすい）餌である．
9. 餌種 i の 1 個体の摂餌により捕食者が得られる期待エネルギー量を g_i（定数；$i = 1, 2, \ldots, n$）とする．

2.5 古典的餌選択理論

餌種番は次の順序とする：

$$\frac{g_1}{h_1} \geq \frac{g_2}{h_2} \geq \frac{g_3}{h_3} \geq \cdots \geq \frac{g_{n-1}}{h_{n-1}} \geq \frac{g_n}{h_n} \tag{2.67}$$

餌種の番号付けには特に規定はないので，このような順位を与えたとしても議論の一般性は失われない．g_i/h_i は，餌種 i の 1 個体の捕食における単位処理時間あたりに得られる期待獲得エネルギー量を表しているので，餌種 i の個体に遭遇した場合の，その餌種の捕食者にとっての価値を表す値と考えることができる．

そして，着目している捕食者が餌種 i の 1 個体に遭遇したときに，捕食者がその餌 1 個体を捕食する確率を p_i ($0 \leq p_i \leq 1$; $i = 1, 2, \ldots, n$) とおく．確率 $1 - p_i$ が意味するのは，餌種 i の 1 個体に遭遇したとしても，その個体を捕食しない（たとえば，見逃す）確率である．この確率 p_i の組 $(p_1, p_2, \ldots, p_n)$ の選択が，捕食者の採餌行動における餌選択を表す．

注記 確率 p_i を捕食者が餌種 i の個体に遭遇したときの捕食成功確率と考えることもできる．ここで，読者は，この餌「選択」の数理モデリングにおいて，捕食者が捕食の成功率を「選ぶ」ことに違和感を覚えるかもしれない．しかし，それは，ここで使っている「選択」の意味をより正確に理解すれば解消するだろう．本節の記述でも，もっぱら，捕食者が利用する餌種を主体的に選択するかのような表現を使う．これは，慣用的でもあり，また，理解しやすいためであるが，生物学的な意味は，捕食者が餌種を主体的に選択することではなく，捕食者を適応的に有利にする餌種選択はどのようなものであるかということであり，これを理論的に扱っているに過ぎない．すなわち，餌種選択が異なる複数の捕食者のうち，どの捕食者が繁殖や生存に有利であるかを考え，進化における自然選択の結果として現れる餌種選択がどのようなものなのかを考える理論である．

数理モデリング

餌種によらず捕食者 1 個体が単位時間あたりに遭遇する総餌個体数頻度は，仮定により，$\sum_{i=1}^{n} \lambda_i$ で与えられる．よって，任意の餌 1 個体との遭遇までにかかる期待時間，すなわち，期待探索時間 T_s は，

$$T_s = \frac{1}{\sum_{i=1}^{n} \lambda_i} \tag{2.68}$$

と考えることができる．また，餌 1 個体に遭遇したときに，それが餌種 i の個体である確率 q_i は，

$$q_i = \frac{\lambda_i}{\sum_{j=1}^{n} \lambda_j} \tag{2.69}$$

と考えることができる．

すると，餌1個体に遭遇し，それを捕食した場合に期待される処理時間の期待値 T_h は，餌1個体に遭遇し，それが餌種 i であり，かつ，その餌個体を捕食する確率 $p_i q_i$ を用いて，

$$T_h = \sum_{i=1}^{n} p_i q_i h_i \tag{2.70}$$

で与えられる。同様に考えて，餌1個体に遭遇し，それを捕食して得られる期待エネルギー摂取量 G は，

$$G = \sum_{i=1}^{n} p_i q_i g_i \tag{2.71}$$

である。

餌1個体を探索し，捕獲・摂餌するのに要する期待時間は，$T_s + T_h$ で与えられるので，式 (2.68–2.71) により，単位時間あたりの期待エネルギー摂取量 W を次のように定義できる：

$$W = \frac{G}{T_s + T_h} = \frac{\sum_{i=1}^{n} \lambda_i p_i g_i}{1 + \sum_{i=1}^{n} \lambda_i p_i h_i} \tag{2.72}$$

p. 64 で示した仮定1から，捕食者にとって最適な餌選択は，この W を最大化するものである。

最適な餌選択

さて，p. 64 の仮定1により，捕食者にとって最も適応的な餌選択を導くために，単位時間あたりの期待エネルギー摂取量 W の p_j 依存性を考える。W を p_j について偏微分すると，

$$\frac{\partial W}{\partial p_j} = \frac{\lambda_j g_j \left(1 + \sum_{i=1, i\neq j}^{n} \lambda_i p_i h_i\right) - \lambda_j h_j \sum_{i=1, i\neq j}^{n} \lambda_i p_i g_i}{\left(1 + \sum_{i=1}^{n} \lambda_i p_i h_i\right)^2} \tag{2.73}$$

であるから，$\partial W / \partial p_j$ の符号は p_j に依存しないことがわかる。つまり，$\partial W / \partial p_j$ は，p_j の値によらずに正もしくは負である。もしも，$\partial W / \partial p_j > 0$ ならば，W の値は任意の p_j について単調増加であるから，W の値を最大化する p_j の値 p_j^* は，$p_j^* = 1$ でなければならない。同様に，$\partial W / \partial p_j < 0$ ならば，$p_j^* = 0$ でなければならない。したがって，W を最大にする最適な餌選択 $(p_1^*, p_2^*, \ldots, p_n^*)$ において，各 i に対する p_i^* は 0 または 1 であると考えてよい [演習問題15]。p_i は確率を表すから，任意の i について，$0 \le p_i \le 1$ でなければならないことに注意。

2.5 古典的餌選択理論

> **演習問題 15**
>
> W を最大にする最適な餌選択 $(p_1^*, p_2^*, \ldots, p_n^*)$ において，$0 < p_k^* < 1$ なる k $(1 \leq k \leq n)$ が存在する条件について調べることにより，数理モデルの考察として $0 < p_k^* < 1$ なる場合を検討することは無意味であることを示せ．

では，どの p_i^* が 0 だろうか．実は，式 (2.73) は次のように書き換えることができる（演習問題 15 の解説参照）：

$$\frac{\partial W}{\partial p_j} = \frac{\lambda_j h_j}{1 + \sum_{i=1}^n \lambda_i p_i h_i}\left(\frac{g_j}{h_j} - W\right) \tag{2.74}$$

この式 (2.74) の右辺に $p_i = p_i^*$ $(i = 1, 2, \ldots, n)$ を代入したとき，W はある最大値 W^* をとることに着目しよう．すると，値 W^* と条件 (2.67) における値の比較により，

$$\frac{g_1}{h_1} \geq \frac{g_2}{h_2} \geq \cdots \geq \frac{g_{k^*}}{h_{k^*}} > W^* > \frac{g_{k^*+1}}{h_{k^*+1}} \geq \cdots \geq \frac{g_n}{h_n} \tag{2.75}$$

を満たす餌種 k^* が決まる．この k^* が決まれば，式 (2.74) の右辺の符号は，$i = 1, 2, \ldots, k^*$ のときに正，$i = k^*+1, k^*+2, \ldots, n$ のときに負となる．したがって，$p_1^* = p_2^* = \cdots = p_{k^*}^* = 1$ かつ $p_{k^*+1}^* = p_{k^*+2}^* = \cdots = p_n^* = 0$ である．言い換えれば，捕食者の最適餌選択の観点からは，g_i/h_i で定義される餌種の質に関して，上位の餌種からある順位までの質の高い餌種を選択的に捕食し，その順位より低い質の順位の餌種は捕食リスト（menu）から外し，採餌の対象としない選択が捕食者の単位時間あたりの期待獲得エネルギー量を最大にするという意味で捕食者にとって最適である．

> **詳説** 上記の議論では，結果として，W を最大にする最適な餌選択 $(p_1, p_2, \ldots, p_n) = (p_1^*, p_2^*, \ldots, p_n^*)$ の各成分は，0 あるいは 1 の値をとることが示されたが，このように，評価関数（今の議論では W）の値を定めるパラメータに対して，定められた 2 つの値のいずれかを選択することによる評価関数の最大化あるいは最小化を与える最適化は，制御理論において on-off 制御（on-off control），または，bang-bang 制御（bang-bang control）と呼ばれるものである[*30]．たとえば，冷暖房機器の制御に使われている．
>
> 上記の餌選択の議論においては，初めに on-off 制御に対応する仮定はなかったが，on-off 制御を仮定に加え，各 p_i $(i = 1, 2, \ldots, n)$ が 0 もしくは 1 のみをとるとした場合には，式 (2.72) で定義される W を p_j で偏微分することはできないので，別の議論が必要になる．
>
> W が最大値 W^* をとる場合の捕食の対象とする餌種の付番，すなわち，$p_i^* = 1$ なる餌種の付番 i の集合を I^* とする：$I^* \subseteq \{1, 2, \ldots, n\}$．そして，数学的便宜のために，次の記号を定義する：
>
> $$\theta_i^* = \begin{cases} 1 & (i \in I^*) \\ 0 & (i \notin I^*) \end{cases}$$

[*30] p.99 参照．

すると，単位時間あたりに捕食者が遭遇する，捕食の対象となる餌の総個体数は $\sum_{i \in I^*} \lambda_i = \sum_{i=1}^{n} \theta_i^* \lambda_i$ なので，捕食の対象とする餌個体に遭遇したときに，それが種 j ($j \in I^*$) の個体である確率 q_j^* は，

$$q_j^* = \frac{\lambda_j}{\sum_{i \in I^*} \lambda_i} = \frac{\lambda_j}{\sum_{i=1}^{n} \theta_i^* \lambda_i}$$

と表され，

$$T_s = \frac{1}{\sum_{i \in I^*} \lambda_i} = \frac{1}{\sum_{i=1}^{n} \theta_i^* \lambda_i}; \quad T_h = \sum_{i \in I^*} q_i^* h_i = \sum_{i=1}^{n} \theta_i^* q_i^* h_i; \quad G = \sum_{i \in I^*} q_i^* g_i = \sum_{i=1}^{n} \theta_i^* q_i^* g_i$$

となる．よって，式 (2.72) で定義される W の最大値 W^* を次のように表すことができる：

$$W^* = \frac{\sum_{i=1}^{n} \theta_i^* q_i^* g_i}{\left(\sum_{i=1}^{n} \theta_i^* \lambda_i\right)^{-1} + \sum_{i=1}^{n} \theta_i^* q_i^* h_i} = \frac{\sum_{i=1}^{n} \theta_i^* \lambda_i g_i}{1 + \sum_{i=1}^{n} \theta_i^* \lambda_i h_i} \tag{2.76}$$

ある餌種 $\nu \in I^*$ に着目すると，

$$W^* = \frac{\sum_{i=1, i \neq \nu}^{n} \theta_i^* \lambda_i g_i + \theta_\nu^* \lambda_\nu g_\nu}{1 + \sum_{i=1, i \neq \nu}^{n} \theta_i^* \lambda_i h_i + \theta_\nu^* \lambda_\nu h_\nu}$$

と表される．ν は W^* を実現する I^* に含まれる餌種の付番であるから，

$$\frac{\sum_{i=1, i \neq \nu}^{n} \theta_i^* \lambda_i g_i}{1 + \sum_{i=1, i \neq \nu}^{n} \theta_i^* \lambda_i h_i} < \frac{\sum_{i=1, i \neq \nu}^{n} \theta_i^* \lambda_i g_i + \lambda_\nu g_\nu}{1 + \sum_{i=1, i \neq \nu}^{n} \theta_i^* \lambda_i h_i + \lambda_\nu h_\nu} = W^* \tag{2.77}$$

が成り立たなければならない．不等式 (2.77) を変形すると，

$$\frac{\sum_{i=1}^{n} \theta_i^* \lambda_i g_i}{1 + \sum_{i=1}^{n} \theta_i^* \lambda_i h_i} = W^* < \frac{g_\nu}{h_\nu} \tag{2.78}$$

が得られる．よって，I^* に含まれる任意の ν に対して，$W^* < g_\nu / h_\nu$ が成り立つことがわかった．同様にして，I^* に含まれない任意の η に対して，$W^* > g_\eta / h_\eta$ が成り立つことがわかる．

以上により，W を最大にする I^* による最大値 W^* が不等式 (2.75) を満たすようなある k^* ($< n$) が存在するか，

$$\frac{g_n}{h_n} > W^*$$

である（$k^* = n$ の場合）かのいずれかであることが示された．前者の場合には，$I^* = \{1, 2, \ldots, k^*\}$ であり，後者の場合には，$I^* = \{1, 2, \ldots, n\}$ である．

以上の議論により，捕食者の最適餌選択を表す餌種の閾順位 k^* は，次の不等式を満たす唯一の順位として定められる ($1 \leq k^* \leq n$)：

$$\frac{g_{k^*}}{h_{k^*}} > W_{k^*} > \frac{g_{k^*+1}}{h_{k^*+1}} \tag{2.79}$$

ただし，

$$W_{k^*} = \frac{\sum_{i=1}^{k^*} \lambda_i g_i}{1 + \sum_{i=1}^{k^*} \lambda_i h_i} \tag{2.80}$$

2.6 レプリケータダイナミクス

であり，W_{k^*} は，捕食者が順位 1 位から k^* 位までの餌種のみ，言い換えると，順位上位の餌 k^* 種のみを利用する場合における単位時間あたりの期待エネルギー摂取量を意味する．なお，$k^* = n$ の場合には，式 (2.79) の右の不等式は不要である．

注記

$$W_1 = \frac{\lambda_1 g_1}{1 + \lambda_1 h_1} < \frac{g_1}{h_1} \tag{2.81}$$

は，任意の正の λ_1 に対して成り立つので，条件 (2.79) により，最適餌選択を採る捕食者は，少なくとも，順位 1 位の餌種を捕食対象として利用する．この結果は，餌をまったく利用しない場合（$W = 0$）に比べれば，餌 1 種を利用する場合（$W > 0$）の方が W が大きいので当然である．ただし，以上の結果において，一般性を失わない範囲の餌種の順位付けの仮定 (2.67) が，本質的に最適餌選択を決める餌種の順位となることが明確になったことは重要である．

詳説 上位 k 種の餌を利用する場合の捕食者の単位時間あたりの期待エネルギー摂取量 W_k は，兄弟本【基礎編】6.5 節で述べた Holling の円盤方程式による捕食者 1 個体による単位時間あたり餌摂食率（＝摂食速度）f に対応する関数形をもっている．Holling の円盤方程式で捕食に関する実質餌密度として与えられている量が，ここで述べている古典的餌選択理論では単位時間あたりに遭遇する餌個体数頻度に対応している．

次節に繋ぐために，上記の古典的餌選択理論を餌 2 種の場合について今少し考えておこう．$g_1/h_1 > g_2/h_2$ と仮定する．既に述べたように，最適餌選択を採る捕食者は必ず順位 1 位の餌種を捕食対象として利用するので，$p_1^* = 1$ である．したがって，餌 2 種の場合に問題となるのは，第 2 位の餌種を利用するか否かの評価である．前節の一般論で述べた議論による式 (2.79) から，餌種 2 は $g_2/h_2 > W_1$ である場合に限り最適餌選択において利用対象となる．最適餌選択における餌種 2 の利用の適否を決めるこの評価基準に関して，パラメータ λ_2 は無関係であることに注意しよう．餌種 2 の質に対応する g_2/h_2 のみがこの評価に関わる．餌種 2 の利用の適否は，餌種 2 の質，すなわち，餌種 2 を捕食対象とし，その個体に遭遇した場合に期待される単位処理時間あたりの獲得エネルギー量と，餌種 1 のみを捕食対象としたときの単位時間あたりの期待エネルギー摂取量との比較が評価の基準となっている．

2.6 レプリケータダイナミクス

餌選択の餌密度依存

今，古典的餌選択理論における仮定 7 について考えてみる．餌密度が一定であるとするこの仮定があるからこそ，仮定 8 による単位時間あたりに遭遇する餌種 i の個体数頻度 λ_i

を定数として仮定できる．しかし，一般には，捕食は餌密度を低下させる．餌密度が低下すれば，単位時間あたりに遭遇する餌個体数頻度も減少するだろう．

餌2種（$n=2$）の場合，餌種1の密度が低下すれば，λ_1 は小さくなる．λ_1 が小さくなると，W_1 も小さくなる．したがって，当初，条件 $W_1 > g_2/h_2$ が成り立つ状態であり，捕食者が餌種1のみを利用する餌選択が最適であったとしても，捕食が餌種1の密度を低下させ，W_1 が減少してゆき，その結果，$W_1 < g_2/h_2$ が満たされる状況になると，捕食者にとっては，餌種2も利用する餌選択が適応的である．一方，餌種2も利用する餌選択を採る捕食者個体群の場合，捕食者個体群から餌種1への捕食圧（predation pressure）が餌種2へ分散され，餌種1の密度が［餌種1のみを捕食者が捕食していた状況に比べて］より高くなり，餌種1の密度が十分に高くなったときに，W_1 が $W_1 > g_2/h_2$ を満たしうる程度のものになるならば，捕食者にとっては餌種1のみを捕食の対象とする餌選択が適応的である．この議論は，捕食者の餌選択が，餌種1のみを利用する場合と餌2種をともに利用する場合を繰り返す振動を想起させるだろう．

ここで想起している振動とは，捕食における餌選択という戦略の有利さについての振動であって，餌種個体群サイズの振動ではないことに注意したい．2.5節で述べたように，古典的餌選択理論においては，餌種の選択という戦略において，どの選択が最も適応的か，すなわち，最も大きな利得を捕食者にもたらすかを考えている．

レプリケータ方程式

ここでは，2.5節 p. 64-65 でも触れた自然選択による進化過程における最適戦略（optimal strategy）としての餌種選択を，ゲーム理論（game theory）における頻度依存ゲーム（frequency dependent game）の枠組みで捉え，捕食者個体群中の各戦略を採る捕食者個体の頻度の時間変動や世代変化を扱う数理モデルによる議論を展開する．

注記 ゲーム理論の理論生物学への応用は，20世紀後半，特に70-80年代に発展した[*31]．ゲーム理論は，経済学や社会学，工学にも広く応用され，もちろん，数学としての研究も連綿と続いている．数多くの和洋専門書が出版されているので，関心をもつ読者がそれらを参照することは難しくないはずである．特に理論生物学へのゲーム理論の応用については，Hofbauer と Sigmund による入門書 [29–31] が世界的に知られている．他にも，たとえば，巌佐 [46,48]，大浦 [94]，酒井ほか [104,105]，山内 [133] を入門書として参照することができるだろう．さらに踏み込んでみたい読者には，これらの文献の参照文献に進むか，たとえば，巌佐 [45]，日本生態学会（編）[86]，中丸 [83] や，生天目 [84]，日本数理生物学会（編）[90]，Nowak [91,92]，佐伯・亀田 [102] を覗いてみることをお勧めする．本書では，ゲーム理論自体については，その概念の一部に触れるにとどまる．

[*31] たとえば，Nowak [91,92] にある総説を参照．

2.6 レプリケータダイナミクス

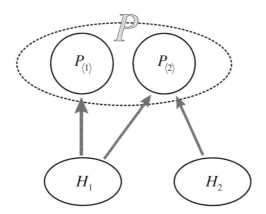

図 2.11 独立餌 2 種の個体群 H_1, H_2 と 2 つの異なる餌選択戦略を採る個体が並存する捕食者個体群 P の間の関係。餌種 1 のみを捕食する餌選択戦略を採っている捕食者個体群 $P_{\langle 1 \rangle}$ は，餌種 1 に対する単食性捕食者，餌 2 種をともに捕食の対象とする餌選択戦略を採っている捕食者個体群 $P_{\langle 2 \rangle}$ は，それらの餌両方を利用する多食性捕食者とみなせる。捕食者個体群 $P_{\langle 1 \rangle}$ と $P_{\langle 2 \rangle}$ は，餌種 1 をめぐって搾取型競争関係にある。独立な餌種個体群 H_1 と H_2 は，共通の捕食者個体群 $P_{\langle 2 \rangle}$ を介した見かけの競争関係にある。

今，餌 2 種を利用可能な捕食者種について，捕食者個体総数を P，餌種 1 のみを捕食する餌選択戦略を採っている単食性捕食者個体数を $P_{\langle 1 \rangle}$，餌 2 種をともに捕食の対象とする餌選択戦略を採っている多食性捕食者個体数を $P_{\langle 2 \rangle}$ と表す（図 2.11）。$P = P_{\langle 1 \rangle} + P_{\langle 2 \rangle}$ である。また，捕食者個体群における単食性捕食者個体の頻度を x_1，多食性捕食者個体の頻度を x_2 と表す。$x_i = P_{\langle i \rangle}/P$ であり，$x_1 + x_2 = 1$ が満たされる。

そして，捕食者個体あたりの単位時間あたり増殖率 r_i $(i = 1, 2)$ が餌選択戦略に依存すると仮定する。餌選択戦略は，捕食者の単位時間あたりの期待エネルギー摂取率を決め，増殖率がその摂取エネルギーに依存して定まるという仮定は生物学的にも自然である：$r_i = r_i(W_i)$ $(i = 1, 2)$。そこで，捕食者個体群サイズの時間変動ダイナミクスが次の常微分方程式で与えられるものとする：

$$\frac{dP_{\langle i \rangle}}{dt} = r_i P_{\langle i \rangle} - \delta P_{\langle i \rangle} \quad (i = 1, 2) \tag{2.82}$$

ここで，δ は，捕食者の自然死亡率であり，ここでは，最も単純に，餌選択戦略には依存しない正定数であると仮定する。

すると，$P_{\langle i \rangle} = x_i P$ から，

$$\frac{dP_{\langle i \rangle}}{dt} = P\frac{dx_i}{dt} + x_i\frac{dP}{dt}$$

であることを使って,捕食者個体の頻度 x_i の時間変動を与える次の方程式が導出できる:

$$\begin{aligned}
\frac{dx_i}{dt} &= \frac{1}{P}\left(\frac{dP_{\langle i\rangle}}{dt} - x_i \frac{dP}{dt}\right) \\
&= \frac{1}{P}\left\{(r_i P_{\langle i\rangle} - \delta P_{\langle i\rangle}) - x_i\left(\frac{dP_{\langle 1\rangle}}{dt} + \frac{dP_{\langle 2\rangle}}{dt}\right)\right\} \\
&= \frac{1}{P}\left\{(r_i P_{\langle i\rangle} - \delta P_{\langle i\rangle}) - x_i\left(r_1 P_{\langle 1\rangle} + r_2 P_{\langle 2\rangle} - \delta P\right)\right\} \\
&= (r_i x_i - \delta x_i) - x_i(r_1 x_1 + r_2 x_2 - \delta) \\
&= (r_i - \bar{r})x_i \quad (i=1,2)
\end{aligned}$$
(2.83)

ここで,$\bar{r} := r_1 x_1 + r_2 x_2$ は,捕食者個体あたりの増殖率の捕食者個体群全体での平均値である.この方程式 (2.83) が,捕食者個体群における 2 つの餌選択戦略の採用頻度の時間変動を与える**レプリケータ方程式**(replicator equation)である.

> **詳説** 異なる戦略を採る個体から成る個体群におけるそれぞれの戦略の採用頻度の時間変動を考える一般の**レプリケータダイナミクス**(replicator dynamics)では,W_i を「利得」(payoff, gain, benefit),x_i を「戦略の頻度」,r_i を「適応度」(fitness)として,レプリケータ方程式 (2.83) を扱う[*32].$\bar{r}$ は,集団における平均適応度(mean fitness)である.
>
> 適応度は,自然淘汰に対する個体の有利・不利の程度を表す尺度で,大抵の場合,ある個体のもうけた子のうち,繁殖可能まで成長できた(できると期待される)子の数が用いられる[*33].生物学研究の実際では,適応度として何を定義するかは,研究対象の何を戦略として取り扱った議論を目的とするかに依存して異なり得る.

ここで,$x_2 = 1 - x_1$ により,$\bar{r} = r_1 x_1 + r_2(1-x_1)$ を式 (2.83) に代入すれば,

$$\frac{dx_1}{dt} = (r_1 - r_2)(1 - x_1)x_1$$
(2.84)

を導出できる.これは,logistic 方程式の形をしている.そして,$0 < x_1 < 1$ のとき,$r_1 > r_2$ ならば x_1 が増加し,x_2 は減少,$r_1 < r_2$ ならば x_1 は減少し,x_2 が増加することを明示している.もしも,r_1, r_2 が時間 t によらない定数ならば,式 (2.84) は,まさに logistic 方程式であり,$t \to \infty$ に対して,$r_1 > r_2$ ならば $(x_1, x_2) \to (1,0)$,$r_1 < r_2$ ならば $(x_1, x_2) \to (0,1)$ である.

ただし,既述の通り,捕食者個体あたりの単位時間あたり増殖率 r_i ($i=1,2$) は,捕食者の単位時間あたりの期待エネルギー摂取量 W_i に依存し,この W_i は,餌密度に依存して決まるので,餌密度の時間変動ダイナミクスが与えられなければ,式 (2.84) による単食戦略を採る捕食者個体の頻度 x_1 の時間変動は定まらない.

[*32] たとえば,Hofbauer & Sigmund [29–31] や Nowak [91, 92] を参照.

[*33] 【基礎編】4.4 節

2.6 レプリケータダイナミクス

詳説 p. 35 でも扱った一般の n 次元 Lotka–Volterra 常微分方程式系[*34]

$$\frac{du_i(t)}{dt} = \left\{r_i + \sum_{j=1}^{n} \gamma_{ij} u_j(t)\right\} u_i(t) \quad (i = 1, 2, \ldots, n) \tag{2.23}$$

に対して，式 (2.83) で説明したような，数学的に同等な閉じた $n+1$ 次元レプリケータ方程式系

$$\frac{dx_i}{dt} = (\phi_i - \overline{\phi}) x_i \quad (i = 1, 2, \ldots, n+1) \tag{2.85}$$

が構成できることが知られている．ここで，ϕ_i は $\{x_i\}$ のある関数であり，$\overline{\phi} := \sum_{k=1}^{n+1} x_k \phi_k$ である．付録 B の解説を参照されたい．変数 $(u_1, u_2, \ldots, u_n)$ に関する n 次元 Lotka–Volterra 常微分方程式系 (2.23) に対して定性的に同等な数学的性質をもつ変数 $(x_1, x_2, \ldots, x_{n+1})$ に関する $n+1$ 次元レプリケータ方程式系 (2.85) が存在し，この逆も真であることは，一方の系に対する解析で得られた数学的結果を他方に応用できることを意味するが，数理モデルとして同等という意味ではないことに注意すべきである．

個体群ダイナミクス

古典的餌選択理論に関する 2.5 節で示された捕食者の単位時間あたりの期待エネルギー摂取量 W_i $(i = 1, 2)$ は，

$$W_1 = \frac{\lambda_1 g_1}{1 + \lambda_1 h_1}; \quad W_2 = \frac{\lambda_1 g_1 + \lambda_2 g_2}{1 + \lambda_1 h_1 + \lambda_2 h_2} \tag{2.86}$$

である．これらの関数形は，Holling の円盤方程式[*35]（Holling's disc equation）と同じである．ただし，Holling の円盤方程式は，捕食者の摂食率，すなわち，捕食者 1 個体による単位時間あたり餌摂食率（＝摂食速度）を意味する機能的応答関数[*36]の 1 つであるのに対して，式 (2.86) は，餌の摂食の結果として捕食者が得るエネルギー量を表しているので，意味としては等しくない．

ここでは，捕食者の単位時間あたりの期待エネルギー摂取量 W_i $(i = 1, 2)$ と餌–捕食者系の個体群ダイナミクスを関連付けるために，個体群ダイナミクスに次の仮定を適用して考えることにする（図 2.11 参照）：

- 餌 2 種は直接の相互作用をもたない．
- 捕食者個体間の違いは餌選択戦略のみに限られ，自然死亡や繁殖に関するパラメータは共通であるとする．
- 捕食者が単位時間あたりに遭遇する餌種 i の個体数頻度 λ_i は，餌種 i の個体群密度 H_i に比例する：$\lambda_i \propto H_i$ $(i = 1, 2)$

[*34] 係数 r_i, γ_{ij} の符号は特に限定しないが，数理モデルとして，初期値 $u_i(0)$ は非負値に限定する．
[*35] 【基礎編】6.5 節
[*36] 【基礎編】6.2 節

- 捕食者個体あたりの単位時間あたり餌摂食率を与える機能的応答関数は，餌種 i の個体の捕獲・摂餌にかかる処理時間 h_i による円盤方程式とする：

$$\begin{aligned}
f_{\langle 1,1\rangle}(H_1) &= \frac{\nu_1 H_1}{1 + h_1\nu_1 H_1} \\
f_{\langle 1,2\rangle}(H_1, H_2) &= \frac{\nu_1 H_1}{1 + h_1\nu_1 H_1 + h_2\nu_2 H_2} \\
f_{\langle 2,2\rangle}(H_1, H_2) &= \frac{\nu_2 H_2}{1 + h_1\nu_1 H_1 + h_2\nu_2 H_2}
\end{aligned} \quad (2.87)$$

ここで，$f_{\langle 1,1\rangle}(H_1)$ は，単食性捕食者個体あたりの単位時間あたり餌摂食率，すなわち，餌種 1 の単食性捕食者あたり個体群サイズ減少速度である。そして，$f_{\langle 1,2\rangle}(H_1, H_2)$, $f_{\langle 2,2\rangle}(H_1, H_2)$ は，それぞれ，多食性捕食者個体の単位時間あたりの餌種 1 個体群に対する摂食率，餌種 2 個体群に対する摂食率を表す。$\nu_i\ (i=1,2)$ は，捕食者が餌種 i の個体を探知し，捕獲に成功する効率を表す係数である。

- 式 (2.87) で与えられる機能的応答により，捕食者個体あたりの単位時間あたりエネルギー摂取率を

$$\begin{aligned}
W_{\langle 1\rangle}(H_1) &= g_1 f_{\langle 1,1\rangle}(H_1) \\
&= \frac{g_1 \nu_1 H_1}{1 + h_1\nu_1 H_1} \\
W_{\langle 2\rangle}(H_1, H_2) &= g_1 f_{\langle 1,2\rangle}(H_1, H_2) + g_2 f_{\langle 2,2\rangle}(H_1, H_2) \\
&= \frac{g_1\nu_1 H_1 + g_2\nu_2 H_2}{1 + h_1\nu_1 H_1 + h_2\nu_2 H_2}
\end{aligned} \quad (2.88)$$

とする。正定数 $g_i\ (i=1,2)$ は，古典的餌選択理論で用いたパラメータと同じであり，餌種 i の 1 個体の摂餌により捕食者が得られる期待エネルギー量を表す。

- 捕食者個体あたりの単位時間あたり増殖率は，捕食者個体あたりの単位時間あたりエネルギー摂取率に比例するとする：$r_i = \kappa W_{\langle i\rangle}\ (i=1,2)$。正定数 κ は，摂取エネルギーの繁殖活動への変換係数である。

古典的餌選択理論による式 (2.86) と，この個体群ダイナミクスにおける式 (2.88) の整合性は明確であろう。

これらの仮定の下，次の個体群ダイナミクスモデルを考える：

$$\begin{aligned}
\frac{dH_1}{dt} &= (r_1 - \beta_1 H_1)H_1 - f_{\langle 1,1\rangle}(H_1)P_{\langle 1\rangle} - f_{\langle 1,2\rangle}(H_1, H_2)P_{\langle 2\rangle} \\
\frac{dH_2}{dt} &= (r_2 - \beta_2 H_2)H_2 - f_{\langle 2,2\rangle}(H_1, H_2)P_{\langle 2\rangle} \\
\frac{dP_{\langle 1\rangle}}{dt} &= -\delta P_{\langle 1\rangle} + \kappa W_{\langle 1\rangle}(H_1)P_{\langle 1\rangle} \\
\frac{dP_{\langle 2\rangle}}{dt} &= -\delta P_{\langle 2\rangle} + \kappa W_{\langle 2\rangle}(H_1, H_2)P_{\langle 2\rangle}
\end{aligned} \quad (2.89)$$

2.6 レプリケータダイナミクス

この数理モデルは，1餌–1捕食者系ダイナミクスに対する Rosenzweig–MacArthur モデル[*37]を，独立餌2種と単食性捕食者1種，多食性捕食者1種から成る4種間の餌–捕食者系モデルに拡張したものと同等とみなすことができる（図 2.11 参照）。

系 (2.89) における捕食者個体の頻度 $x_i(t) := P_{\langle i \rangle}(t)/\{P_{\langle 1 \rangle}(t) + P_{\langle 2 \rangle}(t)\}$ $(i = 1, 2)$ についてのレプリケータ方程式は，式 (2.83) により，

$$\begin{aligned}\frac{dx_1}{dt} &= \kappa\{W_{\langle 1 \rangle}(H_1) - \overline{W}(H_1, H_2, x_1, x_2)\}x_1 \\ \frac{dx_2}{dt} &= \kappa\{W_{\langle 2 \rangle}(H_1, H_2) - \overline{W}(H_1, H_2, x_1, x_2)\}x_2\end{aligned} \quad (2.90)$$

となる。ここで，$\overline{W}(H_1, H_2, x_1, x_2) = x_1 W_{\langle 1 \rangle}(H_1) + x_2 W_{\langle 2 \rangle}(H_1, H_2)$ である。

このレプリケータ方程式 (2.90) をもう少し詳しくみてみると，

$$\begin{aligned}\frac{dx_1}{dt} &= \kappa W_{\langle 1 \rangle}(H_1)\Big\{1 - x_1 - \frac{W_{\langle 2 \rangle}(H_1, H_2)}{W_{\langle 1 \rangle}(H_1)}x_2\Big\}x_1 \\ \frac{dx_2}{dt} &= \kappa W_{\langle 2 \rangle}(H_1, H_2)\Big\{1 - x_2 - \frac{W_{\langle 1 \rangle}(H_1)}{W_{\langle 2 \rangle}(H_1, H_2)}x_1\Big\}x_2\end{aligned} \quad (2.91)$$

と表されることに気がつく。この式 (2.91) の数学的構造は Lotka–Volterra 2 種競争系[*38]とみなせるものになっている。ただし，競争係数が餌個体群サイズ H_1, H_2 に依存している。

詳説 図 2.11 が示すように，2 つの捕食者個体群 P_1 と P_2 の間には，共通の餌種 1 をめぐる搾取型競争関係がある。共通の餌個体群サイズの捕食による減少が搾取型競争関係の本質であるから，搾取型競争関係にある 2 つの捕食者個体群間の競争の効果の強度，すなわち，競争係数が共通の餌個体群サイズに依存するという系 (2.91) の数学的構造は，数理モデリングの観点からも整合性があるといえる。

任意の時刻 t において $x_1(t) + x_2(t) = 1$ であることにより，系 (2.91) を

$$\begin{aligned}\frac{dx_1}{dt} &= \kappa\{W_{\langle 1 \rangle}(H_1) - W_{\langle 2 \rangle}(H_1, H_2)\}(1 - x_1)x_1 \\ \frac{dx_2}{dt} &= \kappa\{W_{\langle 2 \rangle}(H_1, H_2) - W_{\langle 1 \rangle}(H_1)\}(1 - x_2)x_2\end{aligned} \quad (2.92)$$

と表すこともできる。それぞれの捕食者個体頻度 x_i $(i = 1, 2)$ が logistic 方程式による変動特性をもつ振る舞いを内包していることを明示している。ただし，logistic 方程式における内的自然増殖率が餌 2 種の個体群サイズに依存する関数となっていると解釈でき，

[*37] 【基礎編】6.5 節
[*38] 【基礎編】5.2 節

捕食者個体頻度の時間変動の振る舞いが餌種の個体群サイズの時間変動に強く依存していることが明白である。

> **注記** 捕食者個体の頻度についてのレプリケータ方程式 (2.91) は，変数 H_1, H_2 を含むので，頻度 x_i ($i = 1, 2$) の時間変動を与えるレプリケータダイナミクスとしては，変数 H_1, H_2 の時間変動の情報が必要である。すなわち，個体群ダイナミクスを与える系 (2.89) の第 1 式と第 2 式が必要である。それらの 2 式には，$P_{\langle 1 \rangle}$, $P_{\langle 2 \rangle}$ が含まれている。よって，レプリケータ方程式 (2.91) と系 (2.89) の第 1 式と第 2 式だけで閉じた力学系を成すことはできない。
> 　実際，レプリケータ方程式 (2.91) は，$x_1 + x_2 = 1$ による式 (2.92) から明らかな通り，実質的に 1 次元であり，系 (2.89) の第 1 式と第 2 式と合わせても 3 次元にしかならないので，元の 4 次元の力学系 (2.89) と同等にはなり得ない。たとえば，捕食者の総個体群サイズ $P = P_{\langle 1 \rangle} + P_{\langle 2 \rangle}$ の時間変動を表す微分方程式を式 (2.89) から導けば，
>
> $$\frac{dP}{dt} = -\delta P + \kappa W_{\langle 1 \rangle}(H_1) x_1 P + \kappa W_{\langle 2 \rangle}(H_1, H_2) x_2 P \qquad (2.93)$$
>
> となり，この式と合わせることによって 4 次元の力学系を成せば，元の力学系 (2.89) と同等である。しかし，いずれの 4 次元系が数学的に取り扱いやすいか，あるいは，数理生物学的な考察にとって有意義かは自明なことではない。

■ **捕食者絶滅平衡点**　まず，系 (2.89) について，捕食者種が絶滅し，かつ，餌 1 種あるいは餌 2 種も絶滅した平衡点は常に不安定であることが以下のようにわかる。系 (2.89) において，捕食者が不在ならば，餌種個体群は互いに（相互作用がなく）独立であり，それぞれが logistic 方程式による個体群成長に従う。すなわち，餌種個体群はそれぞれの環境許容量に漸近する。捕食者と餌種 1 が不在の状態において，餌種 1 の個体がわずかでも侵入すれば，餌種 1 の個体群は，その環境許容量に向かって成長する。このことは，捕食者と餌種 1 が不在な平衡点 E_{0+00} が不安定であることを意味する。捕食者と餌種 2 が不在な平衡点 E_{+000} についても，同様に考えれば，不安定であることがわかる。さらに，同様に，餌 2 種と捕食者がすべて絶滅した平衡点 E_{0000} も常に不安定である。

次に，捕食者種が絶滅し，餌 2 種が存続する平衡点 $E_{++00}(r_1/\beta_1, r_2/\beta_2, 0, 0)$ の安定性について考える。この捕食者絶滅平衡点 E_{++00} の安定性に関する局所安定性解析により以下の結果が得られる：捕食者絶滅平衡点 E_{++00} は，

$$\frac{1}{\delta} \cdot \kappa W_{\langle 1 \rangle}(r_1/\beta_1) < 1 \quad \text{かつ} \quad \frac{1}{\delta} \cdot \kappa W_{\langle 2 \rangle}(r_1/\beta_1, r_2/\beta_2) < 1 \qquad (2.94)$$

ならば，局所漸近安定である。また，

$$\frac{1}{\delta} \cdot \kappa W_{\langle 1 \rangle}(r_1/\beta_1) > 1 \quad \text{または} \quad \frac{1}{\delta} \cdot \kappa W_{\langle 2 \rangle}(r_1/\beta_1, r_2/\beta_2) > 1 \qquad (2.95)$$

2.6 レプリケータダイナミクス

ならば，不安定である。

> **演習問題 16**
>
> 系 (2.89) の捕食者絶滅平衡点 E_{++00} についてのヤコビ行列を導き，局所安定性解析により上記の結果 (2.94), (2.95) が得られることを確かめよ。

系 (2.90) における捕食者の平均寿命は $1/\delta$ である[*39]から，条件 (2.94) の第 1 式の左辺は，餌種 1 の個体群サイズが環境許容量 r_1/β_1 である（あり続ける）場合に，単食性捕食者 1 個体が死亡するまでに産生する子の数の期待値と解釈できる。すなわち，不等式 (2.94) の第 1 式の左辺は，1.4 節で解説した純増殖率を意味する。同様に，条件 (2.94) の第 2 式の左辺は，餌種 1 と餌種 2 の個体群サイズがいずれも環境許容量 r_1/β_1, r_2/β_2 である（あり続ける）場合に，多食性捕食者 1 個体が餌種 1 の捕食により，死亡するまでに産生する子の数の期待値，すなわち，多食性捕食者の純増殖率と解釈できる。したがって，捕食者絶滅平衡点 E_{++00} が局所漸近安定である条件 (2.94) は，餌 2 種の個体群サイズがいずれも環境許容量である（あり続ける）場合に，捕食者 1 個体あたりの生涯期待産仔数が 1 より小さい条件，つまりは，餌種個体群サイズが最も大きな条件下で捕食者個体群サイズが減少する条件に等しい。

捕食者絶滅平衡点 E_{++00} が不安定である条件 (2.95) は，餌 2 種の個体群サイズがいずれも環境許容量である（あり続ける）場合に，単食性捕食者もしくは多食性捕食者 1 個体あたりの生涯期待産仔数が 1 より大きい条件であり，餌種個体群サイズが最も大きな条件下で単食性捕食者もしくは多食性捕食者の系への侵入が成功する条件に等しい。

これらの数理モデリングの観点による意味から，条件 (2.94) が成り立てば，捕食者個体群の絶滅が必然であることが推察される。このことは，平衡点 E_{++00} の大域安定性として以下のように数学的に示される。

捕食者のエネルギー摂取率を与える関数 $W_{\langle 1 \rangle}(H_1)$, $W_{\langle 2 \rangle}(H_1, H_2)$ は，いずれも，$H_1 > 0$, $H_2 > 0$ に関して狭義単調増加である。また，数理モデリングの意味から，H_1, H_2 の初期値について，環境許容量を超える値を設定することは不適当である。このとき，2.1 節 p. 25 の系 (2.1) に関する議論と同様の考え方によって，$0 < H_1(0) \leq r_1/\beta_1$, $0 < H_2(0) \leq r_2/\beta_2$ なる任意の初期条件 $(H_1(0), H_2(0))$ に対して，任意の時刻 $t \geq 0$ について $0 < H_1(t) \leq r_1/\beta_1$, $0 < H_2(t) \leq r_2/\beta_2$ が成り立つことがわかる。よって，任意

[*39] 1.3 節 p. 11 に述べられた絶滅個体群における平均寿命の議論や，瀬野 [107] の解説を参照。

の時刻 $t \geq 0$ に対して,

$$\begin{cases} W_{\langle 1 \rangle}(H_1(t)) \leq W_{\langle 1 \rangle}(r_1/\beta_1) \\ W_{\langle 2 \rangle}(H_1(t), H_2(t)) \leq W_{\langle 2 \rangle}(r_1/\beta_1, r_2/\beta_2) \end{cases} \tag{2.96}$$

であることが導かれる.

したがって,性質 (2.96) により,もしも,条件 (2.94) の第 1 式が満たされるならば,任意の $P_{\langle 1 \rangle} > 0$ に対して,

$$\frac{dP_{\langle 1 \rangle}}{dt} = \{-\delta + \kappa W_{\langle 1 \rangle}(H_1)\} P_{\langle 1 \rangle} \leq \{-\delta + \kappa W_{\langle 1 \rangle}(r_1/\beta_1)\} P_{\langle 1 \rangle} < 0$$

であるから,系 (2.89) において単食性捕食者は,初期値によらず,時間経過とともに絶滅に向かう.同様の議論により,条件 (2.94) の第 2 式が満たされるならば,系 (2.89) において多食性捕食者は,初期値によらず,時間経過とともに絶滅に向かう.以上の議論により,**条件 (2.94) が満たされるならば,捕食者絶滅状態 E_{++00} は大域安定である**[*40]。条件 (2.94) が満たされるとき,系 (2.89) における捕食者の侵入は失敗し,系は捕食者絶滅状態 E_{++00} に漸近する.

一方,条件 (2.95) の第 1 式が満たされるならば,捕食者絶滅状態 E_{++00} にある系 (2.89) において,任意の $P_{\langle 1 \rangle}(0) > 0$ に対して,$dP_{\langle 1 \rangle}/dt\big|_{t=0} > 0$ である.このことは,平衡点 E_{++00} が捕食者 $P_{\langle 1 \rangle}$ の侵入に対して不安定であることを意味する.言い換えれば,条件 (2.95) の第 1 式が成り立つとき,捕食者絶滅状態 E_{++00} にある系 (2.89) に,ほんのわずかでも単食性捕食者が侵入すると,単食性捕食者個体群サイズが増大し,系が状態 E_{++00} から離れるので,捕食者絶滅状態 E_{++00} は不安定である.同様の議論により,条件 (2.95) の第 2 式が満たされる場合には,捕食者絶滅状態 E_{++00} にある系に,わずかでも多食性捕食者が侵入すると,多食性捕食者個体群サイズが増大するので,捕食者絶滅状態 E_{++00} は不安定である.

> **詳説** 系 (2.89) は,単食性捕食者と多食性捕食者の存続性を考えるための個体群ダイナミクスについての数理モデリングにより構築された.言い換えれば,捕食者による単食戦略と多食戦略のいずれがより適応的であるかを,個体群ダイナミクスの結果として測るための数理モデルである.しかし,個体群ダイナミクスでの議論では,それ以外に,捕食者種が絶滅する場合が現れるので,上記の考察が必要となる.比べている 2 つの戦略がいずれも自然淘汰される場合について考えることに相当する.

■ **餌種 2 が不在の系** 系 (2.89) において,餌種 2 が不在の場合,すなわち,任意の $t \geq 0$ に対して $H_2(t) \equiv 0$ の場合,系は,数学的に,餌 1 種と捕食者 1 種についての

[*40] ここで用いた大域安定性を示す議論は,p. 52 において用いた論理と同類である.

2.6 レプリケータダイナミクス

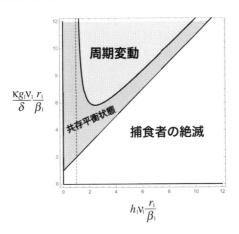

図 2.12 系 (2.89) において，餌種 2 が不在の場合における餌–捕食者系の漸近的振る舞いのパラメータ依存性。黒実線がパラメータ領域の境界。(【基礎編】6.5 節参照)

Rosenzweig–MacArthur モデルと同等である［演習問題 17］。よって，【基礎編】6.5 節で解説されている通り，このとき，系の状態は，捕食者種の絶滅平衡点，共存平衡点，周期解のいずれかに漸近する（図 2.12）。

> **演習問題 17**
>
> 任意の $t \geq 0$ に対して $H_2(t) \equiv 0$ の場合には，系 (2.89) は，数学的に，餌 1 種と捕食者 1 種についての Rosenzweig–MacArthur モデルと同等であることを説明せよ。

この場合，捕食者種が絶滅しないならば，捕食者個体の頻度 x_i ($i = 1, 2$) は，どのような状態に漸近するだろうか。任意の $t \geq 0$ に対して $H_2(t) \equiv 0$ の場合には，

$$W_{\langle 2 \rangle}(H_1, H_2) = W_{\langle 2 \rangle}(H_1, 0) = W_{\langle 1 \rangle}(H_1)$$

であるから，レプリケータ方程式 (2.91) は，

$$\begin{aligned}
\frac{dx_1}{dt} &= \kappa W_{\langle 1 \rangle}(H_1)(1 - x_1 - x_2)\, x_1 \\
\frac{dx_2}{dt} &= \kappa W_{\langle 1 \rangle}(H_1)(1 - x_2 - x_1)\, x_2
\end{aligned} \qquad (2.97)$$

となるが，定義により，$x_1 + x_2 = 1$ であり，$x_1(0) + x_2(0) = 1$ でなければならないので，式 (2.97) の右辺が任意の時刻 $t \geq 0$ において 0 となることがわかる。すなわち，任意の時刻 $t \geq 0$ に対して，$(x_1(t), x_2(t)) \equiv (x_1(0), x_2(0))$ である。したがって，餌種 2 が不在の場合，捕食者種が絶滅しない限り，系 (2.89) における単食性捕食者個体と多食性捕食者個体の相対頻度は，系の状態によらず，初期条件で定められる相対頻度に常に等しい。

|注記| もっとも，この議論は数理モデリングの観点からは無意味である．餌種2が不在である場合には，捕食者が利用できる餌は1種のみであり，単食性捕食者と多食性捕食者を区別すること自体が無意味だからである．

また，餌種1が不在の系については，餌種1のみを捕食の対象とする単食性捕食者は絶滅するので，系は餌種2とそれを捕食の対象とする多食性捕食者種の系となり，やはり，餌1種と捕食者1種についてのRosenzweig–MacArthurモデルである．しかし，この場合には，餌の存在しない単食性捕食者を考えることになっており，まさに議論する意味のない場合である．

ただし，これらの場合についての系 (2.89) の数学的な性質について知っておくことは，系の他の特性を調べる場合において有用であるから，数理モデル解析の上では無意味とはいえない．さらに，単食性捕食者個体と多食性捕食者個体の相対頻度が時間変動しない，という上記の結果は，この相対頻度を時間的に変動させる要因が存在しない場合を考えていたという数理モデリングの意味との整合性を確認できるものである．

■ **餌種絶滅平衡点**　餌種1が絶滅した平衡点 E_{0+0+} の局所安定性解析によって，次の条件が成り立てば，E_{0+0+} が存在して局所漸近安定であることがわかる［演習問題18］：

$$\frac{r_2}{\nu_2} > \frac{r_1}{\nu_1} \text{ かつ } \left(1 - \frac{r_1/\nu_1}{r_2/\nu_2}\right)^{-1}\frac{h_2\delta}{\kappa g_2} < \left(1 - \frac{h_2\delta}{\kappa g_2}\right)h_2\nu_2\frac{r_2}{\beta_2} < \frac{h_2\delta}{\kappa g_2} + 1 \quad (2.98)$$

一方，条件

$$\left(1 - \frac{r_1/\nu_1}{r_2/\nu_2}\right)^{-1}\frac{h_2\delta}{\kappa g_2} < \frac{h_2\delta}{\kappa g_2} < \left(1 - \frac{h_2\delta}{\kappa g_2}\right)h_2\nu_2\frac{r_2}{\beta_2}$$

$$\text{または } \frac{h_2\delta}{\kappa g_2} < \left(1 - \frac{h_2\delta}{\kappa g_2}\right)h_2\nu_2\frac{r_2}{\beta_2} < \left(1 - \frac{r_1/\nu_1}{r_2/\nu_2}\right)^{-1}\frac{h_2\delta}{\kappa g_2} \quad (2.99)$$

$$\text{または } \frac{h_2\delta}{\kappa g_2} + 1 < \left(1 - \frac{h_2\delta}{\kappa g_2}\right)h_2\nu_2\frac{r_2}{\beta_2}$$

が成り立つときには，E_{0+0+} は存在するが不安定である．

|詳説| 条件 (2.99) の第1式の右側不等式あるいは第2式の左側不等式は，平衡点 E_{0+0+} の存在条件である［演習問題18］．この存在条件は，次のように書き換えることができる：

$$\frac{1}{\delta} \cdot \frac{\kappa g_2 \nu_2 (r_2/\beta_2)}{1 + h_2\nu_2(r_2/\beta_2)} = \frac{1}{\delta} \cdot \kappa W_{\langle 2\rangle}(0, r_2/\beta_2) > 1 \quad (2.100)$$

捕食者絶滅平衡点 E_{++00} の局所安定性に関する条件 (2.94) についての議論と同様に，不等式 (2.100) の左辺は，餌種1が不在であり，餌種2の個体群サイズが環境許容量 r_2/β_2 である（あり続ける）場合に，多食性捕食者1個体が餌種2の捕食により，死亡するまでに産生する子の数の期待値と解釈できる．すなわち，不等式 (2.100) の左辺は，多食性捕食者の純増殖率を意味する．よって，平衡点 E_{0+0+} の存在条件は，餌種1が不在であり，餌種2の個体群サイズが環境許容量 r_2/β_2 である（あり続ける）場合における，多食性捕食者1個体あたりの生涯期待産仔数が1より大きい条件，つまりは，捕食についての条件が理想的である場合に多食性捕食者個体群サイズが増加する条件に等しい．

2.6 レプリケータダイナミクス

次に，餌種 2 が絶滅した平衡点 E_{+0+0}, E_{+00+}, E_{+0++} について考える．これらの平衡点の安定性についての考察は，前述の餌種 2 が不在な系についての議論と関連はあるものの，異なることに注意しなければならない．餌種 2 の系への侵入も安定性を左右する摂動として考慮しなければならないからである．

平衡点 E_{+0+0} が常に不安定であることは，局所安定性解析により，正の固有値 r_2 をもつことから容易にわかる．一方，平衡点 E_{+00+}, E_{+0++} については，平衡点の周りでの線形化方程式系による局所安定性解析により，固有値に 0 があることがわかるので，平衡点の周りでの線形化方程式系による局所安定性解析から得ることのできる結果は，平衡点が局所漸近安定であるための必要条件と，不安定であるための十分条件となる．

平衡点 E_{+00+} については，局所安定性解析［演習問題 18］により，存在して局所漸近安定であるための必要条件として，

$$\frac{r_1}{\nu_1} > \frac{r_2}{\nu_2} \text{ かつ } \left(1 - \frac{r_2/\nu_2}{r_1/\nu_1}\right)^{-1}\frac{h_1\delta}{\kappa g_1} < \left(1 - \frac{h_1\delta}{\kappa g_1}\right)h_1\nu_1\frac{r_1}{\beta_1} < \frac{h_1\delta}{\kappa g_1} + 1 \quad (2.101)$$

が得られ，存在して不安定であるための十分条件として，

$$\left(1 - \frac{r_2/\nu_2}{r_1/\nu_1}\right)^{-1}\frac{h_1\delta}{\kappa g_1} < \frac{h_1\delta}{\kappa g_1} < \left(1 - \frac{h_1\delta}{\kappa g_1}\right)h_1\nu_1\frac{r_1}{\beta_1}$$

$$\text{または } \frac{h_1\delta}{\kappa g_1} < \left(1 - \frac{h_1\delta}{\kappa g_1}\right)h_1\nu_1\frac{r_1}{\beta_1} < \left(1 - \frac{r_2/\nu_2}{r_1/\nu_1}\right)^{-1}\frac{h_1\delta}{\kappa g_1} \quad (2.102)$$

$$\text{または } \frac{h_1\delta}{\kappa g_1} + 1 < \left(1 - \frac{h_1\delta}{\kappa g_1}\right)h_1\nu_1\frac{r_1}{\beta_1}$$

が得られる［演習問題 18］．

平衡点 E_{+0++} に関しては，0 以外の固有値として，固有値 $r_2 - \nu_2 P^*_{\langle 2\rangle}/(1+h_1\nu_1 H_1^*)$ が陽に得られる［演習問題 18］が，この固有値の符号については特別な議論が必要である．なぜならば，平衡点 E_{+0++} に関しては，捕食者総個体群サイズ $P^* := P^*_{\langle 1\rangle} + P^*_{\langle 2\rangle}$ しか定められず，単食性と多食性の捕食者個体群サイズそれぞれの平衡値 $P^*_{\langle 1\rangle}$ と $P^*_{\langle 2\rangle}$ を定めることができないからである：

$$H_1^* = \frac{\delta/(\kappa g_1)}{\nu_1\{1 - h_1\delta/(\kappa g_1)\}}; \quad P^* := P^*_{\langle 1\rangle} + P^*_{\langle 2\rangle} = \frac{(r_1 - \beta_1 H_1^*)(1+h_1\nu_1 H_1^*)}{\nu_1} \quad (2.103)$$

もしも，平衡点 E_{+0++} が存在して局所漸近安定であるならば，固有値 $r_2 - \nu_2 P^*_{\langle 2\rangle}/(1+h_1\nu_1 H_1^*)$ は非正でなければならない．すなわち，条件

$$P^*_{\langle 2\rangle} \geq \frac{r_2}{\nu_2}\left(1 + h_1\nu_1 H_1^*\right)$$

が満たされることが必要である．そして，平衡点 E_{+0++} が存在するときにこの条件が満たされるためには，$P^*_{\langle 1\rangle} + P^*_{\langle 2\rangle} > P^*_{\langle 2\rangle} > 0$ であることにより，式 (2.103) から，

$$\frac{(r_1 - \beta_1 H_1^*)(1+h_1\nu_1 H_1^*)}{\nu_1} > \frac{r_2}{\nu_2}\left(1 + h_1\nu_1 H_1^*\right)$$

でなければならない．この必要条件は，次の不等式条件となる：

$$\left(1 - \frac{r_2/\nu_2}{r_1/\nu_1}\right)\left(1 - \frac{h_1\delta}{\kappa g_1}\right) h_1\nu_1 \frac{r_1}{\beta_1} > \frac{h_1\delta}{\kappa g_1} \tag{2.104}$$

平衡点 E_{+0++} が存在するときに，不等式 (2.104) の不等号が逆の条件が成り立てば，固有値 $r_2 - \nu_2 P^*_{(2)}/(1 + h_1\nu_1 H^*_1)$ は正なので，平衡点 E_{+0++} は不安定である．

また，残りの 2 つの固有値の実部の正負について調べることにより，平衡点 E_{+0++} の局所安定性に関する以下の必要条件と十分条件を導くことができる［演習問題 18］：存在して局所漸近安定であるためには，条件

$$\frac{h_1\delta}{\kappa g_1} < \left(1 - \frac{h_1\delta}{\kappa g_1}\right) h_1\nu_1 \frac{r_1}{\beta_1} < \frac{h_1\delta}{\kappa g_1} + 1 \tag{2.105}$$

が成り立つことが必要である．一方，条件

$$\frac{h_1\delta}{\kappa g_1} + 1 < \left(1 - \frac{h_1\delta}{\kappa g_1}\right) h_1\nu_1 \frac{r_1}{\beta_1} \tag{2.106}$$

が成り立てば，存在するが不安定である．

以上の解析により，式 (2.104) と式 (2.105) から，平衡点 E_{+0++} が存在して局所漸近安定であるための必要条件として導かれる条件は，平衡点 E_{+00+} が存在して局所漸近安定であるための必要条件 (2.101) と同一である．

> **演習問題 18**
>
> 平衡点 E_{+00+} の局所安定性についての必要条件 (2.101) と十分条件 (2.102)，E_{0+0+} の局所安定性についての条件 (2.98) と (2.99)，平衡点 E_{+0++} の局所安定性についての必要条件 (2.105) と十分条件 (2.106) をそれぞれ導け．

条件 (2.101) は，平衡点 E_{+00+} と E_{+0++} が存在して局所漸近安定であるための必要条件であるが，この条件が満たされるからといって，平衡点 E_{+00+} あるいは E_{+0++} が局所漸近安定であるとは限らない（図 2.13）．実際，必要条件 (2.101) を満たすパラメータ値をもつ系 (2.89) の数値計算では，図 2.14 が示すように，E_{+00+} や E_{+0++} へ漸近する振る舞いは見出せなかった．すなわち，数値計算の結果は，平衡点 E_{+00+}，E_{+0++} のいずれもが漸近安定ではないことを示唆している．条件 (2.101) が満たされているとしても，パラメータ値の詳細に依存して，以下のような異なる振る舞いが現れる（図 2.14）：

(a) 餌種 1 が絶滅し，系が 1 餌種–1 捕食者系に至る平衡点 E_{0+0+} への漸近が現れる場合［図 2.14(a)］

(b) 単食性捕食者が絶滅し，系が 2 餌種–1 多食性捕食者系に至る周期解への漸近が現れる場合［図 2.14(b)］

2.6 レプリケータダイナミクス

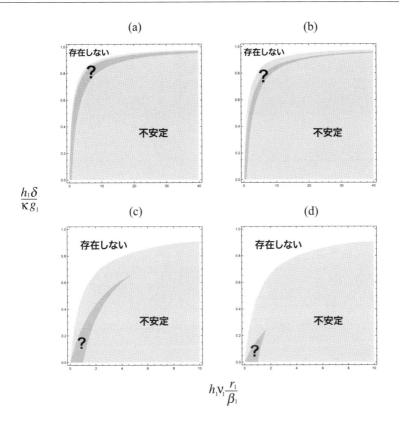

図 2.13 系 (2.89) の平衡点 E_{+00+} および E_{+0++} の存在性と安定性についての必要条件 (2.101) と十分条件 (2.102) によるパラメータ領域の分類。領域？が局所漸近安定の必要条件 (2.101) を満たす領域。(a) $r_2\nu_2/(r_1\nu_1) = 0.2$；(b) $r_2\nu_2/(r_1\nu_1) = 0.4$；(c) $r_2\nu_2/(r_1\nu_1) = 0.6$；(d) $r_2\nu_2/(r_1\nu_1) = 0.8$。

(c) 単食性捕食者が絶滅し，系が 2 餌種–1 多食性捕食者系に至る平衡点 E_{++0+} への漸近が現れる場合［図 2.14(c)］

(d) 多食性捕食者が絶滅し，系が 1 餌種–1 単食性捕食者系と，独立な別の餌 1 種から成る平衡点 E_{+++0} への漸近が現れる場合［図 2.14(d)］

詳説 局所安定性解析において，平衡点に関する固有値が 0 を含む場合の安定性解析理論の 1 つが**中心多様体**（center manifold）によるものである．平衡点に関する固有値が 0 を含む場合，平衡点近傍における系の線形化方程式系では，解の振る舞いの特性を掴みきれない．すなわち，平衡点近傍での解の振る舞いの特性を理解するためには，線形 1 次式では足りないのである．**中心多様体定理**（center manifold theorem）は，平衡点近傍での解の振る舞いの

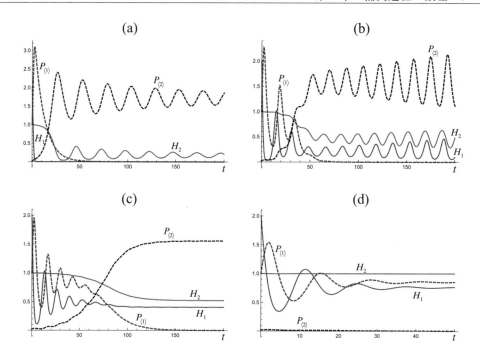

図 2.14 系 (2.89) の平衡点 E_{+00+} と E_{+0++} が存在して局所漸近安定であるための必要条件 (2.101) を満たすパラメータ値による系の振る舞いの数値計算例。$r_1 = r_2 = 1.0$; $\beta_1 = 0.5$; $\beta_2 = 1.0$; $h_1 = 0.5$; $h_2 = 2.4$; $g_1 = 1.0$; $g_2 = 1.2$; $\nu_1 = 1.0$; $\nu_2 = 0.6$; $\kappa = 1.0$; $(H_1(0), H_2(0)) = (r_1/\beta_1, r_2/\beta_2)$; $(P_{(1)}(0), P_{(2)}(0)) = (1.0, 0.02)$; $r_2\nu_2/(r_1\nu_1) = 0.6$; $h_1\nu_1 r_1/\beta_1 = 1.0$。(a) 平衡点 E_{0+0+} への漸近, $(\delta, h_1\delta/\kappa g_1) = (0.1, 0.05)$; (b) 単食性捕食者の絶滅した周期解への漸近。$(\delta, h_1\delta/\kappa g_1) = (0.3, 0.2)$; (c) 平衡点 E_{++0+} への漸近, $(\delta, h_1\delta/\kappa g_1) = (0.4, 0.15)$; (d) 平衡点 E_{+++0} への漸近, $(\delta, h_1\delta/\kappa g_1) = (0.55, 0.275)$。

特性を，2次以上の多項式による近似系[*41]により理解できることを保証している。桑村 [61] には，実際に計算する際に参照できる中心多様体を用いたわかりやすい計算例が掲載されている。もっとも，具体的な系に対する中心多様体による議論は数学的に煩雑になることが少なくない。現象についての理論的考察を目的とした数理モデル解析においては，数値計算結果を用いた安定性の考察を含め，多角的なアプローチで平衡状態の特性について論じられる。

■ **餌2種が正の平衡値に漸近する平衡点** 系 (2.91) における餌2種が正の平衡値に漸近する場合，すなわち，$t \to \infty$ に対して，$(H_1, H_2) \to (H_1^* > 0, H_2^* > 0)$ の場合には，捕食者も非負なる平衡値に漸近することは式 (2.91) から明らかである。このとき，餌2種と単食性捕食者，多食性捕食者が共存する平衡点 E_{++++}，多食性捕食者が絶滅した平衡点 E_{+++0}，単食性捕食者が絶滅した平衡点 E_{++0+} が考えられる。多食性捕食者が絶滅

[*41] 実際には，中心多様体の多項式による近似が元になる。

2.6 レプリケータダイナミクス

した平衡点 E_{+++0} においては，餌種 2 は捕食者をもたないので，logistic 型増殖により，環境許容量 r_2/β_2 が平衡値 H_2^* である．単食性捕食者が絶滅した平衡点 E_{++0+} においては，餌 2 種は多食性捕食者によっていずれも捕食されながら，互いに独立なので，餌 2 種が見かけの競争関係にある Rosenzweig–MacArthur モデル拡張版の共存平衡点に対応している．

$t \to \infty$ に対して，$(H_1, H_2) \to (H_1^* > 0, H_2^* > 0)$ の場合，系 (2.91) が与えるレプリケータダイナミクスは，式 (2.92) により，次の 1 次元の力学系によるダイナミクスに漸近しなければならない：

$$\frac{d\widetilde{x}_1}{dt} = \kappa\{W_{\langle 1 \rangle}(H_1^*) - W_{\langle 2 \rangle}(H_1^*, H_2^*)\}(1 - \widetilde{x}_1)\widetilde{x}_1 \qquad (2.107)$$

ただし，$W_{\langle 1 \rangle}(H_1^*) \neq W_{\langle 2 \rangle}(H_1^*, H_2^*)$ とする．この式 (2.107) は，定数係数の logistic 方程式である．よって，餌 2 種が正の平衡点 (H_1^*, H_2^*) に漸近する場合には，単食性捕食者個体と多食性捕食者個体の相対頻度について，次の結果が得られる：

$$\begin{cases} W_{\langle 1 \rangle}(H_1^*) > W_{\langle 2 \rangle}(H_1^*, H_2^*) \text{ ならば，} & t \to \infty \text{ に対して } (x_1, x_2) \to (1, 0) \\ W_{\langle 1 \rangle}(H_1^*) < W_{\langle 2 \rangle}(H_1^*, H_2^*) \text{ ならば，} & t \to \infty \text{ に対して } (x_1, x_2) \to (0, 1) \end{cases} \qquad (2.108)$$

したがって，餌 2 種が正の平衡値に漸近する場合には，捕食者集団が絶滅するか，単食性捕食者と多食性捕食者のいずれかの捕食者が捕食者集団を占めるかの二者択一となる．

注記 たとえ，$t \to \infty$ に対して $(x_1, x_2) \to (1, 0)$ であるとしても，$P \to 0$ である可能性，すなわち，捕食者個体群が絶滅する可能性がある．この点で，捕食者個体頻度の時間変動を与えるレプリケータダイナミクスだけで捕食者の餌選択戦略を議論することの無理を理解しておくことは必要である．$t \to \infty$ に対して $(x_1, x_2) \to (1, 0)$ となる場合には，単食戦略が多食戦略に「相対的に」勝ることを示しているが，その単食戦略が捕食者個体群を存続するに足るものか否かは別問題である．

上で除外した $W_{\langle 1 \rangle}(H_1^*) = W_{\langle 2 \rangle}(H_1^*, H_2^*)$ の場合は，以下の理由で特異的である．捕食者集団が絶滅する場合には，$(H_1^*, H_2^*) = (r_1/\beta_1, r_2/\beta_2)$ であり，$W_{\langle 1 \rangle}(H_1^*) = W_{\langle 2 \rangle}(H_1^*, H_2^*)$ が成り立つためには，複数のパラメータの間に等号による特殊な関係式が成り立つ必要がある．また，捕食者集団が絶滅しない場合には，式 (2.89) から，$W_{\langle 1 \rangle}(H_1^*) = \delta/\kappa$ あるいは $W_{\langle 2 \rangle}(H_1^*, H_2^*) = \delta/\kappa$ が成り立たなければならないが，これらのいずれもが複数のパラメータの間に等号による特殊な関係式を表している．

数理モデルとしての系 (2.91) のパラメータの間に特殊な関係式を満たす条件を課す生物学的に合理性のある仮定がない限り，そのようなパラメータの間の特殊な関係式を満たす場合については特異的な場合として，数理モデル解析の結果による生物学的に意味のある議論においては無意味である．よって，以下の議論においても，餌 2 種が正の平衡値に

漸近するときに関係式 $W_{\langle 1\rangle}(H_1^*) = W_{\langle 2\rangle}(H_1^*, H_2^*)$ が満たされる場合については，特異的な場合であるとして，原則，特別に取り扱うことはしない[*42]。

> **詳説** 上記の議論は餌 2 種の個体群サイズが時間に依存しない定数の場合についての議論に対応していることに注意すると，個体あたりの単位時間あたりエネルギー摂取率がより大きな捕食者個体のみが平衡状態で生残することを意味する結果 (2.108) は，確かに，2.5 節で議論した古典的餌選択理論による最適餌選択の結論と一致しており，適応度のより高い餌選択戦略を採る個体が集団を占めるという自然選択を表していると解釈できる。
> 　純増殖率は適応度として取り扱うことができるので，数理モデリングの観点から，系 (2.89) における $(1/\delta)\kappa W_{\langle 1\rangle}(H_1^*)$ が単食性捕食者の適応度，$(1/\delta)\kappa W_{\langle 2\rangle}(H_1^*, H_2^*)$ が多食性捕食者の適応度を表すと考えることができる。

ところで，定義式 (2.88) から，$W_{\langle 2\rangle}(H_1^*, H_2^*)$ と $W_{\langle 1\rangle}(H_1^*)$ の差について，等式

$$W_{\langle 2\rangle}(H_1^*, H_2^*) - W_{\langle 1\rangle}(H_1^*) = \frac{h_2 \nu_2 H_2^*}{1 + h_1\nu_1 H_1^* + h_2\nu_2 H_2^*}\left\{\frac{g_2}{h_2} - W_{\langle 1\rangle}(H_1^*)\right\}$$

が得られるので，結果 (2.108) を次のように書き換えることができる：

$$\begin{cases} W_{\langle 1\rangle}(H_1^*) > \dfrac{g_2}{h_2} \text{ならば，} & t \to \infty \text{ に対して } (x_1, x_2) \to (1, 0) \\ W_{\langle 1\rangle}(H_1^*) < \dfrac{g_2}{h_2} \text{ならば，} & t \to \infty \text{ に対して } (x_1, x_2) \to (0, 1) \end{cases} \quad (2.109)$$

捕食者が絶滅しないのであれば，前者，$t \to \infty$ に対して $(x_1, x_2) \to (1, 0)$ なる場合には，$P_{\langle 2\rangle}^* \to 0$ であり，式 (2.91) から，$-\delta + \kappa W_{\langle 1\rangle}(H_1^*) = 0$ なる平衡点 E_{+++0} を考えていることになる。後者，$t \to \infty$ に対して $(x_1, x_2) \to (0, 1)$ なる場合には，$P_{\langle 1\rangle}^* \to 0$ であり，式 (2.91) から，

$$\begin{cases} (r_1 - \beta_1 H_1^*)H_1^* - f_{\langle 1,2\rangle}(H_1^*, H_2^*)P_{\langle 2\rangle}^* = 0 \\ (r_2 - \beta_2 H_2^*)H_2^* - f_{\langle 2,2\rangle}(H_1^*, H_2^*)P_{\langle 2\rangle}^* = 0 \\ -\delta + \kappa W_{\langle 2\rangle}(H_1^*, H_2^*) = 0 \end{cases} \quad (2.110)$$

なる平衡点 E_{++0+} を考えていることになる。

■ **餌 2 種と単食性捕食者，多食性捕食者が共存する平衡点** 上記の結果は，餌 2 種と単食性捕食者，多食性捕食者が共存する平衡点 E_{++++} が漸近安定な平衡点として存在し得ないことを示している。実は，そもそも，**共存平衡点 E_{++++} は存在し得ない**。式 (2.89) から，共存平衡点 $E_{++++}(H_1^*, H_2^*, P_{\langle 1\rangle}^*, P_{\langle 2\rangle}^*)$ の平衡値は次の連立方程式の解でなければ

[*42] だが，次節で述べる餌 2 種と単食性捕食者と多食性捕食者が共存する平衡点の議論に再び現れる。

2.6 レプリケータダイナミクス

ならない:

$$\begin{cases} (r_1 - \beta_1 H_1^*)H_1^* - f_{\langle 1,1\rangle}(H_1^*)P_{\langle 1\rangle}^* - f_{\langle 1,2\rangle}(H_1^*, H_2^*)P_{\langle 2\rangle}^* = 0 \\ (r_2 - \beta_2 H_2^*)H_2^* - f_{\langle 2,2\rangle}(H_1^*, H_2^*)P_{\langle 2\rangle}^* = 0 \\ -\delta + \kappa W_{\langle 1\rangle}(H_1^*) = 0 \\ -\delta + \kappa W_{\langle 2\rangle}(H_1^*, H_2^*) = 0 \end{cases} \tag{2.111}$$

第3式から得られる

$$f_{\langle 1,1\rangle}(H_1^*) = \frac{\delta}{\kappa g_1} \tag{2.112}$$

が H_1^* を一意的に定める方程式となる.ところが,定義式 (2.87) から導かれる関係式

$$\begin{aligned} f_{\langle 1,2\rangle}(H_1^*, H_2^*) &= \frac{\nu_1 H_1^* f_{\langle 1,1\rangle}(H_1^*)}{\nu_1 H_1^* + h_2 \nu_2 H_2^* f_{\langle 1,1\rangle}(H_1^*)}; \\ f_{\langle 2,2\rangle}(H_1^*, H_2^*) &= \frac{\nu_2 H_2^* f_{\langle 1,1\rangle}(H_1^*)}{\nu_1 H_1^* + h_2 \nu_2 H_2^* f_{\langle 1,1\rangle}(H_1^*)} \end{aligned} \tag{2.113}$$

と式 (2.112) を用いると,連立方程式 (2.111) の第4式からは,H_1^* および H_2^* によらない等式

$$\delta = \frac{\kappa g_2}{h_2} \tag{2.114}$$

が導かれ,H_2^* の値を定めることはできない.すなわち,連立方程式 (2.111) が解をもつためには,等式 (2.114) が成り立つことが必要である.すでに前節でも触れたように[*43],数理モデルとしての系 (2.89) に対してこのような等式 (2.114) が成り立つ仮定は無意味であり,等式 (2.114) が成り立たなければ,連立方程式 (2.111) は解をもたないので,共存平衡点 E_{++++} は存在し得ないという結果が得られる.

詳説 条件 (2.114) の下での系 (2.89) の振る舞いについては,数学的な関心があるかもしれない.図 2.15 が示す系 (2.89) の数値計算では,系の共存平衡点 E_{++++} への漸近が現れている.ただし,平衡点 E_{++++} における平衡値の値は,初期条件に依存して異なる.これは,漸近先となる平衡点が唯一ではないことを示している.実際,条件 (2.114) が満たされているとき,連立方程式 (2.111) の解として $E_{++++}(H_1^*, H_2^*, P_{\langle 1\rangle}^*, P_{\langle 2\rangle}^*)$ の平衡値を一意に定めることはできない.したがって,図 2.15 が示す場合の系 (2.89) については,平衡点 E_{++++} は Lyapunov 安定 (Lyapunov stable, L-stable) [*44]である.しかし,図 2.15 の数値計算とは異なるパラメータ値の場合については,餌2種と単食性捕食者,多食性捕食者が共存する平衡点への漸近は現れず,初期条件によらない共存周期解への漸近が現れ得ることが数値計算によって示される.(後掲,p. 92 の図 2.16 参照)

[*43] 実際,ここで考えている場合には,$W_{\langle 1\rangle}(H_1^*) = W_{\langle 2\rangle}(H_1^*, H_2^*)$ が成り立ち,前節で触れた場合の1つにもなっている.

[*44] 弱安定 (weakly stable),中立安定 (neutrally stable),あるいは,単に,安定 (stable) ともいう.【基礎編】5.5 節参照.

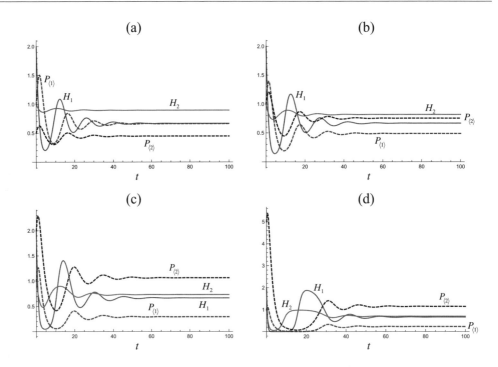

図 2.15 条件 (2.114) を満たす特異的な条件下での系 (2.89) の振る舞いの初期条件依存性を示す数値計算例．$\delta = 0.5$ 以外のパラメータ値は，図 2.14 と同一であり，平衡点 E_{+00+} と E_{+0++} が存在して局所漸近安定であるための必要条件 (2.101) を満たす．(a) $(P_{\langle 1 \rangle}(0), P_{\langle 2 \rangle}(0)) = (1.0, 0.5)$；(b) $(P_{\langle 1 \rangle}(0), P_{\langle 2 \rangle}(0)) = (1.0, 1.0)$；(c) $(P_{\langle 1 \rangle}(0), P_{\langle 2 \rangle}(0)) = (1.0, 2.0)$；(d) $(P_{\langle 1 \rangle}(0), P_{\langle 2 \rangle}(0)) = (1.0, 5.0)$．餌種個体群の初期値は $(H_1(0), H_2(0)) = (r_1/\beta_1, r_2/\beta_2)$．

■ **餌2種と単食性捕食者が共存する平衡点** 平衡点 E_{+++0} については，式 (2.91) から，$-\delta + \kappa W_{\langle 1 \rangle}(H_1^*) = 0$ が満たされるので，レプリケータダイナミクスを用いた式 (2.107) による結果 (2.109) から，次の結果が導かれる[*45]：

$$平衡点\ E_{+++0}\ は, \begin{cases} \dfrac{\delta}{\kappa} > \dfrac{g_2}{h_2}\ のときに限り，局所漸近安定 \\ \dfrac{\delta}{\kappa} < \dfrac{g_2}{h_2}\ ならば，不安定 \end{cases} \quad (2.115)$$

一方，平衡点 E_{+++0} の局所安定性解析によって得られる固有方程式からは，固有値が，0，$-\delta + \kappa W_{\langle 2 \rangle}(H_1^*, H_2^*)$ と，餌種1と単食性捕食者種から成る1餌種-1捕食者

[*45] 結果 (2.115) の前者は，「局所漸近安定ならば，$\delta/\kappa > g_2/h_2$」と同意．条件 $\delta/\kappa > g_2/h_2$ は平衡点 E_{+++0} が局所漸近安定であるための必要条件である．結果 (2.109) は，餌2種が正の平衡値に漸近する場合を前提とした議論から導かれていることに注意．

2.6 レプリケータダイナミクス

Rosenzweig–MacArthur モデルの共存平衡点についての固有値であることがわかる[*46]。餌 1 種と単食性捕食者種から成る 1 餌種–1 捕食者 Rosenzweig–MacArthur モデルの共存平衡点についての固有値は，系 (2.89) において，餌種 2 が不在の場合 (p. 78) の餌種 1 と捕食者種の共存平衡点についての固有値と同一である．そして，平衡点 E_{+++0} において $f_{\langle 1,1 \rangle}(H_1^*) = \delta/(\kappa g_1)$ であることと，関係式 (2.113) を用いれば，

$$-\delta + \kappa W_{\langle 2 \rangle}(H_1^*, H_2^*) = \kappa h_2 f_{\langle 2,2 \rangle}(H_1^*, H_2^*) \left(\frac{g_2}{h_2} - \frac{\delta}{\kappa} \right)$$

と変形できるので，結果として，平衡点 E_{+++0} が存在して，局所漸近安定であるためには，条件 (2.105)[*47] と条件

$$\frac{g_2}{h_2} < \frac{\delta}{\kappa} \quad (2.116)$$

がともに満たされることが必要である．条件 (2.105) あるいは条件 (2.116) の不等号が逆向きの条件が成り立つ場合，平衡点 E_{+++0} は不安定である．平衡点 E_{+++0} が局所漸近安定であるための必要条件 (2.116) は，前出の結果 (2.115) と合致している．

> **詳説** 平衡点 E_{+++0} が局所漸近安定であるための必要条件 (2.116) は，対応する固有値 $-\delta + \kappa W_{\langle 2 \rangle}(H_1^*, H_2^*)$ が負であることから導かれており，平衡状態 E_{+++0} において不等式
>
> $$\frac{1}{\delta} \cdot \kappa W_{\langle 2 \rangle}(H_1^*, H_2^*) < 1$$
>
> が満たされることと同値である．この条件は，平衡状態 E_{+++0} における多食性捕食者の純増殖率が 1 より小さいことを意味する．

平衡点 E_{+++0} が局所漸近安定であるための必要条件 (2.116) が多食性捕食者種の特性に依存していることは，平衡状態 E_{+++0} にある系への多食性捕食者種の侵入に系の平衡状態 E_{+++0} の安定性が左右されることを意味する．実際，条件 (2.105) 下の系 (2.89) が平衡点 E_{+++0} に漸近する数値計算を示す図 2.14(d) においては，$g_2/h_2 = 0.5$, $\delta/\kappa = 0.55$ であり，必要条件 (2.116) を満たしているが，この条件を満たさない，等号 $g_2/h_2 = \delta/\kappa$ が成り立つ特殊な場合は，前出の平衡点 E_{++++} が存在する場合に対応しており，図 2.15 の数値計算が示すように，平衡点 E_{+++0} への漸近は現れない．

■ **餌 2 種と多食性捕食者が共存する平衡点** 平衡点 E_{++0+} は，餌 2 種が見かけの競争関係にある Rosenzweig–MacArthur モデル拡張版の共存平衡点に対応しており，式 (2.110)

[*46] 演習問題 18 に対する考え方と同様にして示すことができる．
[*47] 条件 (2.105) が餌種 1 と単食性捕食者種から成る 1 餌種–1 捕食者 Rosenzweig–MacArthur モデルの共存平衡点についての固有値と同一であることについては，演習問題 18 を参照．

を用いて丁寧に計算すれば，次の存在条件が得られる：

$$\frac{r_2}{\nu_2} < \frac{r_1}{\nu_1} \quad \text{かつ} \quad \left\{ \left(1 - \frac{r_2/\nu_2}{r_1/\nu_1}\right)^{-1} - \sigma_1 \right\} (\sigma_1 + \sigma_2 - 1) > 0$$

または

$$\frac{r_2}{\nu_2} = \frac{r_1}{\nu_1} \quad \text{かつ} \quad \sigma_1 + \sigma_2 - 1 > 0$$

または

$$\frac{r_2}{\nu_2} > \frac{r_1}{\nu_1} \quad \text{かつ} \quad \left\{ \left(1 - \frac{r_1/\nu_1}{r_2/\nu_2}\right)^{-1} - \sigma_2 \right\} (\sigma_1 + \sigma_2 - 1) > 0$$

ただし，ここで，

$$\sigma_1 := \frac{\kappa g_1}{h_1 \delta}\left(1 - \frac{h_1 \delta}{\kappa g_1}\right) h_1 \nu_1 \frac{r_1}{\beta_1}; \quad \sigma_2 := \frac{\kappa g_2}{h_2 \delta}\left(1 - \frac{h_2 \delta}{\kappa g_2}\right) h_2 \nu_2 \frac{r_2}{\beta_2}$$

であり，σ_1, σ_2 は負の値もとりうる．この存在条件は，以下のように，純増殖率の表式を用いた条件に書き換えることもできる：

(i) $\dfrac{r_2}{\nu_2} < \dfrac{r_1}{\nu_1}$ のとき $\begin{cases} \dfrac{1}{\delta} \cdot \kappa W_{\langle 2 \rangle}\left(\left(1 - \dfrac{r_2/\nu_2}{r_1/\nu_1}\right)r_1/\beta_1, 0\right) < 1 < \dfrac{1}{\delta} \cdot \kappa W_{\langle 2 \rangle}(r_1/\beta_1, r_2/\beta_2) \\ \text{または} \\ \dfrac{1}{\delta} \cdot \kappa W_{\langle 2 \rangle}(r_1/\beta_1, r_2/\beta_2) < 1 < \dfrac{1}{\delta} \cdot \kappa W_{\langle 2 \rangle}\left(\left(1 - \dfrac{r_2/\nu_2}{r_1/\nu_1}\right)r_1/\beta_1, 0\right) \end{cases}$

(ii) $\dfrac{r_2}{\nu_2} = \dfrac{r_1}{\nu_1}$ のとき $\quad \dfrac{1}{\delta} \cdot \kappa W_{\langle 2 \rangle}(r_1/\beta_1, r_2/\beta_2) > 1$

(iii) $\dfrac{r_2}{\nu_2} > \dfrac{r_1}{\nu_1}$ のとき $\begin{cases} \dfrac{1}{\delta} \cdot \kappa W_{\langle 2 \rangle}\left(0, \left(1 - \dfrac{r_1/\nu_1}{r_2/\nu_2}\right)r_2/\beta_2\right) < 1 < \dfrac{1}{\delta} \cdot \kappa W_{\langle 2 \rangle}(r_1/\beta_1, r_2/\beta_2) \\ \text{または} \\ \dfrac{1}{\delta} \cdot \kappa W_{\langle 2 \rangle}(r_1/\beta_1, r_2/\beta_2) < 1 < \dfrac{1}{\delta} \cdot \kappa W_{\langle 2 \rangle}\left(0, \left(1 - \dfrac{r_1/\nu_1}{r_2/\nu_2}\right)r_2/\beta_2\right) \end{cases}$

これらの条件の意味を解明することは容易ではないが，平衡点 E_{++0+} が存在するパラメータ範囲があることは明らかである．

平衡点 E_{++0+} の局所安定性解析において現れる固有方程式から，平衡点 E_{++0+} に関する固有値は，$-\delta + \kappa W_{\langle 1 \rangle}(H_1^*)$ と，系 (2.89) における $P_{\langle 1 \rangle} \equiv 0$ の場合として餌2種が見かけの競争関係にある Rosenzweig–MacArthur モデル拡張版の共存平衡点の固有値で与えられることがわかる．よって，平衡点 E_{++0+} が局所漸近安定であるために必要な条件

$$\frac{1}{\delta} \cdot \kappa W_{\langle 1 \rangle}(H_1^*) < 1 \tag{2.117}$$

が得られる．この条件は，平衡状態 E_{++0+} における単食性捕食者の純増殖率が 1 より小さいことを意味するので，単食性捕食者が不在な平衡状態 E_{++0+} への単食性捕食者の侵入が成功しないこと，すなわち，侵入した単食性捕食者個体群は絶滅することを要求している．

2.6 レプリケータダイナミクス

レプリケータダイナミクスに関する式 (2.107) による結果 (2.109) から，平衡点 E_{++0+} が局所漸近安定であるためには，条件 $W_{\langle 1 \rangle}(H_1^*) < g_2/h_2$ が満たされることが必要である．したがって，上記の局所安定性解析によって得られる固有値から得られる条件 (2.117) と合わせて，平衡点 E_{++0+} が局所漸近安定であるためには，次の条件が満たされることが必要である：

$$W_{\langle 1 \rangle}(H_1^*) < \min\left[\frac{g_2}{h_2}, \frac{\delta}{\kappa}\right] \tag{2.118}$$

ここで，定義式 (2.87) から導かれる関係式 (2.113) を用いると，関係式

$$W_{\langle 2 \rangle}(H_1^*, H_2^*) = \frac{g_1\nu_1 H_1^* W_{\langle 1 \rangle}(H_1^*) + g_2\nu_2 H_2^* W_{\langle 1 \rangle}(H_1^*)}{g_1\nu_1 H_1^* + h_2\nu_2 H_2^* W_{\langle 1 \rangle}(H_1^*)}$$

を導出できるので，式 (2.110) の第 3 式から，

$$W_{\langle 1 \rangle}(H_1^*) = \frac{(\delta/\kappa)g_1\nu_1 H_1^*}{g_1\nu_1 H_1^* + g_1\nu_2 H_2^* - (\delta/\kappa)h_2\nu_2 H_2^*} \tag{2.119}$$

が得られる．そして，この式 (2.119) を用いると，必要条件 $W_{\langle 1 \rangle}(H_1^*) < \delta/\kappa$ は，

$$\frac{\delta}{\kappa} < \frac{g_2}{h_2} \tag{2.120}$$

と同値であることを導くことができる．さらに，この条件 (2.120) は，条件 (2.118) と同値であることがわかる．よって，この条件 (2.120) が満たされ，$P_{\langle 1 \rangle} \equiv 0$ の場合の系 (2.89) の共存平衡点の固有値の実部がすべて負である条件が成り立てば，平衡点 E_{++0+} は局所漸近安定である．

平衡点 E_{+++0} が局所漸近安定であるための必要条件 (2.116) と上の条件 (2.120) の不等号の向きが逆であることから，平衡点 E_{+++0} と E_{++0+} の安定性が互いに排反的であることが明白である．

> **注記** 平衡点 E_{+++0} と E_{++0+} の安定性が互いに排反的であることは，レプリケータダイナミクスに関する式 (2.107) による結果 (2.109) から自明なようにみえるが，平衡点 E_{+++0} と E_{++0+} の H_1^* は相異なるので，上記の結果は，けっして自明なことではない．

系 (2.89) における $P_{\langle 1 \rangle} \equiv 0$ の場合として餌 2 種が見かけの競争関係にある Rosenzweig–MacArthur モデル拡張版の共存平衡点の固有値解析は煩雑であり，ここでは，これ以上踏み込まない[*48]．前出の p. 84 の図 2.14(c) に示された数値計算結果が示す

[*48] 関心のある読者は踏み込んでみてほしい．系 (2.89) に内包されている餌 2 種が見かけの競争関係にある Rosenzweig–MacArthur モデル拡張版については，現時点，詳細な数学的解析の結果を記した文献は著されていないようである．本書で取り扱っているのはレプリケータダイナミクスモデルであるが，一般の個体群ダイナミクスモデルとして扱えば，さらに自由度の高い数理モデル解析となるだろう．後述の適応ダイナミクスに関する節も参照されたい．

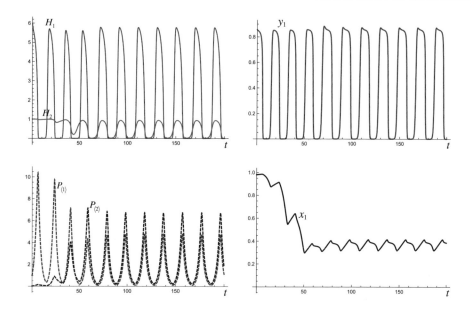

図 2.16 数値計算による系 (2.89) の共存状態の例。$r_1 = 3.0$；$r_2 = 1.0$；$\beta_1 = 0.5$；$\beta_2 = 1.0$；$h_1 = 1.0$；$h_2 = 2.4$；$g_1 = 1.0$；$g_2 = 1.2$；$\delta = 0.4$；$\nu_1 = 1.0$；$\nu_2 = 0.5$；$\kappa = 1.0$；$\kappa g_2/h_2 = 0.5$；$(H_1(0), H_2(0)) = (r_1/\beta_1, r_2/\beta_2)$；$(P_{\langle 1 \rangle}(0), P_{\langle 2 \rangle}(0)) = (0.1, 0.02)$。$y_1 := H_1/(H_1 + H_2)$；$x_1 := P_{\langle 1 \rangle}/(P_{\langle 1 \rangle} + P_{\langle 2 \rangle})$。

ように，平衡点 E_{++0+} が局所漸近安定であるパラメータ範囲が存在することは明らかである。

■ **単食性捕食者と多食性捕食者の共存** ここまで，系 (2.89) の平衡点の存在性や安定性について考察してきたが，単食性捕食者と多食性捕食者が共存する平衡状態へ漸近する場合は見出されなかった。しかし，既述の通り，系 (2.89) は Rosenzweig–MacArthur モデルの拡張とみなすこともできることから，周期解が存在する可能性が考えられる。

実際，系 (2.89) の数値計算による図 2.16 が示すように，餌 2 種と単食性捕食者，多食性捕食者の共存が実現する周期解への漸近が現れるパラメータ領域が存在する。図 2.16 に示された個体群密度の変動においては，餌 2 種の密度が相当に小さくなる時期が周期的に現れることによって，捕食者密度の周期的な減衰が引き起こされ，その結果，餌 2 種の密度が回復するという典型的な餌–捕食者系の周期変動の機構が共存に結びついていることが見て取れる。そして，注目すべきは，相対的に小さな振幅の周期変動は伴うものの，単食性捕食者密度と多食性捕食者密度が有意に大きな比率で共存し続けていることである。したがって，図 2.16 に示された条件下では，単食性捕食者と多食性捕食者は集団内に共存でき，捕食者の捕食戦略として，単食と多食の優劣はない。

このように，個体群ダイナミクスが機序となって，2 つの戦略が共存する場合，これら

2.6 レプリケータダイナミクス

の戦略は**頻度依存**（frequency dependent）であるという．すなわち，2つの戦略それぞれの適応度が，集団中でそれぞれの戦略を採る個体の頻度に依存する場合の自然選択の議論となっている．実際，p. 86 で述べたように，系 (2.89) における $(1/\delta)\kappa W_{\langle 1 \rangle}(H_1^*)$ が単食性捕食者の，$(1/\delta)\kappa W_{\langle 2 \rangle}(H_1^*, H_2^*)$ が多食性捕食者の適応度を表すと考えることができ，餌2種の密度に依存している．そして，それらの餌2種の密度は，個体群ダイナミクスによって，単食性捕食者と多食性捕食者の密度，頻度に依存しているので，それぞれの戦略の適応度がそれぞれの戦略を採る捕食者個体群密度からフィードバックされる構造がある．

> **詳説** 頻度依存選択（frequency dependent selection）は異端選択（apostatic selection）とも呼ばれる．集団中のある戦略の頻度が低いほど適応度が高いとき，頻度依存選択と呼び，頻度が高いほど適応度が高いとき，頻度逆依存選択（inverse frequency dependent selection）と呼ぶこともある．集団中における複数の戦略の併存（表現型の多型）の機序として働く．

適応ダイナミクス

ゲーム理論の進化生物学への応用によって現れた重要な概念として，**進化的安定戦略**（**ESS**: Evolutionarily Stable Strategy）がある．これは，「考えている集団内のすべてのメンバーがある戦略を採用している状態において，他の戦略を採る新規メンバーは不利である」ことが満たされるときに，前者の戦略を指す概念である．進化生物学においては，「考えている個体群のすべての個体がある性質をもつ状態において，その性質と異なる性質をもつ新規加入個体は，生存・繁殖において劣勢であり，自然淘汰により排除される」場合の前者の性質を意味する．

前出の系 (2.89) による単食性捕食者と多食性捕食者の個体群ダイナミクスにおいて，単食性捕食者が絶滅し，多食性捕食者が生残する漸近安定な平衡点は，多食戦略が ESS であることを意味する．なぜならば，平衡点の漸近安定性により，この多食性捕食者種と餌種のみから成る平衡点が表す平衡状態にわずかな単食性捕食者が侵入しても，絶滅するからである．対照的に，この平衡点が不安定であり，侵入した単食性捕食者個体群が成長し，存続するならば，多食戦略は ESS ではない．

系 (2.89) においては，図 2.14(a) が示す例のように，多食性捕食者と餌1種のみから成る平衡点に漸近する場合も現れる．この平衡点は，餌種の絶滅[*49]により，多食性捕食者が餌1種のみを利用する状態であり，多食戦略が単食戦略の淘汰を引き起こすのみならず，利用できる餌種の絶滅の起因となっている．この平衡状態における捕食者は餌1種のみを利用しているので，結果として，多食戦略の意味がないようにみえるが，単食性捕食

[*49] 多食性捕食者を介した見かけの競争が引き起こしたと考えることができる．

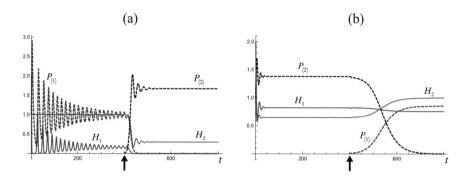

図 2.17 (a) 多食性捕食者が不在の系 (2.89) に多食性捕食者が侵入（出現）した場合，(b) 単食性捕食者が不在の系 (2.89) に単食性捕食者が侵入（出現）した場合の数値計算．$t = 400$（矢印の時点）において在来型（野生型）の捕食戦略をもつ捕食者個体群に異なる（変異型の）捕食戦略をもつ捕食者がわずかに現れることによる系の状態遷移の例．餌種のパラメータ：$r_1 = 1.0$, $r_2 = 1.0$, $\beta_1 = 0.5$, $\beta_2 = 1.0$, $g_1 = 1.0$, $g_2 = 1.2$, $(H_1(0), H_2(0)) = (r_1/\beta_1, r_2/\beta_2)$．捕食者種のパラメータ：$h_1 = 0.5$, $h_2 = 2.4$, $\nu_1 = 1.0$, $\nu_2 = 0.6$, $\kappa = 1.0$．(a) $\delta = 0.15$, $(P_{\langle 1 \rangle}(0), P_{\langle 2 \rangle}(400)) = (1.0, 0.01)$；(b) $\delta = 0.55$, $(P_{\langle 1 \rangle}(400), P_{\langle 2 \rangle}(0)) = (0.01, 1.0)$．

者の絶滅を誘引したという意味でやはり ESS といえる．

前出の系 (2.89) による単食性捕食者と多食性捕食者の個体群ダイナミクスに関するレプリケータダイナミクスモデルを餌 2 種に対する単食戦略と多食戦略を比較するための数理モデルとして扱い，その解析の手順を述べてきたが，進化生物学には，野生型から変異して現れた変異型が集団内に広がるか否かという観点がある．その観点に立てば，系 (2.89) による議論においては，単食性と多食性のいずれかを野生型，他方を変異型として考えることになる．

たとえば，図 2.17(a) に示された数値計算による例は，単食戦略が野生型であり，単食性捕食者のみの系に変異型としての多食性捕食者が現れた場合の系の状態遷移を示すものである．多食性捕食者の出現により，単食性捕食者が絶滅に向かっているので，多食戦略が単食戦略に勝る適応度を実現することを表している．単食戦略が ESS ではなかった例である．また，多食性捕食者を介した見かけの競争の効果により餌種の絶滅が誘引される既述の場合の例にもなっている．

一方，図 2.17(b) に示された数値計算の例では，多食戦略が野生型であり，多食性捕食者のみの系に変異型としての単食性捕食者が現れた場合の系の状態遷移が示されている．単食戦略が多食戦略に勝る場合である．

これらの例のように，系の平衡点の安定性についての可能な組み合わせによって多食戦略と単食戦略のいずれかが他方に勝るという結果が必ず得られるというわけではないことに注意したい．系 (2.89) において現れた単食性捕食者と多食性捕食者が共存する漸近安

2.6 レプリケータダイナミクス

定な周期解が表す状態（図 2.16 参照）においては，単食性捕食者と多食性捕食者は共存し続けるので，上記の定義により，捕食戦略に関して，単食戦略と多食戦略のいずれも進化的な安定戦略とは呼べない。

詳説 ゲーム理論を応用した理論生物学では，現存の生物の形質について理解するために，進化的安定戦略としてその形質が理解しうるかという議論を展開し，歴史的に成功してきた。一方で，数理生物学による進化的安定戦略に関する数理モデル研究が進み，理論的に導かれるESS の状態に到達できるかどうか，という問題，すなわち，理論的に導かれる ESS への進化過程による到達可能性の問題が取り上げられるようになった [29–31, 133]。

たとえば，図 2.18 に示した数値計算は，系 (2.89) において，単食性捕食者が絶滅に向かい，多食性捕食者と餌 2 種の（周期変動）状態へ系が遷移しているところに，異なる性質をもつ単食性捕食者が侵入した場合の系の状態遷移を例示している。系 (2.89) を用いた上記の議論では，餌 1 種のみを利用するか，餌 2 種を利用するか，という利用する餌種数のみの変異を考えていた[*50]。しかし，変異は他の性質にも起こりうることであり，図 2.18 は，単食性捕食者の性質に変異が起こることにより，適応度に関する多食性捕食者の優位性が成り立たなくなる例を示している。野生型の単食性捕食者が絶滅に向かう一方で，侵入（出現）した変異型の単食性捕食者個体群が成長し，系は単食性捕食者と多食性捕食者が共存する多型な平衡状態に遷移している。現在，このような進化過程における形質（＝戦略）の遷移ダイナミクスは**適応ダイナミクス**（adaptive dynamics, adaptation dynamics）と呼ばれる理論的枠組みで捉えられている。

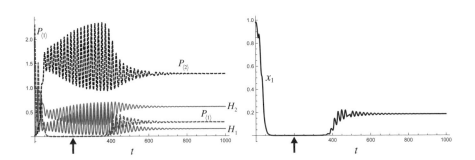

図 2.18 単食性捕食者が絶滅に向かう平衡状態へ漸近しつつある系 (2.89) に変異型単食性捕食者が侵入（出現）した場合の数値計算。$t = 200$（矢印の時点）において在来型（野生型）の単食性捕食者とは異なるパラメータ値の変異型単食性捕食者が侵入した場合。在来型の単食性捕食者のパラメータ：$(h_1, \nu_1, \kappa, \delta) = (0.5, 1.0, 1.0, 0.3)$。変異型の単食性捕食者のパラメータ：$(h_1, \nu_1, \kappa, \delta) = (0.3, 1.3, 1.1, 0.2)$。多食性捕食者のパラメータ：$(h_1, h_2, \nu_1, \nu_2, \kappa) = (0.5, 2.4, 1.0, 0.6, 1.0)$。餌種のパラメータ：$r_1 = 1.0$, $r_2 = 1.0$, $\beta_1 = 0.5$, $\beta_2 = 1.0$, $g_1 = 1.0$, $g_2 = 1.2$。$(H_1(0), H_2(0)) = (r_1/\beta_1, r_2/\beta_2)$, $(P_{\langle 1 \rangle}(0), P_{\langle 2 \rangle}(0)) = (0.1, 0.02)$。$x_1 := P_{\langle 1 \rangle}/(P_{\langle 1 \rangle} + P_{\langle 2 \rangle})$。

[*50] 本節前半に記した個体群ダイナミクスに関する数理モデリングの仮定を確認してほしい。

2.7 スウィッチング捕食

2.5 節の古典的餌選択理論においては，利用する餌種の選択の最適性が焦点であった。また，2.6 節では，古典的餌選択理論をレプリケータダイナミクスに拡張し，餌選択の適応性が餌種と捕食者種の間の個体群ダイナミクスに顕に反映されることをみた。2.5, 2.6 節で議論してきたのは，捕食者の餌種の利用の仕方についての「どの餌種を利用するか」という餌選択戦略の適応性であるが，本節では，利用できる餌種を「どの程度利用するか」という餌利用調節について議論する。

2.5, 2.6 節の議論においては，捕食者は餌種に依存しないランダムな採餌を行うという仮定が本質的に重要である。しかし，捕食者が能動的に特定の餌種の捕食頻度を上げたり，特定の餌種の捕食を抑制したりという捕食行動様式も考えられる。2.5, 2.6 節の議論における古典的餌選択理論で扱っていたのは，all-or-none（全か無か）のルールによる餌種レベルの選択であったが，本節では，捕食者が積極的に捕食する対象となる餌種と，相対的に消極的に捕食する餌種を考える。このような餌種依存の捕食圧の配分調節をその特徴とする捕食様式は，慣用的に**スウィッチング捕食**（switching predation）と呼ばれている。

努力配分

ここでは，スウィッチング捕食の議論のために，複数種の餌種を利用する捕食者の餌利用に関する努力配分（effort allocation, allocation of effort）の概念を導入する。捕食者 1 個体が単位時間あたりに捕食活動に費やす総エネルギー量[*51]を E とする。以下では，捕食者による捕食圧の餌種依存性を，総エネルギー量 E をどのような配分で捕食対象とする複数の餌種への捕食活動に利用するか，という観点で考察する。

今，k 種の餌種を利用しているとし，餌種 i の個体群に対する捕食についてのエネルギー配分率を θ_i $(0 < \theta_i < 1)$ とおく。つまり，餌種 i の個体群の捕食に単位時間に費やすエネルギー配分量 e_i を $e_i = \theta_i E$ とする。$\sum_{i=1}^{k} \theta_i = 1$ である。

機能的応答関数

ここでは，仮定として，捕食者 1 個体は，餌種 i から，単位時間あたり，このエネルギー配分量 e_i に比例する摂食量（＝獲得エネルギー量）を得ることができるものとする。つまり，エネルギー配分量に基づいたエネルギー消費により捕食者が採餌を行った場合，

[*51] 捕食努力量（predation effort）または探索努力量（searching effort）

2.7 スウィッチング捕食

餌種 i の個体群からの単位時間あたり摂食量，すなわち，餌種 i に対する捕食者の機能的応答関数[*52] f_i を

$$f_i = \alpha_i e_i H_i \tag{2.121}$$

と表すことができるとしよう．ここで，エネルギー配分量 e_i に対する係数 α_i により，パラメータ $\alpha_i e_i$ が餌種 i に対する捕食の成功率を含む単位時間あたりの捕食効率を表す．H_i は餌種 i の個体群サイズ（密度）である．係数 α_i は，餌種 i の探索・発見・捕獲の難易度を反映する．すると，捕食者 1 個体が単位時間あたりの捕食によって獲得できるエネルギー量 $\mathscr{F}$ は，餌種 i の個体あたりに獲得できるエネルギー量を g_i として，

$$\mathscr{F} = \sum_{i=1}^{k} g_i f_i = \sum_{i=1}^{k} g_i \alpha_i \theta_i E H_i \tag{2.122}$$

で与えられる．

エネルギー配分の調節

最も単純な場合として，餌種数が 2 ($k=2$) の場合を考える．この場合，$\theta_1 + \theta_2 = 1$ に注意すると，

$$\frac{\partial \mathscr{F}}{\partial \theta_j} = E\left(g_j \alpha_j H_j - g_i \alpha_i H_i\right) \quad (i,j=1,2;\, i \neq j) \tag{2.123}$$

なので，$g_1 \alpha_1 H_1 > g_2 \alpha_2 H_2$ である限り，θ_1 を増加させ，θ_2 を減少させるエネルギー配分調節が獲得総エネルギー量 $\mathscr{F}$ を増加させるという意味で適応的である．逆に $g_1 \alpha_1 H_1 < g_2 \alpha_2 H_2$ ならば，θ_1 を減少させ，θ_2 を増加させるエネルギー配分調節が適応的である．$g_i \alpha_i H_i$ は餌種 i のみを捕食する場合の捕食者あたりのエネルギー獲得率（速度）に対応するので，捕食者あたりのエネルギー獲得率がより大きな餌種に対してより大きなエネルギーを配分する調節が適応的であることになる．

θ_i がより大きくなれば，餌種 i に対する捕食圧はより高くなり，したがって，餌個体群サイズ H_i に対する捕食による減少率はより大きくなる．一方，θ_j ($j \neq i$) はより小さくなるので，餌種 j に対する捕食圧が低くなり，個体群サイズ H_j に対する捕食による減少率がより小さくなる．つまり，捕食者からの捕食圧のスウィッチング様式により，餌個体群のサイズ変動速度が影響を受ける．したがって，この餌 2 種–捕食者 1 種の系の個体群ダイナミクスに理想的な平衡状態が実現するとすれば，平衡状態においては，$\partial \mathscr{F} / \partial \theta_1 = \partial \mathscr{F} / \partial \theta_2 = 0$，すなわち，$g_1 \alpha_1 H_1 = g_2 \alpha_2 H_2$ とならなければならない．なぜならば，上記の通り，$g_1 \alpha_1 H_1 \neq g_2 \alpha_2 H_2$ である限り，捕食者はエネルギー配分を調節し，

[*52] 【基礎編】6.2 節

それゆえに各餌種への捕食圧が変化するので,餌個体群サイズは変化せざるを得ないからである。

> **詳説** 上記の議論により,理想的な平衡状態が実現するとすれば,その平衡状態においては,$g_1\alpha_1 H_1 = g_2\alpha_2 H_2$ が成り立つはずである。この条件を満たす平衡状態における餌個体群サイズ H_i $(i=1,2)$ に対して,式 (2.133) によるエネルギー配分率は,$\theta_1 = \theta_2 = 1/2$ になり,平衡状態における捕食者は,見かけ上,非スウィッチング捕食様式を採っているのと同じである。もちろん,それは,結果的に,餌個体群サイズの分布が,捕食者による捕食のエネルギー配分を均等にする状況になっているからであって,やはり,捕食者のスウィッチング捕食による結果なのである。捕食者の理想的なスウィッチング捕食は,餌個体群サイズを能動的に変化させ,その結果,条件 $g_1\alpha_1 H_1 = g_2\alpha_2 H_2$ が満たされるような平衡状態に餌個体群サイズを誘導したと考えてもよいだろう。
>
> このような理想的な平衡状態においては,捕食者が見かけ上,ランダムな捕食をしているが,このとき,2種類の餌個体群それぞれからのエネルギー獲得速度が等しくなっている。つまり,それぞれの餌種個体群からの単位時間あたりエネルギー獲得量が等しくなっており,この観点から,捕食者にとっては,2種の餌個体群は区別されない。捕食者にとって,2種の餌個体群全体がある1種の餌個体群と同等な価値をもつ状況にあると解釈できるだろう。捕食者にとって,各餌種個体群からの単位時間あたりエネルギー獲得量が等しくなるような餌種の個体群サイズ分布は,**理想自由分布** (ideal free distribution) と呼ばれるものになっている。また,それは,同一環境条件下における行動の選択に関する**確率対応** (probability matching) と呼ばれるものに対応する[*53]。本節で述べた餌2種の場合の理想自由分布は,$H_1 : H_2 = g_2\alpha_2 : g_1\alpha_1$ で与えられる。

問題は,エネルギー配分率 θ_i $(i=1,2)$ の適応的な調節をどのように行うかである。パラメータ α_i と g_i $(i=1,2)$ が定数であるとすると,上記の適応的な採餌戦略では,エネルギー配分率 θ_i を捕食者が利用する餌種の個体群サイズに応じて調節していることになる。そこで,θ_i を餌個体群サイズの関数として扱う数理モデリングを考える:$\theta_i = \theta_i(H_1, H_2)$ $(i=1,2)$。

独立2餌–1捕食者系＋スウィッチング捕食

本節では以下,捕食者によるエネルギー配分調節を伴うスウィッチング捕食を導入した次の独立2餌–1捕食者系ダイナミクスについて考える:

$$\begin{cases} \dfrac{dH_1}{dt} = (r_1 - \beta_1 H_1)H_1 - \alpha_1 \theta_1 E H_1 P \\ \dfrac{dH_2}{dt} = (r_2 - \beta_2 H_2)H_2 - \alpha_2 \theta_2 E H_2 P \\ \dfrac{dP}{dt} = -\delta P + \kappa \big(g_1 \alpha_1 \theta_1 E H_1 + g_2 \alpha_2 \theta_2 E H_2 \big) P \end{cases} \quad (2.124)$$

[*53] たとえば,戸田・中原 [121] を参照。

2.7 スウィッチング捕食

ただし，$\theta_1+\theta_2=1$ である．パラメータ κ は，式 (2.122) が定義する捕食者 1 個体による単位時間あたり獲得総エネルギー量 $\mathscr{F}$ の繁殖へのエネルギー変換係数であり，$\kappa\mathscr{F}$ が捕食者の個体あたり増殖率を表す．

> **詳説** この独立 2 餌–1 捕食者系ダイナミクスは，2.3 節の系 (2.25) にスウィッチング捕食を導入した拡張版となっている．系 (2.25) における餌種 i の被食係数 ν_i との対応は，$\nu_i=\alpha_i\theta_iE$ であり，被食係数が餌 2 種の個体群サイズに依存する拡張である．また，系 (2.25) における捕食者が餌種 i を捕食した場合のエネルギー変換係数 κ_i との対応は，$\kappa_i=\kappa g_i$ である．κ_i が摂食量を捕食者の増殖率に変換する係数だったのに対し，κ は，捕食による獲得エネルギー量を捕食者の増殖率に変換する係数になっている．

Bang–bang 制御型エネルギー配分調節

$g_1\alpha_1H_1>g_2\alpha_2H_2$ である限り，$\theta_1=1,\theta_2=0$ とし，$g_1\alpha_1H_1<g_2\alpha_2H_2$ なら，$\theta_1=0,\theta_2=1$ とする all-or-none ルールによるエネルギー配分調節を **bang-bang 制御**と呼ぶ[*54]．この bang–bang 制御型のエネルギー配分調節として，ここでは，次の式で与えられるエネルギー配分率 $\theta_1=\theta_1(H_1,H_2)$ を考える：

$$\theta_1(H_1,H_2)=\begin{cases} 1 & (g_1\alpha_1H_1>g_2\alpha_2H_2) \\ \dfrac{1}{2} & (g_1\alpha_1H_1=g_2\alpha_2H_2) \\ 0 & (g_1\alpha_1H_1<g_2\alpha_2H_2) \end{cases} \quad (2.125)$$

> **詳説** $g_1\alpha_1H_1=g_2\alpha_2H_2$ の場合の θ_1 の値については任意性がある．この場合，
> $$\mathscr{F}=g_1\alpha_1EH_1(\theta_1+\theta_2)=g_1\alpha_1EH_1=g_2\alpha_2EH_2$$
> であり，捕食者 1 個体による単位時間あたり獲得総エネルギー量 $\mathscr{F}$ の値は θ_1 に依存しないからである．条件 $g_1\alpha_1H_1=g_2\alpha_2H_2$ の下では，捕食者にとって，餌 2 種のいずれを捕食するかは獲得エネルギー量には影響を与えない．
>
> この理由で，式 (2.125) で与える bang–bang 制御型のエネルギー配分 θ_1 において，$g_1\alpha_1H_1=g_2\alpha_2H_2$ の場合の値を $\theta_1=0$ や $\theta_1=1$ とすることも可能であるが，条件 $g_1\alpha_1H_1=g_2\alpha_2H_2$ の下で，捕食者の捕食する餌種が餌 2 種のいずれであっても餌選択の適応性の観点からは差がないので，式 (2.125) では，捕食者のエネルギー配分についても捕食戦略としての偏りがない $\theta_1=\theta_2=1/2$ を採用している．

捕食者が bang–bang 制御型エネルギー配分調節 (2.125) を行う場合の独立 2 餌–1 捕食者系 (2.124) における個体群サイズの時間変動の数値計算結果を図 2.19 に示す．系

[*54] p.67 の詳説を参照．

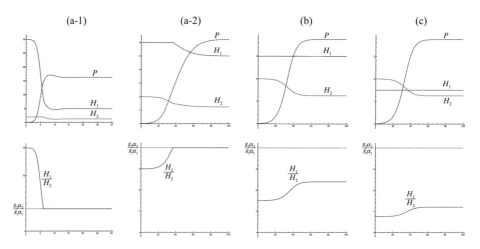

図 2.19 Bang–bang 制御型エネルギー配分調節 (2.125) による独立 2 餌–1 捕食者系 (2.124) の個体群サイズの時間変動の数値計算。(a-1) $\beta_1 = 0.1$, $(H_1(0), H_2(0), P(0)) = (30.0, 2.0, 0.01)$; (a-2) $\beta_1 = 0.5$, $(H_1(0), H_2(0), P(0)) = (6.0, 2.0, 0.01)$; (b) $\beta_1 = 1.0$, $(H_1(0), H_2(0), P(0)) = (3.0, 2.0, 0.01)$; (c) $\beta_1 = 2.0$, $(H_1(0), H_2(0), P(0)) = (1.5, 2.0, 0.01)$。$r_1 = 3.0$, $r_2 = 2.0$, $\beta_2 = 1.0$, $\alpha_1 = 0.2$, $\alpha_2 = 0.2$, $E = 1.0$, $\delta = 0.3$, $\kappa = 1.0$, $g_1 = 0.3$, $g_2 = 1.2$。各数値計算における初期値 $H_i(0)$ は環境許容量 ($= r_i/\beta_i$) に等しい ($i = 1, 2$)。系 (2.25) についての図 2.8 の数値計算に対応するパラメータ設定。併せて、個体群サイズ比 H_1/H_2 の対応する時間変動を示した。(b) と (c) の場合には、時刻によらず $\theta_1 = 0.0$ となっている。

(2.25) についての図 2.8 の数値計算に対応するパラメータ値を用いている。捕食者が時刻によらず、餌種に偏らないエネルギー配分での捕食戦略を採った場合、すなわち、時刻によらず $\theta_1 = \theta_2 = 1/2$ に固定したエネルギー配分の場合に、系 (2.124) は系 (2.25) と同一である[*55]。

図 2.19(a-1) の場合が図 2.8(a) の場合に対応する。時刻によらないで $\theta_1 \equiv 1/2$ ならば、図 2.8(a) が示すように、見かけの競争の影響により、餌種 2 の個体群は絶滅に向かうが、捕食者が bang–bang 制御型エネルギー配分調節 (2.125) を採用する場合には、餌 2 種と捕食者種の共存が成り立つことを図 2.19(a-1) は示している。

また、系 (2.25) においては捕食者種が絶滅に向かう場合である図 2.8(c) に対しては、エネルギー配分調整 (2.125) による系 (2.124) では、餌 2 種と捕食者種の共存が成り立つ結果となる図 2.19(c) が得られる。ただし、図 2.19(c) では、捕食者は、スウィッチング捕食において、餌種 2 のみを利用する単食戦略の餌選択に終始している。すなわち、独立 2 餌–1 捕食者系 (2.25) における捕食者種が、餌 2 種をともに捕食の対象とする多食戦略では絶滅に向かうが、餌種 1 を捕食の対象から外し、餌種 2 のみを捕食の対象とする単食

[*55] このときのパラメータの対応は $\nu_i = \alpha_i E/2$ ($i = 1, 2$) である。

2.7 スウィッチング捕食

戦略を採るならば存続できる例が図 2.19(c) の場合である。

図 2.8(b) の場合も，それに対応する図 2.19(b) の場合もいずれも餌 2 種と捕食者種の共存平衡状態に至るが，系 (2.124) では，捕食者は，餌種 2 のみを利用する単食戦略の餌選択に終始している．図 2.19(b, c) の場合には，捕食者が餌 1 種を定常的に捕食の対象から外す餌選択を採っており，結果的に餌 1 種と捕食者 1 種から成る Lotka–Volterra 1 餌–1 捕食者系と，それに独立な logistic 型増殖をする（餌）1 種の系によるダイナミクスに従う結果となる．

> **詳説** 図 2.19 の数値計算によるこれらの結果から，見かけの競争の効果は，捕食者のスウィッチング捕食により緩和されることが示唆される．実際，スウィッチング捕食は，個体群サイズが小さくなった餌種への捕食圧を積極的に弱めるので，捕食による餌種個体群の絶滅の可能性が緩和されることは明らかである．ただし，上記の bang–bang 制御型のエネルギー配分調節では，スウィッチング捕食は餌種選択になっており，捕食圧を弱めるどころか，捕食圧を積極的に 0 にする捕食戦略となっているため，絶滅に瀕しているとはいえない個体群サイズの餌種を餌選択から外すという結果にもなり得る例を図 2.19(b, c) が表している．

Bang–bang 制御型エネルギー配分調節 (2.125) による独立 2 餌–1 捕食者系 (2.124) では，$g_1\alpha_1 H_1 \neq g_2\alpha_2 H_2$ である限り，捕食者は餌種 1 あるいは餌種 2 のみを利用する単食性捕食者である．上記の通り，利用されない餌種は独立な logistic 型増殖に従う個体群となるので，系の振る舞いは，Lotka–Volterra 1 餌–1 捕食者系の特性を元に議論することができる．

たとえば，系 (2.124) において $(\theta_1, \theta_2) = (1, 0)$ に固定し，餌種 2 が独立な logistic 型増殖に従う個体群の場合，条件

$$\frac{\delta}{\kappa E} < g_1\alpha_1 \frac{r_1}{\beta_1} \tag{2.126}$$

が成り立つとき，そのときに限り，捕食者と餌種 1 の共存平衡点

$$(H_1^*, P^*) = \left(\frac{1}{g_1\alpha_1}\frac{\delta}{\kappa E}, \frac{\beta_1}{\alpha_1 E}\left(\frac{r_1}{\beta_1} - \frac{1}{g_1\alpha_1}\frac{\delta}{\kappa E}\right)\right)$$

が存在して，大域的漸近安定である[*56]．条件 (2.126) が満たされない場合には，捕食者個体群は絶滅に向かう．

しかし，これは，$(\theta_1, \theta_2) = (1, 0)$ に固定した場合の結果であり，bang–bang 制御型エネルギー配分調節 (2.125) による独立 2 餌–1 捕食者系 (2.124) においては，時間区分的に一定ながら，(θ_1, θ_2) は時間変動する（図 2.19(a) 参照）ので，(θ_1, θ_2) が一定である時間区間ごとに上記の特性を適用して系の振る舞いについて考える必要がある．

[*56] 【基礎編】6.3 節

$$\boxed{\frac{\delta}{\kappa E} < g_1\alpha_1 \frac{r_1}{\beta_1} < g_2\alpha_2 \frac{r_2}{\beta_2} \text{ の場合}}$$

このとき，餌2種のいずれについても条件(2.126)相当が満たされている[*57]。ある時刻 t_1 において $g_1\alpha_1 H_1(t_1) < g_2\alpha_2 H_2(t_1)$ であったとする[*58]と，bang–bang 制御型エネルギー配分調節 (2.125) により，この時刻において $\theta_2 = 1$（$\theta_1 = 0$）であり，この時刻以降，$\theta_2 = 1$ である限り，$g_2\alpha_2 H_2$ は $\delta/(\kappa E)$ に，$g_1\alpha_1 H_1$ は $g_1\alpha_1 r_1/\beta_1$ に向かう時間変動が起こる。H_1 と H_2 の時間変動は連続であるから，このことは，$t_2 > t_1$ なるある有限な時刻 t_2 において $g_1\alpha_1 H_1(t_2) = g_2\alpha_2 H_2(t_2)$ が満たされることを導く。

時刻 t_2 以後の任意の時刻 t において $g_1\alpha_1 H_1(t) < g_2\alpha_2 H_2(t)$ が起こると，再び，$\theta_2 = 1$ となり，上記の議論により，$g_1\alpha_1 H_1 = g_2\alpha_2 H_2$ が満たされる状態に引き戻される。また，ある時刻 $t > t_2$ において $g_1\alpha_1 H_1(t) > g_2\alpha_2 H_2(t)$ が起こったとすると，$\theta_2 = 0$（$\theta_1 = 1$）となり，$g_2\alpha_2 H_2$ は $g_2\alpha_2 r_2/\beta_2$ に，$g_1\alpha_1 H_1$ は $\delta/(\kappa E)$ に向かう時間変動が現れ，再び $g_1\alpha_1 H_1 = g_2\alpha_2 H_2$ が満たされる状態に引き戻される。

以上の議論により，この場合には，bang–bang 制御型エネルギー配分調節 (2.125) による独立2餌–1捕食者系 (2.124) は，必然的に $g_1\alpha_1 H_1 = g_2\alpha_2 H_2$ が満たされる状態に至り，それ以降は，この状態の近傍にとどまる。図 2.19(a-2) がこの場合にあたっており，図 2.19(a-1) は，この場合の餌種1と餌種2を入れ替えた場合（添字1と2を入れ替えた場合）にあたっている。

詳説 この場合（餌種を入れ替えた場合も含む）については，餌種個体群が $g_1\alpha_1 H_1 = g_2\alpha_2 H_2$ を満たす状態に引き込まれることが示され，図 2.19(a) に示された数値計算もそのことを表している。しかし，実際には，$g_1\alpha_1 H_1 = g_2\alpha_2 H_2$ を満たす状態に系 (2.124) が「とどまる」わけではない。仮定された bang–bang 制御型エネルギー配分調節 (2.125) では，$g_1\alpha_1 H_1 = g_2\alpha_2 H_2$ を満たす状態に至った時点で，捕食者は $\theta_1 = \theta_2 = 1/2$ によるエネルギー配分に切り替えるので，この時点での系における個体群サイズの時間変動速度は，

$$\begin{cases} \dfrac{dH_1}{dt} = (r_1 - \beta_1 H_1)H_1 - \dfrac{1}{2}\alpha_1 E H_1 P \\ \dfrac{dH_2}{dt} = (r_2 - \beta_2 H_2)H_2 - \dfrac{1}{2}\alpha_2 E H_2 P \\ \dfrac{dP}{dt} = \kappa E\Big(-\dfrac{\delta}{\kappa E} + g_1\alpha_1 H_1\Big)P \end{cases} \qquad (2.127)$$

[*57] 餌種2については，条件 (2.126) における添字1を2に置き換えた条件。

[*58] 加えて，任意の時刻 t において $H_1(t) \leq r_1/\beta_1$ かつ $H_2(t) \leq r_2/\beta_2$ も仮定してよい。環境許容量を超える個体群サイズは，今考えている場合には，数理モデリングとして不適当であるので，系 (2.124) の初期条件について，$0 < H_1(0) \leq r_1/\beta_1$ かつ $0 < H_2(0) \leq r_2/\beta_2$ を仮定すれば，任意の時刻 t において $0 < H_1(t) \leq r_1/\beta_1$ かつ $0 < H_2(t) \leq r_2/\beta_2$ であることは，2.1 節と同様の議論により数学的にも保証される。

2.7 スウィッチング捕食

となり，餌種の個体群サイズの変化速度は $g_1\alpha_1 H_1 = g_2\alpha_2 H_2$ を満たす状態に至る直前直後における値とは不連続である[*59]。式 (2.127) から明らかなように，特殊な場合を除き，$g_1\alpha_1 H_1 = g_2\alpha_2 H_2$ を満たす状態においては，$g_1\alpha_1 dH_1/dt \neq g_2\alpha_2 dH_2/dt$ である。よって，系は，$g_1\alpha_1 H_1 = g_2\alpha_2 H_2$ を満たす状態に至ってもこの状態を継続することは不可能である。ただし，上記の議論では，系が $g_1\alpha_1 H_1 = g_2\alpha_2 H_2$ を満たす状態から離脱しても，この状態に引き戻されることがわかっている。ところが，$g_1\alpha_1 H_1 = g_2\alpha_2 H_2$ を満たす状態における系 (2.127) には，捕食者個体群が絶滅しない平衡点は存在しない [演習問題 19]。図 2.19(a) には，系が捕食者個体群が絶滅しないある平衡点に漸近するように見える振る舞いが観測されるのはどうしてだろうか。

実は，図 2.19(a) に示された数値計算結果を詳細に調べると，系が $g_1\alpha_1 H_1 = g_2\alpha_2 H_2$ を満たす状態を継続しているかのように見える時間区間において，θ_1 は 1, 1/2, 0 の 3 つの値を激しく振動しており，各餌種に対する機能的応答関数 f_1 と f_2 の時間変動もそれに伴い激しく振動している。すなわち，微分 $dH_1/dt, dH_2/dt, dP/dt$ は，いずれも時間的に不連続に振動している[*60]。数学的には，このような系の数値計算の手法についての厳密な議論も必要ではあるが，ここでは，系 (2.124) を数理モデルとして考察しているので，系に含まれるこのような不連続な振動の特異性を数学的に厳密に扱うよりも，いかに精密な数値計算においても含まれる丸め誤差などの曖昧さによって出力される図 2.19(a) のような結果こそが数理モデルとして観測されうる特性を表していると考える立場も許容できるとすれば，微小な揺らぎを伴いながら，系は $g_1\alpha_1 H_1 = g_2\alpha_2 H_2$ を満たす状態の近傍にとどまり続ける性質をもつと解釈してもよいだろう。

演習問題 19

$g_1\alpha_1 H_1 = g_2\alpha_2 H_2$ を満たす状態における系 (2.127) には，捕食者個体群が絶滅しない平衡点は存在し得ないことを説明せよ。

$\boxed{g_1\alpha_1 \dfrac{r_1}{\beta_1} < \dfrac{\delta}{\kappa E} < g_2\alpha_2 \dfrac{r_2}{\beta_2} \text{ の場合}}$

このとき，餌種 2 については条件 (2.126) 相当が満たされるが，餌種 1 については満たされない。ある時刻 t_1 において $g_1\alpha_1 H_1(t_1) < g_2\alpha_2 H_2(t_1)$ であったとすると，この時刻において $\theta_2 = 1$ であり，この時刻以降，$\theta_2 = 1$ である限り，$g_2\alpha_2 H_2$ は $\delta/(\kappa E)$ に，$g_1\alpha_1 H_1$ は $g_1\alpha_1 r_1/\beta_1$ に向かう時間変動が起こり，$\theta_2 = 1$ が維持される可能性がある。$\theta_2 = 1$ が維持されるならば，系は，餌種 2 と捕食者種から成る

[*59] 対照的に，捕食者個体群のサイズ変化速度は，$g_1\alpha_1 H_1 = g_2\alpha_2 H_2$ を満たす状態に至っても連続に変化する。次節で議論する「鈍いスウィッチング応答」では，この不連続性はなく，餌種の個体群サイズの変化速度も時間的に連続である。

[*60] このような力学系は，impulsive dynamical system と呼ばれるものの 1 つである。応用数理での取り扱いの歴史は長く，数学的な理論も徐々に進んでいる。専門書として，たとえば，Bainov & Simeonov [2], Gelig & Churilov [20], Haddad ほか [28], Lakshmikantham ほか [62] がある。

Lotka–Volterra 1 餌–1 捕食者系ダイナミクスの共存平衡点

$$(H_2^*, P^*) = \left(\frac{1}{g_2\alpha_2} \frac{\delta}{\kappa E}, \ \frac{\beta_2}{\alpha_2 E} \left(\frac{r_2}{\beta_2} - \frac{1}{g_2\alpha_2} \frac{\delta}{\kappa E} \right) \right)$$

と，独立な餌種 1 の環境許容量 $H_1^* = r_1/\beta_1$ で与えられる平衡状態に漸近する．

一方，ある時刻 t_2 において $g_1\alpha_1 H_1(t_2) > g_2\alpha_2 H_2(t_2)$ であったとすると，$\theta_1 = 1$ ($\theta_2 = 0$) であり，この時刻以降，$\theta_1 = 1$ である限り，$g_1\alpha_1 H_1$ は $g_1\alpha_1 r_1/\beta_1$ に，$g_2\alpha_2 H_2$ は $g_2\alpha_2 r_2/\beta_2$ に向かう時間変動が起こる．今，$g_1\alpha_1 r_1/\beta_1 < g_2\alpha_2 r_2/\beta_2$ であるから，$t_3 > t_2$ なるある有限な時刻 t_3 において $g_1\alpha_1 H_1(t_3) = g_2\alpha_2 H_2(t_3)$ が満たされることになる．ある時刻 $t > t_3$ において $g_1\alpha_1 H_1(t) > g_2\alpha_2 H_2(t)$ が起こったとすると，前出の場合と同様の議論により，$g_1\alpha_1 H_1 = g_2\alpha_2 H_2 < \delta/(\kappa E)$ が満たされる状態に引き戻される．

状態 $g_1\alpha_1 H_1 = g_2\alpha_2 H_2$ の近傍において，$g_2\alpha_2 H_2 = g_1\alpha_1 H_1 + \varepsilon_2$ ($|\varepsilon_2| \ll 1$) とおくと，式 (2.124) から，

$$\frac{dP}{dt} = \Big[-\delta + \kappa E \{\theta_1 g_1\alpha_1 H_1 + \theta_2 (g_1\alpha_1 H_1 + \varepsilon_2)\} \Big] P$$
$$= \kappa E \Big(-\frac{\delta}{\kappa E} + g_1\alpha_1 H_1 + \theta_2 \varepsilon_2 \Big) P < \kappa E \Big(-\frac{\delta}{\kappa E} + g_1\alpha_1 \frac{r_1}{\beta_1} + \theta_2 \varepsilon_2 \Big) < 0$$

なので，系が状態 $g_1\alpha_1 H_1 = g_2\alpha_2 H_2$ の近傍にとどまる限り，捕食者個体群サイズは減少し続ける．それに伴い，餌 2 種の個体群サイズは，それぞれ，徐々に環境許容量に漸近することになり，この場合の条件 $g_1\alpha_1 r_1/\beta_1 < g_2\alpha_2 r_2/\beta_2$ から，必然的に，ある時刻において，$g_1\alpha_1 H_1 < g_2\alpha_2 H_2$ が満たされる状態が現れる．

ある時刻 $t > t_2$ において $g_1\alpha_1 H_1(t) < g_2\alpha_2 H_2(t)$ が起これば，$\theta_2 = 1$ ($\theta_1 = 0$) となり，$g_1\alpha_1 H_1$ は $g_1\alpha_1 r_1/\beta_1$ に，$g_2\alpha_2 H_2$ は $g_2\alpha_2 r_2/\beta_2$ に向かう時間変動が現れ，上記の議論の通り，$\theta_2 = 1$ が維持されるならば，系は，餌種 2 と捕食者種から成る Lotka–Volterra 1 餌–1 捕食者系ダイナミクスの共存平衡点 (H_2^*, P^*) と，独立な餌種 1 の環境許容量 $H_1^* = r_1/\beta_1$ で与えられる平衡状態に漸近することになる．図 2.19(b, c) がこの場合にあたる．

$$\boxed{g_1\alpha_1 \frac{r_1}{\beta_1} < g_2\alpha_2 \frac{r_2}{\beta_2} < \frac{\delta}{\kappa E} \text{ の場合}}$$

この場合には，任意の $P > 0$ に対して，

2.7 スウィッチング捕食

$$\frac{dP}{dt} = \kappa E\Big(-\frac{\delta}{\kappa E} + \theta_1 g_1\alpha_1 H_1 + \theta_2 g_2\alpha_2 H_2\Big)P$$

$$< \kappa E\Big(-\frac{\delta}{\kappa E} + \theta_1 g_1\alpha_1 \frac{r_1}{\beta_1} + \theta_2 g_2\alpha_2 \frac{r_2}{\beta_2}\Big)P$$

$$< \kappa E\Big(-\frac{\delta}{\kappa E} + g_2\alpha_2 \frac{r_2}{\beta_2}\Big)P < 0$$

であるから,捕食者個体群サイズは単調に減少し,絶滅に向かう.したがって,捕食者の絶滅に伴って,餌種個体群はそれぞれの環境許容量に至る:$(H_1(t), H_2(t)) \to (r_1/\beta_1, r_2/\beta_2)$ $(t \to \infty)$.

鈍いスウィッチング応答

ここでは,bang-bang 制御型エネルギー配分調節 (2.125) の代わりに,次の式によるエネルギー配分調節を考える:

$$\frac{d\theta_1}{dt} = c(g_1\alpha_1 H_1 - g_2\alpha_2 H_2)(1-\theta_1)\theta_1 \tag{2.128}$$

$g_i\alpha_i H_i$ は餌種 i のみを捕食する場合の捕食者の個体あたりエネルギー獲得率(速度)に対応するので,この式は,餌種ごとのこの獲得エネルギー速度の差に応じたエネルギー配分調節を与えている.正のパラメータ c は,捕食者のエネルギー配分調節の餌種の個体群サイズに対する敏感性を表す係数であり,大きいほどエネルギー配分調節の感度が強い.

エネルギー配分調節 (2.128) を導入した系 (2.124) のダイナミクスについては,図 2.20 に示された数値計算結果の通り,エネルギー配分率 θ_1 は $[0,1]$ の実数区間における連続な時間変動を示す.

詳説 $c \to \infty$ において,エネルギー配分調節 (2.128) は,bang-bang 制御型エネルギー配分調節 (2.125) となる.すなわち,十分に大きな c において,エネルギー配分調節 (2.128) によるスウィッチング捕食は,bang-bang 制御型エネルギー配分調節 (2.125) によるスウィッチング捕食に近似的に等しくなる.

対照的に,c が大きくない場合には,$g_1\alpha_1 H_1$ と $g_2\alpha_2 H_2$ の大小関係に従って瞬時に θ_1 の値を切り替える bang-bang 制御型エネルギー配分調節 (2.125) とは異なり,エネルギー配分調節 (2.128) では,$g_1\alpha_1 H_1$ と $g_2\alpha_2 H_2$ の大小関係に応じて,θ_1 の増減速度が調節されているに過ぎないので,bang-bang 制御型エネルギー配分調節によるスウィッチング捕食に比べて,餌個体群サイズに対する捕食者の捕食性向のスウィッチングは鈍い.

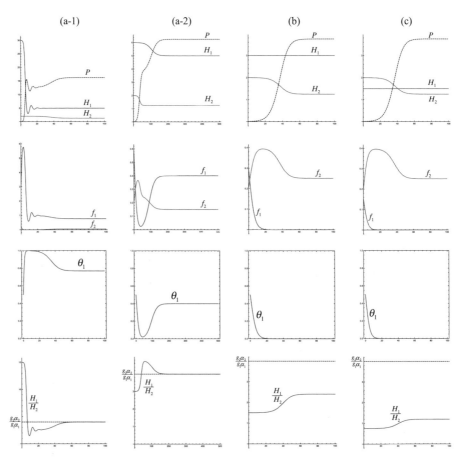

図 2.20 エネルギー配分調節 (2.128) による場合の独立 2 餌–1 捕食者系 (2.124) の個体群サイズ等の時間変動の数値計算。$c = 1.0$, $\theta_1(0) = 0.5$ 以外のパラメータ値は，図 2.19 の数値計算と共通であり，系 (2.25) についての図 2.8 の数値計算に対応するパラメータ設定となっている。各餌種に対する機能的応答関数 f_1 と f_2 の時間変動も併記。

パラメータ c が十分に大きい $c \gg 1$ の場合，微分方程式 (2.128) による θ_1 の変化速度は式 (2.124) による個体群サイズ H_1, H_2, P の時間変動速度に比べて十分に大きいと考えられる：

$$\left|\frac{d\theta_1}{dt}\right| \gg \max\left\{\left|\frac{dH_1}{dt}\right|, \left|\frac{dH_2}{dt}\right|, \left|\frac{dP}{dt}\right|\right\} \tag{2.129}$$

このとき，θ_1 の変化を**速い過程** (fast process)，個体群サイズ H_1, H_2, P の変動を**遅い過程** (slow process) と呼ぶ。$c \gg 1$ の場合の数学的な近似として，条件 (2.129) が成り立つときに，$d\theta_1/dt \approx 0$ を用いる**準定常状態近似** (quasi-stationary state approximation; QSSA)[*61]を適用すると，微分方程式 (2.128) を式 (2.125) に置き換える近似が現れる。ただし，数学的に厳密には，式 (2.125) における $g_1\alpha_1 H_1 = g_2\alpha_2 H_2$ の場合については，この準定常状態近似の適用外であり，式 (2.125) における $g_1\alpha_1 H_1 = g_2\alpha_2 H_2$ の場合の $\theta_1 = 1/2$ は準定常状態近似

[*61] さらに詳しくは，瀬野 [107, 3 章]，日本数理生物学会（編）[88] やこれらの引用文献を参照。

2.7 スウィッチング捕食

で導くことは不能である．そもそも，$g_1\alpha_1 H_1 \approx g_2\alpha_2 H_2$ の場合には，十分に大きな定数 c に対しても，準定常状態近似の適用が適当であるための条件 (2.129) が成り立たない．この瑕疵にも拘わらず，エネルギー配分調節 (2.128) の bang-bang 制御型エネルギー配分調節 (2.125) による近似により，十分大きな c の場合についての系 (2.124) の振る舞いが定性的にうまく捉えられている．一般に，準定常状態近似は，数理モデリングにおいて，現象を構成している要因の時間変動の時間スケールの違いに着目した数学的な近似手法として強力である．

捕食者が餌種 1 のみを利用する（$\theta_1^* = 1$ なる）平衡点

$$E_{\theta_1^*=1}(H_1^*, H_2^*, P^*, \theta_1^*) = \left(\frac{1}{g_1\alpha_1}\frac{\delta}{\kappa E}, \frac{r_2}{\beta_2}, \frac{\beta_1}{\alpha_1 E}\left(\frac{r_1}{\beta_1} - \frac{1}{g_1\alpha_1}\frac{\delta}{\kappa E}\right), 1\right)$$

は，条件 (2.126) が成り立つとき，そのときに限り，存在する．同様に，捕食者が餌種 2 のみを利用する（$\theta_1^* = 0$ なる）平衡点 $E_{\theta_1^*=0}$ は，式 (2.126) の添字 1 を 2 に置き換えた条件が成り立つとき，そのときに限り，存在する．図 2.20(b, c) に示された数値計算結果は，この平衡点への漸近収束を示している．

捕食者が餌 1 種のみを利用するこれらの平衡点 $E_{\theta_1^*=1}$ と $E_{\theta_1^*=0}$ については，式 (2.124) と (2.128) から成る系の局所安定性解析によって，以下の結果を容易に導くことができる：

$$\begin{cases} g_2\alpha_2 \dfrac{r_2}{\beta_2} < \dfrac{\delta}{\kappa E} < g_1\alpha_1 \dfrac{r_1}{\beta_1} \text{ ならば，} E_{\theta_1^*=1} \text{が存在して局所漸近安定} \\ g_1\alpha_1 \dfrac{r_1}{\beta_1} < \dfrac{\delta}{\kappa E} < g_2\alpha_2 \dfrac{r_2}{\beta_2} \text{ ならば，} E_{\theta_1^*=0} \text{が存在して局所漸近安定} \end{cases} \quad (2.130)$$

それぞれの条件の 1 番目の不等号による条件が局所漸近安定条件，2 番目の不等号による条件が存在条件である．これらの不等式条件の不等号のいずれかが反対となる条件が成り立つ場合には，当該の平衡点は存在しない，あるいは，存在しても不安定である．平衡点 $E_{\theta_1^*=1}$ と $E_{\theta_1^*=0}$ が同時に存在することは可能であるが，一方が局所漸近安定であるときには，必ず，他方は不安定である．

一方，式 (2.124) と (2.128) から，図 2.20(a) の場合が示すような，捕食者が餌 2 種両方を利用する平衡点 $E_{0<\theta_1^*<1}(H_1^*, H_2^*, P^*, \theta_1^*)$ における次の平衡値を導くことができる：

$$\begin{aligned} g_1\alpha_1 H_1^* &= g_2\alpha_2 H_2^* = \frac{\delta}{\kappa E} \\ P^* &= \frac{1}{E}\left(\frac{r_1 - \beta_1 H_1^*}{\alpha_1} + \frac{r_2 - \beta_2 H_2^*}{\alpha_2}\right) \\ \theta_1^* &= \frac{(r_1 - \beta_1 H_1^*)/\alpha_1}{(r_1 - \beta_1 H_1^*)/\alpha_1 + (r_2 - \beta_2 H_2^*)/\alpha_2} \end{aligned} \quad (2.131)$$

この平衡点 $E_{0<\theta_1^*<1}$ の存在条件は，

$$\frac{\delta}{\kappa E} < g_1\alpha_1 \frac{r_1}{\beta_1} \text{ かつ } \frac{\delta}{\kappa E} < g_2\alpha_2 \frac{r_2}{\beta_2} \quad (2.132)$$

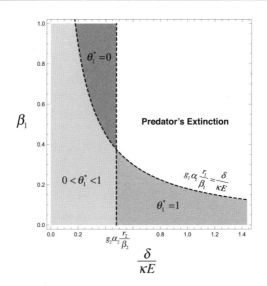

図 2.21　エネルギー配分調節 (2.128) による場合の独立 2 餌–1 捕食者系 (2.124) の平衡点 $E_{\theta_1^*=1}$, $E_{\theta_1^*=0}$, $E_{0<\theta_1^*<1}$, の局所漸近安定性に関するパラメータ領域。δ, β_1 以外のパラメータに図 2.20 の数値計算と共通の値を与えた条件 (2.130), (2.132) と，平衡点 $E_{0<\theta_1^*<1}$ についての Routh–Hurwitz の判定条件の数値計算による描画。

である。結果 (2.130) と (2.132) から，平衡点 $E_{0<\theta_1^*<1}$ が存在するとき，平衡点 $E_{\theta_1^*=1}$ と平衡点 $E_{\theta_1^*=0}$ も存在するが，いずれも不安定であることがわかる。また，平衡点 $E_{\theta_1^*=1}$ あるいは平衡点 $E_{\theta_1^*=0}$ が存在して，漸近安定であるとき，平衡点 $E_{0<\theta_1^*<1}$ は存在しないこともわかる。

平衡点 $E_{0<\theta_1^*<1}$ の安定性については，式 (2.124) と (2.128) から成る系についての局所安定性解析によって，以下の正の係数をもつ 4 次方程式 $\lambda^4 + a_1\lambda^3 + a_2\lambda^2 + a_3\lambda + a_4 = 0$ を固有方程式として導くことができる ($\theta_2^* = 1 - \theta_1^*$)：

$$a_1 = \beta_1 H_1^* + \beta_2 H_2^*$$

$$a_2 = \beta_1 H_1^* \cdot \beta_2 H_2^* + \delta E P^* \left\{ \alpha_1 \theta_1^{*2} + \alpha_2 \theta_2^{*2} + \frac{c}{\kappa E} (\alpha_1 + \alpha_2) \theta_1^* \theta_2^* \right\}$$

$$a_3 = \delta E P^* \left\{ \alpha_1 \theta_1^{*2} \cdot \beta_2 H_2^* + \alpha_2 \theta_2^{*2} \cdot \beta_1 H_1^* + \frac{c}{\kappa E} (\alpha_1 \cdot \beta_2 H_2^* + \alpha_2 \cdot \beta_1 H_1^*) \theta_1^* \theta_2^* \right\}$$

$$a_4 = (\delta E P^*)^2 \frac{c}{\kappa E} \alpha_1 \alpha_2 \theta_1^* \theta_2^*$$

Routh–Hurwitz の判定条件（付録 G）により，この固有方程式のすべての解の実部が負である条件，すなわち，平衡点 $E_{0<\theta_1^*<1}$ が局所漸近安定である条件は $a_1 a_2 a_3 > a_3^2 + a_1^2 a_4$ であることが与えられる。数値計算による図 2.20, 2.21 の結果により，平衡点 $E_{0<\theta_1^*<1}$ は，存在すれば漸近安定であることが示唆される。

2.7 スウィッチング捕食

詳説 Routh–Hurwitz の判定条件から得られる上記の形式的な局所漸近安定条件を解析的に調べることによって，平衡点 $E_{0<\theta_1^*<1}$ は存在すれば漸近安定であることを確定することができるはずであるが，未解決である．また，捕食者が餌 1 種のみを利用する $\theta_1 = 1$ もしくは $\theta_1 = 0$ の場合には，系の本質的な振る舞いは，Lotka–Volterra 1 餌–1 捕食者系に従い，捕食者が存続する共存平衡点が存在すれば大域的漸近安定であることを Lyapunov 関数を用いて示すことができる[*62]こと，および，θ_1 が $0 < \theta_1 < 1$ を満たす定数であるならば，系 (2.124) は，2.3 節で扱った見かけの競争関係をもつ独立 2 餌–1 捕食者系 (2.25) であり，3 種共存平衡点は，存在すれば大域的漸近安定であることも狭義 Lyapunov 関数を用いて示すことができることから，平衡点 $E_{0<\theta_1^*<1}$ が存在すれば漸近安定であることを示す Lyapunov 関数が存在する可能性もあるが未明である．

準適応的スウィッチング応答

スウィッチング捕食の理論では，エネルギー配分率 $\theta_i = \theta_i(H_1, H_2)$ の調節関数として，次のものを考えることがある：

$$\theta_i(H_1, H_2) = \frac{(g_i \alpha_i H_i)^n}{(g_1 \alpha_1 H_1)^n + (g_2 \alpha_2 H_2)^n} \quad (i = 1, 2) \tag{2.133}$$

非負のパラメータ n は，図 2.22 が示すように，エネルギー配分調節の個体群サイズに対する応答性を表しており，n が大きいほど応答が鋭くなる．このエネルギー配分率 (2.133) をもつ捕食者 1 個体による単位時間あたり獲得総エネルギー量 $\mathscr{F}$ は，式 (2.122) より，

$$\mathscr{F} = E \cdot \frac{(g_1 \alpha_1 H_1)^{n+1} + (g_2 \alpha_2 H_2)^{n+1}}{(g_1 \alpha_1 H_1)^n + (g_2 \alpha_2 H_2)^n} \tag{2.134}$$

である．

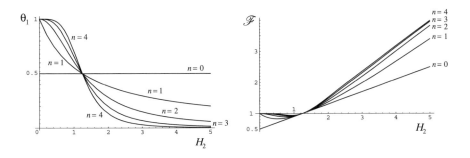

図 2.22 式 (2.133) によって与えられるエネルギー配分率 θ_1 と式 (2.134) によって与えられる捕食者 1 個体による単位時間あたり獲得総エネルギー量 $\mathscr{F}$．$E = 1.0$; $g_1\alpha_1 = 1.0$; $g_2\alpha_2 = 0.8$; $H_1 = 1.0$．

[*62]【基礎編】6.3 節

詳説 数学的には，特に，$n \to \infty$ の極限で，エネルギー配分調節 (2.133) は，bang-bang 制御型エネルギー調節 (2.125) になる．また，$n = 0$ の場合には，式 (2.133) によるエネルギー配分は餌個体群サイズによらず，$\theta_1 = \theta_2 = 1/2$ になる．すなわち，$n = 0$ の場合，捕食者は，餌種によらずに餌個体をランダムに捕食しており，餌種を区別していないので，スウィッチング捕食を行っていない．捕食機会自体は，餌個体群サイズに依存したり，餌種に依存した探索・捕食効率に依存するだろうが，捕食者の捕食活動に向けるエネルギーについては，餌種によらない均等分配をしている．

図 2.22 が示すように，式 (2.133) によって与えられるエネルギー配分調節関数 ($n > 0$) による捕食は，非スウィッチング捕食 ($n = 0$) の場合よりも大きな（より厳密には，小さくない）単位時間あたり獲得総エネルギー量を捕食者に与える．その増分は，パラメータ n が大きければ大きいほどより大きい．捕食者の単位時間あたり獲得総エネルギー量をより大きくするという点からは，bang-bang 制御が最も優れているということになる．$g_1 \alpha_1 H_1 = g_2 \alpha_2 H_2$ の場合にのみ非スウィッチング捕食とスウィッチング捕食が等しい獲得総エネルギー量を導く．

しかし，エネルギー配分調節 (2.133) による独立 2 餌–1 捕食者系 (2.124) では，$g_1 \alpha_1 H_1 = g_2 \alpha_2 H_2$ が満たされる理想的な平衡点への漸近は起こり得ない．そもそも，$g_1 \alpha_1 H_1 = g_2 \alpha_2 H_2$ が満たされる平衡点は系 (2.124) については存在しない（p. 103 の演習問題 19 を参照）．図 2.23 に示された系 (2.124) による個体群サイズ等の時間変動の数値計算結果が示すように，平衡点においては $g_1 \alpha_1 H_1 = g_2 \alpha_2 H_2$ が満たされず，既述の通り，エネルギー配分調節 (2.133) によるスウィッチング捕食は，捕食者 1 個体による単位時間あたり獲得総エネルギー量 $\mathscr{F}$ を最大化するものとはなり得ない．

詳説 式 (2.133) から，

$$\frac{d\theta_1}{dt} = n \left\{ \frac{1}{g_1 \alpha_1 H_1} \frac{d(g_1 \alpha_1 H_1)}{dt} - \frac{1}{g_2 \alpha_2 H_2} \frac{d(g_2 \alpha_2 H_2)}{dt} \right\} (1 - \theta_1) \theta_1$$

$$= n \left[\frac{d}{dt} \left(\log \frac{g_1 \alpha_1 H_1}{g_2 \alpha_2 H_2} \right) \right] (1 - \theta_1) \theta_1$$

であることが導かれるので，餌個体群からの獲得エネルギー率の差に応じた式 (2.128) によるエネルギー配分調節と異なり，式 (2.133) では，餌個体群からの獲得エネルギー率の対数変化速度の差に応じたエネルギー配分率の調節が数理モデリングされていると解釈することもできる．この解釈に基づくならば，エネルギー配分調節 (2.133) は，餌個体群からの獲得エネルギー率 $g_1 \alpha_1 H_1$ と $g_2 \alpha_2 H_2$ が等しくなる最適なエネルギー配分を目標とする観点からは適応的とはいえないが，式 (2.128) によるエネルギー配分率自体は，獲得エネルギー率のより大きな餌個体群に偏ったエネルギーを配分するので，ランダムなエネルギー配分に比べると，捕食者 1 個体による単位時間あたり獲得総エネルギー量 $\mathscr{F}$ を大きくするという意味では適応性があるともいえる．

2.7 スウィッチング捕食

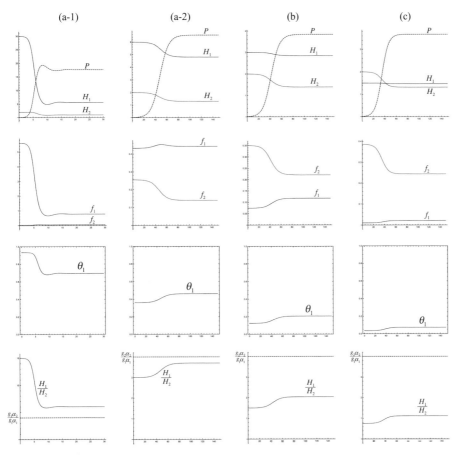

図 2.23 エネルギー配分調節 (2.133) による場合の独立 2 餌–1 捕食者系 (2.124) の個体群サイズ等の時間変動の数値計算。$n = 2$ 以外のパラメータ値は，図 2.19，2.20 の数値計算と共通であり，系 (2.25) についての図 2.8 の数値計算に対応するパラメータ設定となっている。各餌種に対する機能的応答関数 f_1 と f_2 の時間変動も併記。

円盤方程式＋スウィッチング捕食

次に，捕食者の機能的応答関数が Holling の円盤方程式[*63]に従う場合のスウィッチング捕食について考える。すなわち，前節まで式 (2.121) で与えられていた機能的応答関数を次の関数で置き換える：

$$f_i = \frac{\alpha_i e_i H_i}{1 + h_1 \alpha_1 e_1 H_1 + h_2 \alpha_2 e_2 H_2} \tag{2.135}$$

[*63]【基礎編】6.5 節

ここで，$e_i = \theta_i E$ であり，h_i は餌種 i の個体あたりの捕食・摂食にかかる処理時間である $(i = 1, 2)$。すると，この式 (2.135) により，$\theta_1 + \theta_2 = 1$ に注意すると，

$$\frac{\partial \mathscr{F}}{\partial \theta_1} = \frac{\partial (g_1 f_1 + g_2 f_2)}{\partial \theta_1} = \frac{(1 + h_1 \alpha_1 E H_1)(1 + h_2 \alpha_2 E H_2)}{(1 + h_1 \alpha_1 \theta_1 E H_1 + h_2 \alpha_2 \theta_2 E H_2)^2} \{\phi_1(H_1) - \phi_2(H_2)\}$$

が得られる。ここで，

$$\phi_i = \phi_i(H_i) = \frac{g_i \alpha_i E H_i}{1 + h_i \alpha_i E H_i} \quad (i = 1, 2)$$

である。したがって，前出と同様の議論により，捕食者の機能的応答関数が円盤方程式 (2.135) で与えられる場合のエネルギー配分調節では，$\phi_1 > \phi_2$ である限り，θ_1 を増加 (θ_2 を減少) させるのが単位時間あたりの獲得総エネルギー量 $\mathscr{F}$ を増加させるという意味で適応的であり，逆の不等式 $\phi_1 < \phi_2$ が成り立つときには，θ_1 を減少 (θ_2 を増加) させるのが適応的である。ϕ_i は餌種 i のみを捕食の対象として利用する場合 ($\theta_i = 1; \theta_j = 0; i, j = 1, 2; i \neq j$) において期待される捕食者1個体による単位時間あたりの獲得総エネルギー量を定義している。よって，餌1種のみを利用した場合に期待される単位時間あたりの獲得総エネルギー量が大きい餌種の方へのエネルギー配分を大きくする調節が適応的である。この結果は，前節までの捕食者の機能的応答関数 $f_i = \alpha_i e_i H_i$ についての式 (2.123) による議論 (p. 97) の結果と同じである。

エネルギー配分率 θ_1 が1より小さな正の定数である場合には，機能的応答関数 (2.135) による系 (2.124) は，2.6節で議論した系 (2.89) において $P_{\langle 1 \rangle} \equiv 0$ の場合と数学的に同等であり，餌2種が見かけの競争関係にある Rosenzweig–MacArthur モデルの拡張版に対応する。$\theta_1 = 1$ もしくは $\theta_1 = 0$ の場合には，餌1種と捕食者1種についての Rosenzweig–MacArthur モデルである。

たとえば，前出の機能的応答関数に関して検討したエネルギー配分調節 (2.128) と同様の数理モデリングとして，エネルギー配分調節

$$\frac{d\theta_1}{dt} = c \{\phi_1(H_1) - \phi_2(H_2)\} (1 - \theta_1) \theta_1 \tag{2.136}$$

による次の独立2餌–1捕食者系を考えることができるだろう：

$$\begin{cases} \dfrac{dH_1}{dt} = (r_1 - \beta_1 H_1) H_1 - f_1 P \\ \dfrac{dH_2}{dt} = (r_2 - \beta_2 H_2) H_2 - f_2 P \\ \dfrac{dP}{dt} = -\delta P + \kappa (g_1 f_1 + g_2 f_2) P \end{cases} \tag{2.137}$$

ここで，f_i $(i = 1, 2)$ は式 (2.135) によって与えられる：

$$f_1 := \frac{\alpha_1 \theta_1 E H_1}{1 + h_1 \alpha_1 \theta_1 E H_1 + h_2 \alpha_2 \theta_2 E H_2}; \quad f_2 := \frac{\alpha_2 \theta_2 E H_2}{1 + h_1 \alpha_1 \theta_1 E H_1 + h_2 \alpha_2 \theta_2 E H_2}$$

2.7 スウィッチング捕食

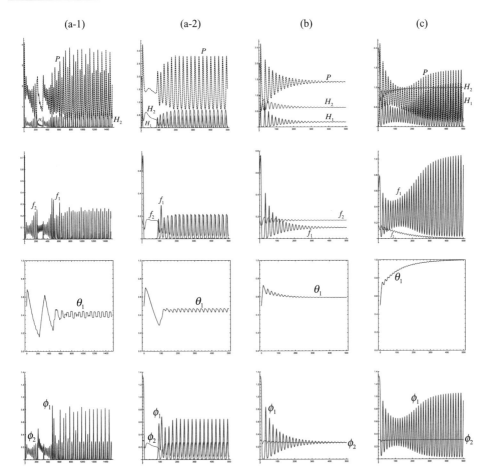

図 2.24 エネルギー配分調節 (2.136) による独立 2 餌–1 捕食者系 (2.137) の個体群サイズ等の時間変動の数値計算。$r_1 = r_2 = 1.0$；$\beta_1 = 0.5$；$\beta_2 = 1.0$；$h_1 = 0.5$；$h_2 = 2.4$；$g_1 = 1.0$；$g_2 = 1.2$；$\alpha_1 = 2.0$；$\alpha_2 = 1.2$；$E = 1.0$；$\kappa = 1.0$；$(H_1(0), H_2(0)) = (r_1/\beta_1, r_2/\beta_2)$；$(P(0), \theta_1(0)) = (0.01, 0.5)$。(a-1) $\delta = 0.1$；(a-2) $\delta = 0.2$；(b) $\delta = 0.3$；(c) $\delta = 0.4$。c, $P(0)$, $\theta_1(0)$ 以外のパラメータ値は，系 (2.89) についての図 2.14 の数値計算（p. 84）に対応するパラメータ設定。

ただし，$\theta_1 + \theta_2 = 1$ である。$h_1 = h_2 = 0$ のとき，エネルギー配分調節 (2.136) による独立 2 餌–1 捕食者系 (2.137) は，エネルギー配分調節 (2.128) による独立 2 餌–1 捕食者系 (2.124) に一致する。

注記 エネルギー配分調節 (2.136) による独立 2 餌–1 捕食者系 (2.137) は，餌 2 種が見かけの競争関係にある Rosenzweig–MacArthur モデル拡張版に捕食者のスウィッチング捕食が組み込まれたものになっており，著者らの知る限り，これまで，数学的解析は行われたことがな

いようである.明らかに容易ではなく,本書では,この系の数値計算例を図2.24に示すにとどめ,その数学的性質の分析には立ち入らない.

エネルギー配分調節 (2.136) による独立2餌–1捕食者系 (2.137) の数値計算による図2.24 (a-2) が示すように,この系では,スウィッチング捕食によって餌2種を利用する捕食者1種から成る3種共存周期解も現れる.エネルギー配分も周期変動に至っている.また,エネルギー配分調節 (2.136) により獲得エネルギー総量 $\mathscr{F}$ を最大化する $\phi_1 = \phi_2$ に漸近する数値計算結果として図2.24(b) が得られる.すなわち,エネルギー配分調節 (2.136) によるスウィッチング捕食は,獲得エネルギー総量 $\mathscr{F}$ が最大となる個体群ダイナミクスの状態を実現しうる.

一方,図2.24(c) が示すように,スウィッチング捕食の果てに,捕食者が餌2種のうち1種のみを利用する単食性の振る舞いに至り,結局,餌1種と捕食者1種についてのRosenzweig–MacArthur モデルの周期解が現れる場合もある.また,数学的な精査が必要であるが,図2.24(a-1) の数値計算結果はカオス解が現れる可能性を示しているかもしれない.

> **注記** Holling の円盤方程式を捕食者の機能的応答関数とする Rosenzweig–MacArthur モデルは,処理時間 h_i ($i=1,2$) を 0 にすると,Lotka–Volterra 餌–捕食者系モデルに帰着される.しばしば触れてきたように,Lotka–Volterra 餌–捕食者系モデルでは現れない漸近安定な周期解が Rosenzweig–MacArthur モデルでは現れる[*64].よって,数理モデリングからの解釈により,捕食過程における処理時間の存在が状態の周期変動特性の起因になっていることがわかる.また,2.3節の独立2餌–1捕食者系 (2.25) では周期解は現れないが,系 (2.89) についての 2.6 節の議論で明らかになったように,Holling の円盤方程式による処理時間が導入されると,漸近安定な周期解が現れ得る(図2.24).これらのことから,捕食者による処理時間を導入する数理モデリングとして Holling の円盤方程式が組み込まれた数理モデルには周期解が現れやすいと考えられるだろう.

本章では,捕食関係に基づく基本的な数理モデルの解析の議論をみてきた.前半では,個体群ダイナミクスの帰結として餌–捕食者系が存続する条件,存続する系の特性に着目した.後半では,捕食者の餌種の利用の仕方についての

- どの餌種を利用するか
- 利用するとしたらどの程度利用するか

という 2 つの観点に注目した数理モデルの解析結果について考えた.後半の議論では,捕食者の餌選択と採餌の戦略に着目しており,餌–捕食者系の存続の可否はその結果として定まるものであった.生態学における利己的遺伝子 (selfish gene) の考え方に従い,捕

[*64] 【基礎編】6.5 節

2.7 スウィッチング捕食

食者の形質は獲得できるエネルギー総量を最大化する方向に進化したとして，その最適な形質がどのようなものであるかについて理論的な検討をすることが後半の観点であったから，理論的に最適な形質としての餌選択や採餌様式を獲得した捕食者であっても，個体群ダイナミクスの結果として捕食者個体群の絶滅が起こる可能性が否定できない結果も導かれたことにも注目すべきであろう．自然淘汰は，個体の適応度だけで決まるものではなく，個体群ダイナミクスの帰結として現れるものである．

詳説 捕食者の採餌戦略として，「どの餌場を利用するか」「利用するとしたらどの程度利用するか」という観点もある．この観点からの捕食者の適応的行動についての数理モデル研究に用いられる典型的な理論の1つとして，**動的計画法**（dynamic programming）によるものを挙げることができる[*65]．動物行動に対する動的計画法を応用した数理モデリングは，Mangel と Clark が 1988 年に書いた本 [67] によってその応用手法が整備され，その後，様々な動物行動の適応性に関する考察について，その数理モデリング，数理モデル解析が応用されてきた．2.6 節で触れたように，理論・数理生物学においては，動物行動の最適性は，しばしば，ゲーム理論の枠組みで考察される[*66]が，動的計画法による数理モデリング，数理モデル解析の枠組みも有効な方針の1つである．もちろん，動物行動の最適性の研究におけるこれら2つのアプローチは，完全に異なるものでも，独立なものでもなく，これらを結びつけた理論・数理生物学の研究も発展している [9, 35, 76]．

動的計画法を用いた数理モデリングの特徴の1つは，幾度か繰り返される行動の連鎖を扱うところにある．そして，「今」の行動の最適化を図る上で，「将来」期待される利得を問題にする．それは，たとえば，現在の持ち金からいくらかをギャンブルに投資する場合，その投資額をどう決めるかについて，それから後のギャンブルから期待される利得が現在の投資額によってどのように変わりうるかを考慮することに相当する[*67]．動物行動については，たとえば，繁殖に関する時間的スケジュールや（仔数などの）量的スケジュールの適応性がこの観点から理論的に議論されることを推察することは難しくないだろう．

[*65] たとえば，日本数理生物学会（編）[90] を参照．
[*66] たとえば，巌佐 [46, 48]，酒井ら [104, 105]，山内 [133] を参照．
[*67] たとえば，岩本 [44] を参照．

第 3 章

構造をもつ個体群の数理モデル

生物個体群を成す個体間のある特性の違いに着目し，それが個体群ダイナミクスにどのような影響を及ぼすかを議論する場合，あるいは，そのような特性の違い自体について議論する場合，合理的な数理モデリングや数理モデル解析には，特別な数学的構造や取り扱いが必要となる．本章では，そのような発展的な数理モデリング，数理モデル解析のための基礎概念について解説する．

3.1 個体群内の構造と状態変数

生物個体群内の構造としては，**社会的構造**（social structure），**生理的構造**（physiological structure），**生態的構造**（ecological structure）がある．個体群内の構造によって特徴付けられた個体群のことを **structured population** と呼ぶ．社会的構造は，個体群内の個体の**社会性行動**（social behaviour）に基づくもので，**血縁選択**（kin selection），**性選択**（sexual selection），**進化的適応戦略**（evolutionarily optimal strategy）といった観点から個体群内の個体間の関係を表す[*1]．一方，生理的構造は，個体の**生理的状態**（physiological state）による個体群の構造を表す．生理的構造を定める基準としては，性，齢，体長や身体の一部の長さ，体重，色などが考えられる．また，第 4, 5 章で扱う感染症の伝染ダイナミクスにおいては，感染症への感染，および，感染後の個体の生理的状態による構造をもつ個体群を考えている．そのような生理的構造は，上記の社会的構造にも密接に関わっているだろう．生態的構造とは，個体群内の個体間の相互作用によって形成される生態学的な構造であり，たとえば，個体が成す群れのような部分集団の集まりとして個体群が形成されているような場合である．そのような群れ形成は，社会性行動が要因であることもあれば，環境要因による場合もあるだろう．

生理的構造を定める基準となる要素として，定量的なもの，すなわち，何らかの数値化が可能である場合を考えよう．ある基準要素に関して，ある個体が値 x をもつ場合，この

[*1] 入門的な参考書としては，たとえば，伊藤 [43] がある．

個体のもつ**状態変数** (state variable) は x である,と表現できる。このとき,個体群内の各個体は,それぞれのもつ状態変数の値によって差別化でき,それを個体群における生理的構造と呼ぶ。

たとえば,基準要素として齢を考えた場合,各個体がそれぞれの齢 (x が齢) をもつがゆえに,その個体群内の齢分布によって生理的構造が定義される。個体群内の齢分布によって構造を特徴付けられた個体群のことを **age-structured population**,あるいは,**age-classified population** と呼ぶ。また,より一般には,齢など生理的な要素を基準とする状態変数によって構造を特徴付けられた個体群のことを **physiologically structured population**(生理的構造をもつ個体群)と呼ぶ。

一方,状態変数の離散的分布によって構造を特徴付けられた個体群を **stage-structured population**(段階構造をもつ個体群),あるいは,**stage-classified population**(段階によって分類された個体群)と呼ぶ。齢を離散値として個体群内の齢分布が定義された age-structured population は stage-structured population の一例である[*2]。感染症の伝染ダイナミクスを扱う際に,未感染者,潜伏期,発症期,免疫獲得者といった分類を考える場合,生理的な段階構造をもつ個体群を扱っていることになる。

3.2 構造をもつ個体群の離散世代ダイナミクス

本節では,状態変数の遷移が離散世代ダイナミクスに従う数理モデルについて考える。特に,状態変数のとりうる値が離散的な有限個であり,状態変数の分布が離散的である場合,個体群内の状態分布の変動ダイナミクスは行列を用いて表現できる。

今,状態変数が m 個の異なる値のいずれかで与えられるとする。そして,$n_{i,k}$ を,第 k 世代において,状態変数の i 番目の値[*3]をとっている個体から成る部分個体群のサイズを表すとしよう。すると,第 k 世代における状態変数の分布は,次の m 次元ベクトル $\boldsymbol{n}_k$ によって表される:

$$\boldsymbol{n}_k \equiv \begin{pmatrix} n_{1,k} \\ n_{2,k} \\ \vdots \\ n_{m,k} \end{pmatrix}$$

このとき,個体群内の状態分布の世代変動ダイナミクスを次の数理的表現で与えることが

[*2] 齢を連続変数とした齢分布により定義された age-structured population は,一般に,stage-structured population ではない。

[*3] 状態変数の「値」に大小関係がつけられる場合には,たとえば,小さい順に i 番目。大小関係がつけられない場合(たとえば,感染症の伝染ダイナミクスを扱う場合の,未感染者,潜伏期,発症期,免疫獲得者といった状態分類)には,何らかの合理的な順序付けによる i 番目。

3.2 構造をもつ個体群の離散世代ダイナミクス

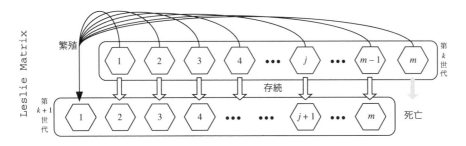

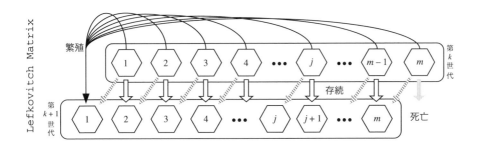

図 3.1 行列モデルによる構造の状態遷移。Leslie 行列モデルと Lefkovitch 行列モデルの場合。

できる：

$$n_{k+1} = A_k n_k \tag{3.1}$$

ここで，A_k は $m \times m$ 行列であり，一般に，その要素は，同世代における密度効果を反映して，状態分布 n_k に依存している：$A_k = A_k(n_k)$．しばしば，この行列 $A_k(n_k)$ を，考えている個体群ダイナミクスにおける構造の世代変化を定める**推移行列** (transition matrix) と呼ぶ．遷移行列と呼ぶことも，射影行列 (projection matrix) と呼ぶこともある．より一般的には，行列 A_k の要素は，第 k 世代以前の過去における状態分布 $n_k, n_{k-1}, n_{k-2}, \ldots$ に依存している：$A_k = A_k(n_k, n_{k-1}, n_{k-2}, \ldots)$．このような行列を用いた数理的表現をもつ数理モデルを**行列モデル** (matrix model) と呼ぶ．

注記 推移行列は定数行列とは限らないので，行列モデルは，決して，状態遷移のダイナミクスを表す数式表現が線形性をもつことを意味するわけではない．しかし，最も狭い意味として，行列モデルが定数行列を推移行列とする線形の数式によるダイナミクスを指すこともある．

Leslie 行列モデル

個体群内の構造を特徴付ける状態変数として，齢を採用する場合，すなわち，age-structured（または，age-classified）population を考える場合で，特に，世代数だけ齢が

加算される場合，つまり，出生後に経た世代数で齢を換算できる場合には，推移行列 A_k は，一般的に次の数理的構造をもつ（図 3.1 参照）:

$$A_k \equiv \begin{pmatrix} b_1 & b_2 & b_3 & b_4 & b_5 & \cdots & b_m \\ a_1 & 0 & 0 & 0 & 0 & \cdots & 0 \\ 0 & a_2 & 0 & 0 & 0 & \cdots & 0 \\ \vdots & \ddots & \ddots & \ddots & \vdots & & \vdots \\ 0 & \cdots & 0 & a_j & 0 & \cdots & 0 \\ \vdots & & \vdots & \ddots & \ddots & \ddots & \vdots \\ 0 & 0 & 0 & \cdots & 0 & a_{m-1} & 0 \end{pmatrix} \quad (3.2)$$

推移行列の第 1 行の要素と $(j, j-1)$ 要素 $(j = 2, 3, \ldots, m)$ 以外は，0 となっている。式 (3.2) で与えられる推移行列を **Leslie 行列** と呼んでいる。これは，式 (3.2) で与えられる推移行列を用いた個体群構造のダイナミクスに関する数理的研究を行った Patrick Holt Leslie（1900–1972）による 1945 年，1948 年の研究 [65,66] にちなんだ呼び方である。

Leslie 行列モデルでは，状態変数は「齢」であり，1 世代の経過で齢が 1 増加する。そして，状態分布 $\boldsymbol{n}_k$ の各要素 $n_{l,k}$ は，第 k 世代において齢 l をもつ部分個体群のサイズを表す。

閉じた個体群（closed population）[*4]を考える場合，$(j+1, j)$ 要素 $(j = 1, 2, \ldots, m-1)$ の a_j が表すのは，各世代において齢が j である部分個体群のうち，次世代にまで生き残り，齢が $j+1$ になる部分個体群の割合を表す。言い換えれば，$1 - a_j$ は，各世代において齢 j の個体から成る部分個体群について，次世代までの単位世代間で死滅する割合を意味する。したがって，$0 \leq a_j \leq 1 \quad (j = 1, 2, \ldots, m-1)$ でなければならない。もちろん，開いた個体群（open population）を考え，個体群外からの移入もある数理モデルについては，この条件は必ずしも適用できない（後出の演習問題 20 を参照）。

一方，第 1 行の要素 $b_i \quad (i = 1, 2, \ldots, m)$ は，各齢の部分個体群からの繁殖による個体群更新を表している。第 1 行第 i 列の要素 b_i が表すのは，各世代において，齢が i である部分個体群の単位個体群サイズあたりの繁殖率（産仔数や発芽種子数など）である。よって，第 1 行の要素は，非負でなければならない。もしも，ある齢 $J \, (< m)$ より後の（成熟した）個体のみ繁殖可能であるという仮定をさらに課すならば，Leslie 行列 (3.2) において，$b_1 = b_2 = \cdots = b_J = 0$ である。

Lefkovitch 行列モデル

状態変数として採用する個体群の離散世代ダイナミクスに関する基準要素として，齢に 1 対 1 には対応しないが，世代経過に伴って単調非減少な変化をもつ要素を考える場合がある。たとえば，植物個体群について，生育段階（growth stage）としての，種子，未成

[*4]【基礎編】1.3 節

3.2 構造をもつ個体群の離散世代ダイナミクス

熟個体，成熟個体などといった段階分類（stage classification）を採用する場合がある。また，感染症の伝染ダイナミクスについて，個体の状態遷移が，未感染状態，潜伏期，発症期，免疫獲得状態の4つの場合を順次経る場合も類例の1つである。このような分類による各部分集団は，ある齢幅に対応すると考えることができる場合もある。つまり，前出の Leslie 行列モデルにおける齢構造を粗くグループ分けして捉えるような対応である。しかし，齢構造とは1対1には対応しないので，1世代の経過で必ずしも1段階の状態変数の変化があるとは限らない。また，1世代経過しても，同じ段階にとどまる個体もあり得る（図3.1参照）。

このような場合の基本的な推移行列モデルは，**Lefkovitch 行列**と呼ばれることのある次の推移行列で与えられる [63, 64]：

$$A_k(\bm{n}_k) \equiv \begin{pmatrix} b_1 & b_2 & b_3 & b_4 & b_5 & b_6 & \cdots & b_m \\ a_1 & c_2 & 0 & 0 & 0 & 0 & \cdots & 0 \\ 0 & a_2 & c_3 & 0 & 0 & 0 & \cdots & 0 \\ \vdots & \ddots & \ddots & \ddots & \ddots & \vdots & & \vdots \\ 0 & \cdots & 0 & a_j & c_{j+1} & 0 & \cdots & 0 \\ \vdots & & \vdots & 0 & \ddots & \ddots & \ddots & \vdots \\ \vdots & & \vdots & & \ddots & \ddots & \ddots & 0 \\ 0 & \cdots & 0 & 0 & \cdots & 0 & a_{m-1} & c_m \end{pmatrix} \quad (3.3)$$

閉じた個体群の場合，(j, j) 要素，すなわち，主対角要素 c_j $(j = 2, 3, \ldots, m)$ が表すのは，各世代において段階 j の状態変数をもっていた個体が次世代まで生き残り，かつ，次世代においてもそのまま段階 j の状態変数をとる部分個体群の割合である。したがって，$0 \leq c_j \leq 1$ $(j = 2, 3, \ldots, m)$ でなければならない。閉じた個体群の場合には，Leslie 行列について述べた $(j+1, j)$ 要素 $(j = 1, 2, \ldots, m-1)$ の a_j の意味より，$0 \leq a_j + c_j \leq 1$ $(j = 2, 3, \ldots, m-1)$ が満たされる必要がある。$1 - a_j - c_j$ は，各世代において段階 j の状態変数をもつ個体から成る部分個体群について，次世代までの単位世代間で死滅する割合を意味する。

> **演習問題 20**
>
> 閉じた個体群に対する Lefkovitch 行列 (3.3) による推移行列モデルにおける $1 - c_j$ $(j = 2, 3, \ldots, m)$ の意味を説明せよ。また，個体群内外で個体の移出入が存在する開いた個体群に対する場合には，c_j の定義がどのように変わるか。

詳説 広い意味では，Lefkovitch 行列モデルは，$(1, 1)$ 成分以外の主対角成分に正の要素をもつ推移行列モデルを指しており，上記の式 (3.3) は，Leslie 行列モデルからの自然な拡張として最も単純な形式をもつ Lefkovitch 行列モデルの1つである。

生物個体群のサイズ変動ダイナミクスに関する行列モデルについては，日本数理生物学会（編）[88] や瀬野 [107] にその数理モデリングの入門的内容が，Caswell [6,7] に詳しい議論がある．また，個体群における齢分布構造に対する行列モデルについては，Pielou [96,97] や Charlesworth [8] でも議論されている．植物個体群のサイズ変動ダイナミクスについての行列モデルの適用については，たとえば，日本数理生物学会（編）[88]，Silvertown [110,111] に基礎的な議論がある．また，堀・大原・種生物学会（編）[34] は，行列モデルの入門的総説とフィールド研究の解説の編まれた質の高い入門的専門書である．

3.3 安定状態分布

個体群内の状態変数分布の世代変動ダイナミクスが (3.1) で与えられる場合，形式的に，第 k 世代における状態分布は，初期分布 n_0 による次の式で定まる（$k \geq 1$）：

$$n_k = A_{k-1}A_{k-2}\cdots A_1 A_0 n_0$$

特に，行列 A_k が定数行列 A である場合には，

$$n_k = A^k n_0 \tag{3.4}$$

である．

定数推移行列の場合，ある状態分布 n^* に対してある定数 λ が存在して次の方程式を満たせば，この n^* を**安定状態分布** (stable state distribution) と呼ぶ：

$$A n^* = \lambda n^* \tag{3.5}$$

すなわち，安定状態分布を定義するベクトル n^* は，行列 A の右固有ベクトル (right eigenvector) で与えられ，定数 λ は固有ベクトル n^* に対する固有値である[*5]．この安定状態分布に従う世代変動ダイナミクスでは，各状態変数値をもつ部分個体群のサイズは，世代経過に伴って，状態変数値によらない定数 λ 倍で変化（単調減少もしくは単調増加）する．一方，状態変数の頻度分布は，次のベクトル f_k で与えられる：

$$f_k = \frac{1}{\sum_{i=1}^m n_{i,k}} n_k$$

式 (3.5) より，安定状態分布 n^* に対する状態変数頻度分布 f^* は，世代によらず一定である［演習問題 21］．

演習問題 21

安定状態分布 n^* に対する状態変数頻度分布 f^* が世代によらず一定であることを説明せよ．

[*5] このようなベクトルや行列に関する数学的基礎知識は，大学における線形代数の基礎的内容である．石村 [41]，小寺 [57]，白岩 [109] などの大学教養レベルの線形代数の教科書を参照．

3.3 安定状態分布

今，$m \times m$ 定数推移行列 A が異なる m 個の固有値 λ_i $(i = 1, 2, \ldots, m)$ をもつとし，$|\lambda_1| \leq |\lambda_2| \leq \cdots \leq |\lambda_m|$ とおく[*6]。このとき，固有値 λ_i に対する右固有ベクトルを $\bm{u}_i = {}^t(u_{i,1}, u_{i,2}, \ldots, u_{i,m})$ $(i = 1, 2, \ldots, m)$ と表すことにする：$A\bm{u}_i = \lambda_i \bm{u}_i$。$m$ 個の固有ベクトル $\{\bm{u}_i\}$ は一次独立であるから，任意の $\bm{n}_0$ に対して，$\bm{n}_0 = c_1 \bm{u}_1 + c_2 \bm{u}_2 + \cdots + c_m \bm{u}_m$ を満たす定数 c_i $(i = 1, 2, \ldots, m)$ を唯一定めることができる。ここで考えている $\bm{n}_0$ については，$c_m \neq 0$ としよう。すると，式 (3.4) から，

$$\bm{n}_k = A^k \bm{n}_0 = A^k \sum_{i=1}^m c_i \bm{u}_i = \sum_{i=1}^m c_i A^k \bm{u}_i = \sum_{i=1}^m c_i \lambda_i^k \bm{u}_i$$
$$= \lambda_m^k \left\{ c_1 \bm{u}_1 \left(\frac{\lambda_1}{\lambda_m}\right)^k + c_2 \bm{u}_2 \left(\frac{\lambda_2}{\lambda_m}\right)^k + \cdots + c_{m-1} \bm{u}_{m-1} \left(\frac{\lambda_{m-1}}{\lambda_m}\right)^k + c_m \bm{u}_m \right\}$$

であり，$i < m$ について $|\lambda_i/\lambda_m| \leq 1$ である。特に，$|\lambda_{m-1}| < |\lambda_m|$ ならば，十分に大きな k に対して，

$$\bm{n}_k \approx \lambda_m^k c_m \bm{u}_m \tag{3.6}$$

となることがわかる。すなわち，十分な世代を経た個体群サイズは，比 λ_m による等比数列的変動に漸近する。よって，$|\lambda_m| < 1$ ならば，個体群は絶滅に向かい，$|\lambda_m| > 1$ ならば，個体群は等比数列的に大きくなってゆく。

さらに，この結果から，頻度分布 $\bm{f}_k$ について，十分な世代を経た個体群では，

$$\bm{f}_k \approx \frac{1}{\sum_{i=1}^m u_{m,i}} \bm{u}_m$$

となり，頻度分布 $\bm{f}_k$ が推移行列 A の絶対値最大の固有値 λ_m に対する右固有ベクトル $\bm{u}_m$ によって定まる次の安定状態頻度分布 $\bm{f}^*$ に漸近する：

$$\bm{f}^* = \frac{1}{\sum_{i=1}^m u_{m,i}} \bm{u}_m$$

注記 ここでは，$c_m \neq 0$ とした場合について述べた。c_m は，初期分布 $\bm{n}_0$ が与えられれば定まるので，数理モデリングとしては，$c_m = 0$ となるような初期分布 $\bm{n}_0$ を特別に考える必要はない。なぜならば，ほんのわずかに初期分布が異なれば，$c_m \neq 0$ となり得るからである。数学的には，$c_m = 0$ となるような初期分布 $\bm{n}_0$ に対しては，$c_i \neq 0$ を満たす固有値 λ_i の中で最も絶対値の大きな固有値とそれに対応する固有ベクトルについて上記と同様の議論が成立するので，$c_m = 0$ となるような初期分布 $\bm{n}_0$ から（数学的に）至る安定状態頻度分布 $\bm{f}^*$ は上記のものとは異なるが，環境の揺らぎを勘案すれば，数理モデルの解析による理論的な考察としては，すべての固有値の中で最も大きなものに対応する固有ベクトルによって定まる上記の安定状態頻度分布を考えることで必要十分である。

[*6] このようにおいたとしても一般性は失わない。

齢構造を考えた推移行列モデルについては，安定状態分布は，特に，**安定齢分布** (stable age distribution) と呼ばれる。非負の定数要素から成る Leslie 行列モデルについての安定齢分布 $\bm{n}^*$ は，以下のように形式的に書き下すことができる[*7]。Leslie 行列 A についての固有方程式 $|A - \lambda E| = 0$ は，λ の m 次方程式に容易に展開できて，

$$\lambda^m - b_1 \lambda^{m-1} - a_1 b_2 \lambda^{m-2} - a_1 a_2 b_3 \lambda^{m-3} - \cdots$$

$$\cdots - \left\{\prod_{j=1}^{m-2} a_j\right\} b_{m-1} \lambda - \left\{\prod_{j=1}^{m-1} a_j\right\} b_m = 0 \quad (3.7)$$

が得られる。Perron–Frobenius（ペロン・フロベニウス）の定理により，非負の定数要素から成る Leslie 行列 A についての固有方程式 (3.7) は，唯一の正の実根 λ_+ をもち，他の根の絶対値は λ_+ 未満であることがわかっている[*8]。よって，前出の議論における絶対値最大の固有値 λ_m が λ_+ であり，かつ，$|\lambda_{m-1}| < \lambda_m$ が満たされる。この λ_+ は，固有方程式の主要根（principal root），または，主固有値（principal eigenvalue），あるいは，優位固有値（dominant eigenvalue）と呼ばれるものである。式 (3.5) により，この正の実根 λ_+ を用いて，安定齢分布 $\bm{n}^*$ は，形式的に，次のように表現できる［演習問題 22］：

$$\bm{n}^* \equiv \begin{pmatrix} n_1^* \\ n_2^* \\ \vdots \\ n_j^* \\ \vdots \\ n_{m-1}^* \\ n_m^* \end{pmatrix} = n_m^* \cdot \begin{pmatrix} \lambda_+^{m-1}/(a_1 a_2 \cdots a_{m-1}) \\ \lambda_+^{m-2}/(a_2 a_3 \cdots a_{m-1}) \\ \vdots \\ \lambda_+^{m-j}/(a_j a_{j+1} \cdots a_{m-1}) \\ \vdots \\ \lambda_+/a_{m-1} \\ 1 \end{pmatrix} \quad (3.8)$$

見かけ上，パラメータ b_j $(j = 1, 2, \ldots, m)$ が現れていないことに注意。既述の通り，安定齢分布 $\bm{n}^*$ にある個体群は，個体群サイズが毎年 λ_+ 倍になる。

演習問題 22

定数要素の Leslie 行列モデルに対する安定齢分布 $\bm{n}^*$ の満たす式 (3.8) を導け。

3.4 繁殖価

次に，安定状態分布における**繁殖価** (reproductive value) について考える。繁殖価とは，ある齢の個体の価値を，その齢以後の生涯に産む子が将来の個体群の大きさに寄与す

[*7] たとえば，伊藤・山村・嶋田 [42] や嶋田ほか [108, 4-7 節] を参照。
[*8] たとえば，Pielou [96, 97] を参照。

3.4 繁殖価

る度合で表した指標として定義される。

　Leslie 行列モデルに従う安定齢分布 $\boldsymbol{n}^*$ の状態にある閉じた個体群において，ある世代（年）において齢 j の個体の繁殖価を v_j で表すと，この個体は，翌世代には齢 $j+1$ となり，翌世代での繁殖価は v_{j+1} である。齢 j の個体が翌世代まで生き残り，翌世代の繁殖に寄与できる確率が a_j であることを勘案すれば，翌世代まで生き残れなかった場合（確率 $1-a_j$）には，翌世代以降の将来の個体群の大きさに寄与することはできないので，繁殖価は 0 であるが，生き残れた場合（確率 a_j）には，翌世代の繁殖価 v_{j+1} をもつことになる。ただし，安定齢分布の状態にある個体群において，個体群サイズは，1 年間で λ_+ 倍になるので，同じ個体における繁殖価 v_j に対する翌世代の繁殖価 v_{j+1} の寄与は前年の $1/\lambda_+$ になる（個体群が大きくなると，個体あたりの繁殖の「価値」が下がる）と考える。また，考えている個体が齢 j で産んだ子 b_j 個体が翌世代にもつ繁殖価の合計 $b_j v_1$ も繁殖価 v_j に対する寄与として扱う。最終齢 m では，翌年までは生残できないので，最終齢 m で産んだ子からの寄与しかない。

　以上により，

$$\begin{aligned} v_j &= b_j \frac{v_1}{\lambda_+} + \left\{ a_j \frac{v_{j+1}}{\lambda_+} + (1-a_j)\cdot 0 \right\} \quad (1 \leq j < m) \\ v_m &= b_m \frac{v_1}{\lambda_+} \end{aligned} \tag{3.9}$$

が成り立ち，書き直せば，

$$\begin{aligned} b_j v_1 + a_j v_{j+1} &= \lambda_+ v_j \quad (1 \leq j < m) \\ b_m v_1 &= \lambda_+ v_m \end{aligned}$$

となる。これをベクトルと行列で表示すれば，

$$\begin{pmatrix} b_1 & a_1 & 0 & 0 & 0 & \cdots & 0 \\ b_2 & 0 & a_2 & 0 & 0 & \cdots & 0 \\ \vdots & \vdots & \ddots & \ddots & & & \vdots \\ b_j & 0 & \cdots & 0 & a_j & \cdots & 0 \\ \vdots & \vdots & & & \ddots & \ddots & \\ b_{m-1} & 0 & 0 & \cdots & 0 & 0 & a_{m-1} \\ b_m & 0 & 0 & \cdots & 0 & 0 & 0 \end{pmatrix} \begin{pmatrix} v_1 \\ v_2 \\ \vdots \\ v_j \\ \vdots \\ v_{m-1} \\ v_m \end{pmatrix} = \lambda_+ \begin{pmatrix} v_1 \\ v_2 \\ \vdots \\ v_j \\ \vdots \\ v_{m-1} \\ v_m \end{pmatrix}$$

となる。この表式中の $m \times m$ 行列は，式 (3.2) で与えられる定数要素の Leslie 行列 A の転置行列 ${}^tA$ になっているので，繁殖価を与える m 次元縦ベクトルを $\boldsymbol{v}$ と表せば，ベクトルと行列についての転置の性質 ${}^t({}^tA\boldsymbol{v}) = {}^t\boldsymbol{v}A$ を用いて，この表式を

$${}^t\boldsymbol{v}A = \lambda_+ {}^t\boldsymbol{v} \tag{3.10}$$

と書き直すことができる。${}^t\boldsymbol{v}$ は，ベクトル $\boldsymbol{v}$ の転置によって得られる m 次元横ベクトル $(v_1, v_2, \ldots, v_m)$ である。式 (3.10) は，ベクトル $\boldsymbol{v}$ が行列 A の優位固有値 λ_+ に対する左

固有ベクトル (left eigenvector) であることを意味している．固有ベクトルには定数倍の任意性があるので，しばしば，繁殖価は，誕生時の繁殖価を 1，すなわち，$v_1 = 1$ として，他の繁殖価を相対値として表す．Leslie 行列モデルの場合，関係式 (3.9) を用いれば，容易に次の表式を得ることができる：

$$\frac{v_j}{v_1} = \frac{\lambda_+^{j-1}}{\prod_{i=1}^{j-1} a_i} \sum_{k=j}^{m} \frac{\left(\prod_{i=1}^{k-1} a_i\right) b_k}{\lambda_+^k} \quad (2 \leq j \leq m) \tag{3.11}$$

詳説 Leslie 行列モデルの場合とは異なり，非負の実数値として定義される連続な齢 x による構造を考える場合の齢 x の個体の繁殖価 V_x は，齢 t における平均生存率を l_t，平均産仔率を m_t，瞬間自然増加率を r とするとき，R.A. Fisher (1930) [17] によって，

$$\frac{V_x}{V_0} = \frac{e^{rx}}{l_x} \int_x^{\infty} e^{-rt} l_t m_t \, dt$$

で与えられた．V_0 は出生時の繁殖価であり，通常，各齢の繁殖価は V_0 に対する相対値として評価される．この定義により，繁殖価は，繁殖可能齢を過ぎた個体では 0 である．増大している個体群では，現在の子の方が将来の子よりも価値が高く，減衰している個体群では逆になる．Leslie 行列モデルに関して得られた繁殖価分布の表式 (3.11) との対応は明白である．

3.5 感度分析

行列モデルにおける推移行列に関する固有値，固有ベクトルを用いて，行列モデルの**感度分析**あるいは**感受性分析** (sensitivity analysis) が可能である．これは，推移行列の要素の値の変化が個体群サイズの世代変動の特性に及ぼす影響の強さを分析する解析である[*9]．

ここでも，定数要素の推移行列 A について考える．再び，異なる m 個の固有値 λ_i ($i = 1, 2, \ldots, m$) をもつものとし，λ_i に対する右固有ベクトルを $\boldsymbol{u}_i$，左固有ベクトルを $\boldsymbol{v}_i$ と表す：$A\boldsymbol{u}_i = \lambda_i \boldsymbol{u}_i$, $\boldsymbol{v}_i^* A = \lambda_i \boldsymbol{v}_i^*$．ここでは，数学的な定義として，左固有ベクトルが満たす式では，$\boldsymbol{v}_i$ の複素共役転置ベクトル $\boldsymbol{v}_i^* := {}^t\overline{\boldsymbol{v}}_i$ が現れていることに注意されたい．

一般に，固有値 λ_i，および，右固有ベクトル $\boldsymbol{u}_i$，左固有ベクトル $\boldsymbol{v}_i$ の各要素は，推移行列の要素 a_{ij} ($i, j = 1, 2, \ldots, m$) の関数として扱うことができる．すなわち，推移行列の要素が変われば，固有値や固有ベクトルが変化する．よって，式 $A\boldsymbol{u}_i = \lambda_i \boldsymbol{u}_i$ に微分 (differential) の考え方を使えば，積の微分公式により，微分の関係式

$$(dA)\boldsymbol{u}_i + A\, d\boldsymbol{u}_i = (d\lambda_i)\boldsymbol{u}_i + \lambda_i d\boldsymbol{u}_i$$

[*9] たとえば，日本数理生物学会（編）[88]，Caswell [6, 7] や Silvertown [110, 111] を参照．

3.5 感度分析

が導かれる。ここで，dA は，行列 A の各要素の微分 da_{ij} を要素とする $m \times m$ 行列であり，$d\bm{u}_i$ は，ベクトル $\bm{u}_i$ の各要素の微分 $du_{i,j}$（$j = 1, 2, \ldots, m$）から成る縦ベクトルを表す。この関係式の両辺に，左からベクトル $\bm{v}_i^*$ をかけると，

$$\bm{v}_i^*(dA)\bm{u}_i + \bm{v}_i^* A \, d\bm{u}_i = (d\lambda_i)\bm{v}_i^*\bm{u}_i + \lambda_i \bm{v}_i^* d\bm{u}_i$$

であるが，左固有ベクトルの満たす式 $\bm{v}_i^* A = \lambda_i \bm{v}_i^*$ により，両辺第 2 項が等しいことから，関係式

$$d\lambda_i = \frac{\bm{v}_i^*(dA)\bm{u}_i}{\bm{v}_i^*\bm{u}_i} \tag{3.12}$$

が導かれる。ここで，右辺分母の $\bm{v}_i^*\bm{u}_i$ は，ベクトルではなく，スカラー［内積］であることに注意。なお，m 個の固有値がすべて異なる場合には，$\bm{v}_i^*\bm{u}_i$ は 0 とならない［演習問題 23］。

演習問題 23

m 次定数推移行列 A の m 個の固有値がすべて異なるとき，固有値 λ_i に対する右固有ベクトル $\bm{u}_i$ と左固有ベクトル $\bm{v}_i$ の内積 $\bm{v}_i^*\bm{u}_i$ が 0 にならないことを説明せよ。

詳説　上記の説明では，数学の「微分」を用いたが，本質的に，次の議論と同等である：今，推移行列の各要素 a_{ij} が，微少量 δa_{ij} だけずれるとする。すなわち，a_{ij} が $a_{ij} + \delta a_{ij}$ に置き換わるものとする。すると，この「ずれ」により，固有値や固有ベクトルもずれるので，λ_i が $\lambda_i + \delta \lambda_i$，$\bm{u}_i$ が $\bm{u}_i + \delta \bm{u}_i$ に置き換わるとする。すなわち，

$$(A + \delta A)(\bm{u}_i + \delta \bm{u}_i) = (\lambda_i + \delta \lambda_i)(\bm{u}_i + \delta \bm{u}_i)$$

が成り立つ。ただし，δA は，δa_{ij} を要素とする $m \times m$ 行列である。両辺を展開し，それぞれの「ずれ」が十分に微小であるとして，「ずれ」の 2 次以上の項を無視すると，

$$(\delta A)\bm{u}_i + A\delta \bm{u}_i \approx (\delta \lambda_i)\bm{u}_i + \lambda_i \delta \bm{u}_i$$

が得られるので，この式を元に議論を進めれば，上記と同様の結果が得られる。

さて，特に，行列 A の (k, l) 要素 a_{kl} のみへの依存性について考えてみる。すなわち，(k, l) 要素 a_{kl} 以外の行列 A の要素は固定して考える。すると，行列 dA の要素については，(k, l) 要素 da_{kl} のみ 0 でなく，他の要素はすべて 0 である。このとき，式 (3.12) は，

$$d\lambda_i = \frac{\overline{v}_{i,k}(da_{kl})u_{i,l}}{\bm{v}_i^*\bm{u}_i}$$

となるので，両辺を da_{kl} で割れば，次の関係式を導出できる：

$$\frac{\partial \lambda_i}{\partial a_{kl}} = \frac{\overline{v}_{i,k}u_{i,l}}{\bm{v}_i^*\bm{u}_i} \tag{3.13}$$

この結果により，行列 A の固有値 λ_i の (k, l) 要素 a_{kl} への依存性は，固有値 λ_i の左固有ベクトルの第 k 要素と右固有ベクトルの第 l 要素の積に比例する**感度**または**感受性** (sensitivity) をもつと考えることができる．式 (3.13) の右辺の分母は k と l に無関係なので，固有値 λ_i が行列 A の (k, l) 要素にどの程度強い依存性をもつかは，固有値 λ_i の左固有ベクトルの第 k 要素と右固有ベクトルの第 l 要素の積の大きさのみで定まる．式 (3.13) を (k, l) 要素 $(k, l = 1, 2, \ldots, m)$ とする $m \times m$ 行列 S_i を固有値 λ_i に関する**感度行列**または**感受性行列** (sensitivity matrix) と呼ぶ．式 (3.13) から，形式的に，感度行列 S_i は次式によって定義できる：

$$S_i := \frac{{}^t(\boldsymbol{u}_i \boldsymbol{v}_i^*)}{\boldsymbol{v}_i^* \boldsymbol{u}_i}$$

詳説 この感度分析により，固有値それぞれに関して，行列 A の各要素に対する依存性を相対的に比較することはできるが，各固有値の行列 A の要素それぞれに対する依存性を比較することは無理である．そこで，それを相対的に比較できるように考えられたのが，次の**弾力性** (elasticity) である：

$$e_{i,kl} := \frac{a_{kl}}{\lambda_i} \frac{\partial \lambda_i}{\partial a_{kl}} = \frac{\partial (\log \lambda_i)}{\partial (\log a_{kl})}$$

この弾力性の定義は，a_{kl} の相対的変化 $\delta a_{kl}/a_{kl}$ あたりの λ_i の相対的変化 $\delta \lambda_i / \lambda_i$ を意味しており，$\sum_{k,l=1}^{m} e_{i,kl} = 1$ が満たされる [演習問題 24]．すなわち，弾力性 $e_{i,kl}$ は，固有値 λ_i に対する行列 A の要素 a_{kl} の相対的寄与の指標になっている．誤解を生みやすいので，論理的に明解な取り扱いが必要である [7, 9.2 節]．

演習問題 24

$\sum_{k,l=1}^{m} e_{i,kl} = 1$ が成り立つことを証明せよ．

3.6 連続状態変数による個体群ダイナミクス

本節では，各個体の状態変数 x が時間の連続関数である場合について考える．各個体の状態変数 x は，時間の経過に伴って連続的に変化するものとする．たとえば，一般的には，齢を連続的な状態変数として，時間と同じ速度で増加するものと捉えることができる[*10]．

[*10] ただし，個体の状態を段階付ける数値を「齢」として扱う場合もあり，その場合には，時間とは異なる速度で増加する，あるいは，必ずしも増加しない（減少すること，すなわち，「若返り」もあり得る）性質を

3.6 連続状態変数による個体群ダイナミクス

状態変数の分布関数

時刻 t における個体の状態変数 $x = x(t)$ の時間変動が次の微分方程式に支配されているものとする:

$$\frac{dx(t)}{dt} = g(x,t) \tag{3.14}$$

ここで，関数 $g(x,t)$ は，状態変数 x と時間 t について十分になめらかな関数であるとし，状態 x の時間変動は，連続的に起こるものとする。

時刻 t において，状態変数 x が「値 X 以下」である部分個体群のサイズを $U(X,t)$ とおく。$U(X,t)$ は，状態変数 x に関する時刻 t における個体群内の構造を表す分布関数であり，X と t に関して，十分になめらかな連続関数であると仮定しよう。定義により，$U(X,t)$ は，X に関して，単調かつ非減少な関数である。合理的な数理モデリングにより，分布関数 $U(X,t)$ は次の偏微分方程式を満たすことが導かれる [107]:

$$-\mu(X,t)\frac{\partial U(X,t)}{\partial X} = \frac{\partial}{\partial X}\left\{g(X,t)\frac{\partial U(X,t)}{\partial X}\right\} + \frac{\partial}{\partial t}\left\{\frac{\partial U(X,t)}{\partial X}\right\} \tag{3.15}$$

ここで，$\mu(X,t)\Delta t \delta X$ は，状態変数 x が範囲 $[X, X+\delta X]$ であるような部分個体群のサイズの十分に短い時間 $[t, t+\Delta t]$ における変動率の意味をもつ。

詳説 閉じた個体群[*11]について，$\mu(x,t) \geq 0$ ならば，μ は，時刻 t における状態変数値が x の値の個体に対する瞬間死亡率を意味する。

偏微分方程式 (3.15) は，状態変数 x に関する個体群内の構造の時間変動を記述するものである。この偏微分方程式に従って，個体群内の状態変数の分布関数 $U(X,t)$ が時間変動する。

考えている個体群においてとりうる状態変数の最小値を $x_{\min}$ とすると，分布関数 $U(X,t)$ は，状態変数に関する密度分布関数 (density distribution function) $u(x,t)$ と次の関係をもつ:

$$U(X,t) = \int_{x_{\min}}^{X} u(s,t)\,ds \tag{3.16}$$

よって，

$$u(x,t) = \frac{\partial U(x,t)}{\partial x} \tag{3.17}$$

もち得る。
[*11]【基礎編】1.3 節

という関係式も成り立つ[*12]ので，状態変数 x についての個体群内の構造の時間変動を記述する分布関数 $U(x,t)$ に関する偏微分方程式 (3.15) は，次の密度分布関数 $u(x,t)$ に関する方程式に書き換えることもできる：

$$-\mu(x,t)u(x,t) = \frac{\partial}{\partial x}\{g(x,t)u(x,t)\} + \frac{\partial}{\partial t}u(x,t) \tag{3.18}$$

注記 ここで現れた密度分布関数 $u(x,t)$ の値は，通常の「密度」の概念そのものではないことに注意されたい。通常の「密度」の概念との関係は，以下のように考えることができる。時刻 t において状態変数が X と $X+\Delta X$ $(0<\Delta X\ll 1)$ の間にある個体数は，式 (3.16) により，

$$U(X+\Delta X,t) - U(X,t) = \int_{x_{\min}}^{X+\Delta X} u(s,t)\,ds - \int_{x_{\min}}^{X} u(s,t)\,ds$$
$$= u(X,t)\,\Delta X + \mathrm{o}(\Delta X)$$

で与えられる。このことから，時刻 t において状態変数の値がちょうど X である個体「数」は 0 となる。すなわち，$u(x,t)$ の値は，時刻 t において状態変数の値がちょうど x である個体「数」を表しているわけではない。状態変数の値の単位幅あたりという単位でこの個体数を（相対的に）測るならば，

$$\frac{u(X,t)\,\Delta X + \mathrm{o}(\Delta X)}{\Delta X} = u(X,t) + \frac{\mathrm{o}(\Delta X)}{\Delta X}$$

となり，$u(X,t)$ が，個体群における状態変数値の分布を状態変数の単位幅あたりという単位で表した「密度」にあたることがわかるだろう。密度分布関数 $u(x,t)$ は，このように，状態変数の 0 でない幅 ΔX が与えられて初めて，個体数と結びつけることができるものである。

詳説 個体群内の構造に関して，複数の基準要素（たとえば，齢と体サイズ）が重要である場合には，複数の状態変数に関する分布関数を考えることになる。そのような場合についても，式 (3.18) は容易に拡張できる。たとえば，瀬野 [107] を参照されたい。また，Metz & Diekmann [77] には，偏微分方程式 (3.18) の導出についてのより数学的な内容も含んで述べられている。

更新過程

状態変数の分布に基づく個体群内構造が存在する場合，個体群を構成する個体の更新過程（recruitment, renewal process; 出生，死亡，移出入）は，一般に，その状態分布に依

[*12] 1.3 節に現れた確率（累積）分布関数と確率密度関数や，累積頻度分布と頻度密度分布の関係と数学的には同等であるが，ここでは，個体群構造を成す状態変数に関するサイズ分布を扱っていることに注意。

3.6 連続状態変数による個体群ダイナミクス

存するだろう．そして，状態分布は，その更新過程に依存して変化する．個体群内構造に関わる更新過程としては，個体群外からの新規個体の移入と，個体群内における新規個体の生成，すなわち，個体群内の繁殖過程が考えられる．前者については，式 (3.18) の項 $-\mu(x,t)u(x,t)$ に導入することができる．一方，後者については，繁殖過程によって生成される新規個体のもつ状態変数に依存して，個体群内の構造にどのように新規個体が加入してくるかが決まる．

今，繁殖過程によって生成される新規個体の状態変数は，その親の状態変数によらず，一律に，状態変数の最小値 $x_{\min}$ をとるものとする[*13]．問題になるのは，個体群内に既存のどの状態変数をもつ個体（親）からどれだけ新規個体が産み出されるか，ということである．数学的には，それは，次の新規個体の総産生速度を与える式によって与えられる [107]：

$$g(x_{\min},t)u(x_{\min},t) = \int_{x_{\min}}^{x_{\max}} \beta(x,t)u(x,t)\,dx \tag{3.19}$$

ここで，$x_{\max}$ は状態変数 x がとりうる値の上限値である．$\beta(x,t)\Delta x$ が，状態変数が $[x, x+\Delta x]$（$\Delta x \ll 1$）の範囲にある部分個体群について，個体あたりの時刻 t における瞬間増殖率（新規個体産生率）を表す．

詳説 時間 $[t, t+\Delta t]$ において産生された新規個体数 ΔU は，分布関数 $U(X,t)$ の定義により，

$$\Delta U = U(x_{\min}+\delta x, t+\Delta t) - U(x_{\min},t)$$

である．ここで，δx は，時刻 t に生まれた個体の状態変数の時間 Δt の間の変動量を表す．分布関数 $U(X,t)$ の定義により，任意の時刻について $U(x_{\min},t) \equiv 0$ であるから，結局，$\Delta U = U(x_{\min}+\delta x, t+\Delta t)$ であり，Taylor 展開により，

$$\Delta U = \left[\frac{\partial U(x,t)}{\partial x}\delta x + \frac{\partial U(x,t)}{\partial t}\Delta t\right]_{x=x_{\min}} + \mathrm{o}(\delta x, \Delta t) \tag{3.20}$$

である．ただし，$\mathrm{o}(\delta x, \Delta t)$ は，δx と Δt について 1 次より大きな次数の剰余項を表す．偏微分係数の定義により，

$$\left.\frac{\partial U(x,t)}{\partial t}\right|_{x=x_{\min}} = \lim_{h\to 0}\frac{U(x_{\min}, t+h) - U(x_{\min},t)}{h}$$

であるが，任意の時刻について $U(x_{\min},t) \equiv 0$ であることにより，これは常に 0 である．よって，式 (3.20) から，

$$\frac{\Delta U}{\Delta t} = \left[\frac{\partial U(x,t)}{\partial x}\frac{\delta x}{\Delta t}\right]_{x=x_{\min}} + \frac{\mathrm{o}(\delta x, \Delta t)}{\Delta t}$$

[*13] たとえば，状態変数として，体重を取り扱うならば，出生時の個体の体重が親の大きさ，すなわち，親の体重に正の相関をもつ場合も考えられるだろう．そのような場合には，新規個体が状態変数の最小値をとるという仮定は適用できない．

である．極限 $\Delta t \to 0$ を考えると，$\delta x/\Delta t$ は，$x = x_{\min}$ における状態変数の時刻 t における瞬間変動速度 dx/dt に近づく．すなわち，式 (3.14) により，$\delta x/\Delta t \to g(x_{\min}, t)$ である．そして，分布関数 $U(x,t)$ と密度分布関数 $u(x,t)$ の関係式 (3.17) から，$\Delta U/\Delta t \to g(x_{\min},t)u(x_{\min},t)$ が得られる．すなわち，$g(x_{\min},t)u(x_{\min},t)$ は，時刻 t における新規個体の総産生速度を意味する．

偏微分方程式 (3.18) は，式 (3.19) を**境界条件**（boundary condition）として，初期条件（initial condition），すなわち，時刻 $t = 0$ における密度分布関数 $u(x,0)$ が与えられれば，一意的な密度分布関数の解 $u(x,t)$ を定める．

詳説 式 (3.19) を境界条件とした偏微分方程式 (3.18) についての数学的理論については，たとえば，Metz & Diekmann [77] や Cushing [11] を参照されたい．偏微分方程式 (3.18) の解析については，次節で述べる特性曲線（characteristic curve）の方法や Laplace 変換を用いた方法などがある．Haberman [23, 25, 27] には，交通量の時間変動を表す数理モデルとしての議論が，その解析手法，解釈などとともに詳しく論じられており，このタイプの数理モデリング，数理モデル解析の勉強には格好の入門書の1つである．

注記 状態変数 x の時間変動が常微分方程式 (3.14) に支配されているという仮定の下で，$x_{\max}$ が状態変数 x の値の上限値であるためには，任意の時刻 t において，$g(x_{\max}, t) \leq 0$ であることが必要である．

演習問題 25

任意の (x,t) に対して $\beta(x,t) - \mu(x,t) = r$（定数），$g(x_{\max}, t) = 0$ が満たされるとき，個体群サイズ $N(t) = U(x_{\max}, t)$ は，Malthus 係数 r の Malthus 型増殖過程に従うことを示せ．

3.7 特性曲線上の密度分布関数

本節では，偏微分方程式 (3.18) を**特性曲線**（characteristic curve）を用いて解き，密度分布関数 $u(x,t)$ を定める考え方について解説する．ただし，状態変数 x は時間の狭義単調増加関数であるとする．すなわち，微分方程式 (3.14) において，$x_{\min} \leq x < x_{\max}$ なる任意の x に対して $g(x,t) > 0$ であるとする．このとき，$x_{\max}$ が状態変数のとりうる値の上限値であることにより，次の性質がさらに満たされるものとする：

$$\lim_{t \to \infty} x(t) = x_{\max}, \quad g(x_{\max}, t) = 0 \tag{3.21}$$

3.7 特性曲線上の密度分布関数

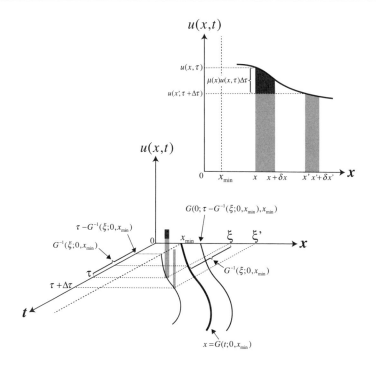

図 3.2 (t,x,u)-空間におけるコホートの状態変数遷移とコホートサイズの時間変異に関する概念図。コホートの時間変動は対応する特性曲線上で起こる。詳細は本文参照。

そして，微分方程式 (3.14) により定まる状態変数 x の時間変動はある時刻 τ (≥ 0) の状態変数の値 $x(\tau)$ が与えられれば一意に定まる[*14]ものとする。

これらの仮定の下，時刻 $t = 0$ における状態変数が $x(0) = x_0$ であるとき，微分方程式 (3.14) が定める任意の時刻 $t > 0$ における個体の状態変数 x を $x = G(t;0,x_0)$ と表す。さらに，より一般的に，時刻 $t = \tau$ における状態変数が $x(\tau) = \xi$ であるような個体の状態変数 x の時間変動を $x = G(t;\tau,\xi)$ と表す。この定義により，任意の $\tau \geq 0$ に対して，$G(\tau;\tau,x(\tau)) = x(\tau)$ である。

今，時刻 $t = \tau$ における状態変数が $x(\tau) = \xi$ である個体のコホート[*15]に着目すると，時刻 t におけるこのコホートの個体の状態変数は，$x = G(t;\tau,\xi)$ である。このコホートの時間変動は，図 3.2 に示したような (t,x,u)-空間における曲線 $x = G(t;\tau,\xi)$ 上の $u(x,t)$ で表されることになる。そして，この曲線 $x = G(t;\tau,\xi)$ 上での密度分布関数 $u(x,t)$ の時間変動を考えると，$u(x,t) = u(G(t;\tau,\xi),t)$ なので，u は時刻 t のみの関数として扱える。この曲線 $x = G(t;\tau,\xi)$ を条件 $x(\tau) = \xi$ に対する偏微分方程式 (3.18) の**特性曲線**という。

[*14] 微分方程式 (3.14) の解の一意性が成り立つ。
[*15] 1.3 節参照。

> **注記** 本書での議論では，後述の von Foerster 方程式への応用も考え，捉えやすい単純化として，状態変数 x が時間の狭義単調増加関数であるという仮定の下でのみ，特性曲線を扱うが，状態変数 x の時間変動を支配する微分方程式 (3.14) の解の一意性が成り立つ限りにおいて，状態変数 x が時間の狭義単調増加関数でなくても同様の議論が可能である．

特性曲線上の形式解

一般に，

$$\frac{du(x(t),t)}{dt} = \frac{\partial u(x,t)}{\partial x}\cdot\frac{dx(t)}{dt} + \frac{\partial u(x,t)}{\partial t}$$

であるから，微分方程式 (3.14) により，

$$\frac{du(x(t),t)}{dt} = \frac{\partial u(x,t)}{\partial x}\cdot g(x,t) + \frac{\partial u(x,t)}{\partial t} \tag{3.22}$$

である．式 (3.18) から得られる

$$\frac{\partial}{\partial t}u(x,t) = -\mu(x,t)u(x,t) - \frac{\partial}{\partial x}\{g(x,t)u(x,t)\}$$

を式 (3.22) に代入し，$x = G(t;\tau,\xi)$ を明示すると，特性曲線 $x = G(t;\tau,\xi)$ 上での密度分布関数 $u(x,t)$ の時間変動を与える次の微分方程式が得られる：

$$\frac{du(G(t;\tau,\xi),t)}{dt} = \left[\frac{\partial u(x,t)}{\partial x}\cdot g(x,t) - \mu(x,t)u(x,t) - \frac{\partial}{\partial x}\{g(x,t)u(x,t)\}\right]_{x=G(t;\tau,\xi)}$$

$$= -\{\mu(G(t;\tau,\xi),t) + g_x(G(t;\tau,\xi),t)\}u(G(t;\tau,\xi),t) \tag{3.23}$$

ただし，$g_x(x,t) := \partial g(x,t)/\partial x$ である．この式 (3.23) は時刻 t のみの関数 $u(G(t;\tau,\xi),t)$ に関する常微分方程式であり，形式的に次の解が得られる：

$$u(G(t;\tau,\xi),t) = u(\xi,\tau)\exp\left[-\int_\tau^t \mu(G(s;\tau,\xi),s) + g_x(G(s;\tau,\xi),s)\,ds\right] \tag{3.24}$$

ここで，$G(\tau;\tau,\xi) = \xi$ であることを用いた．

2 種類のコホート

さて，改めて条件 $x(\tau) = \xi$ に対する特性曲線 $x = G(t;\tau,\xi)$ を考えると，図 3.2 で示されるように，2 つの場合があることがわかる．すなわち，時刻 $t = \tau$ における状態変数が $x(\tau) = \xi$ である個体のコホートには 2 種類がある：

- 初期時刻 $t = 0$ から存在していたコホート
- ある時刻 $t = t_1 > 0$ において既存の個体群から産み出されたコホート ($t_1 < \tau$)

3.7 特性曲線上の密度分布関数

後者のコホートは時刻 $t < t_1$ においては存在しない。よって，これらの2種類のコホートについての特性曲線は別々に取り扱う必要がある。

まず，時刻 $t = \tau$ における状態変数が $x(\tau) = \xi$ であり，初期時刻 $t = 0$ から存在していたコホートについて考える。このコホートの $t = 0$ における状態変数 x の値 x_0 は，特性曲線 $x = G(t; \tau, \xi)$ により，$x_0 = G(0; \tau, \xi)$ を満たす。初期時刻から存在していたコホートであるから，$x_0 \geq x_{\min}$ である。一方，微分方程式 (3.14) により定まる状態変数 x の時間変動の一意性により，$x_0 > x_{\min}$ ならば，任意の時刻 $t > 0$ について，$G(t; 0, x_0) > G(t; 0, x_{\min})$ が成り立つ（図 3.2 参照）。着目しているコホートでは，$x(\tau) = G(\tau; 0, x_0) = \xi$ であるから，$\xi > G(\tau; 0, x_{\min})$ でなければならない。逆に，$\xi > G(\tau; 0, x_{\min})$ ならば，このコホートは初期時刻 $t = 0$ から存在しているコホートである。そして，初期時刻 $t = 0$ から存在しているコホートについて，式 (3.24) は，

$$u(\xi, \tau) = u(x_0, 0) \exp\left[-\int_0^\tau \mu(G(s; 0, x_0), s) + g_x(G(s; 0, x_0), s)\, ds\right] \quad (3.25)$$

となる。ただし，$x_0 = G(0; \tau, \xi)$ である。$x_0 = x_{\min}$ であるコホートについても同様の議論ができる。よって，この式 (3.25) は，$x_{\min} \leq \xi \leq x_{\max}$，$\tau \geq 0$ なる任意の (ξ, τ) に対して，$u(\xi, \tau)$ を定める。

次に，ある時刻 $t = t_1 > 0$ において既存の個体群から産み出されたコホートについて考えると，繁殖過程によって生成される新規個体の状態変数は，その親の状態変数によらず，一律に，状態変数の最小値 $x_{\min}$ をとるという仮定により，$t = t_1$ において $x = x_{\min}$ である。すなわち，このコホートの特性曲線は，$t \geq t_1$ に対して，$x = G(t; t_1, x_{\min})$ と表される。一方，上記の議論から，このようなコホートの時刻 τ における状態変数 ξ に対して，$\xi < G(\tau; 0, x_{\min})$ が成り立ち，逆に，条件 $\xi < G(\tau; 0, x_{\min})$ が成り立つコホートは，ある時刻 $t = t_1 > 0$ において既存の個体群から産み出されたコホートである。

このコホートについて，時刻 $\tau > t_1$ における状態変数が ξ であるとすると，$\xi = G(\tau; t_1, x_{\min})$ であるが，微分方程式 (3.14) により定まる各コホートの状態変数の時間変動において，

$$G(\tau; t_1, x_{\min}) = G(\tau - t_1; 0, x_{\min}) \quad (3.26)$$

が成り立つので，$\xi = G(\tau - t_1; 0, x_{\min})$ と表すことができる［演習問題 26］．

> **演習問題 26**
>
> 任意の時刻 $\tau \geq t_1$ に対して，式 (3.26) が成り立つことを説明せよ．

関数 $G(t; 0, x_0)$ が時刻 t について連続な狭義単調増加関数であることから，時刻 t についての逆関数が存在するので，$\xi = G(\tau - t_1; 0, x_{\min})$ から，$\tau - t_1 = G^{-1}(\xi; 0, x_{\min})$ と表すことができる．すなわち，

$$t_1 = \tau - G^{-1}(\xi; 0, x_{\min}) \tag{3.27}$$

である．$G^{-1}(\xi; 0, x_{\min})$ は，初期時刻 $t = 0$ における状態変数が $x_{\min}$ である個体の状態変数が ξ になる時刻を与える．式 (3.27) は，ある時刻 $t_1 > 0$ において $x = x_{\min}$ であるようなコホートにおいて，時刻 τ の状態変数が ξ であるときのコホート誕生時刻 t_1 を定めている．

一方，時刻 $t = t_1 > 0$ に既存の個体群から産み出されたコホートについて，式 (3.24) から，

$$u(\xi, \tau) = u(x_{\min}, t_1) \exp\left[-\int_{t_1}^{\tau} \left\{\mu(G(s; t_1, x_{\min}), s) + g_x(G(s; t_1, x_{\min}), s)\right\} ds\right] \tag{3.28}$$

なので，この式に式 (3.27) を代入すれば，$\xi \geq x_{\min}$，$\tau \geq t_1$ なる任意の (ξ, τ) に対して，$u(\xi, \tau)$ を定める式が得られる．

特性曲線上の解の表式

以上の 2 種類のコホートについて場合分けした議論により，特性曲線 $x = G(t; t_0, x(t_0))$ を用いて，偏微分方程式 (3.18) の解として与えられる密度分布関数 $u(x, t)$ を次のように表すことができる：

$$u(x, t) = \begin{cases} u(x_{\min}, t - G^{-1}(x; 0, x_{\min}))\, e^{-k_{-}(x,t)} & \text{if } x < G(t; 0, x_{\min}) \\ u(G(0; t, x), 0)\, e^{-k_{+}(x,t)} & \text{if } x \geq G(t; 0, x_{\min}) \end{cases} \tag{3.29}$$

3.7 特性曲線上の密度分布関数

ただし，$k_-(x,t)$ と $k_+(x,t)$ は，以下のように定められる[*16]：

$$k_-(x,t) := \int_{t-G^{-1}(x;0,x_{\min})}^{t} \Big\{ \mu(G(s;t-G^{-1}(x;0,x_{\min}),x_{\min}),s)$$
$$+ g_x(G(s;t-G^{-1}(x;0,x_{\min}),x_{\min}),s) \Big\} ds$$

$$= \int_{t-G^{-1}(x;0,x_{\min})}^{t} \Big\{ \mu(G(s-t+G^{-1}(x;0,x_{\min});0,x_{\min}),s)$$
$$+ g_x(G(s-t+G^{-1}(x;0,x_{\min});0,x_{\min}),s) \Big\} ds$$

$$= \int_0^{G^{-1}(x;0,x_{\min})} \Big\{ \mu(G(z;0,x_{\min}),z+t-G^{-1}(x;0,x_{\min}))$$
$$+ g_x(G(z;0,x_{\min}),z+t-G^{-1}(x;0,x_{\min})) \Big\} dz$$

$$k_+(x,t) := \int_0^t \Big\{ \mu(G(s;0,G(0;t,x)),s) + g_x(G(s;0,G(0;t,x)),s) \Big\} ds$$

更新方程式

状態変数の密度分布関数 $u(x,t)$ の表式 (3.29) において，$u(x_{\min}, t-G^{-1}(x;0,x_{\min}))$ は，境界条件である式 (3.19) によって定まり，$u(G(0;t,x),0)$ は，$t=0$ における密度分布関数の初期条件 $u(x,0)$ によって定まるので，式 (3.29) により，任意の (x,t) に対する密度分布 $u(x,t)$ が同定できる．ただし，$t=0$ における密度分布関数の初期条件 $u(x,0)$ は与えられるべきものであるのに対して，境界条件による $u(x_{\min},t)$ は，各時刻の $u(x,t)$ から式 (3.19) を介して定まるものであり，自明ではない．

今，導かれた式 (3.29) を式 (3.19) に代入することによって，未知関数 $u(x_{\min},t)$ に関する次の Volterra 型第 2 種積分方程式を導くことができる［演習問題 27］：

$$g(x_{\min},t)u(x_{\min},t) = F(t) + \int_0^t K(t-\tau,t)u(x_{\min},\tau)\, d\tau \qquad (3.30)$$

ここで，

$$F(t) := \int_{G(t;0,x_{\min})}^{x_{\max}} \beta(x,t)u(G(0;t,x),0)\, \mathrm{e}^{-k_+(x,t)}\, dx$$

$$K(\zeta,t) := \beta(G(\zeta;0,x_{\min}),t)\, \mathrm{e}^{-k_-(G(\zeta;0,x_{\min}),t)} g(G(\zeta;0,x_{\min}),\zeta)$$

である．$F(t)$ と $K(\zeta,t)$ は，与えられた関数と初期条件 $u(x,0)$ によって定まるので，式 (3.30) こそが未知関数 $u(x_{\min},t)$ を定める方程式となっており，**更新（再生）方程式** (renewal equation) と呼ばれる．**Lotka の方程式** (Lotka equation) と呼ばれることも

[*16] ここで，式 (3.26) を用いた．

ある．与えられる初期条件 $u(x,0)$ と，更新方程式 (3.30) によって定まる $u(x_{\min},t)$ により，式 (3.29) から，任意の (x,t) に対する密度分布 $u(x,t)$ が定まる．

> **演習問題 27**
>
> 更新方程式 (3.30) を導け．

詳説 Volterra 型第 2 種積分方程式である更新方程式 (3.30) が唯一の $u(x_{\min},t)$ を定め得ることは，Laplace 変換を用いた方法，あるいは，逐次近似法によって示される．数学的な取り扱いについては，イアネリ・稲葉・國谷 [37] や稲葉 [38] を参照されたい．

3.8 von Foerster 方程式

本節では，出生後の時間経過によって定義される齢 a を状態変数とする齢分布について考える．齢の最小値は 0（出生の瞬間）である．そして，数理的な取り扱いとして，齢の上限値を考えないこととする．すなわち，$a_{\max} = \infty$ とおく．数理モデリングにおける数理的近似と考えてもよい．数理生物学的考察においては，$a_{\max} = \infty$ の場合は，「十分大きな老齢」と解釈する．数理モデリングとしては，数学的条件として，仮定

$$\lim_{a \to \infty} u(a,t) = 0 \tag{3.31}$$

が満たされることが必要となる．この仮定は，永遠に生存し続ける個体がいないことを意味する．

注記 もしも，考えている生物の生理的・生態的特性によって定まる定数 $a_{\max}$ を齢の有限な上限値とおくならば，齢 $a_{\max}$ を超える個体は存在できないと仮定することになるので，数理モデリングとして課す数学的条件として，任意の $t \geq 0$ に対して，

$$u(a_{\max},t) = 0 \tag{3.32}$$

とおく必要がある．そして，時刻 $t_0 \geq 0$ に誕生したある個体の時刻 $t \in [t_0, t_0 + a_{\max}]$ における齢に限り，$a = a(t) = t - t_0$ とする．時刻 $t_0 \geq 0$ に誕生したある個体の齢を考えることが意味をもつのは，時間 $[t_0, t_0 + a_{\max}]$ においてのみであることに注意しなければならない．条件 (3.32) が満たされれば，齢が $a_{\max}$ を超える個体は存在できない．そのような個体が存在するならば，その個体は，ある時点で齢 $a_{\max}$ を経たことになるが，条件 (3.32) は，齢 $a_{\max}$ をもつ個体が存在しないことを表すので，これは不可能である．

　本節の以降の議論の内容について，条件 (3.32) を課した下での数理モデリングへ発展させるためには，諸所に関連する数学的な付加条件が必要であり，特別な扱いが要求される[*17]．こ

[*17] たとえば，イアネリ・稲葉・國谷 [37] や稲葉 [38] を参照．

3.8 von Foerster 方程式

のことについては，第 4 章で，構造をもつ感染症の伝染ダイナミクスモデルについての数学的な取り扱いにおいて再度取り上げる．

ここで考える齢 a の増加速度を定める式 (3.14) の関数 $g(a,t)$ は，定数関数 $g(a,t) \equiv 1$ である．したがって，個体群内の齢分布の時間変動を記述する偏微分方程式 (3.18) は，

$$-\mu(a,t)u(a,t) = \frac{\partial}{\partial a}u(a,t) + \frac{\partial}{\partial t}u(a,t) \tag{3.33}$$

となる．式 (3.16) で与えられる分布関数 $U(a,t)$ は，個体群内において齢が a 以下である部分個体群のサイズを表す．また，新規個体の総産生数を与える式 (3.19) は，

$$u(0,t) = \int_0^\infty \beta(a,t)u(a,t)\,da \tag{3.34}$$

となる．

詳説 連続型齢分布の時間変動を表す偏微分方程式 (3.33) は，しばしば，**von Foerster 方程式**と呼ばれる．これは，微生物個体群の増殖ダイナミクスを研究していた，電子工学出身の Heinz von Foerster（1911–2002）が 1959 年 [128] に発表した式であるがゆえである．実は，それに先立ち，1926 年に，インドで疫学の数理モデルの研究を行っていた英国陸軍の Anderson Gray McKendrick（1876–1943）が，疫病伝染過程の数理モデリングを発展させて，同等な偏微分方程式を発表していた [75]．このことから，方程式 (3.33) は，**McKendrick–von Foerster 方程式**と呼ばれることもある．この偏微分方程式 (3.33) は，様々な数理モデリングに現れ，研究されてきた．特に，分裂する細胞集団における齢分布[*18]に関する数理モデルとして，多くの研究がある[*19]．

前節で解説した特性曲線の方法によれば，この齢分布の時間変動については，

$$\begin{aligned} G(t;t_0,a_0) &= a_0 + (t-t_0) \quad (t \geq t_0 - a_0) \\ G^{-1}(a;t_0,a_0) &= t_0 + (a-a_0) \quad (a \geq a_0 - t_0) \end{aligned}$$

であるから，式 (3.29) により，von Foerster 方程式 (3.33) による密度分布関数 $u(a,t)$ を次のように表すことができる：

$$u(a,t) = \begin{cases} u(0,t-a)\exp\left[-\int_0^a \mu(s,s+t-a)\,ds\right] & \text{if } a < t \\ u(a-t,0)\exp\left[-\int_0^t \mu(a-t+s,s)\,ds\right] & \text{if } a \geq t \end{cases} \tag{3.35}$$

[*18] 分裂直後の細胞の齢を 0 とする．
[*19] たとえば，Metz & Diekmann [77] や山田・船越 [132] を参照．初期の研究としては，E. Trucco [122,123] によるものが有名である．

そして，von Foerster 方程式 (3.33) についての $u(0,t)$ を与える更新方程式 (3.30) は，

$$u(0,t) = F(t) + \int_0^t K(t-\tau, t) u(0,\tau) \, d\tau \tag{3.36}$$

で与えられる。ここで，$F(t)$ と $K(\zeta, t)$ は次のように定義される：

$$F(t) := \int_t^\infty \beta(a,t) \exp\left[-\int_0^t \mu(a-t+s, s) \, ds\right] u(a-t, 0) \, da$$

$$K(\zeta, t) := \beta(\zeta, t) \exp\left[-\int_0^\zeta \mu(s, s+t-\zeta) \, ds\right]$$

演習問題 28

μ と β が齢 a にも時刻 t にもよらない正定数である場合について，密度分布関数 $u(a,t)$ の初期条件が $u(a,0) = \delta(a)$ （Dirac のデルタ関数）で与えられるときの時刻 t における密度分布関数 $u(a,t)$ を定め，分布関数 $U(a,t)$ を求めよ。ここで，デルタ関数 $\delta(a)$ は，次の性質を満たす超関数であるとする：$\delta(0) = \infty$，任意の $a > 0$ に対して，

$$\delta(a) = 0, \quad \int_0^a \delta(\zeta) \, d\zeta = 1, \quad \int_0^a \delta(\zeta) f(\zeta) \, d\zeta = f(0) \quad (f(x) \text{ は任意の連続関数})$$

定常齢分布

今，μ と β が時刻 t には依存せず，齢 a のみの関数であり，密度分布関数 $u(a,t)$ が齢 a のみに依存する関数 $A(a)$ と時刻 t のみに依存する関数 $T(t)$ の積に分離できるとする：

$$\mu = \mu(a), \quad \beta = \beta(a), \quad u(a,t) = A(a) T(t)$$

この場合，密度分布関数 $u(a,t)$ の値は，齢のみに依存する値 $A(a)$ の時刻に依存する倍率 $T(t)$ によって定まるので，相対的な齢分布は時刻に依存せずに定常的である。

相対的な齢分布 $\varphi(a,t)$ とは，次式によって定義されるものである：

$$\varphi(a,t) := \frac{u(a,t)}{\int_0^\infty u(\zeta, t) \, d\zeta} = \frac{u(a,t)}{U(\infty, t)}$$

ここで，$\int_0^\infty \varphi(a,t) \, da = 1$ なので，密度分布関数 $u(a,t)$ を規格化したものと解釈することもできる。そして，$\varphi(a,t) \Delta a + \mathrm{o}(\Delta a)$ が齢の範囲 $[a, a+\Delta a]$ に属する部分個体群の個体群全体に対する頻度を表すことから，$\varphi(a,t)$ は，齢に関する**頻度密度分布**を与える関数である。

3.8 von Foerster 方程式

$u(a,t) = A(a)T(t)$ が成り立つときには,

$$U(\infty, t) = \int_0^\infty u(\zeta, t)\, d\zeta = T(t) \int_0^\infty A(\zeta)\, d\zeta$$

なので,

$$\varphi(a,t) = \frac{A(a)}{\int_0^\infty A(\zeta)\, d\zeta}$$

となり, 頻度密度分布は時刻 t に依存しない. 更新方程式 (3.36) を携えた von Foerster 方程式 (3.33) の解で, $u(a,t) = A(a)T(t)$ の形に表されるものを**定常齢分布** (stationary age distribution) を表す解と呼ぶ.

von Foerster 方程式 (3.33) に, $u(a,t) = A(a)T(t)$ を代入すると, 方程式

$$-\mu(a) - \frac{1}{A(a)}\frac{dA(a)}{da} = \frac{1}{T(t)}\frac{dT(t)}{dt}$$

が導かれ, この方程式が任意の a, t について成り立つことが仮定されているので, ある定数 λ が存在して,

$$\begin{cases} -\mu(a) - \dfrac{1}{A(a)}\dfrac{dA(a)}{da} = \lambda \\ \dfrac{1}{T(t)}\dfrac{dT(t)}{dt} = \lambda \end{cases} \tag{3.37}$$

が成り立たなければならない. 微分方程式 (3.37) をそれぞれ解けば, 解

$$\begin{cases} A(a) = A(\hat{a}) \exp\left[-\lambda(a - \hat{a}) - \int_{\hat{a}}^a \mu(\zeta)\, d\zeta\right] \\ T(t) = T(0)\, e^{\lambda t} \end{cases} \tag{3.38}$$

が得られるので, 密度分布関数

$$u(a,t) = u(\hat{a}, 0) \exp\left[\lambda(t - a + \hat{a}) - \int_{\hat{a}}^a \mu(\zeta)\, d\zeta\right] \tag{3.39}$$

が導かれる. ここで, $\hat{a} \geq 0$ は, $u(\hat{a}, 0) > 0$ なる適当な齢である.

注記 $T(0) = 0$ ならば, 初期齢分布 $u(a,0) = A(a)T(0) \equiv 0$ となり, $U(\infty, 0) = 0$ なので, 任意の a に対して $u(a,0) \equiv 0$ であり, 初期時刻 $t = 0$ においては個体は存在しない. このとき, 表式 (3.39) は意味を成さない.

閉じた個体群については, この場合, 任意の a, t に対して $U(a,t) = 0$ となり, 個体が存在しない状況でしかないので無意味である. よって, 閉じた個体群を考える場合には, 必然的に $U(\infty, 0) > 0$ でなければならないので, $T(0) > 0$ としてよい. 開いた個体群ならば, $T(0) = 0$ であったとしても, ある時刻 $t = t_1 > 0$ において, $U(\infty, t_1) > 0$ となり得るので,

この時刻 t_1 を改めて初期時刻 0 として定義し直せばよい[*20]。よって，数学的一般性を失わずに $T(0) > 0$ としてよい。

すなわち，数理モデリングとして，一般性を失わずに，初期個体群サイズについての条件 $U(\infty, 0) > 0$ を仮定すべきであるから，ある齢 $\hat{a} \geq 0$ が存在して，$u(\hat{a}, 0) > 0$ を満たすとしてよい。$u(0,0) > 0$ が成り立つ場合に限り，$\hat{a} = 0$ とできる。

式 (3.39) を更新方程式 (3.36) に代入すると，

$$Q(\hat{a})\,\mathrm{e}^{\lambda t} = F(t) + Q(\hat{a}) \int_0^t K(t-\tau)\,\mathrm{e}^{\lambda \tau}\, d\tau$$

$$Q(\hat{a}) := u(\hat{a}, 0) \exp\left[\lambda \hat{a} - \int_{\hat{a}}^0 \mu(\zeta)\, d\zeta\right]$$

$$F(t) := Q(\hat{a})\,\mathrm{e}^{\lambda t} \int_t^\infty \beta(a) \exp\left[-\lambda a - \int_0^a \mu(s)\, ds\right] da$$

$$K(\zeta) := \beta(\zeta) \exp\left[-\int_0^\zeta \mu(s)\, ds\right]$$

となり，結局，λ についての方程式

$$\begin{aligned}
1 &= \int_t^\infty \beta(a) \exp\left[-\lambda a - \int_0^a \mu(s)\, ds\right] da \\
&\quad + \mathrm{e}^{-\lambda t} \int_0^t \beta(t-\tau) \exp\left[\lambda \tau - \int_0^{t-\tau} \mu(s)\, ds\right] d\tau \\
&= \int_0^\infty \beta(a) \exp\left[-\lambda a - \int_0^a \mu(s)\, ds\right] da \quad (3.40)
\end{aligned}$$

が現れる。

ここで，

$$\Psi(\lambda) := \int_0^\infty \beta(a) \exp\left[-\lambda a - \int_0^a \mu(s)\, ds\right] da$$

とおくと，$\Psi(\lambda)$ は λ について狭義単調減少な連続関数であり，

$$\lim_{\lambda \to -\infty} \Psi(\lambda) = \infty; \quad \lim_{\lambda \to \infty} \Psi(\lambda) = 0$$

であるから，λ についての方程式 $\Psi(\lambda) = 1$，すなわち，方程式 (3.40) は，唯一の解をもつことがわかる。その解の値を式 (3.39) の λ の値とすれば，式 (3.39) は，更新方程式 (3.36) を携えた von Foerster 方程式 (3.33) の解である。すなわち，λ についての方程式 (3.40) の唯一の解によって，更新方程式 (3.36) を携えた von Foerster 方程式 (3.33) を満たす定常齢分布解が導かれる。

[*20] t を $t - t_1$ に置き換えるのと同じ意味である。

3.8 von Foerster 方程式

死亡率と増殖率が定数の場合

個体群が閉じており，死亡率 μ と増殖率 β が齢にも時刻にも依存しない定数の場合を考えると，von Foerster 方程式 (3.33) についての $u(0,t)$ を与える更新方程式 (3.36) において，

$$F(t) = \beta \int_t^\infty e^{-\mu t} u(a-t, 0)\, da = \beta\, e^{-\mu t} \int_0^\infty u(\zeta, 0)\, d\zeta = \beta\, e^{-\mu t} U(\infty, 0)$$

$$K(\zeta, t) = \beta\, e^{-\mu \zeta}$$

となるので，更新方程式 (3.36) は，

$$u(0,t) = \beta\, e^{-\mu t} U(\infty, 0) + \beta \int_0^t e^{-\mu(t-\tau)} u(0, \tau)\, d\tau$$

$$= \beta\, e^{-\mu t} \left[U(\infty, 0) + \int_0^t e^{\mu \tau} u(0, \tau)\, d\tau \right] \tag{3.41}$$

となる．ここで，$u(0,t) = \phi(t)\, e^{-\mu t}$ とおくと，式 (3.41) から，

$$\phi(t) = \beta \left[U(\infty, 0) + \int_0^t \phi(\tau)\, d\tau \right] \tag{3.42}$$

となり，$\phi(0) = \beta U(\infty, 0)$ が導かれる．また，式 (3.42) の両辺を t で微分すると，

$$\frac{d\phi(t)}{dt} = \beta\, \phi(t)$$

であるから，初期条件 $\phi(0) = \beta U(\infty, 0)$ の下での常微分方程式の初期値問題が成立するので，これを解くことにより，$\phi(t) = \beta U(\infty, 0)\, e^{\beta t}$ が得られる．したがって，

$$u(0,t) = \beta U(\infty, 0)\, e^{(\beta - \mu)t} \tag{3.43}$$

となる．この結果 (3.43) により，式 (3.35) で定められる密度分布関数 $u(a,t)$ が次のように得られる：

$$u(a,t) = \begin{cases} u(0, t-a)\, e^{-\mu a} = \beta U(\infty, 0)\, e^{(\beta - \mu)t}\, e^{-\beta a} & \text{if } a < t \\ u(a-t, 0)\, e^{-\mu t} & \text{if } a \geq t \end{cases} \tag{3.44}$$

そして，齢分布関数 $U(a,t)$ を次のように導くことができる：

$$
\begin{aligned}
U(a,t) &= \int_0^a u(\zeta,t)\,d\zeta \\
&= \begin{cases}
\displaystyle\int_0^a \beta\,U(\infty,0)\,\mathrm{e}^{(\beta-\mu)t}\,\mathrm{e}^{-\beta\zeta}\,d\zeta & \text{if } a < t \\
\displaystyle\int_0^t \beta\,U(\infty,0)\,\mathrm{e}^{(\beta-\mu)t}\,\mathrm{e}^{-\beta\zeta}\,d\zeta + \int_t^a u(\zeta-t,0)\,\mathrm{e}^{-\mu t}\,d\zeta & \text{if } a \geq t
\end{cases} \\
&= \begin{cases}
U(\infty,0)\,(1-\mathrm{e}^{-\beta a})\,\mathrm{e}^{(\beta-\mu)t} & \text{if } a < t \\
\mathrm{e}^{(\beta-\mu)t}\Big[U(\infty,0)\,(1-\mathrm{e}^{-\beta t})+U(a-t,0)\,\mathrm{e}^{-\beta t}\Big] & \text{if } a \geq t
\end{cases}
\end{aligned}
\tag{3.45}
$$

よって，$U(\infty,t) = U(\infty,0)\,\mathrm{e}^{(\beta-\mu)t}$ であり，個体群サイズは Malthus 係数 $\beta - \mu$ の Malthus 型増殖過程に従う．

演習問題 29

μ と β が齢 a にも時刻 t にもよらない定数である場合に関して，von Foerster 方程式 (3.33) の両辺を $[0,\infty)$ について積分し，$U(\infty,t)$ に関する微分方程式を導くことによって，$U(\infty,t)$ を求めよ．

導かれた $U(\infty,t)$ と式 (3.44) から，次の頻度密度分布 $\varphi(a,t) = u(a,t)/U(\infty,t)$ が得られる：

$$
\varphi(a,t) = \begin{cases}
\beta\,\mathrm{e}^{-\beta a} & \text{if } a < t \\
\dfrac{u(a-t,0)}{U(\infty,0)}\,\mathrm{e}^{-\beta t} = \varphi(a-t,0)\,\mathrm{e}^{-\beta t} & \text{if } a \geq t
\end{cases}
\tag{3.46}
$$

したがって，$t \to \infty$ に対して，

$$
\varphi(a,t) \to \beta\,\mathrm{e}^{-\beta a} \tag{3.47}
$$

であるから，頻度密度分布は時間経過とともに定常齢分布に漸近する．このように任意の初期分布が漸近収束する定常齢分布のことを**安定齢分布**（stable age distribution）と呼ぶ．μ と β が齢 a にも時刻 t にもよらない定数である場合については，結果 (3.47) により，安定齢分布は指数分布である．

注記 式 (3.46) により，任意の齢 a の頻度密度 $\varphi(a,t)$ は，時刻 $t = a$ 経過後，時刻 t に依存しない値 $\beta\,\mathrm{e}^{-\beta a}$ になることがわかる．任意の齢 a の頻度密度 $\varphi(a,t)$ が，時間の経過とともに時刻 t に依存しない値 $\beta\,\mathrm{e}^{-\beta a}$ に「漸近する」のではなく，「なる」ことに注意したい．式 (3.46) からわかるように，時刻 t において，t 未満の齢についての頻度密度は時刻に関係のな

3.8 von Foerster 方程式

い値となっている。このことは，初期密度分布 $u(a,0)$ に従う時刻 $t=0$ における初期個体群から産生された個体の成す頻度密度分布が時刻 t に依存しないことを表している。

詳説 更新方程式 (3.36) を携えた von Foerster 方程式 (3.33) に関して，死亡率や増殖率が齢に依存する，$\mu = \mu(a)$, $\beta = \beta(a)$ の場合であっても，ほとんどの初期分布が安定齢分布に漸近することを示すことは数学の問題であり，Laplace 変換などの手法を用いた証明が必要となる。イアネリ・稲葉・國谷 [37] や稲葉 [38] を参照されたい。

死亡率と増殖率が個体群サイズによる密度効果で決まる場合

死亡率と増殖率が個体群密度による密度効果の結果として決まる最も単純な場合を考える。すなわち，
$$\mu = \mu(U(\infty,t));\ \beta = \beta(U(\infty,t))$$

とする。この場合について，von Foerster 方程式 (3.33) の両辺を $[0,\infty)$ で a について積分することにより，次の式が得られる：

$$-\mu(U(\infty,t))\,U(\infty,t) = \lim_{a\to\infty} u(a,t) - u(0,t) + \frac{dU(\infty,t)}{dt} \tag{3.48}$$

式 (3.34) から

$$u(0,t) = \beta(U(\infty,t)) \int_0^\infty u(a,t)\,da = \beta(U(\infty,t))\,U(\infty,t)$$

であることと，条件 (3.31) を用いれば，式 (3.48) は，

$$\frac{dU(\infty,t)}{dt} = \{\beta(U(\infty,t)) - \mu(U(\infty,t))\}\,U(\infty,t)$$

となる。この微分方程式は，考えている個体群のサイズの時間変動を与えるものである。たとえば，$\beta(U(\infty,t)) - \mu(U(\infty,t)) = r - bU(\infty,t)$ の場合には，個体群サイズの時間変動は logistic 方程式に従うことになる[*21]。

注記 死亡率と増殖率が個体群サイズによる密度効果で決まる場合の齢密度分布 $u(a,t)$ の性質を調べることは数学の問題としても，数理モデリングの問題としても興味深いが，本書ではこれ以上は踏み込まない。個体群サイズによる密度効果がどのように死亡率や増殖率を決めるかという点を検討するだけでも，密度効果の導入による齢構造をもつ個体群ダイナミクスの数理モデリングの発展の多様性の広さが窺い知れるだろう。

[*21] 演習問題 25 の解説を参照。

3.9 Leslie 行列と von Foerster 方程式

3.2 節で述べた離散型齢分布構造のダイナミクスを表す Leslie 行列 (3.2) と，3.8 節で述べた von Foerster 方程式 (3.33) との関係について考える[*22]。Leslie 行列モデルでは，第 k 世代での齢が x_k ならば，第 $k+1$ 世代での齢は $x_k + 1$ となることを仮定していたが，これを一般化し，第 k 世代での齢が x_k ならば，第 $k+1$ 世代での齢を $x_k + h_G$ とおく。つまり，齢を（経過時間に基づいた）連続実変数にまで拡張し，世代間の時間を h_G とする。そして，第 k 世代は，時間軸上の時刻 $k \cdot h_G$ に対応するとする。また，状態分布 $\boldsymbol{n}_k$ における第 l 番目の要素 $n_{l,k}$ を，時刻 $k \cdot h_G$ において齢 $(l-1) \cdot h_G$ 以上 $l \cdot h_G$ 未満であるような個体から成る部分個体群のサイズに対応すると考える。

閉じた個体群について考えることにすると，Leslie 行列 (3.2) により，

$$n_{j+1,k+1} = a_j n_{j,k} \quad (j = 1, 2, \ldots, m-1) \tag{3.49}$$

であるから，時刻 $t \, (= k \cdot h_G)$ において齢が $\alpha - h_G$ 以上 $\alpha \, (= j \cdot h_G)$ 未満である部分個体群のサイズ $v(t, \alpha)$ は，単位世代時間 $(= h_G)$ 後の時刻 $t + h_G$ には，齢 α 以上 $\alpha + h_G$ 未満をもつ次の部分個体群サイズ $v(t + h_G, \alpha + h_G)$ に遷移する：

$$v(t + h_G, \alpha + h_G) = a_{h_G}(t, \alpha) v(t, \alpha) \tag{3.50}$$

ここで，a_{h_G} は単位世代時間 $[t, t+h_G]$ 内の生存率を与え，$0 \leq a_{h_G} \leq 1$ である。今，生存率 a_{h_G} の大きさは，単位世代時間 h_G の大きさに依存する。自然な仮定として，h_G が大きくなれば，生存率 a_{h_G} は減少するとする。また，単位世代時間が 0，すなわち，世代（時間）が進まなければ，死亡率は 0 でなければならないので，

$$\lim_{h_G \to 0} a_{h_G}(t, \alpha) = 1 \tag{3.51}$$

が任意の t, α, $v(t, \alpha)$ について成り立つ。

さて，3.6 節で述べた齢の分布関数 $U(\alpha, t)$ を考えよう。$U(\alpha, t)$ は，時刻 t において，齢が α 未満の個体から成る部分個体群サイズを表すので，$v(t, \alpha)$ の定義により，

$$v(t, \alpha) = U(\alpha, t) - U(\alpha - h_G, t) \tag{3.52}$$

[*22] Cushing [11], 瀬野 [107] 参照。

である．よって，

$$\frac{v(t+h_G, \alpha+h_G) - v(t,\alpha)}{h_G^2}$$

$$= \frac{\{U(\alpha+h_G, t+h_G) - U(\alpha, t+h_G)\} - \{U(\alpha,t) - U(\alpha-h_G, t)\}}{h_G^2}$$

$$= \frac{\frac{U(\alpha+h_G, t+h_G) - U(\alpha, t+h_G)}{h_G} - \frac{U(\alpha+h_G, t) - U(\alpha, t)}{h_G}}{h_G}$$

$$+ \frac{\frac{U(\alpha+h_G, t) - U(\alpha, t)}{h_G} - \frac{U((\alpha-h_G)+h_G, t) - U(\alpha-h_G, t)}{h_G}}{h_G} \tag{3.53}$$

が得られる．一方，式 (3.50) と式 (3.52) から，

$$\frac{v(t+h_G, \alpha+h_G) - v(t,\alpha)}{h_G^2} = \frac{a_{h_G}(t,\alpha) - 1}{h_G} \frac{U(\alpha,t) - U(\alpha-h_G, t)}{h_G} \tag{3.54}$$

も得られる．条件 (3.51) から，仮定として，

$$\lim_{h_G \to 0} \frac{1 - a_{h_G}(t,\alpha)}{h_G} = \mu(t,\alpha) \tag{3.55}$$

なる関数 μ が存在するとする．$1 - a_{h_G}$ は単位世代時間 $[t, t+h_G]$ 内の死亡率であるから，式 (3.55) の極限により定まる関数 $\mu(t,\alpha)$ は，時刻 t において齢 α をもつ個体の瞬間死亡率を表す．すると，式 (3.53) の両辺について $h_G \to 0$ の極限をとることによって，式 (3.54), (3.55) を用いて，次の偏微分方程式を得ることができる[*23]：

$$-\mu(t,\alpha)\frac{\partial U(\alpha,t)}{\partial \alpha} = \frac{\partial}{\partial t}\left\{\frac{\partial U(\alpha,t)}{\partial \alpha}\right\} + \frac{\partial^2 U(\alpha,t)}{\partial \alpha^2} \tag{3.56}$$

これは，まさに，3.8 節の von Foerster 方程式 (3.33) と同一のダイナミクスを表す．そして，式 (3.17) によって定義される状態変数密度分布関数 $u(\alpha,t)$ を用いれば，von Foerster 方程式 (3.33) に同等となる．

3.10 死亡過程による齢分布

1.3 節で述べた死亡過程を応用して，個体群内の齢分布構造を考えることも可能である[*24]．移出入は無視できる（閉じた）個体群を考えよう．今，時刻 t において齢 a をもつ個体から成る部分個体群のサイズを $n(t,a)$ で表すことにすれば，時刻 $t + \Delta t$ におけるこの部分個体群のサイズは，$n(t+\Delta t, a+\Delta t)$ と書き表される．時間 Δt が経過すれば，

[*23] 式 (3.50) と (3.52) から，Taylor 展開を用いて同じ偏微分方程式を導出することもできる．
[*24] この節の内容と同様の議論は，たとえば，Gurney & Nisbet [22] にある．

齢も同じだけ増加することに注意しよう．だから，時刻 t において齢 a をもつ個体から成るサイズ $n(t, a)$ の部分個体群は，齢が $a' (> a)$ のときに，サイズ $n(t + a' - a, a')$ をもつ．つまり，ある時刻にある特定の齢をもつ個体から成る部分個体群のそれ以降の任意の時刻におけるサイズは，齢 a （もしくは，時刻 t）の関数として扱うことができる．

そこで，今，便宜的に，時刻 t において齢 a をもつ部分個体群のサイズを $N(a)$ と書き表しておく．すると，齢が微小分 Δa だけ増加する間の，この部分個体群における死亡によるサイズ減少分 $\Delta N(a)$ は，$N(a)$ が a に関する十分になめらかな関数であると仮定して，a の周りの Taylor 展開を用いれば，

$$\begin{aligned}
\Delta N(a) &= N(a) - N(a + \Delta a) \\
&= N(a) - \left\{ N(a) + \frac{dN(a)}{da} \Delta a + \mathrm{o}(\Delta a) \right\} \\
&= -\frac{dN(a)}{da} \Delta a - \mathrm{o}(\Delta a)
\end{aligned} \qquad (3.57)$$

と表せる．ここで，$\mathrm{o}(\Delta a)$ は，Taylor 展開における Δa より大きな次数をもつ剰余関数項を表す．

今，この微小時間 Δa における死亡個体群サイズ $\Delta N(a)$ に関して，次の仮定をおく：

$$\Delta N(a) = \mu(a) \Delta a \cdot N(a) + \mathrm{o}(\Delta t) \qquad (3.58)$$

この仮定は，時刻 t において齢が a である個体の微小時間 Δa の間の死亡率を $\mu(a) \Delta a$ とおいたことに相当する．一般的に，死亡率は齢に依存するとしている[25]．すると，式 (3.57) と (3.58) により，

$$-\frac{dN(a)}{da} = \mu(a) \cdot N(a) + \frac{\mathrm{o}(\Delta a)}{\Delta a}$$

であるから，$\Delta a \to 0$ の極限で，着目している部分個体群のサイズの齢依存変動を表す微分方程式

$$\frac{dN(a)}{da} = -\mu(a) \cdot N(a) \qquad (3.59)$$

が得られる．微分方程式 (3.59) は，容易に解けて，齢が a から b だけ増えたときの個体群サイズを与える式

$$N(a + b) = N(a) \, \mathrm{e}^{-\int_a^{a+b} \mu(z) \, dz} \qquad (3.60)$$

が得られる．

---

[25] 生存時間解析においては，このような齢依存の瞬間死亡率 $\mu(a)$ をハザード関数 (hazard function) とも呼ぶ．

3.10 死亡過程による齢分布

微分方程式 (3.59) は，1.3 節で述べた死亡過程において，死亡率が時刻 t の関数で与えられる場合と同等である．したがって，1.3 節の議論とその結果より，齢 a の個体の余命 T の密度分布関数 $f_a(T)$ は，次のように与えられる：

$$f_a(T) = \mu(a+T)\, e^{-\int_a^{a+T} \mu(z)\,dz} \tag{3.61}$$

そして，余命が T 以下である個体の頻度分布関数 $F_a(T)$，つまり，余命が T 以下である確率は，

$$F_a(T) = 1 - e^{-\int_a^{a+T} \mu(z)\,dz} \tag{3.62}$$

で与えられる．したがって，余命が T を超える，つまり，齢 a の個体がさらに T 年以上生き延びる確率 $S_a(T)$ は，

$$S_a(T) = 1 - F_a(T) = e^{-\int_a^{a+T} \mu(z)\,dz} \tag{3.63}$$

で与えられることになる[*26]．

Gurney & Nisbet [22] は，死亡率 μ の齢依存性に関して，次の仮定を用いた：

$$\mu(a) = \frac{p+1}{a_0}\left(\frac{a}{a_0}\right)^p \tag{3.64}$$

ここで，a_0 は正定数，パラメータ p は，この死亡率 μ の齢依存の特性を表す．パラメータ p が大きければ大きいほど，齢が進むにつれての死亡率の上昇がより急激になる．式 (3.64) を式 (3.63) に代入して計算すれば，齢 a の個体がさらに T 年以上生き延びる確率 $S_a(T)$ は，

$$S_a(T) = e^{(a/a_0)^{p+1} - (a/a_0 + T/a_0)^{p+1}} \tag{3.65}$$

と求められる．特に，誕生した直後の個体（齢 = 0）が T 年以上生き延びる確率，すなわち，個体の寿命が T 年以上である確率は，

$$S_0(T) = e^{-(T/a_0)^{p+1}} \tag{3.66}$$

で与えられる．

詳説 式 (3.65) や式 (3.66) で与えられる確率分布は Weibull（ワイブル）分布と呼ばれる．Weibull 分布は，式 (3.64) が表すように，高齢になるほど死亡率が大きくなる場合の寿命に関する生存時間解析に関わる分布として現れる．医療の効果について，治療開始から完全治癒までの時間や，治療開始から死亡までの時間について議論する場合にも適用される．また，たとえば，ある製品の製造機械の故障率が使用年数とともに上昇する場合の議論にも応用される．

[*26] 生存時間解析においては，分布 $F_a(T)$ を生存分布 (survival distribution)，確率 $S_a(T)$ を生存関数 (survival function) とも呼ぶ．

さて，ここまでは，ある時刻 t において齢が a であるような部分個体群のサイズの齢依存変動に着目した議論であった．次に，齢が a であるような部分個体群のサイズの時間推移を考えてみよう．つまり，時刻や構成個体によらず，齢が a である部分個体群のサイズに着目する．本節の始めで述べたように，時刻 t において齢 a をもつ個体から成る部分個体群のサイズを $n(t,a)$ で表せば，微小時間 Δt 後の時刻 $t + \Delta t$ における，齢 a をもつ個体から成る部分個体群のサイズは，$n(t + \Delta t, a)$ と表せる．式 (3.60) により，

$$n(t + \Delta t, a) = n(t, a - \Delta a)\, \mathrm{e}^{-\int_{a-\Delta a}^{a} \mu(z)\,dz} \tag{3.67}$$

である．ただし，$\Delta a = \Delta t$ である．これは，時刻 $t + \Delta t$ において齢 a である個体は，時刻 t においては，齢 $a - \Delta t$ だったことによる．

式 (3.67) の右辺に (t, a) の周りの Taylor 展開を適用すると，次の式が得られる：

$$\begin{aligned}
n(t + \Delta t, a) &= \left\{ n(t,a) - \frac{\partial n(t,a)}{\partial a}\Delta a + \mathrm{o}(\Delta a) \right\} \mathrm{e}^{-\int_{a-\Delta a}^{a} \mu(z)\,dz} \\
&= \left\{ n(t,a) - \frac{\partial n(t,a)}{\partial a}\Delta a + \mathrm{o}(\Delta a) \right\} \mathrm{e}^{\int_{0}^{a-\Delta a} \mu(z)\,dz - \int_{0}^{a} \mu(z)\,dz} \\
&= \left\{ n(t,a) - \frac{\partial n(t,a)}{\partial a}\Delta a + \mathrm{o}(\Delta a) \right\} \mathrm{e}^{-\mu(a)\Delta a + \mathrm{o}(\Delta a)} \\
&= \left\{ n(t,a) - \frac{\partial n(t,a)}{\partial a}\Delta a + \mathrm{o}(\Delta a) \right\} \{1 - \mu(a)\Delta a + \mathrm{o}(\Delta a)\} \\
&= n(t,a) - \frac{\partial n(t,a)}{\partial a}\Delta a - n(t,a)\,\mu(a)\Delta a + \mathrm{o}(\Delta a) \tag{3.68}
\end{aligned}$$

したがって，式 (3.68) により，

$$\frac{n(t+\Delta t, a) - n(t,a)}{\Delta t} = \left\{ -\frac{\partial n(t,a)}{\partial a} - \mu(a)\, n(t,a) + \frac{\mathrm{o}(\Delta a)}{\Delta a} \right\} \frac{\Delta a}{\Delta t} \tag{3.69}$$

が導かれるから，$\Delta t \to 0$ の極限をとれば，

$$\frac{\partial n(t,a)}{\partial t} + \frac{\partial n(t,a)}{\partial a} = -\mu(a)\, n(t,a) \tag{3.70}$$

となり，式 (3.33) で示される von Foerster 方程式が再び導かれた[*27]．

詳説 式 (3.59) の微分が全微分によるダイナミクスの表現であったのに対し，式 (3.70) は偏微分によるダイナミクスの表現である．

[*27] ここで，$\Delta a = \Delta t$ であることを用いた．

第 4 章

構造を伴う感染症伝染ダイナミクスモデル

　数理モデル解析においては，ときに，数学的にデリケートな取り扱いが求められる．また，数学的にデリケートな取り扱いが，数理モデリングの合理性や数理モデルの構造に関わる問題点を明らかにするために必要な場合もある．本章では，第 3 章で解説した構造をもつ個体群ダイナミクスモデルの解析の応用も含め，感染症の伝染ダイナミクスの基本モデルの 1 つである Kermack–McKendrick モデルとその拡張版モデルを題材として，さらに深く踏み込むための数理モデリングと数理モデル解析のデリケートな取り扱いの基礎について解説する．

4.1　Kermack–McKendrick モデル再考

　出生や死亡，移住による人口学的な変動を無視できる時間スケールで感染症の流行を考えるとき，次の Kermack–McKendrick モデルは，時刻 t における感受性個体群サイズ $S(t)$，感染個体群サイズ $I(t)$，および免疫獲得個体群サイズ $R(t)$ の相互作用を最も単純に表した数理モデルの 1 つである[*1]：

$$\begin{aligned}\frac{dS}{dt} &= -\sigma SI \\ \frac{dI}{dt} &= \sigma SI - \rho I \\ \frac{dR}{dt} &= \rho I\end{aligned} \qquad (4.1)$$

ここで，σ は感染係数であり，感染者個体から感受性者個体への感染症の伝染しやすさを表す．また，ρ は回復（免疫獲得）率である．

[*1]【基礎編】6.7 節

ある集団に感染症が出現した初期には，免疫獲得者は存在しないと考えるのが自然であるから，数理モデルとしての常微分方程式系 (4.1) の初期条件は

$$S(0) > 0, \quad I(0) > 0, \quad R(0) = 0 \tag{4.2}$$

である。

時刻 t に関する初等関数とそれらの積分を用いて微分方程式の解を表すことを一般に「微分方程式を解く」という。系 (4.1) はこの意味では解くことができない。しかしながら，数理モデルとしての目的は，常微分方程式系 (4.1) の性質から感染症の流行についての理論的な議論を行うことであるから，解くことができなくとも，系 (4.1) の解の数学的性質が可能な限りわかればよい。実際，【基礎編】6.7 節でも解説されているように，系 (4.1) に関しては，S と I の関係式

$$\frac{dS}{dt} + \frac{dI}{dt} = -\rho I = \frac{\rho}{\sigma} \frac{1}{S} \frac{dS}{dt} = \frac{\rho}{\sigma} \frac{d(\log S)}{dt}$$

から，$t \geq 0$ で成り立つ関係式

$$I(t) = -S(t) + \frac{\rho}{\sigma} \log S(t) + S(0) + I(0) - \frac{\rho}{\sigma} \log S(0)$$

が得られ，系 (4.1) の作るベクトル場により，$(S(t), I(t))$ は (S, I) 相平面において，曲線

$$I = -S + \frac{\rho}{\sigma} \log S + S(0) + I(0) - \frac{\rho}{\sigma} \log S(0) \tag{4.3}$$

上を図 4.1 で示されるように動くことがわかる。

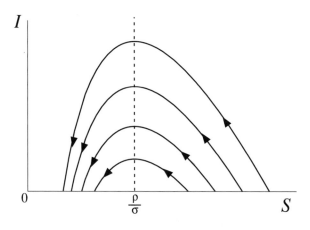

図 4.1 Kermack–McKendrick モデル (4.1) の (S, I) 相平面における解軌道の曲線 (4.3)。4 つの異なる初期条件 $(S(0), I(0))$ に対する曲線を描いた。

4.1 Kermack–McKendrick モデル再考

Kermack–McKendrick モデル (4.1) に関しては，感染症の流行についての議論を展開するための次の基本再生産数 $\mathscr{R}_0$ と最終規模 $S_\infty = \lim_{t\to\infty} S(t)$ を定める方程式も容易に導出できる[*2]：

$$\mathscr{R}_0 = \frac{\sigma}{\rho} S(0) \tag{4.4}$$

$$1 - q_\infty = \mathrm{e}^{-\mathscr{R}_0\{q_\infty + I(0)/S(0)\}} \tag{4.5}$$

ここで，

$$q_\infty = \frac{S(0) - S_\infty}{S(0)}$$

である。なお，着目している個体群全体のサイズ N についての等式 $N = S(t) + I(t) + R(t)$ を用いれば，式 (4.3) により，次の $S(t)$ と $R(t)$ の関係式を導くこともできる：

$$\begin{aligned}
R(t) &= N - S(t) - I(t) \\
&= N - S(t) - \Big\{ -S(t) + \frac{\rho}{\sigma}\log S(t) + S(0) + I(0) - \frac{\rho}{\sigma}\log S(0) \Big\} \\
&= N - \frac{\rho}{\sigma}\log S(t) - S(0) - I(0) + \frac{\rho}{\sigma}\log S(0) \\
&= -\frac{\rho}{\sigma}\log S(t) + \frac{\rho}{\sigma}\log S(0)
\end{aligned}$$

詳説 感染症が集団に侵入した初期においては，$I(0) \ll N$，すなわち，$I(0)/S(0) \ll 1$ であるという仮定に基づき，近似 $I(0)/S(0) \approx 0$ を適用することによって導かれる方程式

$$1 - q_\infty = \mathrm{e}^{-\mathscr{R}_0 q_\infty} \tag{4.5'}$$

を式 (4.5) に代えて議論に用いる場合も少なくない[*3]。このとき，q_∞ が次のように定義される場合もある：

$$q_\infty = \frac{N - S_\infty}{N}$$

以上の結果により，系 (4.1) を成す要素が時間経過に伴ってどのような関係で変動するかが明らかになってはいるが，本節では，もう少し踏み込んで，それらについての数学的によりデリケートな扱い方に関して解説する。

[*2] 【基礎編】6.7 節
[*3] 後述の 5.8 節での議論はこれに相当する。

解の存在性

微分方程式について"解かずに"解の挙動を理解するという文脈では,何よりも先んじて,与えられた初期値の近傍で解が存在することを確認しておかねばならない.実際,系 (4.1) の右辺はすべて,変数 S, I, R について連続的微分可能であるから,初期値に対する解の存在と一意性を保証する Cauchy の定理[*4]により,初期条件 (4.2) を満たす常微分方程式系 (4.1) の解は,初期値を含むある(局所的な)閉区間 D で存在し,しかもそれは一意である.

この閉区間 D の右端点を新たな初期値と考えて,再び Cauchy の定理を適用すれば,同解は,D の右端点を超えて右側に延長できる[*5].さらに,このように延長した解の定義域の右端点を,また,新たな初期値と考えて,Cauchy の定理を適用すれば,同解はその右端点を超えてさらに右側に延長できる.この議論を繰り返すことにより,初期条件 (4.2) を満たす常微分方程式系 (4.1) の解はすべて,半開区間 $[0, T_i)$(T_i は初期条件 (4.2) に依存して決まる定数)において定義された解となる.

> **注記** 半開区間 $[0, T_i)$ については,T_i を初期条件 (4.2) に依存して決まる正数とすれば,区間 $[0, T_i)$ を意味するが,この段階では,$T_i < \infty$ なのか,あるいは,$T_i = \infty$ なのかについては何もいえない.実は $T_i = \infty$ なのであるが,この結論に至るためには,さらなる数学的な議論が必要である.

演習問題 30

系 (4.1) の右辺が Lipschitz 条件を満たすことを示せ.

解の正値性

初期条件 (4.2) を満たし,任意の区間 $[0, T)$ で定義される系 (4.1) の解 $(S(t), I(t), R(t))$ の正値性について考えよう.$S(t)$ について,「区間 $[0, T)$ において $S(t) > 0$ が成り立つ」を否定すれば,ある $t_0 \in [0, T)$ が存在して,$S(t_0) = 0$,かつ,$0 \leq t < t_0$ において $S(t) > 0$ が成り立つ.$0 \leq t < t_0$ に対して,系 (4.1) の第 1 式から,

$$\frac{S'(t)}{S(t)} = -\sigma I(t)$$

[*4] 【基礎編】付録 B
[*5] 解がある区間 I で定義されているとき,その定義域を I より広い区間に拡張できるならば,その解は「延長できる」という.

4.1 Kermack–McKendrick モデル再考

であるから，この式の両辺を 0 から t まで積分すると，

$$\int_0^t \frac{S'(u)}{S(u)}\,du = -\int_0^t \sigma I(u)\,du$$

すなわち，

$$S(t) = S(0)\exp\left[-\int_0^t \sigma I(u)\,du\right]$$

を得ることができる。$t \to t_0-$ とすれば，

$$\lim_{t \to t_0-} S(t) = S(0)\lim_{t \to t_0-} \exp\left[-\int_0^t \sigma I(u)\,du\right]$$
$$= S(0)\exp\left[-\lim_{t \to t_0-}\int_0^t \sigma I(u)\,du\right]$$

が成り立ち，さらに，$S(t)$ と $I(t)$ は区間 $[0, T)$ において連続であるから，

$$S(t_0) = S(0)\exp\left[-\int_0^{t_0} \sigma I(u)\,du\right] > 0$$

であるが，これは背理法の仮定に矛盾する。よって，区間 $[0, T)$ において $S(t) > 0$ であることが示された。

同様にして，区間 $[0, T)$ において $I(t) > 0$ が成り立つことも容易に示すことができる [演習問題 31]。そして，区間 $(0, T)$ において $R(t) > 0$ が成り立つことは，系 (4.1) の第3式により，$0 < t < T$ において，

$$R(t) = \int_0^t \rho I(u)\,du > 0$$

が得られることから明らかである。

> **演習問題 31**
>
> 初期条件 (4.2) と系 (4.1) を満たす $I(t)$ について，任意の区間 $[0, T)$ において $I(t) > 0$ が成り立つことを示せ。

解の有界性

解の有界性は，上の議論で示した正値性と $S(t) + I(t) + R(t) = N$ という事実からただちに示される。すなわち，区間 $[0, T)$ において，

$$0 < S(t) < S(t) + I(t) + R(t) = N$$

が成り立ち，同様に，

$$0 < I(t) < N, \qquad 0 < R(t) < N$$

が成り立つ。

以上のように，解 $(S(t), I(t), R(t))$ に対して，任意の区間 $[0, T)$ における有界性が保証されると，初期条件 (4.2) を満たす系 (4.1) のすべての解が区間 $[0, \infty)$ において存在することが導かれる。ある解 $(S(t), I(t), R(t))$ について，

$$\lim_{t \to \widetilde{T}-} S(t), \qquad \lim_{t \to \widetilde{T}-} I(t), \qquad \lim_{t \to \widetilde{T}-} R(t) \tag{4.6}$$

のいずれかが存在しないような正数 $\widetilde{T} < \infty$ があるとすれば，

$$|S(t_1) - S(t_2)| = \left| \int_{t_1}^{t_2} S'(u) \, du \right| = \left| \int_{t_1}^{t_2} \sigma S(u) I(u) \, du \right| \leq \sigma N^2 |t_1 - t_2|$$

から，$t_1, t_2 \to \widetilde{T}-$ ならば $|S(t_1) - S(t_2)| \to 0$ が成り立つので，Cauchy の収束条件[*6]により，$\lim_{t \to \widetilde{T}-} S(t)$ が存在することが示される。$I(t)$ と $R(t)$ に対しても同様な議論ができるので，これらの帰結は，式 (4.6) のいずれかが存在しないような正数 $\widetilde{T} < \infty$ があるという仮定に矛盾しており，結果，系 (4.1) のすべての解が区間 $[0, \infty)$ において存在することが示された。

$S(t)$，$R(t)$ の収束性，$I(t)$ の振る舞いの閾値

式 (4.1) と解の正値性から，すべての $t \geq 0$ において $S'(t) < 0$，$R'(t) > 0$ が成り立つから，$S(t)$ は狭義単調減少関数であり，$R(t)$ は狭義単調増加関数である。有界な単調関数は収束する[*7]から，

$$\lim_{t \to \infty} S(t) = S_\infty, \qquad \lim_{t \to \infty} R(t) = R_\infty$$

なる S_∞, R_∞ が存在する。$I(t)$ については，式 (4.1) により，

$$I'(t) = I(t)\{\sigma S(t) - \rho\}$$

が成り立つから，次の結果が得られる：

$$\begin{cases} S(t) < \dfrac{\rho}{\sigma} & \text{ならば} \quad I(t) \text{ は狭義単調減少関数} \\ S(t) > \dfrac{\rho}{\sigma} & \text{ならば} \quad I(t) \text{ は狭義単調増加関数} \end{cases} \tag{4.7}$$

[*6] $\lim_{x \to a} f(x)$ が存在するための必要十分条件は，任意の $\varepsilon > 0$ に対して，$|x_1 - a| < \delta_1$, $|x_2 - a| < \delta_2$ ならば $|f(x_1) - f(x_2)| < \varepsilon$ となるような δ_1 と δ_2 が存在することである。

[*7] 大学 1 年次レベルで学ぶ解析学や微分積分学に含まれる内容。

4.1 Kermack–McKendrick モデル再考

特に,$S(0) \leq \rho/\sigma$ ならば,すべての $t \geq 0$ において $I(t)$ は狭義単調減少関数となることは容易にわかるであろう.

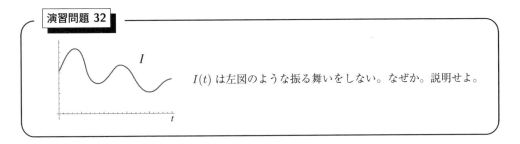

演習問題 32

$I(t)$ は左図のような振る舞いをしない.なぜか.説明せよ.

$I(t)$ の収束性と振る舞い

$S(0) \leq \rho/\sigma$(すなわち,$\mathscr{R}_0 \leq 1$)ならば,すべての $t \geq 0$ において $I(t)$ は狭義単調減少関数であり,かつ,有界であるから,$t \to \infty$ において $I(t)$ は収束する.一方,$S(0) > \rho/\sigma$(すなわち,$\mathscr{R}_0 > 1$)ならば,$S(t) > \rho/\sigma$ である限り,$I(t)$ は狭義単調増加関数であるが,狭義単調減少関数 $S(t)$ が ρ/σ の値に到達した時点で $I(t)$ はピークを迎え,式 (4.7) により,$I(t)$ は狭義単調減少関数に転じる.そして,前述の場合と同様に,$I(t)$ は $t \to \infty$ において収束する.よって,$S(0)$ の値がどうであれ,$I(t)$ は $t \to \infty$ において収束する.すなわち,

$$\lim_{t \to \infty} I(t) = I_\infty$$

なる I_∞ が存在する.

詳説 厳密にいえば,$S(0) > \rho/\sigma$ のとき,$S(t)$ が狭義単調減少関数であるからといって,$S(t)$ が必ず値 ρ/σ に到達するとは限らない.つまり,$S(t) > \rho/\sigma$ のまま,$I(t)$ は狭義単調増加関数であり続けるかもしれない.その場合であっても,$I(t)$ は有界なので,$t \to \infty$ において収束するが,このとき,$I_\infty > 0$ でなければならない.しかしながら,以下で述べるように,$I_\infty = 0$ であることが証明されるので,$S(t) > \rho/\sigma$ であり続ける可能性は否定される.

解 $(S(t), I(t), R(t))$ は,すべての $t \geq 0$ において式 (4.1) を満たしており,十分大きな t に対して,$S(t)$,$I(t)$,$R(t)$ はすべて単調関数であるから,$t \to \infty$ のとき,

$$\lim_{t \to \infty} S'(t) = \lim_{t \to \infty} I'(t) = \lim_{t \to \infty} R'(t) = 0 \qquad (4.8)$$

が成り立つ [演習問題 33].したがって,式 (4.1) において極限 $t \to \infty$ をとれば,

$$0 = -\sigma S_\infty I_\infty$$
$$0 = \sigma S_\infty I_\infty - \rho I_\infty$$
$$0 = \rho I_\infty$$

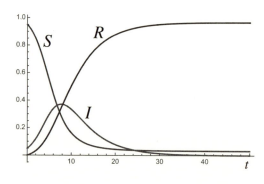 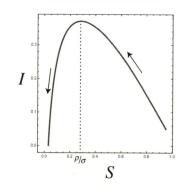

図 4.2 Kermack–McKendrick モデル (4.1) の時間変動と (S, I) 相平面における軌道の数値計算。$\sigma = 0.7$, $\rho = 0.2$, $(S(0), I(0), R(0)) = (0.95, 0.05, 0.0)$。

が導かれ，特に，この第 3 式から $I_\infty = 0$ を得る．したがって，感染症の伝染は，いつかは終息する．

S_∞ と R_∞ については，$R(t)$ が狭義単調増加関数であることから，$R_\infty > 0$ であり，方程式 (4.5) により，$q_\infty < 1 + I(0)/S(0)$ がわかるので，$S_\infty > 0$ が示される．図 4.1, 4.2 は，以上の議論からわかる解 $(S(t), I(t), R(t))$ の振る舞いを示している．

> **演習問題 33**
> 式 (4.8) を証明せよ．

4.2 有限感染齢構造をもつ SIR モデル

Kermack–McKendrick モデル (4.1) では，すべての感染者が同じ感染力をもつと仮定しているが，一般に，感染力は感染後の経過時間に依存する．たとえば，インフルエンザやエボラ出血熱という感染症は，感染してすぐには発症せず，通常，前者は 2 日前後，後者は 7 日前後の潜伏期間を有するといわれている．一般に，感染者の感染力は，潜伏期間と発症期間とでは異なる．そのように，感染者の感染力が一定ではない感染症について，$S(t)$, $I(t)$, および $R(t)$ から成るダイナミクスを表す SIR モデル[8]を構築するためには相応の合理性をもつ数理モデリングが必要である．

---

[8] 【基礎編】6.7 節

4.2 有限感染齢構造をもつ SIR モデル

感染齢の導入

感受性者が感染症に感染してからの経過時間を**感染齢**と呼ぶことにする．今，感染齢を独立変数 $b \geq 0$ で表す．感染力は感染後の経過時間に依存するとし，感染者1個体が感受性者1個体に感染症を移す（単位時間あたりの）率である感染係数 σ を b の関数 $\sigma = \sigma(b)$ で与える．よって，前節の Kermack–McKendrick モデル (4.1) の場合と異なり，ここで考える感染個体群 I には，感染齢に依存して，感染力の異なる感染者が含まれるため，感染力の感染齢依存による伝染ダイナミクスの構造を検討しなければならない．

> **注記** 本節の "感染個体群" は，infective/infectious individuals（感染していて感染力をもつ個体たち）ではなく，infected individuals（感染した個体たち；感染力をもつか否かは問わない）の意．

感染症の伝染ダイナミクスの感染齢依存の構造を検討するために，まず，時刻 t において感染齢が b である感染者の密度分布関数 $i(t,b)$ を導入する．より正確にいえば，$i(t,\cdot)$ は，時刻 t における感染者の感染齢分布を導く関数であり，時刻 t において感染齢が b_1 と b_2 の間にある感染者数が

$$\int_{b_1}^{b_2} i(t,\beta)\,d\beta$$

によって与えられる．

> **注記** ここで現れた密度分布関数は，3.6 節における連続状態変数による個体群ダイナミクスモデルの解説で現れる密度分布関数と同じ数学的な意味をもつ．密度分布関数の値は，通常の密度の概念そのものではないことに注意されたい（3.6 節の解説を参照）．

未回復確率

感染者が感染齢 b まで回復しない確率 $P(b)$ を導入する．$P(b)$ は区分的に連続な関数であると仮定する．ここでは，$P(b)$ は非増加関数であり，$P(0) = 1$ かつ $0 \leq P(b) \leq 1$ を満たすものとしよう．感染者が感染齢 b までに回復する確率が $1 - P(b)$ であり，$1 - P(0) = 0$ である．

さらに，ここでは，感染齢は有限であるとし，正数 B が存在して，

$$\begin{cases} 0 \leq b < B \text{ では } P(b) > 0 \\ b \geq B \quad \text{では } P(b) = 0 \end{cases} \tag{4.9}$$

が成り立つとする。したがって，$1 - P(B) = 1$ であるから，感染者は，感染症に感染後，時間 B が経過するまでに必ず回復する。なお，感染後のある時点で感染力を失った個体が，それ以後，感染力を失ったままである場合に，その個体を「回復者」として扱う。

> **注記** 上記の数理モデリングについて，一般に，感染症に感染後，ある定まった期間 B に至るまでに必然的に回復するという仮定は不自然に感じられるかもしれない。しかし，一方で，感染齢に上限値が存在しないこと（$B = \infty$ にあたる場合［後述］）も，現実的でないと感じられるであろう。
>
> 上記の数理モデリングで述べた前者の場合には，B は実際の感染症における感染力がほぼ失活すると考えられる期間に相当するが，現実の感染症では，感染者が感染力を失うまでの期間の長さが確定値として存在するわけではない。あくまでも，それは，一般的に，統計的に得られる平均値，あるいは，感染症個々について公衆衛生学的に設定された，感受性者に感染させる確率が十分に小さいと評価される感染後期間の長さに過ぎないので，実際には何らかの分布でばらついている。この点を考慮する場合には，感染齢に上限値が存在しない，$B = \infty$ とする数理モデリング[*9]も合理的と考えられる。感染期間長に有限な上限値 B を仮定すること，上限がないと仮定すること，いずれも，数理モデリングにおける，現実に対する数学的な近似である。

これらの仮定に従えば，

$$I(t) = \int_0^B i(t,\beta)\,d\beta$$

である。そして，I に対する初期条件は，初期感染者の感染齢密度分布 $i(0,b) = i_0(b)$ を用いて，

$$I(0) = \int_0^B i_0(\beta)\,d\beta$$

で与えられる。ここで，$i_0(b)$ は，$0 \leq b \leq B$ で定義された区分的に連続な関数とする。

SIR モデル

Kermack–McKendrick モデル (4.1) と同様に，$S(t)$, $I(t)$, および $R(t)$ の部分個体群間の相互作用は，それらの密度の積に比例する強さをもつ[*10]ものとして，感染齢が導入された SIR モデルを構築しよう。

まず，感受性個体群サイズ S の時間変動は，各感染齢の感染個体からの感染症伝染を考慮すれば，次式で与えられる：

$$\frac{dS}{dt} = -\int_0^B \sigma(\beta) S(t)\, i(t,\beta)\, d\beta = -S(t) \int_0^B \sigma(\beta)\, i(t,\beta)\, d\beta \tag{4.10}$$

[*9] 後述 p. 171 参照。

[*10] 質量作用（mass-action）の仮定。S, I, R の間の単位時間あたりの遭遇頻度がそれらの密度の積に比例するとする仮定。たとえば，瀬野 [107] 参照。

4.2 有限感染齢構造をもつ SIR モデル

そして，本節で解説する数理モデリングにおいては，次の条件が満たされるとする：

$$\left.\frac{dS}{dt}\right|_{t=0} = -S(0)\int_0^B \sigma(\beta)\,i(0,\beta)\,d\beta < 0 \tag{4.11}$$

すなわち，感染者が出現した初期時刻 $t=0$ において，感染が生起する仮定である。

詳説 この仮定は，初期時刻 $t=0$ の感染個体群における平均感染力[*11]

$$\widehat{\sigma}(0) = \frac{\int_0^B \sigma(\beta)\,i(0,\beta)\,d\beta}{\int_0^B i(0,\beta)\,d\beta} = \frac{1}{I(0)}\int_0^B \sigma(\beta)\,i(0,\beta)\,d\beta$$

が正であることを意味する。すなわち，初期時刻において個体群に現れた感染個体群中に感染力をもつ感染者が存在するので，初期時刻において感染が生起する。

注記 ただし，$I(0) > 0$ かつ $\widehat{\sigma}(0) = 0$ であり，$dS/dt|_{t=0} = 0$ であるとしても，ある時間経過後には，感染症伝染が起こると考えることができる。$I(0) > 0$ かつ $\widehat{\sigma}(0) = 0$ が成り立ちうるのは，感染齢 b の関数として感染係数 $\sigma(b)$ が 0 となる感染齢域が存在する場合である。そのような場合には，一般に，時刻 $t\ (\geq 0)$ の感染個体群における平均感染力

$$\widehat{\sigma}(t) = \frac{\int_0^B \sigma(\beta)\,i(t,\beta)\,d\beta}{\int_0^B i(t,\beta)\,d\beta} = \frac{1}{I(t)}\int_0^B \sigma(\beta)\,i(t,\beta)\,d\beta \tag{4.12}$$

が正であるとはいえない。ここで，$\widehat{\sigma}(0) = 0$ の場合とは，初期感染個体群の齢密度 $i(0,b)$ において，$\sigma(b) > 0$ を満たすすべての感染齢域について $i(0,b) = 0$ の場合である。ただし，時間経過とともに，感染齢も進むので，ある時刻 t_1 において $\widehat{\sigma}(t_1) = 0$ であるとしても，引き続く時刻 $t_2 > t_1$ において $\widehat{\sigma}(t_2) > 0$ となり，感染症伝染が生起しうる。後述の 4.7 節で扱う感染力のない潜伏期が存在する場合のほか，感染齢に伴う症状に応じた感染抑制措置（一時的謹慎，マスク装着や投薬など）の効果や症状の不安定性を想定することができるだろう。

次に，感染個体群サイズ I の時間変動を与える式を導くために，$i(t,b)$ の時間発展について考えよう。$t \geq b$ ならば，時刻 t で感染齢 b をもつ感染者は，時刻 $t-b$ において感受性者から感染者に遷移した個体

$$S(t-b)\int_0^B \sigma(\beta)\,i(t-b,\beta)\,d\beta$$

[*11] 初期時刻 $t=0$ に存在する感染齢の異なる感染者たちの感染力の平均値。$i(0,b)\Delta b/I(0) = i_0(b)\Delta b/I(0)$ は，感染齢が $[b,\ b+\Delta b]$ に含まれる初期感染者の頻度を表すので，$\widehat{\sigma}(0)$ は，その頻度に基づく $\sigma(b)$ の平均値を与えている。

のうち，時間 b が経過した後も感染力をもつ感染者であるから，

$$i(t,b) = P(b)\left\{S(t-b)\int_0^B \sigma(\beta)\,i(t-b,\beta)\,d\beta\right\} \tag{4.13}$$

となる．

一方，$t<b$ ならば，時刻 t において感染齢 b をもつ感染者は，初期時刻 0 において感染齢 $b-t$ をもつ個体である．この場合，時刻 t で感染齢 b をもつ感染者が感染力をもつとすれば，時刻 0 で感染齢 $b-t$ をもった感染者が条件つき確率 $P(b)/P(b-t)$ で b 時間経過後も感染力をもつことが必要である．初期時刻 0 において感染齢 $b-t$ をもつ個体が感染力を保持できるためには，初期時刻 0 において感染力をもっていなければならないからである．よって，「時刻 0 において感染齢 $b-t$ をもつ感染者」の密度分布関数の値 $i_0(b-t)$ は，$t<b$ の場合には，関係式

$$i(t,b) = i_0(b-t)\frac{P(b)}{P(b-t)} \tag{4.14}$$

を満たす．

最後に，回復者個体群サイズ R の時間変動について考える．区間 $[0,B]$ について，次の n 等分割[*12]を考えよう：

$$0 = b_0 < b_1 < \cdots < b_{n-1} < b_n = B$$

分割幅は B/n である．感染齢 b_i ($i=0,1,\ldots,n-1$) において感染力をもつ個体が感染齢 b_{i+1} までに感染力を失う確率は，条件付き確率

$$\frac{P(b_i)-P(b_{i+1})}{P(b_i)}$$

で与えられる．十分に大きな n に対しては，時刻 t における小さな感染齢区間 $[b_i,b_{i+1}]$ ($0<b_{i+1}-b_i=B/n \ll 1$) の部分感染個体群の個体数は $i(t,b_i)\,B/n + \mathrm{o}(B/n)$ と表されるので，

$$i(t,b_i)\frac{B}{n}\frac{P(b_i)-P(b_{i+1})}{P(b_i)} + \mathrm{o}(B/n)$$

が，この部分感染個体群について，時刻 t から時刻 $t+B/n$ の間に感染力を失う個体数を表す．したがって，

$$\sum_{i=0}^{n-1} i(t,b_i)\frac{B}{n}\frac{P(b_i)-P(b_{i+1})}{P(b_i)} + \mathrm{o}(B/n) \tag{4.15}$$

[*12] 任意の n 分割でよいが，ここでは，簡単のため，等分割としておく．

4.2 有限感染齢構造をもつ SIR モデル

が，時刻 t から時刻 $t+B/n$ の間に感染力を失う感染者の総個体数である．これは，時刻 t から時刻 $t+B/n$ の間に回復者個体群に加わる個体数 $R(t+B/n) - R(t)$ に等しいので，この式 (4.15) を感染齢の分割幅 B/n で割って，極限 $n \to \infty$ をとれば，

$$\lim_{n \to \infty} \frac{R(t+B/n) - R(t)}{B/n} = \lim_{n \to \infty} \left[\sum_{i=0}^{n-1} i(t, b_i) \frac{P(b_i) - P(b_{i+1})}{P(b_i)} + \frac{\mathrm{o}(B/n)}{B/n} \right]$$

$$= \lim_{n \to \infty} \sum_{i=0}^{n-1} i(t, b_i) \frac{P(b_i) - P(b_{i+1})}{P(b_i)} \tag{4.16}$$

となり，左辺は dR/dt である．区分的に連続な初期感染齢分布 $i_0(b)$ に対しては，式 (4.13), (4.14) により，$i(t, b)$ が b に関して区分的に連続となることと，$P(b)$ が有界変動関数であることから，式 (4.16) の右辺は，次のように Stieltjes（スティルチェス）積分（付録 C）によって表現される：

$$\lim_{n \to \infty} \sum_{i=0}^{n-1} i(t, b_i) \frac{P(b_i) - P(b_{i+1})}{P(b_i)} = - \lim_{n \to \infty} \sum_{i=0}^{n-1} \frac{i(t, b_i)}{P(b_i)} \{ P(b_{i+1}) - P(b_i) \}$$

$$= - \int_0^B \frac{i(t, b)}{P(b)} dP(b)$$

よって，式 (4.16) から，

$$\frac{dR}{dt} = - \int_0^B \frac{i(t, b)}{P(b)} dP(b) \tag{4.17}$$

が得られる．

以上の式 (4.10), (4.13), (4.14), (4.17) により，感染齢に依存する感染力が繰り込まれた SIR モデルを表す次の方程式系が得られた：

$$\frac{dS}{dt} = -S(t) \int_0^B \sigma(\beta) \, i(t, \beta) \, d\beta \tag{4.18}$$

$$i(t, b) = \begin{cases} S(t-b) P(b) \int_0^B \sigma(\beta) \, i(t-b, \beta) \, d\beta & (t \geq b \geq 0) \\ i_0(b-t) \dfrac{P(b)}{P(b-t)} & (b > t \geq 0) \end{cases} \tag{4.19}$$

$$\frac{dR}{dt} = - \int_0^B \frac{i(t, b)}{P(b)} dP(b) \tag{4.20}$$

初期条件は，

$$S(0) = S_0 > 0, \quad R(0) = 0, \quad I(0) = \int_0^B i(0, b) \, db = \int_0^B i_0(b) \, db > 0 \tag{4.21}$$

であり，$i_0(b)$ は，$0 \leq b \leq B$ で定義された区分的に連続な非負値関数である．初期条件 (4.21) を満たす系 (4.18–4.20) の解は区間 $[0, \infty)$ において一意的に存在する．証明に関心のある読者は付録 D を参照されたい．

正値性

系 (4.18–4.20) および (4.21) を満たす $S(t)$, $I(t)$, および，$R(t)$ の正値性の数学的取り扱いについて述べよう．$S(t) > 0$ であることは，4.1 節で記述した，系 (4.1) に関する正値性と同様の背理法によって示される．ある $t_1 \in [0, \infty)$ が存在して，$S(t_1) = 0$, かつ，$0 \leq t < t_1$ において $S(t) > 0$ が成り立つとすると，式 (4.18) から，$0 \leq t < t_1$ に対して，

$$\frac{S'(t)}{S(t)} = -\int_0^B \sigma(\beta)\, i(t, \beta)\, d\beta$$

である．この等式の両辺を 0 から t まで積分すれば，

$$\int_0^t \frac{S'(u)}{S(u)}\, du = -\int_0^t \int_0^B \sigma(\beta)\, i(u, \beta)\, d\beta\, du$$

すなわち，

$$S(t) = S(0) \exp\left[-\int_0^t \int_0^B \sigma(\beta)\, i(u, \beta)\, d\beta\, du\right]$$

が得られる．$t \to t_1-$ とすれば，

$$S(t_1) = S(0) \exp\left[-\int_0^{t_1} \int_0^B \sigma(\beta)\, i(u, \beta)\, d\beta\, du\right] > 0$$

となり，矛盾である．また，$S(t) > 0$ が成り立つことと，式 (4.19) を導く過程から，明らかに $i(t, b) \geq 0$ であることにより，

$$I(t) = \int_0^B i(t, \beta)\, d\beta \geq 0$$

が得られる．同様にして，$R(t) \geq 0$ が成り立つこともわかる．ただし，必ずしも $I(t) > 0$ あるいは $R(t) > 0$ とは限らない［演習問題 34］．

> **演習問題 34**
>
> $P(b)$ が $b = 0$ の近くで狭義単調減少関数であるとする．このとき，$\sigma(0) > 0$, もしくは，$\sigma(b)$ が狭義単調増加関数ならば，$I(t) > 0$ および $R(t) > 0$ が常に成り立つことを示せ．

系 (4.18–4.20) の各式を導く数理モデリングの過程から，$S(t) + I(t) + R(t)$ が一定であることは容易にわかる．したがって，4.1 節での議論と同様の議論により，$S(t)$ と $R(t)$

の時間経過に伴う振る舞いについて，
$$\lim_{t\to\infty} S(t) = S_\infty, \qquad \lim_{t\to\infty} R(t) = R_\infty$$
なる S_∞, R_∞ が存在することがわかる．ただし，時間経過に伴う $I(t)$ の振る舞いについては，$\sigma(b)$ や $P(b)$ に依存しているために，4.1 節と同様の議論が適用できる場合もあれば，そうでない場合もある．

4.3 未回復確率による平均感染期間の定式化

系 (4.18–4.20) における新規感染者について，感染力を失うまでの期間長の期待値，すなわち，平均感染期間 $\overline{\beta}$ は，以下のようにして求めることができる．区間 $[0, B]$ を次のように n 分割する：
$$\Delta : \ 0 = b_0 < b_1 < \cdots < b_{n-1} < b_n = B$$
着目する新規感染者 1 個体が感染齢 b_i から b_{i+1} $(i = 0, 1, \ldots, n-1)$ の間に感染力を失う確率は，
$$P(b_i) - P(b_{i+1})$$
で与えられる．分割 Δ の直径 $d(\Delta) = \max_{1 \leq k \leq n}(b_k - b_{k-1})$ を十分小さくとれば，任意の $\beta_{i+1} \in (b_i, b_{i+1})$ $(i = 0, 1, \ldots, n-1)$ に対して，
$$\widetilde{\beta} = \sum_{i=0}^{n-1} \beta_{i+1} \left\{ P(b_i) - P(b_{i+1}) \right\} \tag{4.22}$$
は，着目している新規感染者の平均感染期間 $\overline{\beta}$ を近似する．極限 $d(\Delta) \to 0$ において，この近似値 $\widetilde{\beta}$ が $\overline{\beta}$ となることは容易にわかるであろう．よって，$P(b_n) = P(B) = 0$ であることに注意すれば，

$$\widetilde{\beta} = \beta_1 \{P(b_0) - P(b_1)\} + \beta_2 \{P(b_1) - P(b_2)\} + \cdots + \beta_n \{P(b_{n-1}) - P(b_n)\}$$
$$= P(b_0)(\beta_1 - 0) + P(b_1)(\beta_2 - \beta_1) + \cdots + P(b_{n-1})(\beta_n - \beta_{n-1}) + P(b_n)(B - \beta_n)$$
$$= \sum_{i=0}^{n} P(b_i)(\beta_{i+1} - \beta_i) \tag{4.23}$$

が得られる．ただし，$\beta_0 = 0$, $\beta_{n+1} = B$ とおく．この結果は，区間 $[0, B]$ の分割
$$\Delta_\beta : \ 0 = \beta_0 < \beta_1 < \cdots < \beta_n < \beta_{n+1} = B$$
におけるリーマン和を意味する．$d(\Delta) \to 0$ ならば $d(\Delta_\beta) = \max_{0 \leq k \leq n}(\beta_{k+1} - b_k) \to 0$ である．したがって，リーマン積分の定義により，式 (4.23) から，平均感染期間 $\overline{\beta}$ を与える

式として,

$$\overline{\beta} = \lim_{d(\Delta)\to 0} \sum_{i=0}^{n-1} \beta_{i+1} \{P(b_i) - P(b_{i+1})\}$$
$$= \lim_{d(\Delta_\beta)\to 0} \sum_{i=0}^{n} P(b_i) (\beta_{i+1} - \beta_i)$$
$$= \int_0^B P(b)\, db \tag{4.24}$$

が導かれる。

4.4 感染齢構造下の基本再生産数

基本再生産数 $\mathscr{R}_0$ は,初期時刻,すなわち,着目している個体群に感染者が出現した時点の1感染者が感染力を失うまでに感染させる(=再生産する)感受性者数の期待値を意味する。

今,初期時刻 $t = 0$ において,感染齢0の感染者が存在するとする。感染齢 b の1感染者は,期待値として,$\sigma(b)P(b)$ の感染力を有していると解釈できるので,初期時刻において感染齢0の感染者が感染力を失うまでに感染させる感受性者の総数を考え,次式により,系 (4.18–4.20) における基本再生産数 $\mathscr{R}_0$ を定義する:

$$\mathscr{R}_0 = \int_0^B S(0)\sigma(b)P(b)\, db = S_0 \int_0^B \sigma(b)P(b)\, db \tag{4.25}$$

しかし,時間経過とともに,感染症の伝染により,感受性個体群サイズ S は減少するのであるから,感染者が感染力を失うまでの期間中にも感受性個体群サイズは $S(0)$ より小さくなるはずである。すなわち,式 (4.25) は,系 (4.18–4.20) における初期時刻に存在する感染齢0の1感染者が感染力を失うまでに感染させる感受性者数の期待値には等しくはなく,過大評価となっている。

式 (4.25) が与えるのは,初期時刻に存在した感染齢0の1感染者が感染力を失うまでに感染させる感受性者数の「期待値」ではなく,**感染齢0の1感染者が感染力を失うまでに感染させる感受性者数の「期待値の上限」**である[*13]。

> [注記] 基本再生産数 $\mathscr{R}_0$ は,「感染齢0の1感染者が感染力を失うまでに感染させる感受性者数」の上限値ではないことに注意。感染齢0の1感染者が感染力を失うまでに感染させる感受性者数の上限値は,一般に,基本再生産数 $\mathscr{R}_0$ よりも相当に大きいはずである。

[*13] 一般に,理論的に定義される基本再生産数は,この「期待値の上限」である。

4.4 感染齢構造下の基本再生産数

一般に，初期時刻に感染齢 0 の感染者が存在するとは限らない．しかし，次のように考えることができる．初期時刻に存在する感染者たちが，初期時刻後の十分に短い時間 $[0, \Delta t]$ の間に感染させる感受性者の数の期待値 $\delta S_{\Delta t}$ について考えると，式 (4.10) から，

$$\delta S_{\Delta t} = S(0) - S(\Delta t) = -\left.\frac{dS}{dt}\right|_{t=0} \Delta t + \mathrm{o}(\Delta t)$$

$$= \Delta t \int_0^B \sigma(\beta) S(0) \, i(0, \beta) \, d\beta + \mathrm{o}(\Delta t)$$

である[*14]．式 (4.11) から，この右辺は，任意の $\Delta t > 0$ に対して正であるから，$t = 0$ における初期感染者の齢分布によらず，任意に小さな時間経過後，考えている個体群内に感染症の伝染が起こり，感染齢 0 の 2 次感染者が現れることを表している．本節の始めにおける議論は，初期感染者からの感染による任意に小さな時間経過後に現れる新規感染者についての議論であると考えることもできる．この考え方によれば，基本再生産数 $\mathscr{R}_0$ の定義 (4.25) は，初期感染者の任意の齢分布に対して有効である．

> **詳説** 基本再生産数は，しばしば，感受性個体群サイズが初期感染個体群サイズに比べて十分に大きく，初期時刻からの経過時間 B における感染症の伝染による感受性個体群サイズの減少分が残存する感受性個体群サイズに比べて十分に小さい場合の，感染齢 0 の 1 感染者が感染力を失うまでに感染させる感受性者数の期待値の近似値という意味付けもされる．しかし，この意味付けのみでは，式 (4.25) が与える基本再生産数 $\mathscr{R}_0$ が相当に大きな個体群に感染症が現れた場合にしか適用できないと考えられるかもしれない．すなわち，式 (4.25) が $S(0) \gg 1$ の場合についてのみ意味をもつと理解されるかもしれない．
>
> 　基本再生産数 $\mathscr{R}_0$ は，疫学，公衆衛生の様々な文脈にも現れる．それらは，概して，当該の感染症に対する警戒やその脅威の程度，あるいは，予防，防疫の指針のために用いられる[*15]．この意味で，基本再生産数の「期待値の上限」としての定義は，そうした指針としての活用を考えれば合理的であると考えられる．また，$\mathscr{R}_0$ が，上記のように十分に大きな集団についての近似値としてではなく，「期待値の上限」という定義であれば，考える感染症の伝染ダイナミクスの生じる集団のサイズ変動によらない指針として用いる意義付けもできる．さらに，感染齢の分布や伝染ダイナミクスの進行に伴う感受性個体群サイズの変動にも依存しない定義により，考えている集団における伝染ダイナミクスに関する理論的な議論にとっても重要な指標として取り扱い得る．

式 (4.25) が与える基本再生産数 $\mathscr{R}_0$ が 1 より小さければ，集団に現れた感染症は流行を引き起こさずに終息することが期待できる．一方，基本再生産数 $\mathscr{R}_0$ が 1 より大きい場

[*14] このとき，初期感染者数は感受性者数に比べて相当に小さく，初期感染者による新規感染者数も相当に小さいとし，感受性者数の感染による減少分を無視することに対応する結果が導かれていることに注意．

[*15] もちろん，基本再生産数が病原体自体の特性に加えて，感染経路に関わる公衆衛生環境や感染主体である人間を取り巻く自然や文化・社会状況（ワクチン接種率など）に依存して定まることから，同じ感染症に対しても，様々な文献に現れるその値がすべて等しいとは限らない．たとえば，性感染症を考えてみれば，このことは一目瞭然であろう．すなわち，基本再生産数は，伝染ダイナミクスの生じる集団の生物学的特性，文化・社会的特性の下で各々評価されるべきものである．

合であっても，系 (4.18–4.20) による感染症伝染ダイナミクスについては，感染者数が増加し，ピークをもつとは限らない．理論的には，初期感染者数から継時的に単調減少する場合もあり得る．

たとえば，初期感染個体群が高い感染齢の感染者のみから成る比較的大きな集団である場合には，その初期感染個体群による感染症伝染は生起するが，短い期間ですべての初期感染者が回復するため，感染個体群サイズが短い期間では減少し得る．また，初期感染個体群の感染齢分布によっては，初期に感染個体群は減少するが，ある時刻に増加に転じ，その後，ピークを経て終息に向かうという時間変動も起こりうる[*16]．

このような感染個体群変動は定数係数の Kermack–McKendrick モデル (4.1) では起こらないことは，4.1 節の議論により数学的にも明らかである．Kermack–McKendrick モデル (4.1) においては，感染個体群が増加し，ピークをもつ場合は，式 (4.4) で定義される基本再生産数 $\mathscr{R}_0$ が 1 より大きな場合に限られ，初期感染個体群サイズによらず，$\mathscr{R}_0 > 1$ ならば，初期時刻 $t = 0$ 直後から感染個体群サイズは増加し，$\mathscr{R}_0 \leq 1$ ならば，初期時刻 $t = 0$ 直後から感染個体群サイズは単調に減少する[*17]．

詳説 今，$i(t,\beta)$ が $t=0$ の近傍で $t>0$ について偏微分可能であるとすれば，$t=0$ の近傍において

$$\frac{dI}{dt} = \int_0^B \frac{\partial i(t,\beta)}{\partial t}\,d\beta$$

である．また，$i_0(b)$ と $P(b)$ が区間 $(0,B)$ において微分可能であるとする[*18]と，式 (4.19) から，

$$\left.\frac{\partial i(t,\beta)}{\partial t}\right|_{t=0} := \lim_{t \to 0+} \frac{\partial i(t,\beta)}{\partial t}$$

$$= \lim_{t \to 0+}\left[-\left.\frac{di_0(b)}{db}\right|_{b=\beta-t}\frac{P(\beta)}{P(\beta-t)} + i_0(\beta-t)\frac{P(\beta)}{\{P(\beta-t)\}^2}\left.\frac{dP(b)}{db}\right|_{b=\beta-t}\right]$$

$$= -\frac{di_0(\beta)}{d\beta} + i_0(\beta)\frac{1}{P(\beta)}\frac{dP(\beta)}{d\beta}$$

[*16] 感染症の伝染ダイナミクスについての理論的研究において，初期感染者の素性について触れることはほとんどない．しかし，現代，感染症の伝染ダイナミクスについては，たとえば，バイオテロリズムや，新興感染症の海外からの移入など，多様な状況下での課題が山積しており，場合によっては，初期感染者が感染初期の個体である条件や，初期感染個体群が十分に小さい条件は，仮定として適当とはいえない．

[*17] 【基礎編】6.7 節も参照．

[*18] $i_0(b)$ と $P(b)$ は，いずれも区間 $[0,B]$ において区分的に連続な関数であったから，この仮定は，もしも，可算個の不連続点があれば，区間 $(0,B)$ におけるそれらの不連続点以外の任意の b に対して微分可能であるという意味となる．以降の議論は，その場合であっても同様に展開できるが，数学的によりデリケートな扱いが必要である．関心のある読者に委ねる．

なので,

$$\left.\frac{dI}{dt}\right|_{t=0} := \lim_{t\to 0+} \frac{dI}{dt}$$

$$= \int_0^B \left.\frac{\partial i(t,\beta)}{\partial t}\right|_{t=0} d\beta$$

$$= i_0(0) - i_0(B) + \int_0^B i_0(\beta)\left\{\frac{d}{d\beta}\log P(\beta)\right\} d\beta \tag{4.26}$$

が得られる。$P(\beta)$ は非増加関数であったから,$d\{\log P(\beta)\}/d\beta \leq 0$ であり,式 (4.26) の積分項の値は 0 以下である。したがって,たとえば,$i_0(0) = 0$ かつ $i_0(B) > 0$ ならば,明らかに $dI/dt|_{i=0} < 0$ である。すなわち,$i_0(0) = 0$ かつ $i_0(B) > 0$ ならば,初期時刻からのある期間,感染個体群サイズは減少する。初期感染者分布についての条件 $i_0(0) = 0$ かつ $i_0(B) > 0$ の下でも,もちろん,式 (4.25) で定義される基本再生産数 $\mathscr{R}_0$ が 1 を超える場合は考えうるので,上述のように,系 (4.18–4.20) による感染症伝染ダイナミクスについては,$\mathscr{R}_0 > 1$ の場合であっても,初期時刻からのある期間における感染個体群サイズの減少が起こり得ることがわかる。

4.5 感染齢構造下の最終規模方程式

系 (4.18–4.20) による感染症伝染ダイナミクスについても,極限 $S_\infty := \lim_{t\to\infty} S(t)$ が存在する[*19]ので,本節では,感受性個体群に対するこの最終規模 S_∞ を定める方程式を導く。その方程式の導出は,t の十分大きいところでの議論であるから,$t > B$ としてよい。式 (4.18) から

$$\frac{d\log S(t)}{dt} = -\int_0^B \sigma(\beta)\, i(t,\beta)\, d\beta$$

が成り立つので,これを両辺 0 から t まで積分すれば,式

$$\log S_0 - \log S(t) = \int_0^t \int_0^B \sigma(\beta)\, i(a,\beta)\, d\beta\, da$$

$$= \int_0^B \int_0^B \sigma(\beta)\, i(a,\beta)\, d\beta\, da + \int_B^t \int_0^B \sigma(\beta)\, i(a,\beta)\, d\beta\, da$$

が得られる。この右辺に式 (4.19) を代入する。式 (4.18) により,$t \geq b \geq 0$ において,

$$S(t-b)\int_0^B \sigma(\beta)\, i(t-b,\beta)\, d\beta = -\frac{dS(t-b)}{dt} = -S'(t-b)$$

であるから,式 (4.19) について,

$$i(t,b) = -S'(t-b)P(b) \qquad (t \geq b \geq 0)$$

[*19] p. 165 参照。

と書き換えられる。したがって，$0 \leq a \leq B$ に対して，

$$\int_0^B \sigma(\beta)\, i(a,\beta)\, d\beta = \int_0^a \sigma(\beta)\, i(a,\beta)\, d\beta + \int_a^B \sigma(\beta)\, i(a,\beta)\, d\beta$$

$$= \int_0^a \sigma(\beta)\{-S'(a-\beta)P(\beta)\}\, d\beta + \int_a^B \sigma(\beta)\, i_0(\beta-a)\, \frac{P(\beta)}{P(\beta-a)}\, d\beta$$

$$= \int_0^a \sigma(\beta)\{-S'(a-\beta)P(\beta)\}\, d\beta + \int_0^{B-a} \sigma(\beta+a)\, i_0(\beta)\, \frac{P(\beta+a)}{P(\beta)}\, d\beta$$

となることから，

$$\log S_0 - \log S(t) = \int_0^B \int_0^a \sigma(\beta)\{-S'(a-\beta)P(\beta)\}\, d\beta\, da$$
$$+ \int_0^B \int_0^{B-a} \sigma(\beta+a)\, i_0(\beta)\, \frac{P(\beta+a)}{P(\beta)}\, d\beta\, da$$
$$+ \int_B^t \int_0^B \sigma(\beta)\{-S'(a-\beta)P(\beta)\}\, d\beta\, da$$

が得られる。右辺の積分順序を交換すれば，

$$\log S_0 - \log S(t) = \int_0^B \sigma(\beta)\{S_0 - S(t-\beta)\}P(\beta)\, d\beta$$
$$+ \int_0^B \frac{i_0(\beta)}{P(\beta)}\Big\{\int_\beta^B \sigma(u)P(u)\, du\Big\}\, d\beta \tag{4.27}$$

が導かれる［演習問題 35］。

> **演習問題 35**
> 式 (4.27) を導け。

よって，式 (4.27) から，最終規模 S_∞ が満たすべき等式

$$\log S_0 - \log S_\infty = (S_0 - S_\infty)\int_0^B \sigma(\beta)P(\beta)\, d\beta + \int_0^B \frac{i_0(\beta)}{P(\beta)}\Big\{\int_\beta^B \sigma(u)P(u)\, du\Big\}\, d\beta$$
$$= \Big(1 - \frac{S_\infty}{S_0} + \frac{\langle I \rangle_0}{S_0}\Big)\mathscr{R}_0 \tag{4.28}$$

が得られる。ここで，

$$\langle I \rangle_0 := \int_0^B \frac{i_0(\beta)}{P(\beta)}\, \frac{\int_\beta^B \sigma(u)P(u)\, du}{\int_0^B \sigma(u)P(u)\, du}\, d\beta$$

とおき，基本再生産数 $\mathscr{R}_0$ の定義式 (4.25) を適用した．S_∞ 以外は，与えられた関数，初期条件により定まるから，この式 (4.28) が最終規模 S_∞ を定める方程式である．

さらに，4.1 節と同様に，

$$q_\infty = \frac{S_0 - S_\infty}{S_0}$$

とおけば，式 (4.28) を次のように書き換えることができる：

$$1 - q_\infty = e^{-\mathscr{R}_0(q_\infty + \langle I \rangle_0/S_0)} \tag{4.29}$$

したがって，感染齢に依存する感染力を導入し，感染症の伝染ダイナミクスをより一般化した数理モデル (4.18–4.20) に対しても，Kermack–McKendrick モデル (4.1) に対してと同様に，基本再生産数 $\mathscr{R}_0$ と関係付けた最終規模の議論を展開できる．

> **詳説** 初期の感染個体群サイズ $I(0)$ が十分小さい場合，すなわち，
>
> $$\frac{I(0)}{S(0)} = \frac{1}{S_0}\int_0^B i_0(b)\,db \ll 1$$
>
> の場合には，近似 $\langle I \rangle_0/S_0 \approx 0$ が適用できるので，最終規模方程式 (4.29) は，式 (4.5') とまったく同じ形になる．

4.6　無限感染齢構造をもつ SIR モデル

$B = \infty$ としても同様な議論ができる．このとき，式 (4.9) による仮定は「$b \geq 0$ において $P(b) > 0$」に変更される．そして，

$$I(t) = \int_0^\infty i(t, \beta)\,d\beta$$

であり，系 (4.18–4.20) は

$$\frac{dS}{dt} = -S(t)\int_0^\infty \sigma(\beta)\,i(t,\beta)\,d\beta$$

$$i(t,b) = \begin{cases} S(t-b)P(b)\int_0^\infty \sigma(\beta)\,i(t-b,\beta)\,d\beta & (t \geq b \geq 0) \\ i_0(b-t)\dfrac{P(b)}{P(b-t)} & (b > t \geq 0) \end{cases} \tag{4.30}$$

$$\frac{dR}{dt} = -\int_0^\infty \frac{i(t,b)}{P(b)}\,dP(b)$$

となり，初期条件は

$$S(0) = S_0 > 0, \quad R(0) = 0, \quad I(0) = \int_0^\infty i(0,b)\,db = \int_0^\infty i_0(b)\,db > 0 \qquad (4.31)$$

である．初期条件 (4.31) を満たす系 (4.30) の振る舞いについては，既述の $B < \infty$ の場合と同様の帰結が得られるのだが，広義積分にかかる収束を論じる数学的によりデリケートな取り扱いが必要となる[*20]。

また，基本再生産数 $\mathscr{R}_0$ は，

$$\mathscr{R}_0 = S(0) \int_0^\infty \sigma(b) P(b)\,db \qquad (4.32)$$

により定義され，最終規模を定める方程式は，

$$\langle I \rangle_0 := \int_0^\infty \frac{i_0(\beta)}{P(\beta)} \frac{\int_\beta^\infty \sigma(u) P(u)\,du}{\int_0^\infty \sigma(u) P(u)\,du} d\beta$$

により，式 (4.29) と同じ形となる．

4.7 時間遅れの入った SIR モデル

数理モデリング

感染後，時間 τ（非負の定数）は感染力が生じず，その後，ある一定の感染力が現れる場合を考えてみよう．このとき，感染係数 $\sigma(b)$ の数理モデリングは，

$$\sigma(b) = \begin{cases} 0 & (\tau > b \geq 0) \\ \sigma & (b \geq \tau) \end{cases} \qquad (4.33)$$

で与えられる．ここで σ は正の定数である．τ は感染力のない潜伏期間長を意味する[*21]。さらに，$B = \infty$ としよう．式 (4.30) から，

$$\frac{dS}{dt} = -S(t) \int_0^\infty \sigma(\beta) i(t,\beta)\,d\beta = -\sigma S(t) \int_\tau^\infty i(t,\beta)\,d\beta = -\sigma S(t) \int_0^\infty i(t, u+\tau)\,du$$

が得られる．また，式 (4.30) から，

$$i(t, u+\tau) = \begin{cases} \sigma S(t-u-\tau) P(u+\tau) \int_0^\infty i(t-u-\tau, \beta)\,d\beta & (t \geq u+\tau \geq 0) \\ i_0(u+\tau-t) \dfrac{P(u+\tau)}{P(u+\tau-t)} & (u+\tau > t \geq 0) \end{cases} \qquad (4.34)$$

[*20] ティーメ [118–120] やイアネリ・稲葉・國谷 [37] を参照．

[*21] $\tau = 0$ のときは，潜伏期間がない場合となり，感染係数 $\sigma(b)$ が正定数である，$\sigma(b) = \sigma$ $(b \geq 0)$ の場合に対応する．

4.7 時間遅れの入った SIR モデル

であり，

$$i(t-\tau, u) = \begin{cases} \sigma S(t-u-\tau) P(u) \int_0^\infty i(t-u-\tau, \beta)\, d\beta & (t-\tau \geq u \geq 0) \\ i_0(u+\tau-t)\, \dfrac{P(u)}{P(u+\tau-t)} & (u > t-\tau \geq 0) \end{cases} \quad (4.35)$$

となる．

さて，ここでは，$P(b)$ が

$$P(b) = e^{-\rho b} \quad (4.36)$$

で与えられる数理モデルを考えることにしよう．すると，式 (4.34), (4.35) から，$u \geq 0$ において

$$i(t, u+\tau) = e^{-\rho\tau} i(t-\tau, u)$$

が成り立つことが容易にわかる．したがって，

$$\frac{dS}{dt} = -\sigma S(t) \int_0^\infty i(t, u+\tau)\, du = -\sigma S(t) \int_0^\infty e^{-\rho\tau} i(t-\tau, u)\, du$$
$$= -\sigma e^{-\rho\tau} S(t) I(t-\tau)$$

が導かれる．また，

$$\int_0^\infty \sigma(\beta)\, i(t, \beta)\, d\beta = \int_\tau^\infty \sigma\, i(t, \beta)\, d\beta = \sigma \int_0^\infty i(t, \beta+\tau)\, d\beta$$
$$= \sigma \int_0^\infty e^{-\rho\tau} i(t-\tau, \beta)\, d\beta$$
$$= \sigma e^{-\rho\tau} I(t-\tau)$$

であることを使えば，

$$\begin{aligned} I(t) &= \int_0^\infty i(t, b)\, db \\ &= \int_0^t S(t-b) P(b) \int_0^\infty \sigma(\beta)\, i(t-b, \beta)\, d\beta\, db + \int_t^\infty i_0(b-t)\, \frac{P(b)}{P(b-t)}\, db \\ &= \int_0^t S(b) P(t-b) \int_0^\infty \sigma(\beta)\, i(b, \beta)\, d\beta\, db + \int_t^\infty i_0(b-t)\, \frac{P(b)}{P(b-t)}\, db \\ &= \int_0^t S(b)\, e^{-\rho(t-b)} \sigma\, e^{-\rho\tau} I(b-\tau)\, db + \int_t^\infty i_0(b-t)\, e^{-\rho t}\, db \\ &= \sigma e^{-\rho\tau} e^{-\rho t} \int_0^t S(b)\, e^{\rho b} I(b-\tau)\, db + e^{-\rho t} I(0) \quad (4.37) \end{aligned}$$

が得られるから，これを両辺微分すれば

$$\begin{aligned}\frac{dI(t)}{dt} &= \sigma\,\mathrm{e}^{-\rho\tau}\left(-\rho\,\mathrm{e}^{-\rho t}\right)\int_0^t S(b)\,\mathrm{e}^{\rho b}I(b-\tau)\,db + \sigma\,\mathrm{e}^{-\rho\tau}S(t)I(t-\tau) - \rho\,\mathrm{e}^{-\rho t}I(0)\\ &= -\rho I(t) + \rho\,\mathrm{e}^{-\rho t}I(0) + \sigma\,\mathrm{e}^{-\rho\tau}S(t)I(t-\tau) - \rho\,\mathrm{e}^{-\rho t}I(0)\\ &= -\rho I(t) + \sigma\,\mathrm{e}^{-\rho\tau}S(t)I(t-\tau) \end{aligned} \tag{4.38}$$

が成り立つ．$R(t)$ については，式 (4.30) から，

$$\frac{dR}{dt} = -\int_0^\infty \frac{i(t,b)}{P(b)}\,dP(b) = -\int_0^\infty i(t,b)\frac{P'(b)}{P(b)}\,db = \rho I(t)$$

となる．よって，式 (4.33) および式 (4.36) の数理モデリングにより，時間遅れの入った SIR モデル

$$\begin{aligned}\frac{dS}{dt} &= -\sigma\,\mathrm{e}^{-\rho\tau}S(t)I(t-\tau)\\ \frac{dI}{dt} &= \sigma\,\mathrm{e}^{-\rho\tau}S(t)I(t-\tau) - \rho I(t)\\ \frac{dR}{dt} &= \rho I(t)\end{aligned} \tag{4.39}$$

が導かれる．特別に，$\tau = 0$ のときには，このモデル (4.39) は Kermack–McKendrick モデル (4.1) に一致する．

> **演習問題 36**
>
> 定数変化法を用いて，式 (4.38) から式 (4.37) を導け．

基本再生産数

式 (4.32) により，系 (4.39) の基本再生産数 $\mathscr{R}_0$ は次のように得られる：

$$\mathscr{R}_0 = S(0)\int_0^\infty \sigma(b)P(b)\,db = \sigma S(0)\int_0^\infty \mathrm{e}^{-\rho(u+\tau)}\,du = \frac{\sigma\,\mathrm{e}^{-\rho\tau}}{\rho}S(0) \tag{4.40}$$

時間遅れを含んだ系 (4.39) の感染症伝染ダイナミクスの振る舞いについても，初期の感染者数が微少であるならば，Kermack–McKendrick モデル (4.1) の場合と同様に，$\mathscr{R}_0 = 1$ が閾値である．このことは，以下で解説するように，系

$$\begin{aligned}\frac{dS}{dt} &= -\sigma\,\mathrm{e}^{-\rho\tau}S(t)I(t-\tau)\\ \frac{dI}{dt} &= \sigma\,\mathrm{e}^{-\rho\tau}S(t)I(t-\tau) - \rho I(t)\end{aligned} \tag{4.41}$$

4.7 時間遅れの入った SIR モデル

についての平衡点集合 $\{(S^*, 0)\}$ の安定性から示すことができる。ここで，平衡点集合 $\{(S^*, 0)\}$ は，感染症のない平衡点の集合である[*22]。

平衡点集合 $\{(S^*, 0)\}$ についての固有方程式

系 (4.41) の $\{(S^*, 0)\}$ の周りの線形化方程式系[*23]は，ベクトルと行列による表示を用いて，

$$\frac{d}{dt}\begin{pmatrix} S(t) \\ I(t) \end{pmatrix} = \begin{pmatrix} 0 & 0 \\ 0 & -\rho \end{pmatrix} \begin{pmatrix} S(t) \\ I(t) \end{pmatrix} + \begin{pmatrix} 0 & -\sigma S^* e^{-\rho\tau} \\ 0 & \sigma S^* e^{-\rho\tau} \end{pmatrix} \begin{pmatrix} S(t-\tau) \\ I(t-\tau) \end{pmatrix} \quad (4.42)$$

となる。この式 (4.42) に $\boldsymbol{c} \neq \boldsymbol{0}$ なる定数ベクトル $\boldsymbol{c}$ と未定定数 η を用いて，

$$\begin{pmatrix} S(t) \\ I(t) \end{pmatrix} = \boldsymbol{c} e^{\eta t} \quad (4.43)$$

を代入すると，

$$\eta \boldsymbol{c} e^{\eta t} = \begin{pmatrix} 0 & 0 \\ 0 & -\rho \end{pmatrix} \boldsymbol{c} e^{\eta t} + \begin{pmatrix} 0 & -\sigma S^* e^{-\rho\tau} \\ 0 & \sigma S^* e^{-\rho\tau} \end{pmatrix} \boldsymbol{c} e^{\eta(t-\tau)}$$

となるので，単位行列 E を用いて，方程式

$$\left[\eta E - \begin{pmatrix} 0 & 0 \\ 0 & -\rho \end{pmatrix} - \begin{pmatrix} 0 & -\sigma S^* e^{-(\eta+\rho)\tau} \\ 0 & \sigma S^* e^{-(\eta+\rho)\tau} \end{pmatrix} \right] \boldsymbol{c} = \boldsymbol{0}$$

が得られる。$\boldsymbol{c} \neq \boldsymbol{0}$ であるから，

$$\left| \eta E - \begin{pmatrix} 0 & 0 \\ 0 & -\rho \end{pmatrix} - \begin{pmatrix} 0 & -\sigma S^* e^{-(\eta+\rho)\tau} \\ 0 & \sigma S^* e^{-(\eta+\rho)\tau} \end{pmatrix} \right| = \left| \begin{matrix} \eta & \sigma S^* e^{-(\eta+\rho)\tau} \\ 0 & \eta + \rho - \sigma S^* e^{-(\eta+\rho)\tau} \end{matrix} \right| = 0$$

が成り立たなければならない。すなわち，η が，方程式

$$\eta \{ \eta + \rho - \sigma S^* e^{-(\eta+\rho)\tau} \} = 0 \quad (4.44)$$

を満たさなければならない。これは，系 (4.42) の平衡点集合 $\{(S^*, 0)\}$ についての固有方程式，または，特性方程式と呼ばれるものである[*24]。

$\tau = 0$ の場合と同様，方程式 (4.44) を満たす η と，その η に対して，式 (4.43) が系 (4.42) の解となるような $\boldsymbol{c}$ から，系 (4.41) の $\{(S^*, 0)\}$ の近傍における解の振る舞いにつ

[*22] 系 (4.41) の平衡点 $(S^*, 0)$ は，初期条件に依存して無数に存在する。
[*23] 【基礎編】5.4 節．
[*24] 【基礎編】5.4 節，同付録 B.2

いての情報が得られる。微少な感染者が初期に出現したときの $I(t)$ の振る舞いは，η についての方程式 (4.44) の解のうち，方程式

$$\eta + \rho - \sigma S^* \mathrm{e}^{-(\eta+\rho)\tau} = 0 \qquad (4.45)$$

の解に関係する。方程式 (4.45) のすべての解の実部が負となるような平衡点 $\{(S^*, 0)\}$ は漸近安定であり，方程式 (4.45) に正の実部をもつ解が存在するような平衡点 $\{(S^*, 0)\}$ は不安定である。

平衡点集合 $\{(S^*, 0)\}$ の近傍における解の振る舞い

実は，η についての方程式 (4.45) は，解を無限個もつ超越方程式である[*25]。よって，方程式 (4.45) について，すべての解の実部が負であるための条件や，正の実部をもつ解が存在するための条件を見出すには，無数の解が複素平面の左半平面にのみ分布するか，それとも，右半平面にも分布するかどうかを論じなければならない。実際，超越方程式 (4.45) に対しては，その解がパラメータについて連続であり，解が虚軸上に所在しない限り，複素平面の右半平面に存在する解の個数は確定して不変であるという 2 つの事実を利用する解析技術が知られている。

たとえば，σ 以外のパラメータを固定して考えてみよう。この場合，式 (4.40) により，σ がより大きいことと $\mathscr{R}_0$ がより大きいことは同値であることに注意する。$\sigma = 0$ に対しては $\eta = -\rho$ であるから，η についての方程式 (4.45) の解が複素平面の左半平面に存在することは容易にわかる。

また，方程式 (4.45) が複素平面の虚軸上に解をもつとすると，その解 $\eta = i\omega$ を式 (4.45) に代入し，式 (4.40) で定義される $\mathscr{R}_0$ を用いて整理すれば，等式

$$\cos\omega\tau = \frac{1}{\mathscr{R}_0}; \qquad \sin\omega\tau = -\frac{\omega}{\rho\mathscr{R}_0} \qquad (4.46)$$

が得られるが，これは明らかに，$\mathscr{R}_0 < 1$ のときには成立しない。したがって，$0 < \mathscr{R}_0 < 1$ に対応する σ に対しては，方程式 (4.45) の解は複素平面の左半平面にのみ存在するという結論が得られた。すなわち，$0 < \mathscr{R}_0 < 1$ に対応する σ に対しては，方程式 (4.45) のすべての解の実部は負である。

また，$\mathscr{R}_0 = 1$ に対応する σ については，方程式 (4.45) の解は複素平面の虚軸上（原点）に所在することもわかる。$\mathscr{R}_0 = 1$ のとき，等式 (4.46) から $\cos\omega\tau = 1$，$\sin\omega\tau = -\omega/\rho$ が成り立つ。最初の式から $\omega = 2n\pi/\tau$ ($n = 0, \pm 1, \pm 2, \ldots$) であるが，これらのうち，2 番目の式を満たすのは $\omega = 0$ のみである。

[*25] 時間遅れを含む微分方程式の解析が難しいとされる（かつ，挑戦しがいのある）理由の 1 つ。

さらに，複素平面の虚軸上において，方程式 (4.45) の解の σ についての微分の実部は，

$$\Re\left(\frac{d\eta}{d\sigma}\bigg|_{\eta=i\omega}\right) = \frac{\rho(1+\tau\rho)+\tau\omega^2}{\sigma[(1+\tau\rho)^2+(\tau\omega)^2]} > 0$$

であるから，ある σ の値に対して方程式 (4.45) の解が複素平面の虚軸上にあるとすると，より大きな σ の値に対する解は，複素平面の右半平面にあり，左半平面に存在することはあり得ない。したがって，$\mathscr{R}_0 > 1$ に対応する σ の値に対しては，方程式 (4.45) に正の実部をもつ解が存在することが示された。

以上の議論により，微少な感染者が，$\mathscr{R}_0 < 1$ なる平衡点 $\{(S^*,0)\}$ の近傍に出現すれば，感染症伝染は衰退し，$\mathscr{R}_0 > 1$ なる平衡点 $\{(S^*,0)\}$ の近傍に出現すれば，感染症伝染は流行するという結論となる。

注記 $\mathscr{R}_0 = 1$ に対応する平衡点は $(\rho e^{\rho\tau}/\sigma, 0)$ である。$\mathscr{R}_0 = 1$ かつ $S(0) = \rho e^{\rho\tau}/\sigma$ の状況において微少な感染者が出現したときも，感染症伝染が衰退するが，その証明には数学的によりデリケートな扱いが必要であり，関心のある読者に委ねる。

4.8 出生・死亡項をもつ SIR モデル

数理モデル (4.1) に，出生や死亡による個体群サイズの変動の影響を導入しよう[26]。以下の仮定の下での数理モデリングを考える：

- 感染症への感染による出生や死亡への影響はない[27]。
- 垂直感染はない。すなわち，生まれてくる個体はすべて感受性個体である。
- 出生による個体群サイズの増加率を定数 $\lambda > 0$ とする。
- 死亡による各部分個体群サイズの減少率は各部分個体群サイズに比例する（比例定数 μ = 個体あたり死亡率）。

---

[26] 出生や死亡による個体群サイズの変動が無視できないような時間スケールを想定するということである。

[27] 感染症として，出生や死亡による個体群サイズ変動の時間スケールと同じオーダーの時間スケールで緩やかに進行する伝染ダイナミクスをもち，出生率や死亡率への影響が無視できるものを考える。

これらの仮定をKermack–McKendrickモデル (4.1) に加え，本節では，次のSIRモデルを考える：

$$\frac{dS}{dt} = \lambda - \mu S - \sigma SI$$

$$\frac{dI}{dt} = \sigma SI - \rho I - \mu I \qquad (4.47)$$

$$\frac{dR}{dt} = \rho I - \mu R$$

この数理モデル (4.47) の想定する時間スケールにおいては，一過性でない感染症を考えているので，初期条件は，Kermack–McKendrickモデル (4.1) に対する初期条件 (4.2) における $R(0)$ の条件を緩めて，

$$S(0) > 0, \quad I(0) > 0, \quad R(0) \geq 0 \qquad (4.48)$$

とおく．

> **注記** 出生による個体群サイズの増加率が定数であるという仮定は，SIRモデルに出生と死亡の影響を導入する場合にしばしば持ち込まれる．この仮定は，数理モデリングの合理性の観点からは，必ずしも合理的ではない．数理モデル (4.47) において，感染者がいない場合 ($I \equiv 0$) を考えてみると，
> $$\frac{dS}{dt} = \lambda - \mu S$$
> となり，この式から，$S = R = 0$ のときにも，$dS/dt = \lambda > 0$ であるから，個体群サイズが0である場合に出生が起こっている構造をもつ[*28]．
> 　この仮定が合理的である特殊な場合の1つは，出生と死亡の釣り合いが成り立ち，総個体群サイズ $N = S + I + R$ が定数となっている場合である．式 (4.47) の両辺それぞれの和をとれば，
> $$\frac{d}{dt}(S + I + R) = \lambda - \mu(S + I + R) \qquad (4.49)$$
> である．総個体群サイズが定数 N であるということから，この式の左辺 $= 0$ であり，右辺より，$\lambda - \mu N = 0$ が成り立つ．つまり，$\lambda = \mu N = \mu(S + I + R)$ である．これは，出生による個体群サイズの増加率が総個体群サイズに比例しており，その比例定数（＝個体あたりの出生率）が，死亡による個体群サイズの減少率を与える個体あたりの死亡率 μ に等しいことにより，総個体群サイズが定常値に釣り合っている状況を意味する．
> 　系 (4.47) は，この状況の下での感染症の伝染ダイナミクスを考える数理モデルとして考えることができる．上記の $I = R = 0$ の下での $S = 0$ の場合の $dS/dt > 0$ は，この数理モデリ

[*28] λ が出生のみでなく，個体群への外からの移入も含めて考える場合には，この構造は意味をもつ．そのような構造によるダイナミクスは，ケモスタット (chemostat) のダイナミクスとして研究されている．たとえば，Smith & Waltman [112, 113] を参照されたい．

4.8 出生・死亡項をもつ SIR モデル

ングにおいては不可である。なぜなら，$I = R = 0$ の下での $S = 0$ の場合，$N = 0$ なので，$\lambda = \mu N = 0$ であり，$dS/dt = 0$ とするのが正しい取り扱いだからである。

さらに，この数理モデリングにおいては，出生ダイナミクスが Malthus 係数 μ の Malthus 型増殖過程である必要はない。もしも，そうであれば，任意の総個体群サイズ N に対して，$dN/dt = 0$ であり，非常に特殊な状況である。この数理モデリングでは，出生ダイナミクスが総個体群サイズ N に依存する非線形な個体あたり出生率 $B(N)$ の場合であっても成立する。総個体群サイズの時間変動が

$$\frac{dN}{dt} = B(N)N - \mu N$$

で与えられる場合を考え，この個体群サイズダイナミクスがある正の平衡値 N^* へ漸近する振る舞いをもつものとしよう。たとえば，$B(N) = r - \beta N$ とおけば，これは，内的自然増殖率 r，出生率に対する密度効果係数 β をもつ logistic 方程式によるダイナミクスであり，$r > \mu$ のとき，任意の正の初期値 $N(0)$ に対して，N は正の平衡値 $N^* = (r - \mu)/\beta$ に漸近する。ここでは，一般に，N は，$B(N^*) - \mu = 0$ を満たす正の平衡値 N^* に漸近するとしよう。前記の仮定により，感染症の伝染ダイナミクスは総個体群サイズの変動ダイナミクスには影響を及ぼさないので，感染症が個体群に出現し，伝染ダイナミクスが生起しても，総個体群サイズは，感染症の伝染ダイナミクスとは独立に，正の平衡値 N^* に漸近する。そこで，総個体群サイズが平衡値 N^* にある状況下での感染症の伝染ダイナミクスを考えることにすれば，

$$\frac{dN}{dt} = B(N^*)N^* - \mu N^* = 0$$

であり，$S(t) + I(t) + R(t) = N^*$，$\lambda = B(N^*)N^*$（正定数）として，感染症の伝染ダイナミクスを系 (4.47) によって考えることの合理性が成立する。

これらの合理的な数理モデリングでは，総個体群サイズ $N = S(t) + I(t) + R(t)$ が時間によらない定数となるが，本節の以下の議論においては，あえて，この仮定をおかずに，系 (4.47) の数学的な取り扱いについて述べる。後述の通り，この仮定をおかなくても，総個体群サイズは，有限確定正値 λ/μ に漸近する。したがって，この仮定は系 (4.47) の振る舞いを議論する上ではさほど重要ではないと考えられるかも知れないが，上記の通り，数理モデリングの合理性の観点からはやはり重要であることを理解しておくべきだろう。

正値性

4.1 節の議論と同様にして，Cauchy の定理から，初期条件 (4.48) を満たす微分方程式系 (4.47) の解 $(S(t), I(t), R(t))$ は，すべて，初期条件 (4.48) に依存して決まる半開区間で定義される解となる。それらの解の正値性は次のように考えればよい。

$S(t)$ について，もしも，ある時刻 t_0 で $S(t_0) = 0$，かつ，$0 \leq t < t_0$ において $S(t) > 0$ が成り立つとすると，$S'(t_0) \leq 0$ が得られるが，系 (4.47) の第 1 式から，

$$S'(t_0) = \lambda - \mu S(t_0) - \sigma S(t_0)I(t_0) = \lambda > 0$$

であり，矛盾である。したがって，$S(t) > 0$ が成立する。同様にして，$R(t) > 0$ であることも示せる。さらに，$I(t) > 0$ の証明は，4.1 節における系 (4.1) の解の正値性の議論

と同様に考えればよい。

> **演習問題 37**
>
> 初期条件 (4.48) を満たす微分方程式系 (4.47) の解が存在している区間において，$I(t) > 0$ が成り立つことを示せ．さらに，$I(t) > 0$ ならば $R(t) > 0$ が成り立つことを示せ．

有界性

系 (4.1) とは異なり，系 (4.47) の解の和 $S(t) + I(t) + R(t)$ は，必ずしも一定ではないが，式 (4.49) から解 $(S(t), I(t), R(t))$ の有界性は容易に示される．なぜならば，

$$\Sigma(t) = S(t) + I(t) + R(t) - \frac{\lambda}{\mu}$$

とおけば，式 (4.49) から，

$$\frac{d\Sigma(t)}{dt} = -\mu\Sigma(t) \tag{4.50}$$

が成り立ち，$\Sigma(t) = \Sigma(0)\,\mathrm{e}^{-\mu t}$ が得られるからである．解 $(S(t), I(t), R(t))$ は存在する限り，正の値をとり，かつ，$S(t) + I(t) + R(t)$ が有界であるから，解 $(S(t), I(t), R(t))$ は有界となる．こうして，解 $(S(t), I(t), R(t))$ が存在する限り有界であることが保証されると，4.1 節と同様の議論により，初期条件 (4.48) を満たす系 (4.47) のすべての解は区間 $[0, \infty)$ において存在することが示される．

平衡点

系 (4.47) の平衡点については，

$$\lambda - \mu S - \sigma SI = 0$$
$$\sigma SI - \rho I - \mu I = 0$$
$$\rho I - \mu R = 0$$

を満たす (S, I, R) の組として，平衡点

$$E_0\Big(\frac{\lambda}{\mu},\, 0,\, 0\Big) \tag{4.51}$$

が常に存在し，さらに，条件

$$\frac{\lambda\sigma}{\mu(\rho + \mu)} > 1 \tag{4.52}$$

4.8 出生・死亡項をもつ SIR モデル

が成り立つときには，平衡点

$$E_*\left(\frac{\rho+\mu}{\sigma},\ \frac{\mu}{\sigma}\left\{\frac{\lambda\sigma}{\mu(\rho+\mu)}-1\right\},\ \frac{\rho}{\sigma}\left\{\frac{\lambda\sigma}{\mu(\rho+\mu)}-1\right\}\right) \tag{4.53}$$

も存在する。

注記 平衡点 (4.51) を**感染症のない平衡点** (disease-free equilibrium)，平衡点 (4.53) を**感染症常在平衡点** (endemic equilibrium)[*29]と呼ぶ。一方，数学では，前者の平衡点を境界平衡点 (boundary equilibrium)，後者の平衡点を内部平衡点 (interior equilibrium) と分類して呼ぶことがある。これらは，解が存在する領域に関する平衡点の分類に係る数学用語であり，数理モデルについての用語ではない。

解の振る舞い

系 (4.47) の解の振る舞いが系 (4.1) とは異なった様相をもつことは予想されるだろう。系 (4.47) において，第 1 式と第 2 式は $R(t)$ の情報を含まず，第 3 式から，定数変化法[*30]により，

$$R(t) = R(0)\,\mathrm{e}^{-\mu t} + \rho \int_0^t \mathrm{e}^{-\mu(t-\tau)} I(\tau)\,d\tau$$

が導かれるため，初期条件 (4.48) を満たす系 (4.47) の解の振る舞いは，次の系の解の振る舞いによって決まる：

$$\begin{aligned}\frac{dS}{dt} &= \lambda - \mu S - \sigma SI \\ \frac{dI}{dt} &= \sigma SI - \rho I - \mu I \\ S(0) &> 0,\ \ I(0) > 0\end{aligned} \tag{4.54}$$

この系 (4.54) は，平衡点

$$\widehat{E}_0\left(\frac{\lambda}{\mu},\ 0\right)$$

を常にもち，条件 (4.52) が成立するとき，平衡点

$$\widehat{E}_*\left(\frac{\rho+\mu}{\sigma},\ \frac{\mu}{\sigma}\left\{\frac{\lambda\sigma}{\mu(\rho+\mu)}-1\right\}\right)$$

をもつ。これらはそれぞれ，系 (4.47) における E_0，E_* に対応する。

[*29] この名称以外に，感染症流行平衡点，風土病化平衡点が使われることもあるが，いずれも慣用ではない。特に，前者の呼称は「流行」の定義を曖昧にするおそれがあるので好ましくない。

[*30]【基礎編】付録 B 参照。

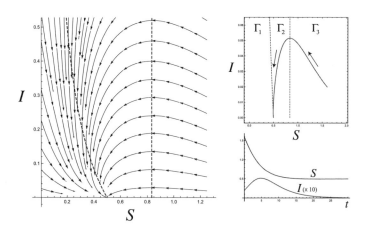

図 4.3 (S, I) 相平面における系 (4.54) のベクトル場と軌道図,および,対応する時間変動の数値計算。条件 (4.52) が成り立たない場合:$\lambda = 0.1$,$\mu = 0.2$,$\sigma = 0.6$,$\rho = 0.3$,$(S(0), I(0)) = (1.6, 0.02)$。破線はヌルクライン。

系 (4.54) の任意の解を $(S(t), I(t))$ とする。条件 (4.52) が成り立たないときの系 (4.54) の解の振る舞いは,(S, I) 相平面におけるアイソクライン法[*31]によって容易にわかる(図 4.3 参照)。領域

$$\Gamma_1 : S \leq \frac{\lambda}{\rho I + \mu}$$

では,$S(t)$ が増加関数,かつ,$I(t)$ が減少関数であり,領域

$$\Gamma_2 : S \geq \frac{\lambda}{\rho I + \mu} \ \text{かつ} \ S \leq \frac{\rho + \mu}{\sigma}$$

では,$S(t)$,$I(t)$ がともに減少関数となり,領域

$$\Gamma_3 : S > \frac{\rho + \mu}{\sigma}$$

では,$S(t)$ が減少関数,かつ,$I(t)$ が増加関数となる。$(S(t), I(t)) \to \widehat{E}_0 \ (t \to \infty)$ を証明するには,解 $(S(t), I(t))$ の初期値に関して,以下の 3 つの場合に分けて考えればよい:

(i) $(S(0), I(0))$ が領域 Γ_1 にあれば,Γ_1 は明らかに正の不変集合であるから,$S(t)$ と $I(t)$ の単調性により,$(S(t), I(t)) \to \widehat{E}_0 \ (t \to \infty)$ が成り立つことがわかる。

(ii) $(S(0), I(0))$ が領域 Γ_2 にあれば,解 $(S(t), I(t))$ は領域 Γ_1 に入るか,領域 Γ_2 内にとどまるかのどちらかである。前者の場合は (i) の議論に帰着される。後者の場合,領域 Γ_2 が正の不変集合となるから,$S(t)$ と $I(t)$ の単調性により,$(S(t), I(t)) \to \widehat{E}_0$ $(t \to \infty)$ が成り立つことがわかる。

[*31] 【基礎編】5.3 節

4.8 出生・死亡項をもつ SIR モデル

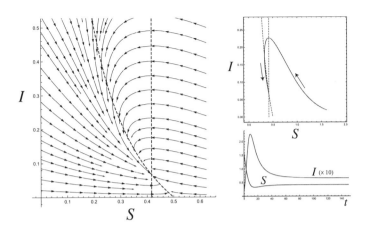

図 4.4 (S, I) 相平面における系 (4.54) のベクトル場と軌道図，および，対応する時間変動の数値計算．条件 (4.52) が成り立つ場合：$\lambda = 0.1$, $\mu = 0.2$, $\sigma = 0.6$, $\rho = 0.05$, $(S(0), I(0)) = (1.6, 0.02)$．破線はヌルクライン．

(iii) $(S(0), I(0))$ が領域 Γ_3 にあるとき，解 $(S(t), I(t))$ は領域 Γ_3 にとどまらない．なぜならば，もしも，$(S(t), I(t))$ が領域 Γ_3 にとどまるとすれば，$t > 0$ において，

$$S(t) > \frac{\rho + \mu}{\sigma} \tag{4.55}$$

かつ，$I(t) > I(0)$ であり，式 (4.54) から，

$$\begin{aligned}
S'(t) = \lambda - \mu S(t) - \sigma S(t) I(t) &< \lambda - \mu \left(\frac{\rho + \mu}{\sigma}\right) - \sigma I(0) S(t) \\
&= \frac{\mu(\rho + \mu)}{\sigma} \left\{ \frac{\lambda \sigma}{\mu(\rho + \mu)} - 1 \right\} - \sigma I(0) S(t) \\
&\leq -\sigma I(0) S(t)
\end{aligned}$$

となるから，$S(t) \to 0$ $(t \to \infty)$ が成り立ち，式 (4.55) に矛盾する．したがって，解 $(S(t), I(t))$ は必ず領域 Γ_2 に入り，(ii) の議論に帰着される．

以上の考察は，明らかに，平衡点 $\widehat{E}_0$ が安定であることも示している．したがって，平衡点 $\widehat{E}_0$ は大域的に漸近安定である．

一方，条件 (4.52) が成り立つときの系 (4.54) の解 $(S(t), I(t))$ の振る舞いについては，(S, I) 相平面におけるアイソクライン法だけでは，$\widehat{E}_*$ の周りを反時計回りに回転する様相しかわからず，解 $(S(t), I(t))$ の $\widehat{E}_*$ への収束性はわからない．しかし，付録 E に解説されている LaSalle（ラサール）の不変原理（LaSalle's invariance principle）を併用した Lyapunov の方法を適用すれば，以下の議論により，$\widehat{E}_*$ が大域的に漸近安定であること

を示すことができる（図 4.4 参照）。

系 (4.54) の平衡点 $\widehat{E}_*$ に関して LaSalle の不変原理が成り立つことを導くためには，次の補題を示せばよい：

補題 系 (4.54) の平衡点 $\widehat{E}_*$ を含む適当な領域 Ω において，系 (4.54) の解に沿った微分が非負となる関数 $V(S, I)$，すなわち，

$$\dot{V}_{(4.54)}(S, I) := \frac{\partial V}{\partial S} \frac{dS}{dt} + \frac{\partial V}{\partial I} \frac{dI}{dt} = \frac{\partial V}{\partial S} (\lambda - \mu S - \sigma SI) + \frac{\partial V}{\partial I} (\sigma SI - \rho I - \mu I) \leq 0$$

が成り立つような関数 $V(S, I) \in C^1[\overline{\Omega}]$ （$\mathbb{R}^n \supset \Omega$）が存在する。

この補題が成り立てば，LaSalle の不変原理により，集合

$$\mathscr{E} = \{(S, I) \in \overline{\Omega} \mid \dot{V}_{(4.54)}(S, I) = 0\}$$

の部分集合のうち，系 (4.54) に対する最大の正の不変集合を $\mathscr{M}$ とすれば，系 (4.54) の有界な解は $t \to \infty$ において $\mathscr{M}$ に近づくことが保証される。

平衡点 $\widehat{E}_*$ について，

$$\widehat{E}_* \left(\frac{\rho + \mu}{\sigma}, \frac{\mu}{\sigma} \left\{ \frac{\lambda \sigma}{\mu(\rho + \mu)} - 1 \right\} \right) = (S^*, I^*)$$

とおく。領域 $\Omega = \{(S, I) \mid S > 0, I > 0\}$ において，関数

$$V(S, I) = S - S^* - S^* \log \frac{S}{S^*} + I - I^* - I^* \log \frac{I}{I^*} \tag{4.56}$$

を定義すれば，$V(S, I)$ は，平衡点 $\widehat{E}_*$ についての Lyapunov 関数[*32]であり，

$$\begin{aligned}
\dot{V}_{(4.54)}(S, I) &= \left(1 - \frac{S^*}{S}\right)(\lambda - \mu S - \sigma SI) + \left(1 - \frac{I^*}{I}\right)\{\sigma SI - (\rho + \mu)I\} \\
&= \frac{S - S^*}{S}(\lambda - \mu S) - \sigma I^*(S - S^*) \\
&= \lambda(S - S^*)\left(\frac{1}{S} - \frac{\sigma}{\rho + \mu}\right) \\
&= -\frac{\lambda(S - S^*)^2}{S^* S} \leq 0
\end{aligned} \tag{4.57}$$

が得られるから，$\widehat{E}_*$ は安定である。

[*32] 付録 E.1,【基礎編】6.4 節

4.8 出生・死亡項をもつ SIR モデル

ところが，$V(S,I)$ は $\overline{\Omega}$ では定義されないため，LaSalle の不変原理を適用するための上記の補題が成り立つことを示すためには，もうひと工夫が必要である．正の数 l に対して，

$$\Omega_l = \{(S,I) \in \Omega \mid V(S,I) \leq l\}$$

と定めると，式 (4.56) と (4.57) から，Ω_l は，平衡点 $\widehat{E}_*$ を内部に含む有界閉領域であり，系 (4.54) に対する正の不変集合であることが容易にわかる．よって，任意の解 $(S(t), I(t))$ に対して，適当な $l > 0$ が存在して，$t \geq 0$ において $(S(t), I(t)) \in \Omega_l$ が成り立つ．また，明らかに，式 (4.56) の $V(S,I)$ は $\overline{\Omega}_l$ で定義される．この議論により，上記の補題が成り立つことが示された．

したがって，LaSalle の不変原理により，解 $(S(t), I(t)) \in \Omega_l$ は，$\dot{V}_{(4.54)} = 0$ を満たす集合 $\mathscr{E} = \{(S,I) \in \overline{\Omega}_l \mid S = S^*,\ I \geq 0\}$ に含まれる最大の正の不変集合に近づくことが保証される．$\mathscr{E}$ の部分集合のうち，正の不変集合となるのは $\{\widehat{E}_*\}$ のみであることは，ベクトル場の様相から容易にわかる（図 4.4 参照）．ゆえに，$(S(t), I(t)) \to \widehat{E}_*\ (t \to \infty)$ が示された．

以上の議論による結果は次の定理としてまとめられる[*33]：

定理 系 (4.54) において，

$$\begin{cases} \dfrac{\lambda \sigma}{\mu(\rho + \mu)} \leq 1\ \text{ならば},\ \widehat{E}_0\ \text{が大域的に漸近安定} \\[6pt] \dfrac{\lambda \sigma}{\mu(\rho + \mu)} > 1\ \text{ならば},\ \widehat{E}_*\ \text{が大域的に漸近安定} \end{cases}$$

演習問題 38

平衡点の安定性に関する以下の結果を示せ：

(a) 系 (4.54) において $\widehat{E}_0$ が漸近安定ならば，系 (4.47) において E_0 は漸近安定である．

(b) 系 (4.54) において $\widehat{E}_*$ が大域的に漸近安定ならば，系 (4.47) において E_* は大域的に漸近安定である．

基本再生産数

系 (4.47) の第 2 式から，ある時刻 $t_1\ (\geq 0)$ に感染者となった個体から成るコホートのサイズ $\widetilde{I}(t)$ の時間変動は，

$$\frac{d\widetilde{I}}{dt} = -(\rho + \mu)\widetilde{I}$$

[*33] 条件 (4.52) が成り立たない場合の結果「平衡点 $\widehat{E}_0$ は大域的に漸近安定である」も Lyapunov 関数を用いて導くことができる．Lyapunov の方法に関心のある読者には，その導出に取り組んでみてほしい．

に従うから，感染者の平均感染期間は $1/(\rho+\mu)$ である[*34]。したがって，感染症のない平衡状態 E_0 に出現した感染者が感染力を失うまでに感染させる感受性者数の期待値の上限値[*35]，すなわち，基本再生産数 $\mathscr{R}_0$ として次式を導くことができる[*36]：

$$\begin{aligned}\mathscr{R}_0 &= \sigma \times (\text{感染症のない平衡状態での感受性者数}) \times (\text{平均感染期間}) \\ &= \sigma \times \frac{\lambda}{\mu} \times \frac{1}{\rho+\mu} \\ &= \frac{\lambda\sigma}{\mu(\rho+\mu)}\end{aligned} \quad (4.58)$$

この基本再生産数 $\mathscr{R}_0$ を用いて，上で導いた定理は次のように書き換えられる：

定理 系 (4.47) において，式 (4.58) で定義される基本再生産数 $\mathscr{R}_0$ について，$\mathscr{R}_0 \leq 1$ ならば E_0 が大域的に漸近安定であり，$\mathscr{R}_0 > 1$ ならば E_* が大域的に漸近安定である。

4.9　公共場で交わる 2 集団 SIR モデル

本節では，系 (4.47) に，さらに，移動による人口学的な変動を導入した SIR モデルについて考える[*37]。2 つの地域集団 A_1，A_2 と，これらの地域集団が共通に利用する 1 つの公共場（共用場）があり，S_i，I_i，R_i $(i=1,2)$ を，それぞれ，地域集団 A_i 内の感受性個体群サイズ，感染個体群サイズ，免疫獲得個体群サイズとする。A_1，A_2 のどちらの地域集団についても，感染症の伝染過程は系 (4.47) と同じダイナミクスに従うものとする[*38]が，地域集団の外部へ移動した個体が公共場に一時的に滞在し，公共場での感染症伝染ダイナミクスにさらされた後，再び自身の地域集団へ帰還するものとする（図 4.5）。公共場は地域集団 A_1 と A_2 の双方からの一時的な滞在個体で構成されるから，公共場では，異なる地域集団の個体間での感染症伝染が起こりうる。

> **詳説**　本節で扱う数理モデリングに現れる公共場としては，たとえば，ショッピングモールのような商業地域を想定することができる。また，2 つの地域集団 A_1 と A_2 を郊外の住宅地域，公共場を日中の通勤・通学先の施設のある地域として考えることも可能である。感染症として，特に幼児に対するものに着目するのであれば，より具体的に，公共場を保育園や幼稚園として想定できるだろう。一方，性感染症について考える場合には，公共場として，性風俗業地域を想定することもあり得るだろう。

[*34]【基礎編】6.7 節，本書 1.3 節を参照。
[*35] 4.4 節を参照。
[*36]【基礎編】6.7 節
[*37] 移動による人口学的な変動が無視できないような空間スケールを想定する数理モデルの一種である。
[*38] 本節の数理モデルに現れるパラメータで，系 (4.47) と同じ記号を用いたものは，同じ意味をもつ。

4.9 公共場で交わる 2 集団 SIR モデル

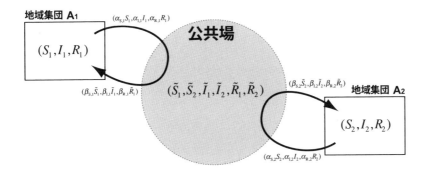

図 4.5 公共場で交わる地域集団 A_1 と A_2 の SIR モデル (4.59) の概念図。

本節では，A_1 と A_2 を 2 つの「地域集団」と意味付けて数理モデルを取り扱うが，A_1 と A_2 を，ある 1 つの集団に属し，個体移動について 2 つに分別できる性向で定義される小集団と意味付けることも可能である．この場合の公共場として，上記のような大商業地域を想定するならば，その地域での労働者と顧客という分別が考えうる．また，より一般的な公共場として，公共交通機関を意味することも可能であろう．この場合，公共場への一時的滞在とは，公共交通機関を利用中の状態を意味する．

$\widetilde{S}_i$，$\widetilde{I}_i$，$\widetilde{R}_i$ を，それぞれ，公共場に滞在する地域集団 A_i 由来の感受性個体群サイズ，感染個体群サイズ，免疫獲得個体群サイズとし，移動率は各個体群サイズに比例する，すなわち，個体あたりの移動率を定数とすれば，系 (4.47) に地域集団と公共場の間の個体の移動を導入した数理モデルとして，次の 12 連立の微分方程式系を考えることができる ($i = 1, 2$):

$$\begin{aligned}
\frac{dS_i}{dt} &= \lambda_i - \mu_i S_i - \sigma_i S_i I_i - \alpha_{S,i} S_i + \beta_{S,i} \widetilde{S}_i \\
\frac{dI_i}{dt} &= \sigma_i S_i I_i - \rho_i I_i - \mu_i I_i - \alpha_{I,i} I_i + \beta_{I,i} \widetilde{I}_i \\
\frac{dR_i}{dt} &= \rho_i I_i - \mu_i R_i - \alpha_{R,i} R_i + \beta_{R,i} \widetilde{R}_i \\
\frac{d\widetilde{S}_i}{dt} &= -\widetilde{\sigma} \widetilde{S}_i (\widetilde{I}_1 + \widetilde{I}_2) + \alpha_{S,i} S_i - \beta_{S,i} \widetilde{S}_i \\
\frac{d\widetilde{I}_i}{dt} &= \widetilde{\sigma} \widetilde{S}_i (\widetilde{I}_1 + \widetilde{I}_2) + \alpha_{I,i} I_i - \beta_{I,i} \widetilde{I}_i \\
\frac{d\widetilde{R}_i}{dt} &= \alpha_{R,i} R_i - \beta_{R,i} \widetilde{R}_i
\end{aligned} \quad (4.59)$$

パラメータ $\alpha_{S,i}$, $\alpha_{I,i}$, $\alpha_{R,i}$ ($i = 1, 2$) は，それぞれ，地域集団 A_i から公共場への感受性者，感染者，免疫獲得者の個体あたり移動率（外出率）を表し，$\beta_{S,i}$, $\beta_{I,i}$, $\beta_{R,i}$ ($i = 1, 2$) は，それぞれ，地域集団 A_i 由来の感受性者，感染者，免疫獲得者についての，公共場から自身の地域集団への個体あたり移動率（帰還率）を表す．公共場への滞在は一時的で

あることから，公共場における個体の出生・死亡や感染症からの回復は無視している．系 (4.59) についての初期条件は，次のように与える ($i = 1, 2$)：

$$S_i(0) > 0, \quad I_i(0) > 0, \quad R_i(0) \geq 0, \quad \widetilde{S}_i(0) \geq 0, \quad \widetilde{I}_i(0) \geq 0, \quad \widetilde{R}_i(0) \geq 0 \quad (4.60)$$

個体群サイズ増加率 λ_i，個体あたり死亡率 μ_i，感染係数 σ_i，回復率 ρ_i ($i = 1, 2$) は，一般的に，集団の文化的，社会的，経済的，衛生的状況に依存するので，地域集団に固有の値をもつだろう．しかし，本節では，最も単純な場合として，以後，これらのパラメータが 2 つの地域集団 A_1 と A_2 において等しい場合を考える．よって，系 (4.59) におけるこれらのパラメータの添字をすべて取り去った数理モデルを扱う：

$$\lambda_1 = \lambda_2 = \lambda, \quad \mu_1 = \mu_2 = \mu, \quad \sigma_1 = \sigma_2 = \sigma, \quad \rho_1 = \rho_2 = \rho$$

ただし，公共場における感染症伝染ダイナミクスは，公共場としての特別な状況下であると考えられるので，公共場における感染係数は，地域集団における σ とは異なる $\widetilde{\sigma}$ として与える．

詳説 個体群サイズ増加率 λ_i，個体あたり死亡率 μ_i，感染係数 σ_i，回復率 ρ_i ($i = 1, 2$) が 2 つの地域集団 A_1 と A_2 の間で異なる場合の数理モデルは，感染症の伝染ダイナミクスに関する異なる性質をもつ 2 つの小集団間の個体移動による感染症流行への寄与を議論するための興味深い課題になり得るのだが，本節で記される以下の解析と比較して，解析には相当のよりデリケートな取り扱いが必要となり，結果を明確な形で導出することは難しい．

A_1 と A_2 を，ある 1 つの集団に属し，個体移動について 2 つに分別できる性向で定義される小集団と意味付ける場合，小集団 A_1 と A_2 は同一の共同体に属するので，上記のパラメータたちが共通であることも十分に考えうる仮定である．ただし，4.8 節 p. 180 の議論が示すように，公共場がない場合，それぞれの小集団の個体群サイズは，時間経過に伴って λ_i/μ_i ($i = 1, 2$) に漸近することから，2 つの小集団に共通の λ と μ を設定することは，これらの小集団の個体群サイズの大きさが対等であるという仮定にもなっており，この点については，本節で扱う場合は特別であるといえる．

注記 実は，後述の通り，公共場がある系 (4.59) については，小集団 A_1 と A_2 それぞれに属する個体の総個体群サイズは，共通の λ と μ を設定しても，数学的には，一般に異なる結果となる．ただし，公共場への滞在時間のスケールが十分に小さい仮定の下では，その差はわずかであり，無視できると仮定することが，数理モデリングとしては合理的である．

4.9 公共場で交わる2集団 SIR モデル

前節と同様にして，初期条件 (4.60) を満たす系 (4.59) の解の振る舞いは，初期条件

$$S_i(0) > 0, \quad I_i(0) > 0, \quad \widetilde{S}_i(0) \geq 0, \quad \widetilde{I}_i(0) \geq 0 \quad (i = 1, 2) \tag{4.60'}$$

を満たす次の系の解の振る舞いについての議論に帰着される：

$$\begin{aligned}
\frac{dS_1}{dt} &= \lambda - \mu S_1 - \sigma S_1 I_1 - \alpha_{S,1} S_1 + \beta_{S,1} \widetilde{S}_1 \\
\frac{dS_2}{dt} &= \lambda - \mu S_2 - \sigma S_2 I_2 - \alpha_{S,2} S_2 + \beta_{S,2} \widetilde{S}_2 \\
\frac{dI_1}{dt} &= \sigma S_1 I_1 - \rho I_1 - \mu I_1 - \alpha_{I,1} I_1 + \beta_{I,1} \widetilde{I}_1 \\
\frac{dI_2}{dt} &= \sigma S_2 I_2 - \rho I_2 - \mu I_2 - \alpha_{I,2} I_2 + \beta_{I,2} \widetilde{I}_2 \\
\frac{d\widetilde{S}_1}{dt} &= -\widetilde{\sigma} \widetilde{S}_1 (\widetilde{I}_1 + \widetilde{I}_2) + \alpha_{S,1} S_1 - \beta_{S,1} \widetilde{S}_1 \\
\frac{d\widetilde{S}_2}{dt} &= -\widetilde{\sigma} \widetilde{S}_2 (\widetilde{I}_1 + \widetilde{I}_2) + \alpha_{S,2} S_2 - \beta_{S,2} \widetilde{S}_2 \\
\frac{d\widetilde{I}_1}{dt} &= \widetilde{\sigma} \widetilde{S}_1 (\widetilde{I}_1 + \widetilde{I}_2) + \alpha_{I,1} I_1 - \beta_{I,1} \widetilde{I}_1 \\
\frac{d\widetilde{I}_2}{dt} &= \widetilde{\sigma} \widetilde{S}_2 (\widetilde{I}_1 + \widetilde{I}_2) + \alpha_{I,2} I_2 - \beta_{I,2} \widetilde{I}_2
\end{aligned} \tag{4.61}$$

本節では，この系 (4.61) の解の大域的な性質には踏み込まず，感染症のない平衡点

$$\widehat{E}_0 \left(\frac{\lambda}{\mu}, \frac{\lambda}{\mu}, 0, 0, \frac{\alpha_{S,1}}{\beta_{S,1}} \frac{\lambda}{\mu}, \frac{\alpha_{S,2}}{\beta_{S,2}} \frac{\lambda}{\mu}, 0, 0 \right) \tag{4.62}$$

の近傍での解の振る舞いに焦点をおき，それを決定づける基本再生産数 $\mathscr{R}_0$ について考える．なお，この平衡点 $\widehat{E}_0$ は，元の系 (4.59) における感染症のない平衡点に対応する．

基本再生産数

系 (4.61) についての基本再生産数 $\mathscr{R}_0$ を求めるために，付録 F で解説されている次世代行列（next generation matrix）を用いた方法を適用する。系 (4.61) の微分方程式を

$$\frac{d\widetilde{I}_1}{dt} = \widetilde{\sigma}\widetilde{S}_1(\widetilde{I}_1 + \widetilde{I}_2) + \alpha_{I,1}I_1 - \beta_{I,1}\widetilde{I}_1$$

$$\frac{d\widetilde{I}_2}{dt} = \widetilde{\sigma}\widetilde{S}_2(\widetilde{I}_1 + \widetilde{I}_2) + \alpha_{I,2}I_2 - \beta_{I,2}\widetilde{I}_2$$

$$\frac{dI_1}{dt} = \sigma S_1 I_1 - \rho I_1 - \mu I_1 - \alpha_{I,1}I_1 + \beta_{I,1}\widetilde{I}_1$$

$$\frac{dI_2}{dt} = \sigma S_2 I_2 - \rho I_2 - \mu I_2 - \alpha_{I,2}I_2 + \beta_{I,2}\widetilde{I}_2$$

$$\frac{d\widetilde{S}_1}{dt} = -\widetilde{\sigma}\widetilde{S}_1(\widetilde{I}_1 + \widetilde{I}_2) + \alpha_{S,1}S_1 - \beta_{S,1}\widetilde{S}_1 \qquad (4.61')$$

$$\frac{d\widetilde{S}_2}{dt} = -\widetilde{\sigma}\widetilde{S}_2(\widetilde{I}_1 + \widetilde{I}_2) + \alpha_{S,2}S_2 - \beta_{S,2}\widetilde{S}_2$$

$$\frac{dS_1}{dt} = \lambda - \mu S_1 - \sigma S_1 I_1 - \alpha_{S,1}S_1 + \beta_{S,1}\widetilde{S}_1$$

$$\frac{dS_2}{dt} = \lambda - \mu S_2 - \sigma S_2 I_2 - \alpha_{S,2}S_2 + \beta_{S,2}\widetilde{S}_2$$

と並べ替え，右辺を，感染が生産される項

$$\mathscr{F}(\widetilde{I}_1, \widetilde{I}_2, I_1, I_2, \widetilde{S}_1, \widetilde{S}_2, S_1, S_2) = \begin{pmatrix} \widetilde{\sigma}\widetilde{S}_1(\widetilde{I}_1 + \widetilde{I}_2) \\ \widetilde{\sigma}\widetilde{S}_2(\widetilde{I}_1 + \widetilde{I}_2) \\ \sigma S_1 I_1 \\ \sigma S_2 I_2 \\ 0 \\ 0 \\ 0 \\ 0 \end{pmatrix}$$

4.9 公共場で交わる 2 集団 SIR モデル

とそれ以外

$$-\mathscr{V}(\widetilde{I}_1,\widetilde{I}_2,I_1,I_2,\widetilde{S}_1,\widetilde{S}_2,S_1,S_2) = \begin{pmatrix} \alpha_{\mathrm{I},1}I_1 - \beta_{\mathrm{I},1}\widetilde{I}_1 \\ \alpha_{\mathrm{I},2}I_2 - \beta_{\mathrm{I},2}\widetilde{I}_2 \\ -(\rho + \mu + \alpha_{\mathrm{I},1})I_1 + \beta_{\mathrm{I},1}\widetilde{I}_1 \\ -(\rho + \mu + \alpha_{\mathrm{I},2})I_2 + \beta_{\mathrm{I},2}\widetilde{I}_2 \\ \alpha_{\mathrm{S},1}S_1 - \beta_{\mathrm{S}}^1 \widetilde{S}_1 \\ \alpha_{\mathrm{S},2}S_2 - \beta_{\mathrm{S}}^2 \widetilde{S}_2 \\ \lambda - (\mu + \alpha_{\mathrm{S},1})S_1 - \rho S_1 I_1 + \beta_{\mathrm{S},1}\widetilde{S}_1 \\ \lambda - (\mu + \alpha_{\mathrm{S},2})S_2 - \rho S_2 I_2 + \beta_{\mathrm{S},2}\widetilde{S}_2 \end{pmatrix}$$

に分ける．このとき，系 (4.61) から系 (4.61') への式の並べ替えにより，感染症のない平衡点は，

$$\widehat{E}_0\left(0,0,0,0,\frac{\alpha_{\mathrm{S},1}}{\beta_{\mathrm{S},1}}\frac{\lambda}{\mu},\frac{\alpha_{\mathrm{S},2}}{\beta_{\mathrm{S},2}}\frac{\lambda}{\mu},\frac{\lambda}{\mu},\frac{\lambda}{\mu}\right) \tag{4.62'}$$

と表される．$\boldsymbol{\xi} = {}^t(\widetilde{I}_1\ \widetilde{I}_2\ I_1\ I_2\ \widetilde{S}_1\ \widetilde{S}_2\ S_1\ S_2)$ とおけば，系 (4.61') を次のように書き換えることができる：

$$\frac{d\boldsymbol{\xi}}{dt} = \mathscr{F}(\boldsymbol{\xi}) - \mathscr{V}(\boldsymbol{\xi})$$

感染症のない平衡点 $\widehat{E}_0$ における $\mathscr{F}$, $\mathscr{V}$ のヤコビ行列 $D\mathscr{F}(\widehat{E}_0)$, $D\mathscr{V}(\widehat{E}_0)$ は，それぞれ，次のようにブロック行列から成る形式となる（付録 F 補題）：

$$D\mathscr{F}(\widehat{E}_0) = \begin{pmatrix} F & O \\ O & O \end{pmatrix}, \quad D\mathscr{V}(\widehat{E}_0) = \begin{pmatrix} V & O \\ J_3 & J_4 \end{pmatrix}$$

ここで，F, V, O, J_3, J_4 はいずれも 4 次正方行列ブロックであり，O は零行列ブロックを表す．特に，F, V は次のように定まる：

$$F = \begin{pmatrix} \frac{\alpha_{\mathrm{S},1}}{\beta_{\mathrm{S},1}}\frac{\widetilde{\sigma}\lambda}{\mu} & \frac{\alpha_{\mathrm{S},1}}{\beta_{\mathrm{S},1}}\frac{\widetilde{\sigma}\lambda}{\mu} & 0 & 0 \\ \frac{\alpha_{\mathrm{S},2}}{\beta_{\mathrm{S},2}}\frac{\widetilde{\sigma}\lambda}{\mu} & \frac{\alpha_{\mathrm{S},2}}{\beta_{\mathrm{S},2}}\frac{\widetilde{\sigma}\lambda}{\mu} & 0 & 0 \\ 0 & 0 & \frac{\sigma\lambda}{\mu} & 0 \\ 0 & 0 & 0 & \frac{\sigma\lambda}{\mu} \end{pmatrix}, \quad V = \begin{pmatrix} \beta_{\mathrm{I},1} & 0 & -\alpha_{\mathrm{I},1} & 0 \\ 0 & \beta_{\mathrm{I},2} & 0 & -\alpha_{\mathrm{I},2} \\ -\beta_{\mathrm{I},1} & 0 & \rho + \mu + \alpha_{\mathrm{I},1} & 0 \\ 0 & -\beta_{\mathrm{I},2} & 0 & \rho + \mu + \alpha_{\mathrm{I},2} \end{pmatrix}$$

すると，付録 F の解説に従って，感染症のない平衡点 $\widehat{E}_0$ についての次世代行列が次の

ように得られる：

$$FV^{-1} = \begin{pmatrix} \frac{\alpha_{S,1}}{\beta_{S,1}}\frac{\widetilde{\sigma}\lambda}{\mu} & \frac{\alpha_{S,1}}{\beta_{S,1}}\frac{\widetilde{\sigma}\lambda}{\mu} & 0 & 0 \\ \frac{\alpha_{S,2}}{\beta_{S,2}}\frac{\widetilde{\sigma}\lambda}{\mu} & \frac{\alpha_{S,2}}{\beta_{S,2}}\frac{\widetilde{\sigma}\lambda}{\mu} & 0 & 0 \\ 0 & 0 & \frac{\sigma\lambda}{\mu} & 0 \\ 0 & 0 & 0 & \frac{\sigma\lambda}{\mu} \end{pmatrix} \begin{pmatrix} \frac{\rho+\mu+\alpha_{I,1}}{\beta_{I,1}(\rho+\mu)} & 0 & \frac{\alpha_{I,1}}{\beta_{I,1}(\rho+\mu)} & 0 \\ 0 & \frac{\rho+\mu+\alpha_{I,2}}{\beta_{I,2}(\rho+\mu)} & 0 & \frac{\alpha_{I,2}}{\beta_{I,2}(\rho+\mu)} \\ \frac{1}{\rho+\mu} & 0 & \frac{1}{\rho+\mu} & 0 \\ 0 & \frac{1}{\rho+\mu} & 0 & \frac{1}{\rho+\mu} \end{pmatrix}$$

$$= \begin{pmatrix} \frac{\widetilde{\sigma}\alpha_{S,1}\lambda(\rho+\mu+\alpha_{I,1})}{\beta_{S,1}\beta_{I,1}\mu(\rho+\mu)} & \frac{\widetilde{\sigma}\alpha_{S,1}\lambda(\rho+\mu+\alpha_{I,2})}{\beta_{S,1}\beta_{I,2}\mu(\rho+\mu)} & \frac{\widetilde{\sigma}\alpha_{S,1}\lambda\alpha_{I,1}}{\beta_{S,1}\beta_{I,1}\mu(\rho+\mu)} & \frac{\widetilde{\sigma}\alpha_{S,1}\lambda\alpha_{I,2}}{\beta_{S,1}\beta_{I,2}\mu(\rho+\mu)} \\ \frac{\widetilde{\sigma}\alpha_{S,2}\lambda(\rho+\mu+\alpha_{I,1})}{\beta_{S,2}\beta_{I,1}\mu(\rho+\mu)} & \frac{\widetilde{\sigma}\alpha_{S,2}\lambda(\rho+\mu+\alpha_{I,2})}{\beta_{S,2}\beta_{I,2}\mu(\rho+\mu)} & \frac{\widetilde{\sigma}\alpha_{S,2}\lambda\alpha_{I,1}}{\beta_{S,2}\beta_{I,1}\mu(\rho+\mu)} & \frac{\widetilde{\sigma}\alpha_{S,2}\lambda\alpha_{I,2}}{\beta_{S,2}\beta_{I,2}\mu(\rho+\mu)} \\ \frac{\sigma\lambda}{\mu(\rho+\mu)} & 0 & \frac{\sigma\lambda}{\mu(\rho+\mu)} & 0 \\ 0 & \frac{\sigma\lambda}{\mu(\rho+\mu)} & 0 & \frac{\sigma\lambda}{\mu(\rho+\mu)} \end{pmatrix}$$

系 (4.61) における基本再生産数 $\mathscr{R}_0$ は，次世代行列 FV^{-1} のスペクトル半径（つまり，FV^{-1} の固有値の絶対値の最大値）として導出され，次の定理が成立する（付録 F）：

定理 系 (4.61) の感染症のない平衡点 $\widehat{E}_0$ は，$\mathscr{R}_0 < 1$ ならば漸近安定であり，$\mathscr{R}_0 > 1$ ならば不安定である。

次世代行列 FV^{-1} の固有値は，少し計算すれば直接求められ，0，$\lambda\sigma/\{\mu(\mu+\rho)\}$ と，x についての 2 次方程式 $f(x) := x^2 - a_1 x + a_0 = 0$ の解である。ここで，

$$a_1 = \frac{\lambda}{\mu(\mu+\rho)} \left[\sigma + \left\{ \frac{\alpha_{S,1}}{\beta_{S,1}\beta_{I,1}} (\alpha_{I,1} + \mu + \rho) + \frac{\alpha_{S,2}}{\beta_{S,2}\beta_{I,2}} (\alpha_{I,2} + \mu + \rho) \right\} \widetilde{\sigma} \right] > 0$$

$$a_0 = \frac{\lambda}{\mu(\mu+\rho)} \frac{\lambda\sigma\widetilde{\sigma}}{\mu} \left(\frac{\alpha_{S,1}}{\beta_{S,1}\beta_{I,1}} + \frac{\alpha_{S,2}}{\beta_{S,2}\beta_{I,2}} \right) > 0$$

である。そして，2 つ目の固有値 $\lambda\sigma/\{\mu(\mu+\rho)\}$ に対して，

$$f\bigl(\frac{\lambda\sigma}{\mu(\mu+\rho)}\bigr) = -\frac{\lambda^2\sigma\widetilde{\sigma}\,(\alpha_{S,2}\alpha_{I,2}\beta_{S,1}\beta_{I,1} + \alpha_{S,1}\alpha_{I,1}\beta_{S,2}\beta_{I,2})}{\mu+\rho} < 0 \tag{4.63}$$

であることから，2 次方程式 $f(x) = 0$ の解はいずれも正の異なる実数であり，4 つの固有値がすべて異なる実数であることがわかる。また，そのうち，最大の固有値は，2 次方程式 $f(x) = 0$ の大きい方の解である。すなわち，系 (4.61) における基本再生産数 $\mathscr{R}_0$ は，2 次方程式 $f(x) = 0$ の大きい方の解で与えられ，次のように得られる：

$$\mathscr{R}_0 = \frac{\lambda\langle\sigma\rangle}{\mu(\mu+\rho)} \tag{4.64}$$

4.9 公共場で交わる2集団SIRモデル

ただし，

$$\langle \sigma \rangle := \frac{1}{2} \left(\begin{array}{l} \sigma + \left\{ \dfrac{\alpha_{S,1}}{\beta_{S,1}\beta_{I,1}} (\alpha_{I,1} + \mu + \rho) + \dfrac{\alpha_{S,2}}{\beta_{S,2}\beta_{I,2}} (\alpha_{I,2} + \mu + \rho) \right\} \widetilde{\sigma} \\ + \sqrt{ \left[\sigma + \left\{ \dfrac{\alpha_{S,1}}{\beta_{S,1}\beta_{I,1}} (\alpha_{I,1} + \mu + \rho) + \dfrac{\alpha_{S,2}}{\beta_{S,2}\beta_{I,2}} (\alpha_{I,2} + \mu + \rho) \right\} \widetilde{\sigma} \right]^2 - 4 \left(\dfrac{\alpha_{S,1}}{\beta_{S,1}\beta_{I,1}} + \dfrac{\alpha_{S,2}}{\beta_{S,2}\beta_{I,2}} \right) (\mu + \rho) \sigma \widetilde{\sigma} } \end{array} \right)$$

である。

詳説 個体の公共場での滞在は一時的であるという仮定から，その滞在に係る時間スケールは，集団における出生・死亡や感染症からの回復による個体群サイズ変動の時間スケールに比べると相当に小さいと考えることができるだろう。数理モデル (4.61) において，個体が公共場に滞在する期待時間は $1/\beta_{S,i}$, $1/\beta_{I,i}$ ($i = 1, 2$) であり，感染者の平均感染期間が $1/(\mu + \rho)$ であること[*39]から，個体の公共場滞在に係る時間スケールが十分に小さいという仮定は，数学的に，条件 $(\mu + \rho)/\beta_{S,i} \ll 1$, $(\mu + \rho)/\beta_{I,i} \ll 1$ ($i = 1, 2$) により導入できる。この条件を用いて，上記の $\langle \sigma \rangle$ の表式を近似すると，次式が得られる：

$$\langle \sigma \rangle \approx \sigma + \left(\frac{\alpha_{S,1} \alpha_{I,1}}{\beta_{S,1} \beta_{I,1}} + \frac{\alpha_{S,2} \alpha_{I,2}}{\beta_{S,2} \beta_{I,2}} \right) \widetilde{\sigma} \quad (4.65)$$

個体が公共場から帰還後，地域集団内にとどまる時間の期待値は，感受性者，感染者に対して，それぞれ，$1/\alpha_{S,i}$, $1/\alpha_{I,i}$ ($i = 1, 2$) であり，この時間スケールは，一般に，個体が公共場に滞在する時間スケールと同等であるから，式 (4.65) 右辺の移動率を含む項の大きさは必ずしも小さいとはいえない。

感受性者もしくは感染者の公共場への移動がない場合，すなわち，$\alpha_{S,i} = 0$ もしくは $\alpha_{I,i} = 0$ の場合には，公共場に感受性者もしくは感染者がいないので，公共場での感染症の伝染は起こらない。このとき，$\langle \sigma \rangle = \sigma$ となり，式 (4.64) で定められる基本再生産数 $\mathscr{R}_0$ は，形式的には[*40]，公共場のない 4.8 節の数理モデル (4.47) についての基本再生産数 (4.58) と同じ式となる。

基本再生産数 $\mathscr{R}_0$ の表式 (4.64) は，$\langle \sigma \rangle$ の定義式からみえるように，パラメータへの依存性が単純ではない。しかし，基本再生産数 $\mathscr{R}_0$ に関する理論的な議論においては，その表式よりも，その値が1を超える，あるいは，1を下回る条件が重要であり，それは，以下の通り，表式 (4.64) によらずに求めることが可能である。

[*39] 本書 1.3 節，【基礎編】6.7 節を参照。
[*40] 本節で扱っている数理モデル (4.61) と 4.8 節の数理モデル (4.47) の基本再生産数を対比させた議論をするためには，それぞれの数理モデリングの違いに対する合理的な解釈が必要であり，単純な表式だけの対比はすべきではない。本節後述の議論を参照。

基本再生産数が 1 より小さいための必要十分条件

基本再生産数 $\mathscr{R}_0$ の導出の際の議論により，式 (4.64) で定められる基本再生産数 $\mathscr{R}_0$ が 1 より小さいための必要十分条件は，$f(1) > 0$ かつ $f'(1) > 0$ である．すなわち，$1 - a_1 + a_0 > 0$ かつ $2 - a_1 > 0$ であり，これらを数理モデル (4.61) のパラメータを用いて表せば，次のように整理される:

$$\begin{cases} \left(\dfrac{\alpha_{S,1}\alpha_{I,1}}{\beta_{S,1}\beta_{I,1}} + \dfrac{\alpha_{S,2}\alpha_{I,2}}{\beta_{S,2}\beta_{I,2}}\right)\widetilde{\mathscr{R}}_s < (1 - \mathscr{R}_s)\left\{1 - (\mu + \rho)\left(\dfrac{\alpha_{S,1}}{\beta_{S,1}\beta_{I,1}} + \dfrac{\alpha_{S,2}}{\beta_{S,2}\beta_{I,2}}\right)\widetilde{\mathscr{R}}_s\right\} \\ \left(\dfrac{\alpha_{S,1}\alpha_{I,1}}{\beta_{S,1}\beta_{I,1}} + \dfrac{\alpha_{S,2}\alpha_{I,2}}{\beta_{S,2}\beta_{I,2}}\right)\widetilde{\mathscr{R}}_s < (1 - \mathscr{R}_s) + \left\{1 - (\mu + \rho)\left(\dfrac{\alpha_{S,1}}{\beta_{S,1}\beta_{I,1}} + \dfrac{\alpha_{S,2}}{\beta_{S,2}\beta_{I,2}}\right)\widetilde{\mathscr{R}}_s\right\} \end{cases} \quad (4.66)$$

ここで，

$$\mathscr{R}_s := \frac{\lambda\sigma}{\mu(\mu+\rho)}, \qquad \widetilde{\mathscr{R}}_s := \frac{\lambda\widetilde{\sigma}}{\mu(\mu+\rho)} \quad (4.67)$$

である．

一方，式 (4.63) により，式 (4.64) で定められる基本再生産数 $\mathscr{R}_0$ について，$\mathscr{R}_s < \mathscr{R}_0$ が成り立つので，条件 $\mathscr{R}_0 < 1$ が満足されるためには，条件 $\mathscr{R}_s < 1$ が必要である．すると，条件 (4.66) の第 1 式から，条件

$$(\mu + \rho)\left(\frac{\alpha_{S,1}}{\beta_{S,1}\beta_{I,1}} + \frac{\alpha_{S,2}}{\beta_{S,2}\beta_{I,2}}\right)\widetilde{\mathscr{R}}_s < 1 \quad (4.68)$$

も必要であることがわかる．そして，条件 $\mathscr{R}_s < 1$ の下では，条件 (4.66) の第 1 式が成り立てば，条件 (4.68) と条件 (4.66) の第 2 式は必ず成り立つ．よって，$\mathscr{R}_0 < 1$ となる必要十分条件は，$\mathscr{R}_s < 1$，かつ，条件 (4.66) の第 1 式が成り立つことである．

感染症流行の可能性

■ **公共場における感染症伝染が無視できる場合**　公共場への滞在は一時的であることから，感染症の感染経路によっては，公共場という特別な状況では，感染の可能性が無視できる場合もあるだろう．このとき，$\widetilde{\sigma} = 0$ により，$\langle\sigma\rangle = \sigma$ となることから，式 (4.64) で定められる基本再生産数 $\mathscr{R}_0$ は，式 (4.67) で定義された $\mathscr{R}_s$ に等しい．一方，それぞれの地域集団が孤立している場合の基本再生産数は，4.8 節の数理モデル (4.47) に対する基本再生産数 (4.58) であり，やはり，$\mathscr{R}_s$ に等しい．

この結果だけからは，公共場における感染症伝染が無視できる（起こり得ない）場合には，感染症の伝染ダイナミクスには公共場への個体の移動が無関係と考えられそうであるが，それは誤りである．

4.9 公共場で交わる2集団SIRモデル

4.1節における Kermack–McKendrick モデル (4.1) の基本再生産数についての議論でも明らかな通り，基本再生産数は，感染症のない平衡状態における集団の総個体群サイズに正の相関をもつ性質がある．本章の4.8節まで議論してきたいずれの SIR モデルの基本再生産数も，感染症のない平衡状態における総個体群サイズに比例する大きさをもっていた[*41]．

そして，感染症のない平衡点 $\widehat{E}_0$ の表式 (4.62) や (4.62') からわかるように，感染症がない状態での系 (4.59) の平衡状態における地域集団 A_i に属する個体の総個体群サイズは，

$$S_i + I_i + R_i + \widetilde{S}_i + \widetilde{I}_i + \widetilde{R}_i = \left(1 + \frac{\alpha_{S,i}}{\beta_{S,i}}\right)\frac{\lambda}{\mu} \tag{4.69}$$

であり，地域集団が孤立している場合の個体群サイズ λ/μ よりも大きい．

詳説 このような個体群サイズの違いが生じる原因は，数理モデリングとしての構造にある．系 (4.59) の公共場では出生や死亡がないので，公共場として設定されているコンパートメントは，地域集団からの滞在者が死亡から逃れている場として機能する．したがって，平衡状態では，公共場への地域集団からの来訪と，地域集団への帰還の釣り合いで決まる地域集団のある割合が公共場の滞在者個体群を形成する状況となり，地域集団に属する個体の総個体群サイズは，出生と死亡の釣り合いで決まる地域集団の個体群サイズに公共場の滞在者個体群のサイズを加えた分だけ大きくなる．実際，系 (4.59) における任意の平衡点において，地域集団 A_i 内の個体の個体群サイズ $S_i + I_i + R_i$ は，必ず λ_i/μ_i となる［演習問題39］ので，系 (4.59) のいかなる平衡点における地域集団 A_i に属する個体の総個体群サイズ $S_i + I_i + R_i + \widetilde{S}_i + \widetilde{I}_i + \widetilde{R}_i$ も，必ず，地域集団が孤立している場合の平衡個体群サイズ λ_i/μ_i より大きくなる．

演習問題39
系 (4.59) における任意の平衡点において，地域集団 A_i 内の個体の個体群サイズ $S_i + I_i + R_i$ は，必ず λ_i/μ_i となることを証明せよ．

したがって，基本再生産数 $\mathscr{R}_0$ について，公共場における感染症伝染が無視できる場合と，地域集団が孤立している場合を対比させる際には，この個体群サイズの違いに注意すべきである．本節始めで述べた数理モデリングに従って，数理モデル (4.59) についての公共場への個体の滞在の時間スケールが出生・死亡，感染症からの回復の時間スケールに比べて相当に小さいことを考えると，公共場における感染症伝染が無視できる場合と，地域集団が孤立している場合の対比においては，地域集団に属する個体の総個体群サイズが等しいと仮定することが合理的であると考えられる．

[*41] 4.8節の数理モデル (4.47) に対する基本再生産数 (4.58) における λ/μ が系の総個体群サイズである．

すなわち，式 (4.69) により，公共場における感染症伝染が無視できる（起こり得ない）場合については，

$$\left(1 + \frac{\alpha_{S,i}}{\beta_{S,i}}\right)\frac{\lambda}{\mu} \longrightarrow \frac{\lambda}{\mu}$$

と置き換えるべきである．すると，この場合の地域集団 A_i に対する基本再生産数 $\mathscr{R}_{0,i}$ ($i = 1, 2$) は，地域集団が孤立している場合の基本再生産数 (4.58) ($= \mathscr{R}_s$) より小さく，

$$\mathscr{R}_{0,i} = \frac{1}{1 + \alpha_{S,i}/\beta_{S,i}} \mathscr{R}_s$$

となる．

公共場においては感染症の伝染が起こらない仮定の下では，公共場への一時的滞在は，感受性者を感染症の伝染ダイナミクスから一時的に隔離する機能をもつため，地域集団が孤立している場合，すなわち，公共場が存在しない場合に比べると，その機能が加わったことにより，感染症流行が起こりにくくなっていることを意味している．

注記 公共場で感染症の伝染が起こらない場合，2 つの地域集団の間での感染症伝染が起こり得ないので，感染症伝染ダイナミクスについては 2 つの地域集団は独立しており，基本再生産数もそれぞれの地域集団に対して定義されるものとなる．

■ **公共場においてのみ感染症伝染が起こる場合** 上述の場合と逆に，感染症の感染経路が公共場においてのみ存在する場合である．この場合には，$\sigma = 0$ により，式 (4.64) で定められる基本再生産数 $\mathscr{R}_0$ は，

$$\mathscr{R}_0 = \left\{\frac{\alpha_{S,1}}{\beta_{S,1}\beta_{I,1}}\left(\alpha_{I,1} + \mu + \rho\right) + \frac{\alpha_{S,2}}{\beta_{S,2}\beta_{I,2}}\left(\alpha_{I,2} + \mu + \rho\right)\right\}\widetilde{\mathscr{R}}_s \qquad (4.70)$$

となる．

詳説 公共場への滞在が一時的である仮定に基づく時間スケールの大きさによる前出の近似式 (4.65) を使えば，

$$\mathscr{R}_0 \approx \left(\frac{\alpha_{S,1}\alpha_{I,1}}{\beta_{S,1}\beta_{I,1}} + \frac{\alpha_{S,2}\alpha_{I,2}}{\beta_{S,2}\beta_{I,2}}\right)\widetilde{\mathscr{R}}_s$$

であり，公共場での感染係数 $\widetilde{\sigma}$ が十分に小さく，個体の地域集団から公共場への移動率を表す $\alpha_{S,1}$, $\alpha_{I,1}$, $\alpha_{S,2}$, $\alpha_{I,2}$ もあまり大きくなければ，基本再生産数 $\mathscr{R}_0$ は相当に小さく，1 を超えることは期待できない．地域集団 A_i の個体が公共場から帰還後，地域集団内にとどまる時間の期待値は，感受性者，感染者に対して，それぞれ，$1/\alpha_{S,i}$, $1/\alpha_{I,i}$ ($i = 1, 2$) であり[*42]，この時間スケールは個体の公共場への滞在時間スケール $1/\beta_{S,i}$, $1/\beta_{I,i}$ ($i = 1, 2$) と同等と

[*42] 本書 1.3 節，【基礎編】6.7 節を参照．

4.9 公共場で交わる 2 集団 SIR モデル

考えられるから,基本再生産数 (4.70) が 1 を超える可能性はある.ただし,公共場への滞在は一時的であるという数理モデリングの意味から,$1/\beta_{S,i} < 1/\alpha_{S,i}$, $1/\beta_{I,i} < 1/\alpha_{I,i}$ であることには注意しなければならない.

一方,公共場における $\widetilde{\sigma}$ がかなり大きい場合を想定することは可能である.たとえば,公共場が公衆浴場であり,感染性が極端に高い皮膚病を想定できるかもしれない.または,マラリアのように,病原体媒介者による感染の場合を考えるならば,公共場にのみ媒介者が高い密度で存在する状況を想定できるだろう.そのような状況では,値 $\widetilde{\mathscr{R}}_s$ が相当に大きいので,感染症流行を抑制するために基本再生産数 $\mathscr{R}_0$ を 1 より小さい値にまで引き下げるには,公共場への個体の往来を抑制する施策が当然必要となる.公共場への往来が生活にとって重要な場合には,往来を禁止することはできないので,可能な限り,公共場における滞在者数を抑制する施策,すなわち,公共場への滞在時間を短縮する施策が有効であることを上記の基礎再生産数の表式は明示している.

■ **地域集団 A_2 が公共場の利用をしない場合** 孤立している地域集団 A_2 の基本再生産数は,4.8 節の数理モデル (4.47) に対する基本再生産数 (4.58) であり,本節の式 (4.67) で定義された $\mathscr{R}_s$ に等しい.一方,公共場を利用する個体の移動を伴う地域集団 A_1 の基本再生産数は,式 (4.64) において $\alpha_{S,2} = 0$ としたもので与えられ,式 (4.63) より,$\alpha_{S,2} = 0$ の場合でも,やはり,$f(\mathscr{R}_s) < 0$ なので,前述の議論と同様,常に

$$\mathscr{R}_s < \mathscr{R}_0\big|_{\alpha_{S,2}=0}$$

が成り立つ.ただし,既述の通り,地域集団 A_1 における感染症流行の可能性が公共場の利用にどのように依存するかを議論する上では,属する個体の総個体群サイズに注意する必要がある.

公共場を利用せず,孤立している場合の地域集団 A_1 の平衡個体群サイズ λ/μ の制約下で,公共場利用を行う場合の地域集団 A_1 についての基本再生産数 $\mathscr{R}_{0,1}$ は,式 (4.64) の $\mathscr{R}_0$ を用いて,次のように表される:

$$\mathscr{R}_{0,1} = \frac{1}{1 + \alpha_{S,1}/\beta_{S,1}} \mathscr{R}_0\big|_{\alpha_{S,2}=0} \tag{4.71}$$

孤立している場合の基本再生産数 $\mathscr{R}_s$ との大小関係は自明ではない.

この基本再生産数 $\mathscr{R}_{0,1}$ が 1 より小さいことは,式 (4.64) の $\mathscr{R}_0$ について

$$\mathscr{R}_0\big|_{\alpha_{S,2}=0} < 1 + \frac{\alpha_{S,1}}{\beta_{S,1}} \tag{4.72}$$

が成り立つことに同等である.よって,式 (4.64) の $\mathscr{R}_0$ について $\mathscr{R}_0 < 1$ が成り立つ必要十分条件に関する前出の議論と同様にして,条件 (4.72) が成り立つための必要十分条件は,

$$f\Big(1 + \frac{\alpha_{S,1}}{\beta_{S,1}}\Big)\Big|_{\alpha_{S,2}=0} > 0 \quad \text{かつ} \quad f'\Big(1 + \frac{\alpha_{S,1}}{\beta_{S,1}}\Big)\Big|_{\alpha_{S,2}=0} > 0$$

であることがわかる.丁寧に計算すれば,この条件を次のように表すことができる:

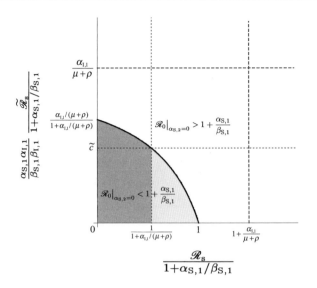

図 4.6 系 (4.59) において地域集団 A_2 が公共場の利用をしない場合の基本再生産数が 1 を超えない必要十分条件 (4.72) を表すパラメータ領域．太実線が基本再生産数が 1 に等しい閾条件を表す．$\widetilde{c}$ は式 (4.75) で与えられる．

$$\begin{cases} \dfrac{\alpha_{S,1}\alpha_{I,1}}{\beta_{S,1}\beta_{I,1}}\dfrac{\widetilde{\mathscr{R}}_s}{1+\alpha_{S,1}/\beta_{S,1}} < \left(1-\dfrac{\mathscr{R}_s}{1+\alpha_{S,1}/\beta_{S,1}}\right)\left\{1-(\mu+\rho)\dfrac{\alpha_{S,1}}{\beta_{S,1}\beta_{I,1}}\dfrac{\widetilde{\mathscr{R}}_s}{1+\alpha_{S,1}/\beta_{S,1}}\right\} \\ \dfrac{\alpha_{S,1}\alpha_{I,1}}{\beta_{S,1}\beta_{I,1}}\dfrac{\widetilde{\mathscr{R}}_s}{1+\alpha_{S,1}/\beta_{S,1}} < \left(1-\dfrac{\mathscr{R}_s}{1+\alpha_{S,1}/\beta_{S,1}}\right)+\left\{1-(\mu+\rho)\dfrac{\alpha_{S,1}}{\beta_{S,1}\beta_{I,1}}\dfrac{\widetilde{\mathscr{R}}_s}{1+\alpha_{S,1}/\beta_{S,1}}\right\} \end{cases} \quad (4.73)$$

これらの式は，式 (4.66) において，$\alpha_{S,2}=0$ とし，次の置き換えをしたものに対応する：

$$\mathscr{R}_s \longrightarrow \dfrac{1}{1+\alpha_{S,1}/\beta_{S,1}}\mathscr{R}_s; \quad \widetilde{\mathscr{R}}_s \longrightarrow \dfrac{1}{1+\alpha_{S,1}/\beta_{S,1}}\widetilde{\mathscr{R}}_s$$

前出の場合と同様に考えれば，ここで考えている場合の基本再生産数 (4.71) が 1 より小さいための必要十分条件は，$\mathscr{R}_s/(1+\alpha_{S,1}/\beta_{S,1})<1$，かつ，条件 (4.73) の第 1 式が成り立つことであるとわかる．

第 1 の条件は，孤立している場合の基本再生産数 $\mathscr{R}_{0,1}=\mathscr{R}_s$ が 1 より小さいための必要条件 $\mathscr{R}_s<1$ よりも緩いので，公共場を利用している場合の方が孤立している場合よりも感染症流行が起こりにくいか否かは第 2 の条件によって決まる．図 4.6 は，条件 $\mathscr{R}_s/(1+\alpha_{S,1}/\beta_{S,1})<1$ の下での条件 (4.73) の第 1 式が表すパラメータ領域，すなわち，系 (4.59) において地域集団 A_2 が公共場の利用をしない場合の基本再生産数が 1 を超えない必要十分条件に対応するパラメータ領域を示すものである．

図 4.6 が示すように，孤立している場合の基本再生産数 $\mathscr{R}_{0,1}=\mathscr{R}_s$ が 1 を超えていても，公共場利用があれば，式 (4.71) が与える基本再生産数 $\mathscr{R}_{0,1}$ が 1 より小さくなる可能性がある．ただし，そのためには，公共場における感染症伝染が次の特性を満たさなけれ

4.9 公共場で交わる2集団 SIR モデル

ばならない：

$$\frac{\alpha_{S,1}\alpha_{I,1}}{\beta_{S,1}\beta_{I,1}}\frac{\widetilde{\mathscr{R}}_s}{1+\alpha_{S,1}/\beta_{S,1}} < \widetilde{c} \tag{4.74}$$

ここで，

$$\widetilde{c} := \frac{\alpha_{I,1}/(\mu+\rho)}{1+\alpha_{I,1}/(\mu+\rho)} \frac{(\alpha_{S,1}/\beta_{S,1})\{1+\alpha_{I,1}/(\mu+\rho)\}}{(\alpha_{S,1}/\beta_{S,1})\{1+\alpha_{I,1}/(\mu+\rho)\}+\alpha_{I,1}/(\mu+\rho)} \tag{4.75}$$

である．条件 (4.74) は，次のように書き換えることができる：

$$\widetilde{\mathscr{R}}_s < \left\{\frac{\alpha_{I,1}}{\beta_{I,1}} + \frac{\mu+\rho}{\beta_{I,1}}\frac{\alpha_{S,1}/\beta_{S,1}}{1+\alpha_{S,1}/\beta_{S,1}}\right\}^{-1} \tag{4.76}$$

すなわち，公共場利用により基本再生産数 $\mathscr{R}_{0,1}$ が1より小さくなるためには，公共場における感染症の伝染性が十分に小さい（$\widetilde{\mathscr{R}}_s$ が十分に小さい）か，公共場への滞在感染者数が十分に小さい（$\alpha_{I,1}/\beta_{I,1}$ が十分に小さい）必要があることが式 (4.76) によって明示されている[*43]。

対照的に，図 4.6 が示すように，孤立している場合の基本再生産数 $\mathscr{R}_{0,1} = \mathscr{R}_s$ が1を下回っていても，公共場利用により，式 (4.71) が与える基本再生産数 $\mathscr{R}_{0,1}$ が1より大きくなる可能性もある．この場合には，式 (4.74) や (4.76) の不等号が逆向きの条件が必要であり，公共場における感染症の伝染性が十分に大きい（$\widetilde{\mathscr{R}}_s$ が十分に大きい）か，公共場への滞在感染者数が十分に大きい（$\alpha_{I,1}/\beta_{I,1}$ が十分に大きい）と，公共場利用により，地域集団 A_1 における感染症流行が起こりうる．

■ **公共場と地域集団における感染症伝染に差のない場合** すなわち，地域集団内と公共場における感染係数が等しい，$\widetilde{\sigma} = \sigma$ の場合である．このとき，式 (4.67) で定義される $\mathscr{R}_s$ と $\widetilde{\mathscr{R}}_s$ が等しいので，式 (4.64) で与えられる基本再生産数 $\mathscr{R}_0$ が1より小さいための必要十分条件は，式 (4.66) の第1式から，条件

$$\begin{cases} \mathscr{R}_s < 1 \\ \hat{a}_2 \mathscr{R}_s^2 - \hat{a}_1 \mathscr{R}_s + 1 > 0 \end{cases}$$

が満たされることである．ここで，

$$\hat{a}_2 := (\mu+\rho)\left(\frac{\alpha_{S,1}}{\beta_{S,1}\beta_{I,1}} + \frac{\alpha_{S,2}}{\beta_{S,2}\beta_{I,2}}\right)$$

$$\hat{a}_1 := 1 + \frac{\alpha_{S,1}\alpha_{I,1}}{\beta_{S,1}\beta_{I,1}} + \frac{\alpha_{S,2}\alpha_{I,2}}{\beta_{S,2}\beta_{I,2}} + (\mu+\rho)\left(\frac{\alpha_{S,1}}{\beta_{S,1}\beta_{I,1}} + \frac{\alpha_{S,2}}{\beta_{S,2}\beta_{I,2}}\right)$$

[*43] 個体の公共場滞在に係る時間スケールが十分に小さいという仮定により，$(\mu+\rho)/\beta_{I,1} \ll 1$ であることに注意．(p. 193 参照)

である．この条件は，$\mathscr{R}_{\mathrm{s}}$ についての 2 次方程式 $\hat{a}_2 \mathscr{R}_{\mathrm{s}}^2 - \hat{a}_1 \mathscr{R}_{\mathrm{s}} + 1 = 0$ の解の小さい方を $\widehat{\mathscr{R}}$ と表せば，$\mathscr{R}_{\mathrm{s}} < \widehat{\mathscr{R}}$ と同値であることがわかる．

詳説 特に，個体の公共場滞在に係る時間スケールが十分に小さいという仮定による条件 $(\mu+\rho)/\beta_{\mathrm{S},i} \ll 1$, $(\mu+\rho)/\beta_{\mathrm{I},i} \ll 1$ $(i=1,2)$ を用いて考えれば，基本再生産数 $\mathscr{R}_0$ が 1 より小さいための上記の必要十分条件から，次の条件を近似的に導くことができる：

$$\mathscr{R}_{\mathrm{s}} < \frac{1}{1 + \frac{\alpha_{\mathrm{S},1}\alpha_{\mathrm{I},1}}{\beta_{\mathrm{S},1}\beta_{\mathrm{I},1}} + \frac{\alpha_{\mathrm{S},2}\alpha_{\mathrm{I},2}}{\beta_{\mathrm{S},2}\beta_{\mathrm{I},2}}}$$

既述の通り，公共場を利用せずに孤立している場合との対比を行うためには，個体群サイズを等しくする調整をすべきである．すなわち，地域集団 A_i $(i=1,2)$ については，孤立している場合の基本再生産数 $\mathscr{R}_0 = \mathscr{R}_{\mathrm{s}}$ と比較すべき基本再生産数 $\mathscr{R}_{0,i}$ が，式 (4.64) の $\mathscr{R}_0$ を用いて，次のように定義できる：

$$\mathscr{R}_{0,i} := \frac{1}{1 + \alpha_{\mathrm{S},i}/\beta_{\mathrm{S},i}} \mathscr{R}_0 \Big|_{\widetilde{\sigma}=\sigma}$$

よって，この調整に基づけば，$\widetilde{\sigma} = \sigma$ のとき，地域集団 A_i $(i=1,2)$ における基本再生産数 $\mathscr{R}_{0,i}$ が 1 より小さいための近似条件は，

$$\mathscr{R}_{\mathrm{s}} < \frac{1 + \alpha_{\mathrm{S},i}/\beta_{\mathrm{S},i}}{1 + \frac{\alpha_{\mathrm{S},1}\alpha_{\mathrm{I},1}}{\beta_{\mathrm{S},1}\beta_{\mathrm{I},1}} + \frac{\alpha_{\mathrm{S},2}\alpha_{\mathrm{I},2}}{\beta_{\mathrm{S},2}\beta_{\mathrm{I},2}}}$$

である．したがって，

$$\frac{\alpha_{\mathrm{S},i}}{\beta_{\mathrm{S},i}} < \frac{\alpha_{\mathrm{S},1}\alpha_{\mathrm{I},1}}{\beta_{\mathrm{S},1}\beta_{\mathrm{I},1}} + \frac{\alpha_{\mathrm{S},2}\alpha_{\mathrm{I},2}}{\beta_{\mathrm{S},2}\beta_{\mathrm{I},2}}$$

ならば，地域集団 A_i $(i=1,2)$ における基本再生産数 $\mathscr{R}_{0,i}$ が 1 より小さい条件は，孤立している場合に比べて，より厳しいので，公共場の利用により，感染症流行がより起こりやすいといえる．上の条件の不等号が逆向きの条件が成り立つならば，公共場の利用により，感染症流行がより起こりにくいという結論になる．上記の不等式条件が成り立つか否かは，地域集団 A_1, A_2 の間で合致するとは限らないので，孤立している場合と比べるこの議論においては，2 つの地域集団のそれぞれに対する結論が異なる場合もあることに注意されたい．

■ **1 つの集団が公共場で交流する 2 つの地域集団から成り立つ場合** ここでは，2 つの地域集団の間に社会的行動の差がない場合について考える．すなわち，公共場への往来に関する特性が同一とする．よって，$\alpha_{\mathrm{S},1} = \alpha_{\mathrm{S},2} = \alpha_{\mathrm{S}}$, $\alpha_{\mathrm{I},1} = \alpha_{\mathrm{I},2} = \alpha_{\mathrm{I}}$, $\beta_{\mathrm{S},1} = \beta_{\mathrm{S},2} = \beta_{\mathrm{S}}$, $\beta_{\mathrm{I},1} = \beta_{\mathrm{I},2} = \beta_{\mathrm{I}}$ とする．そして，1 つの集団が 2 つの地域集団に分かれている場合と，1 つの地域集団としてまとまっている場合との比較を考える．

1 つの地域集団としてまとまっている場合については，公共場を 1 つの地域集団のみが利用している場合に対応するので，前出の議論により，基本再生産数 $\mathscr{R}_0$ が 1 より小さい必要十分条件は，式 (4.73) から，

$$\begin{cases} \mathscr{R}_{\mathrm{s}} < 1 \\ \dfrac{\alpha_{\mathrm{S}}\alpha_{\mathrm{I}}}{\beta_{\mathrm{S}}\beta_{\mathrm{I}}} \widetilde{\mathscr{R}}_{\mathrm{s}} < (1 - \mathscr{R}_{\mathrm{s}}) \left\{ 1 - (\mu+\rho) \dfrac{\alpha_{\mathrm{S}}}{\beta_{\mathrm{S}}\beta_{\mathrm{I}}} \widetilde{\mathscr{R}}_{\mathrm{s}} \right\} \end{cases} \quad (4.77)$$

4.9 公共場で交わる2集団SIRモデル

である。このとき，地域集団に属する個体の総個体群サイズは，式 (4.69) が与える通り，

$$\left(1 + \frac{\alpha_\mathrm{S}}{\beta_\mathrm{S}}\right)\frac{\lambda}{\mu}$$

である。

この地域集団が大きさの等しい2つの地域集団に分かれている場合には，それぞれの地域集団に属する個体の総個体群サイズを

$$\frac{1}{2}\left(1 + \frac{\alpha_\mathrm{S}}{\beta_\mathrm{S}}\right)\frac{\lambda}{\mu}$$

とする条件下で考えればよいので，これまでの議論により，基本再生産数 $\mathscr{R}_0$ が1より小さいための必要十分条件は，式 (4.73) から，

$$\begin{cases} \dfrac{\mathscr{R}_\mathrm{s}}{2} < 1 \\ \left(\dfrac{\alpha_\mathrm{S}\alpha_\mathrm{I}}{\beta_\mathrm{S}\beta_\mathrm{I}} + \dfrac{\alpha_\mathrm{S}\alpha_\mathrm{I}}{\beta_\mathrm{S}\beta_\mathrm{I}}\right)\dfrac{\widetilde{\mathscr{R}}_\mathrm{s}}{2} < \left(1 - \dfrac{\mathscr{R}_\mathrm{s}}{2}\right)\left\{1 - (\mu+\rho)\left(\dfrac{\alpha_\mathrm{S}}{\beta_\mathrm{S}\beta_\mathrm{I}} + \dfrac{\alpha_\mathrm{S}}{\beta_\mathrm{S}\beta_\mathrm{I}}\right)\dfrac{\widetilde{\mathscr{R}}_\mathrm{s}}{2}\right\} \end{cases}$$

と表され，結果，

$$\begin{cases} \mathscr{R}_\mathrm{s} < 2 \\ \dfrac{\alpha_\mathrm{S}\alpha_\mathrm{I}}{\beta_\mathrm{S}\beta_\mathrm{I}}\widetilde{\mathscr{R}}_\mathrm{s} < \left(1 - \dfrac{\mathscr{R}_\mathrm{s}}{2}\right)\left\{1 - (\mu+\rho)\dfrac{\alpha_\mathrm{S}}{\beta_\mathrm{S}\beta_\mathrm{I}}\widetilde{\mathscr{R}}_\mathrm{s}\right\} \end{cases} \quad (4.78)$$

となる。

1つの地域集団としてまとまっている場合の基本再生産数 $\mathscr{R}_0$ が1より小さいための必要十分条件 (4.77) と，地域集団が大きさの等しい2つの地域集団に分かれている場合の基本再生産数 $\mathscr{R}_0$ が1より小さい必要十分条件 (4.78) を比較すると，明らかに，後者の条件の方が緩いことがわかる。すなわち，感染症流行は，地域集団が1つにまとまっている場合よりも，2つに分かれている場合の方が起こりにくいといえる。

詳説 より一般的に，大きさの異なる2つの地域集団に分かれている場合について考察したいところであるが，それは，系 (4.59) における $\lambda_1/\mu_1 \neq \lambda_2/\mu_2$ の場合に対応するため，本節で述べてきた $\lambda_1/\mu_1 = \lambda_2/\mu_2$ の場合についての議論の延長として考察することができず，基本再生産数も (4.64) では与えられない。さらに深く踏み込んだ解析が必要になる。

実は，系 (4.59) における $\lambda_1/\mu_1 \neq \lambda_2/\mu_2$ の場合には，次世代行列の固有値解析では，3次方程式を扱うことになる。そのスペクトル半径を陽に導出することが可能であっても，一般には，その式は無用である。しかし，本節の議論と同様に，スペクトル半径，すなわち，導かれる基本再生産数が1より小さい必要十分条件を議論することは重要な課題である。たとえば，付録 H に記した Jury の安定性判別法（Jury stability test）が応用できるが，本書ではこれ以上踏み込まない。

第 5 章

個体群ダイナミクスの格子モデル

本章では，集団内の空間分布や相互作用の確率性を考慮した場合，それらが個体群ダイナミクスの特性にどのように反映されるかについて考えるための数理モデリングの例として，格子空間上での感染症伝染ダイナミクスを取り上げる。感染症の伝染過程の数理モデリングにおいて，集団を集団として扱うだけではなく，集団が個体から成る集まりであるということに着目する。数理モデル解析については，特に，Kermack–McKendrick モデルについての結果と対照させながら，無限に大きな集団サイズに対する結果についての概論を述べる。

5.1 格子空間上の感染症伝染ダイナミクス

4.1 節や兄弟本【基礎編】6.7 節で扱った Kermack–McKendrick モデルにおいては，感染過程を表す項が感受性個体群サイズと感染個体群サイズの積として与えられている。これは，個体あたりの個体群サイズ瞬間変化速度が，線形の密度効果を受ける形で与えられるというモデリングによっている[*1]。別の見方からの意味としては，感染症伝染が感受性者と感染者の間のランダムな接触によって起こるとみなせるという仮定が適用されている。

実際の感染症の伝染経路では，物理的に近くにいる感染者から感染症をうつされる場合が多いだろう。この点を考慮するならば，感受性者が感染する可能性は，集団全体にいる感染者数ではなく，物理的に近くにいる感染者の数に依存して決まると仮定する方が自然である。もちろん，近くに感染者がいたとしても，必ずしも感受性者が感染するとは限らないが，近くの感染者の数が多いほど感染が起こる確率は高まるだろう。このように，感染率の個体間の物理的距離への依存性を導入するために集団内の空間分布や感染過程の確率性を考慮した場合には，それらは感染症の伝染ダイナミクスの特性にどのように反映されうるだろうか？

[*1] 瀬野 [107] 参照。

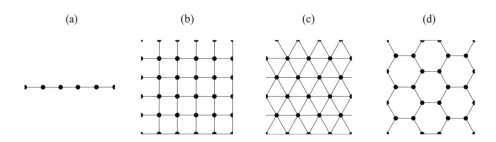

図 5.1　典型的な格子空間。(a) 1 次元格子空間；(b) 2 次元正方格子空間；(c) 2 次元三角格子空間；(d) 2 次元蜂の巣格子空間。

今，集団中のすべての個体は，無限に広がっている平面上に，左右または上下の方向に等間隔で規則的に並べられている点によって表されているとする（図 5.1(b)）。この空間全体のことを**格子空間**（lattice space）と呼び，各点のことを**格子点**（lattice point）と呼ぶ。各個体は 4 つの個体と辺でつながっており，これらの個体の間に相互作用が存在する可能性を示す。図 5.1(b) のように，正方形で敷き詰められている空間のことを，2 次元正方格子空間（square lattice space）と呼ぶ。

格子空間を用いる数理モデリングでは，他にも，三角形が敷き詰められた 2 次元三角格子空間（trianglular lattice space）（図 5.1(c)），2 次元蜂の巣格子空間（honeycomb lattice space）（図 5.1(d)）がよく使われる。空間次元による違いを考察する場合には，直線状の 1 次元格子空間（図 5.1(a)）もしばしば扱われる。各個体は，それぞれ，6 個体，3 個体，または 2 個体と辺でつながっている。

以降，各点から伸びている辺の数を z で表す。すなわち，$z = 2, 3, 4, 6$ は，それぞれ，1 次元格子空間，2 次元蜂の巣格子空間，2 次元正方格子空間，2 次元三角格子空間[*2]を表す。本章で扱う格子空間による数理モデリングでは，各個体は隣接する個体とのみ辺でつながっている（したがって隣接する個体としか相互作用は行わない）とする。

感染症の伝染ダイナミクスとして，格子空間上での SIR モデルを考える[*3]。各格子点には感受性個体 S，感染個体 I，回復個体 R のいずれか 1 個体がいる。I と辺でつながっている S は感染症をうつされる可能性がある。ここでは，辺でつながっている I の数に比例して S への感染率が大きくなるとする。すなわち，I の 1 個体あたりの S 個体への感染率を σ/z とし，各 S 個体への感染率が（隣接する I の個体数）$\times \sigma/z$ で与えられるとする。σ は S 個体に隣接するすべての個体が感染者である場合の S 個体の感染率を表す。I はしばらくすれば感染症から回復するとし，その回復率を ρ とする。

[*2] 3 次元立方格子空間（cubic lattice space）とも解釈できる。
[*3] より一般的なネットワーク上での SIR モデルについては Keeling [55] を参照されたい。

5.2 隣接格子点ペアの状態遷移

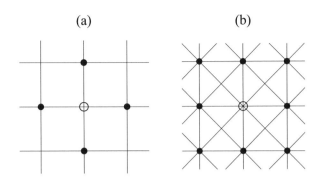

図 5.2 2 次元正方格子空間の最近接個体から成る近傍の定義。(a) フォン・ノイマン近傍；(b) ムーア近傍。

詳説 n 次元空間上の座標として整数の組をもつ点だけを考える場合，通常，原点から点 $\boldsymbol{x} = (x_1, x_2, \ldots, x_n)$ までの距離は，次のように定義される p-ノルムによって測られる。

$$\|\boldsymbol{x}\|_p = \Big(\sum_{i=1}^{n} |x_i|^p\Big)^{1/p}$$

2 次元正方格子空間上では，2 つの個体間の距離は，1-ノルム（1-norm）[*4]

$$\|\boldsymbol{x}\|_1 = |x_1| + \cdots + |x_n|$$

で定義されることが多いが，最大値ノルム（maximum norm）[*5]

$$\|\boldsymbol{x}\|_\infty = \max(|x_1|, \ldots, |x_n|)$$

によって定義される場合もある。特に，距離 r 以下の個体から成る近傍のことを，前者では距離 r のフォン・ノイマン近傍（von Neumann neighborhood），後者では距離 r のムーア近傍（Moore neighborhood）と呼ぶ。$r = 1$，すなわち最近接個体から成る近傍がしばしば使われる（前者では 4 個体，後者では 8 個体から成る；図 5.2）。

各個体がすべての個体とつながっていて，距離に関係のない平等な相互作用を考えることもある[*6]。このような場合を「**集団には空間構造がない**」，「**集団は空間構造をもたない**」等と表現する。

5.2 隣接格子点ペアの状態遷移

まず，時間経過に伴う隣接格子点のペアの状態の遷移を考える。ペアの状態の組み合わせは $3 \times 3 = 9$ 通りあるが，状態遷移のルールにおける対称性から，SS, SI, SR, II, IR,

---

[*4] L^1-ノルム，マンハッタン距離（Manhattan distance）
[*5] L^∞-ノルム，チェビシェフ距離（Chebyshev distance）
[*6] グラフ理論における完全グラフに対応する。

RR の 6 通りを考えればよい*7。これらの状態の組み合わせのペアの頻度（確率）を p_{SS}, p_{SI}, p_{SR}, p_{II}, p_{IR}, p_{RR} と表すと，これら 6 通りのペアの状態の確率の時間変動は次のように与えられる：

$$
\begin{aligned}
\frac{dp_{\mathrm{SS}}(t)}{dt} &= -2\left(1-\frac{1}{z}\right)\sigma\, p_{\mathrm{SSI}}(t) \\
\frac{dp_{\mathrm{SI}}(t)}{dt} &= \left(1-\frac{1}{z}\right)\sigma\, p_{\mathrm{SSI}}(t) - \frac{\sigma}{z} p_{\mathrm{SI}}(t) - \left(1-\frac{1}{z}\right)\sigma\, p_{\mathrm{ISI}}(t) - \rho\, p_{\mathrm{SI}}(t) \\
\frac{dp_{\mathrm{SR}}(t)}{dt} &= \rho\, p_{\mathrm{SI}}(t) - \left(1-\frac{1}{z}\right)\sigma\, p_{\mathrm{ISR}}(t) \\
\frac{dp_{\mathrm{II}}(t)}{dt} &= 2\left(1-\frac{1}{z}\right)\sigma\, p_{\mathrm{ISI}}(t) + 2\frac{\sigma}{z} p_{\mathrm{SI}}(t) - 2\rho\, p_{\mathrm{II}}(t) \\
\frac{dp_{\mathrm{IR}}(t)}{dt} &= \left(1-\frac{1}{z}\right)\sigma\, p_{\mathrm{ISR}}(t) + \rho\, p_{\mathrm{II}}(t) - \rho\, p_{\mathrm{IR}}(t) \\
\frac{dp_{\mathrm{RR}}(t)}{dt} &= 2\rho\, p_{\mathrm{IR}}(t)
\end{aligned}
\tag{5.1}
$$

この系 (5.1) の 2 番目の式による $p_{\mathrm{SI}}(t)$ の時間変動について詳しくみてみる。

■ **ペア SI が増える遷移** （他の状態のペアからペア SI への遷移）

(i) 左側の格子点が他の状態から S に遷移する場合については，他の状態から S に遷移することはないので，あり得ない。

(ii) 右側の格子点が他の状態から I に遷移する場合については，右側の格子点が S から I に遷移する場合，すなわち，ペア SS からペア SI への遷移を考えればよい。右側の S が I に遷移するためには，さらにその隣に I がいる必要がある（図 5.3(a)）。すなわち，連なる 3 つの格子点の状態配置が SSI でなければならない。このとき，ペア SS における右側の S は，左側の S 以外に $z-1$ 個の隣接格子点をもっているので，そこに I がいるとして $z-1$ 個の SSI を考える必要がある。感染者 1 個体あたりの感染率は σ/z であるから，結局，この場合についてのペア SS の右側の S が I に状態遷移する正味の遷移率は，$(z-1)\cdot(\sigma/z)\cdot p_{\mathrm{SSI}}$ となり，右辺の第 1 項となる。ただし，$p_{\omega\omega'\omega''}$ は，連なる 3 つの格子点の状態配置が $\omega\omega'\omega''$ である確率とする。

■ **ペア SI が減る遷移** （ペア SI から他の状態のペアへの遷移）

(i) 左側の S が他の状態に遷移する場合について考えると，S が I に遷移するのは，S の隣に I がいる場合である。今，左側の S の右隣に I がいることを考えているので，率 σ/z で S が遷移することにより，ペア SI がペア II へ状態遷移する（図 5.3(b)）。この状態遷移を与えているのが第 2 項である。さら

---

*7 左右の状態を入れ換えたペアの頻度は等しい。たとえば，SI と IS は同等に扱うことができる。

5.2 隣接格子点ペアの状態遷移

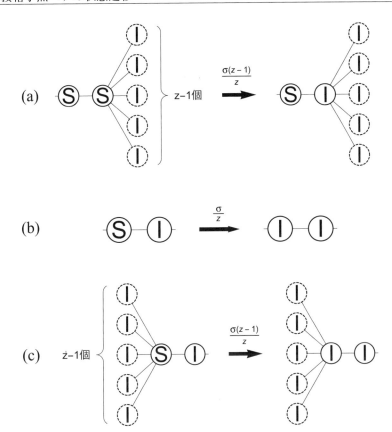

図 5.3 隣接格子点ペアの状態変化。(a) ペア SS からペア SI への状態遷移。右側の S については，その隣に I がいる場合に，すなわち，連なる 3 つの格子点が SSI という状態配置であるときに，感染が起こり得る。(b) ペア SI からペア II への状態遷移。左側の S は，その右側の I から感染が起こる可能性がある。(c) ペア SI からペア II への状態遷移。左側の S については，その隣に I がいる場合に，すなわち，連なる 3 つの格子点が ISI という状態配置であるときにも，感染が起こり得る。

に，S の左側に I がいる場合も考えると，連なる 3 つの格子点の状態配置が ISI である必要がある（図 5.3(c)）。一番左の I の配置には $z-1$ 個の可能性があり，それぞれの I が感染率 σ/z をもっているので，この場合についてのペア SI の S が I に状態遷移する正味の遷移率は，$(z-1) \cdot (\sigma/z) \cdot p_{\mathrm{ISI}}$ となる。これが第 3 項に対応する。

(ii) 右側の I が他の状態に遷移する場合について考えると，I から R への状態遷移は，仮定により回復率 ρ で起こるので，第 4 項となる。

系 (5.1) における他の式の意味についても同様に理解することができるだろう。ただし，$p_{\mathrm{SS}}(t)$ に関する式に 2 倍の因子が現れるのは，次の理由による：左側の S が遷移する場

合，因子 p_ISS が現れるのに対し，右側の S が遷移する場合には，因子 p_SSI が現れる。状態遷移のルールから対称性が保証されているので，$p_\text{ISS} = p_\text{SSI}$ が成立する。

> **注記** ここでは連続時間のモデルを考えているために，同時に 2 つ以上の格子点が変化することはないこと[*8]に注意。

5.3　状態頻度の時間変動

本節では，系 (5.1) における状態頻度

$$p_\text{S}(t) = p_\text{SS}(t) + p_\text{SI}(t) + p_\text{SR}(t)$$
$$p_\text{I}(t) = p_\text{SI}(t) + p_\text{II}(t) + p_\text{IR}(t)$$
$$p_\text{R}(t) = p_\text{SR}(t) + p_\text{IR}(t) + p_\text{RR}(t)$$

の変動速度 $dp_\text{S}(t)/dt$, $dp_\text{I}(t)/dt$, $dp_\text{R}(t)/dt$ を導く。式 (5.1) により，上式の時間微分を計算すれば，以下のように得られる：

$$\begin{aligned}
\frac{dp_\text{S}(t)}{dt} &= \frac{dp_\text{SS}(t)}{dt} + \frac{dp_\text{SI}(t)}{dt} + \frac{dp_\text{SR}(t)}{dt} &= -\sigma\, p_\text{SI}(t) \\
\frac{dp_\text{I}(t)}{dt} &= \frac{dp_\text{SI}(t)}{dt} + \frac{dp_\text{II}(t)}{dt} + \frac{dp_\text{IR}(t)}{dt} &= \sigma\, p_\text{SI}(t) - \rho\, p_\text{I}(t) \\
\frac{dp_\text{R}(t)}{dt} &= \frac{dp_\text{SR}(t)}{dt} + \frac{dp_\text{IR}(t)}{dt} + \frac{dp_\text{RR}(t)}{dt} &= \rho\, p_\text{I}(t)
\end{aligned} \quad (5.2)$$

たとえば，上式 (5.2) の第 2 式 $dp_\text{I}(t)/dt$ を考えてみる。I は S からの遷移によって増え，R への遷移によって減る。前者については，S の隣が I であるという状態のペア SI が必

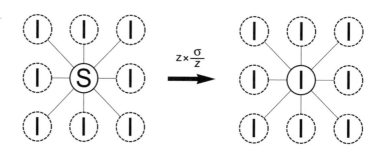

図 5.4　系の状態頻度の時間変動をもたらす S から I への状態遷移。真ん中の S は，周りに I がいる場合，すなわち，格子点ペアが状態 SI であるときに感染が起こり得る。

[*8] 瀬野 [107, 2.1 節] に同様の数理モデリングの議論が述べられている。

要である．Sはz個の隣をもち，Iの1個体あたりの感染率はσ/zなので，SからIへの遷移率は$z \cdot (\sigma/z) \cdot p_{SI}$となる（図5.4）．これが第1項の意味である．第2項は後者を表し，回復率ρによるIからRへの状態遷移を表している．

5.4 平均場近似モデル

式(5.1)の右辺には，連なる3個体の状態配置に関する確率が含まれているために，系として閉じておらず，これだけでは時間変動を計算することはできない．右辺に含まれているそれらの3個体の状態配置の確率の時間変動の情報が必要である．しかし，前節までの数理モデリングに関する解説からもわかるように，連なる3個体の状態配置の確率の時間変動を定めるためには，さらに多くの連なる個体の状態配置の確率の情報が必要となる．すなわち，閉じた系として記述しようとしても，次々とより多くの連なる個体の状態配置を考える必要が現れ，完全な数理モデルは，無限系の連立微分方程式によって表されることになる．この完全な数理モデルについての数理的に厳密な解析を行うことは困難であるが，適当な近似的方法を用いることによって，ある程度見通しのよい数理的な結果を得ることは可能である．

隣り合った状態が独立である，すなわち，ペアを成す個体の状態の間に相関がないと仮定しよう．この仮定は，
$$p_{\omega\,\omega'} = p_\omega p_{\omega'} \tag{5.3}$$
が成り立つとする近似である．隣の格子点の状態がω'であるという条件の下で，着目している格子点の状態がωであるという条件付き確率
$$q_{\omega/\omega'} = \frac{p_{\omega\,\omega'}}{p_{\omega'}} \tag{5.4}$$
を用いて，$q_{\omega/\omega'} = p_\omega$による近似として表現することもできる（図5.5）．つまり，条件となっている隣の格子点の状態によらないで着目している格子点の状態についての確率が

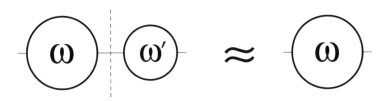

図5.5　条件付き確率と平均場近似．平均場近似では，隣接格子点の状態がω'であるという条件の下での着目している格子点の状態がωである確率（左図）を，隣接格子点の状態によらずに，着目している格子点の状態がωである確率（右図）で近似する：$q_{\omega/\omega'} \approx p_\omega$．

定まるという近似である。

式 (5.2) に式 (5.3) を代入すると以下の式が得られる[*9]：

$$\begin{aligned}
\frac{dp_{\rm S}(t)}{dt} &= -\sigma\, p_{\rm S}(t)p_{\rm I}(t) \\
\frac{dp_{\rm I}(t)}{dt} &= \sigma\, p_{\rm S}(t)p_{\rm I}(t) - \rho\, p_{\rm I}(t) \\
\frac{dp_{\rm R}(t)}{dt} &= \rho\, p_{\rm I}(t)
\end{aligned} \tag{5.5}$$

しばしば，このような近似による数理モデルは，**平均場近似** (mean field approximation) モデルと呼ばれる．導出の際の議論から明らかなように，感染者の隣には感染者が居やすいというような隣り合う格子点の間の相関がないモデルといえる．空間的にどこでも一様で，S，I，R の存在確率が平均値として与えられているイメージに対応する．

> **詳説** このようなモデルは，個体間相互作用の範囲が非常に大きく，どの 2 個体の間でも（距離に依存せずに）感染が起こり得る場合や，集団内の個体の空間内での移動を要素に加えたモデルにおいて，相当に大きな移動率の下で，すべての個体が隣同士になり得る可能性があると近似される場合に対応する．

5.5 ペア近似モデル

前節において述べたように，平均場近似モデルは空間構造をもたない集団のモデルに対応している．よって，個体群ダイナミクスの格子モデルにおける空間構造の影響について定性的に議論するためには，何らかの工夫が必要である．**ペア近似** (pair approximation) は，そのための最も簡単な近似法の 1 つである．

まず，式 (5.4) と同じような次の条件付き確率を考える：

$$q_{\omega/\omega'\omega''} = \frac{p_{\omega\,\omega'\omega''}}{p_{\omega'\omega''}} \tag{5.6}$$

これは，着目している格子点に隣接する格子点の状態が ω' であり，その隣接格子点が，状態 ω の格子点とは別の，状態 ω'' の隣接格子点をもつ条件の下で，着目している格子点が状態 ω であるという条件付き確率である[*10]．

[*9] 個体群サイズ，あるいは，個体群密度を N とするとき，式 (5.5) の σ を，4.1 節に示された Kermack–McKendrick モデル (4.1) の σ を N 倍したものに置き換えれば，式 (5.5) と式 (4.1) は同じモデルである．関連する数理モデリングについては，瀬野 [107] を参照されたい．

[*10] $\omega = \omega''$ のとき，状態 ω の格子点と状態 ω'' の格子点が同じ場合を含める表記法もしばしば使われる（たとえば，Rand [99]）．

5.5 ペア近似モデル

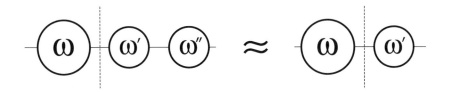

図 5.6 条件付き確率とペア近似。着目している格子点の状態が ω である確率は，隣接格子点の状態によって異なる。隣接する格子点ペアの状態が $\omega'\omega''$ である（ω'' は着目している格子点に隣接しない[*11]）条件の下で，着目している格子点の状態が ω である確率（左図）を，隣接格子点の状態が ω' である条件の下で，着目している格子点の状態が ω である確率（右図）で近似する：$q_{\omega/\omega'\omega''} \approx q_{\omega/\omega'}$。ペア近似では，隣接しない格子点からの影響は小さいとして無視する。

条件には，隣接格子点の状態 ω' と，その隣接格子点に隣接する格子点の ω'' が含まれているが，距離が近いほど直接的な影響は大きいと考え，着目している格子点に対しては，状態 ω'' が与える影響は，状態 ω' のそれに比べて小さいとみなすことにする。そこで，条件付き確率 (5.6) を，条件から ω'' を除いた確率で近似する（図 5.6）：

$$q_{\omega/\omega'\omega''} \approx q_{\omega/\omega'} \tag{5.7}$$

この近似式の適用によって，無限系の連立微分方程式を有限個の状態変数についての連立微分方程式として閉じた系を導く方法がペア近似と呼ばれている[*12]。

> **演習問題 40**
>
> ペア近似を使って次の関係式を示せ：
> $$p_{\omega\omega'\omega''} \approx \frac{p_{\omega\omega'}p_{\omega'\omega''}}{p_{\omega'}} \tag{5.8}$$

[*11] 5.10 節も参照されたい。
[*12] Matsuda ら [70] 参照。また，Dieckmann ら（編）[14]，巌佐 [49]，日本数理生物学会（編）[89]，関村・山村（編）[106] やそれらの引用文献も参照。

式 (5.1) から，ペア近似 (5.8) によって，以下の式が導かれる：

$$
\begin{aligned}
\frac{dp_{\mathrm{SS}}(t)}{dt} &= -2\Big(1-\frac{1}{z}\Big)\sigma\,\frac{p_{\mathrm{SS}}(t)p_{\mathrm{SI}}(t)}{p_{\mathrm{S}}(t)} \\
\frac{dp_{\mathrm{SI}}(t)}{dt} &= \Big(1-\frac{1}{z}\Big)\sigma\,\frac{p_{\mathrm{SS}}(t)p_{\mathrm{SI}}(t)}{p_{\mathrm{S}}(t)} - \frac{\sigma}{z}\,p_{\mathrm{SI}}(t) \\
&\quad -\Big(1-\frac{1}{z}\Big)\sigma\,\frac{\{p_{\mathrm{SI}}(t)\}^2}{p_{\mathrm{S}}(t)} - \rho\,p_{\mathrm{SI}}(t) \\
\frac{dp_{\mathrm{SR}}(t)}{dt} &= \rho\,p_{\mathrm{SI}}(t) - \Big(1-\frac{1}{z}\Big)\sigma\,\frac{p_{\mathrm{SI}}(t)p_{\mathrm{SR}}(t)}{p_{\mathrm{S}}(t)} \\
\frac{dp_{\mathrm{II}}(t)}{dt} &= 2\Big(1-\frac{1}{z}\Big)\sigma\,\frac{\{p_{\mathrm{SI}}(t)\}^2}{p_{\mathrm{S}}(t)} + 2\,\frac{\sigma}{z}\,p_{\mathrm{SI}}(t) - 2\rho\,p_{\mathrm{II}}(t) \\
\frac{dp_{\mathrm{IR}}(t)}{dt} &= \Big(1-\frac{1}{z}\Big)\sigma\,\frac{p_{\mathrm{SI}}(t)p_{\mathrm{SR}}(t)}{p_{\mathrm{S}}(t)} + \rho\,p_{\mathrm{II}}(t) - \rho\,p_{\mathrm{IR}}(t) \\
\frac{dp_{\mathrm{RR}}(t)}{dt} &= 2\rho\,p_{\mathrm{IR}}(t)
\end{aligned} \quad (5.9)
$$

以下では，図 5.7 に示した，平均場近似モデル (5.5) とペア近似モデル (5.9) に関する数値計算結果を基に，空間構造が反映されることによって，数理モデルが導く感染症の広がり方についての結果にどのような特性が現れるのかを考える。

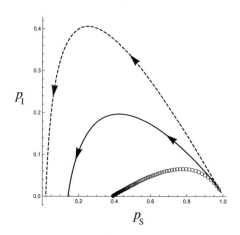

図 5.7 感受性個体から成る集団中に少数の感染個体が侵入した後の，感受性個体頻度と感染個体頻度の時間変動についての数値計算。破線は平均場近似モデル (5.5)，実線はペア近似モデル (5.9)，白丸は 2 次元正方格子モデル（$z=4$）のモンテカルロシミュレーションの結果を表す。初期条件として，ランダムに 99% の感受性個体と，1% の感染個体を配置した。$\sigma = 4.0$, $\rho = 1.0$, $p_{\mathrm{S}}(0) = 0.99$, $p_{\mathrm{I}}(0) = 0.01$, $p_{\mathrm{SS}}(0) = \{p_{\mathrm{S}}(0)\}^2 = 0.9801$, $p_{\mathrm{SI}}(0) = p_{\mathrm{S}}(0)p_{\mathrm{I}}(0) = 0.0099$, $p_{\mathrm{II}}(0) = \{p_{\mathrm{I}}(0)\}^2 = 0.0001$。

■ **感受性個体群** 感染個体がいなくなるまで単調に減少し続ける。

空間構造がある場合には，このことはそれほど自明なことではない。状態遷移のルールにより，減少した感受性個体数が決して増加に転じることはないが，変化しない場合も起こり得る。

たとえば，初期条件として，感受性個体と感染個体が回復個体によって完全に分離している状態を考えてみよう．感染個体 I を固めておき，そのまわりをわずかな回復個体 R で囲むようにしておけば，このような状態が実現できる．このとき，感受性個体数はまったく変化せずに，感染個体数だけが単調に減少していく．つまり，感染個体数だけが単調に減少するような変動が起こるとすれば，しばらくしてこのような状態になるような初期条件が選ばれていることが必要である．

図 5.7 の結果は，初期条件としてランダムに感染個体を配置した場合には，そのように感受性個体と感染個体が回復個体によって完全に分離した状態に落ち着くことはないことを示唆していると考えられる．

注記 空間構造がない場合，すなわち，平均場近似の場合には，空間配置の違いがダイナミクスに影響することはなく，感受性個体数は感染個体がいなくなるまで減少し続ける．

■ **感染個体群** 感受性個体のある頻度を境にして，増加から減少に転じる．

平均場近似では，この増加から減少に転じる感受性個体頻度は式 (5.5) の第 2 式から求められる：$p_S = \rho/\sigma$．一方，空間構造がある場合には，ペア近似でも用いる厳密に成り立つ式 (5.2) の第 2 式により，ρ/σ を境にした $q_{S/I}$ の値に応じて，感染個体数の増減が変化する．

感染個体数が増加から減少に転じる際の感受性個体頻度 p_S の値が平均場近似の場合の値よりも大きいということは，$p_S > q_{S/I}$ を意味している．つまり，感染症の伝染ダイナミクスの進展に伴い，空間を占める感受性個体頻度に比べて，感染個体の近くにいる感受性個体が少なくなるといえる．ただし，ここに示した p_S と p_I の変動のみから空間構造についてのこれ以上の特性を議論することはできないので，空間構造の詳細について議論するためには，より高次な状態空間を取り扱う必要がある．

感染個体数の増加は，空間構造がある方が緩慢である．これは，感染症がすぐ隣の感受性個体にしか伝染せず，さらに隣にまで伝染することが起こりにくいことを反映している．空間構造がある場合には，ランダムな初期条件 $p_S(0) = q_{S/I}(0)$ を設定すると，しばらくすれば，上述のような $p_S > q_{S/I}$ という関係式が成立するので，式 (5.2) の第 2 式から，感染個体数の増加率が平均場近似の場合よりも小さくなると推測される．

これらの結果として，空間構造がある場合の方が，感染がおさまり感染症伝染から免れた感受性個体頻度（最終規模[*13]）が大きいことが予想される。感染症が感染個体に隣接する感受性個体にしかうつり得ない場合には，どこにでもいる感受性個体にうつり得る場合に比べて感染症は広がりにくいだろう。ペア近似は前者の特性が考慮された近似であり，平均場近似は後者に対応する。したがって，感染個体 I の 1 個体あたりの感染率が同じ場合で比較すれば，平均場近似モデルによる結果に比べて，ペア近似モデルによる結果における感染個体頻度は，より小さいことが予想できるのである。

注記 図 5.7 の数値計算結果からも確認できるように，本節で述べたような定性的な特性はペア近似によってうまく捉え得ることがわかる。

もっとも，ペア近似モデルにおいても，近接個体からの影響だけを部分的に考慮しただけであるから，格子モデルにおける実際の感染個体頻度に対して，まだまだ過大な評価になっていることが図 5.7 の数値計算結果からも窺い知れる。したがって，ペア近似は集団のもつ空間構造の定性的な効果を数理モデルに導入する有効な数理モデリングの手法であることは確かであるが，定量的な精度が問題となる場合には，さらに高次の近似が必要である。

詳説 図 5.7 に示された格子モデルの数値計算に用いたモンテカルロシミュレーションとは，5.1 節で定義された格子空間上の SIR モデルの状態遷移のルールに基づいて，コンピュータが生成する擬似乱数を用いたシミュレーションのことを指す。具体的なアルゴリズムは以下の通りである：

ステップ 1 すべての格子点の状態を S にする。すべての格子点から，格子空間サイズの 1% の点をランダムに選び，状態 I に変更する。ステップ 2 に進む。

ステップ 2 すべての格子点から 1 点をランダムに選ぶ（格子点 A と名付ける）。ステップ 3 に進む。

ステップ 3 格子点 A が状態 S であればステップ 4 に進む。格子点 A が状態 I であればステップ 5 に進む。格子点 A が状態 R であればステップ 2 に戻る。

ステップ 4 格子点 A の隣接格子点から 1 点をランダムに選ぶ（格子点 B と名付ける）。格子点 B が状態 I であれば，確率 $\sigma/\max(\sigma,\rho)$ で格子点 A を状態 I に変更する[*14]。ステップ 2 に戻る。

ステップ 5 確率 $\rho/\max(\sigma,\rho)$ で格子点 A を状態 R に変更する。ステップ 2 に戻る。

上記のステップ 2 を格子空間サイズの回数だけ繰り返す時間を，1 モンテカルロステップと呼ぶ。必要なモンテカルロステップ数までステップ 2 を実行する。

[*13] 5.8 節で取り扱う。
[*14] σ や ρ が 1 以下であれば，ステップ 4 の $\sigma/\max(\sigma,\rho)$ とステップ 5 の $\rho/\max(\sigma,\rho)$ は，それぞれ，σ と ρ としてもよい。

5.6 格子モデルの基本再生産数

基本再生産数 $\mathcal{R}_0$ は,「初期時刻に現れた 1 感染者が感染力を失うまでに感染させることのできる感受性者数の期待値」として定義される[*15]。感染症伝染ダイナミクスモデルにおいても,感染者数の時間変動を表す式から $\mathcal{R}_0$ の表式を導出できる場合がある[*16]。本節では,本章で扱っている格子空間上の SIR モデルについて,基本再生産数の導出を検討する。

特に,感受性個体のみから成る集団に(1 感染者ではなく)少数の感染個体が侵入する状況を考える。すなわち,$p_S(0) = 1$, $p_I(0) = p_R(0) = 0$ という状態からほんの少しだけずれた状態を初期条件として仮定する。

すると,「感染者個体群が初期時刻から増加する」という観点から,5.3 節で示した状態頻度の時間変動を与える系 (5.2) の第 2 式

$$\frac{dp_I(t)}{dt} = \sigma\, p_{SI}(t) - \rho\, p_I(t) = \{\sigma\, q_{S/I}(t) - \rho\} p_I(t)$$

を用いれば,適当な初期値 $q_{S/I}(0)$ に対して,基本再生産数 $\mathcal{R}_0$ は,

$$\mathcal{R}_0 = \frac{\sigma\, q_{S/I}(0)}{\rho} \tag{5.10}$$

によって定義できそうである。それでは,$q_{S/I}(0)$ はどのように与えるべきだろうか?

空間構造がない場合

空間構造がない場合,すなわち,平均場近似モデルについての基本再生産数の求め方を振り返ってみる[*17]。平均場近似モデル (5.5) における感染個体頻度の時間変動を表す式は,

$$\frac{dp_I(t)}{dt} = \sigma\, p_S(t) p_I(t) - \rho\, p_I(t) = \{\sigma\, p_S(t) - \rho\} p_I(t)$$

である。上で用いた考え方と同様に考えれば,この式から導かれる基本再生産数 $\mathcal{R}_0$ は,

$$\mathcal{R}_0 = \frac{\sigma\, p_S(0)}{\rho} \approx \frac{\sigma}{\rho} \tag{5.11}$$

[*15] 【基礎編】6.7 節
[*16] 【基礎編】6.7 節の「詳説」参照。
[*17] 【基礎編】6.7 節の Kermack–McKendrick モデルの基本再生産数の求め方に対応する。

である．これは，平均感染期間 $1/\rho$ の間に，1 感染者が感染させる感受性者数の期待値が $\sigma p_S(0)$ であることから従う．ただし，式 (5.11) の 2 番目の等式では，感受性個体のみから成る集団に少数の感染個体が侵入するとした条件に対応させて，$p_S(0) \approx 1$ とした．

一方，系 (5.5) の第 1 式により，

$$\frac{dp_S(t)}{dt} = -\sigma\, p_S(t) p_I(t)$$

であるから，感染初期時刻において，$p_S(0) > 0$ ならば，$p_I(0) > 0$ の条件の下では感受性個体は必ず減少する．感受性個体から成る集団中への感染個体の侵入が成功して感染症が広がっていくためには，感染個体の増加に加えて，感染個体の元になる感受性個体の減少が必要である．空間構造がない場合には，後者の条件はいつも満たされているが，空間構造がある場合には必ずしも満たされない．

格子空間上の場合

空間構造がある場合には，感染個体の元となる感受性個体とは，感染個体の隣にいる感受性個体のことであるから，$q_{S/I}(t)$ が減少する条件を考える必要があり，その閾条件は，以下に示すように，$q_{S/I}(t)$ の時刻 0 における変動速度が 0 となる条件を求めることによって得られる．空間全体として感受性個体が減少するだけではなく，感染個体がいる周辺で感受性個体が減少することが，感染症が広がっていくためには重要である．

条件付き確率 $q_{S/I}(t)$ の時間変動は次の式に従う［演習問題 41］：

$$\frac{dq_{S/I}(t)}{dt} = q_{S/I}(t)\left[\left(1 - \frac{1}{z}\right)\sigma\, q_{S/S}(t) - \frac{\sigma}{z} - \left(1 - \frac{1}{z}\right)\sigma\, q_{I/S}(t) - \sigma\, q_{S/I}(t)\right] \quad (5.12)$$

> **演習問題 41**
>
> 条件付き確率 $q_{S/I}(t)$ の時間変動を表す式 (5.12) を導け．

式 (5.12) から，侵入初期時刻での $q_{S/I}(t)$ の変動速度を求める．初期条件において，すべての格子点が状態 S であれば，$p_S(0) = p_{SS}(0) = 1$, $p_I(0) = p_{SI}(0) = 0$ である．このとき，$q_{S/S}(0) = p_{SS}(0)/p_S(0) = 1$, $q_{I/S}(0) = p_{SI}(0)/p_S(0) = 0$ を $t = 0$ における式 (5.12), $dq_{S/I}(t)/dt\big|_{t=0} = 0$ に代入し，$q_{S/I}(0) > 0$ の下で，$q_{S/I}(0)$ について解けば，

$$q_{S/I}(0) = 1 - \frac{2}{z} \quad (5.13)$$

となる．これが，感染初期時刻における $q_{S/I}(t)$ の変動速度についての $q_{S/I}(0)$ の閾値である．

したがって，式 (5.10) に閾値 (5.13) を代入することにより，格子空間上の SIR モデルについての基本再生産数 $\mathscr{R}_0$ の表式として，ペア近似モデル (5.9) から，

$$\mathscr{R}_0 = \left(1 - \frac{2}{z}\right)\frac{\sigma}{\rho} \tag{5.14}$$

が得られた．空間構造がないモデル (5.5) から導出された式 (5.11) と比べて，$1 - 2/z$ 倍となっており，より小さい．すなわち，感染症が集団内に広がりにくくなっている特性が現れている．

5.7 感染症のない平衡点の局所安定性

基本再生産数 $\mathscr{R}_0 = 1$ という閾条件は，感染症のない自明な平衡点について，感染個体の変数に対する安定性の局所的漸近安定と不安定の閾条件と同等であることから，本節では，感染症伝染ダイナミクスにおける感染症のない自明な平衡点に対して，感染個体の変数に関するヤコビ行列の固有値を調べる[*18]．

5.6 節でも示したように，空間構造がない場合の基本再生産数 $\mathscr{R}_0$ は，感染個体頻度の時間変動を定める式 (5.5) の第 2 式から得られた．空間構造がある場合にも，感染個体に関わる変数の式について同様に考えることができる．ペア近似では，$p_{\mathrm{SI}}(t)$, $p_{\mathrm{II}}(t)$, $p_{\mathrm{IR}}(t)$ の時間変動を表す式，すなわち，系 (5.9) の第 2 式，第 4 式，第 5 式が対象となる：

$$\begin{aligned}
\frac{dp_{\mathrm{SI}}(t)}{dt} &= \left(1 - \frac{1}{z}\right)\sigma \frac{p_{\mathrm{SS}}(t)p_{\mathrm{SI}}(t)}{p_{\mathrm{S}}(t)} - \rho\, p_{\mathrm{SI}}(t) - \frac{\sigma}{z} p_{\mathrm{SI}}(t) - \left(1 - \frac{1}{z}\right)\sigma \frac{\{p_{\mathrm{SI}}(t)\}^2}{p_{\mathrm{S}}(t)} \\
\frac{dp_{\mathrm{II}}(t)}{dt} &= 2\left(1 - \frac{1}{z}\right)\sigma \frac{\{p_{\mathrm{SI}}(t)\}^2}{p_{\mathrm{S}}(t)} + 2\frac{\sigma}{z} p_{\mathrm{SI}}(t) - 2\rho\, p_{\mathrm{II}}(t) \\
\frac{dp_{\mathrm{IR}}(t)}{dt} &= \left(1 - \frac{1}{z}\right)\sigma \frac{p_{\mathrm{SI}}(t)p_{\mathrm{SR}}(t)}{p_{\mathrm{S}}(t)} + \rho\, p_{\mathrm{II}}(t) - \rho\, p_{\mathrm{IR}}(t)
\end{aligned} \tag{5.15}$$

系 (5.9) の感染症のない自明な平衡点は，$(p_{\mathrm{SS}}, p_{\mathrm{SI}}, p_{\mathrm{SR}}, p_{\mathrm{II}}, p_{\mathrm{IR}}, p_{\mathrm{RR}}) = (1, 0, 0, 0, 0, 0)$ である．この平衡点に関する部分系 (5.15) のヤコビ行列は次の 3×3 行列となる：

$$\begin{pmatrix} \left(1 - \dfrac{2}{z}\right)\sigma - \rho & 0 & 0 \\ 2\dfrac{\sigma}{z} & -2\rho & 0 \\ 0 & \rho & -\rho \end{pmatrix} \tag{5.16}$$

固有値は $(1 - 2/z)\sigma - \rho, -2\rho, -\rho$ である．したがって，ヤコビ行列 (5.16) によって表される式 (5.15) の線形化方程式系の零平衡点 $(0, 0, 0)$ は，$(1 - 2/z)\sigma - \rho > 0$ ならば不安定であり，$(1 - 2/z)\sigma - \rho < 0$ ならば局所的漸近安定である[*19]．

[*18] 【基礎編】5.4 節
[*19] 【基礎編】5.4 節

以上により，感染個体に関する部分系 (5.15) の感染症のない自明な平衡点 $(0,0,0)$ の安定性が切り替わる閾条件は，$(1-2/z)\sigma-\rho=0$ であり，この条件は，$\mathscr{R}_0=1$ と同等である。

実は，ペア近似の系 (5.9) については，$0 \leq p_\mathrm{S}^* \leq 1$, $0 \leq p_\mathrm{SS}^* \leq 1$ を満たす任意の $p_\mathrm{S}^* = p_\mathrm{SS}^* + p_\mathrm{SR}^*$ と p_SS^* に対する感染者がいない状態

$$(p_\mathrm{SS}, p_\mathrm{SI}, p_\mathrm{SR}, p_\mathrm{II}, p_\mathrm{IR}, p_\mathrm{RR}) = (p_\mathrm{SS}^*, 0, p_\mathrm{SR}^*, 0, 0, p_\mathrm{RR}^*)$$

が平衡点となっている。上記の議論では，その特別な場合として平衡点 $(1,0,0,0,0,0)$ を扱った。p_S^*, p_SS^* は，これらの定義から明白なように，一方が 1 でなければ他方も 1 ではない。一方が 1 でないならば，S 以外の状態の格子点が存在することになるからである。すなわち，感染者がいないとき，p_S^* や p_SS^* が 1 でない状態においては，状態 R の格子点が存在する。

平衡点 $(p_\mathrm{SS}^*, 0, p_\mathrm{SR}^*, 0, 0, p_\mathrm{RR}^*)$ に対する部分系 (5.15) のヤコビ行列は，

$$\begin{pmatrix} \left[\left(1-\dfrac{1}{z}\right)\dfrac{p_\mathrm{SS}^*}{p_\mathrm{S}^*} - \dfrac{1}{z}\right]\sigma - \rho & 0 & 0 \\ 2\dfrac{\sigma}{z} & -2\rho & 0 \\ \left(1-\dfrac{1}{z}\right)\sigma\dfrac{p_\mathrm{SR}^*}{p_\mathrm{S}^*} & \rho & -\rho \end{pmatrix}$$

であるから，上記と同じ議論により，この場合の基本再生産数として，表式

$$\mathscr{R}_0 = \left[\left(1-\dfrac{1}{z}\right)\dfrac{p_\mathrm{SS}^*}{p_\mathrm{S}^*} - \dfrac{1}{z}\right]\dfrac{\sigma}{\rho} = \dfrac{p_\mathrm{SS}^*}{p_\mathrm{S}^*}\left[1-\left(1+\dfrac{p_\mathrm{S}^*}{p_\mathrm{SS}^*}\right)\dfrac{1}{z}\right]\dfrac{\sigma}{\rho} \tag{5.17}$$

を得ることができる。p_S^* と p_SS^* が 1 でないとき，定義により $p_\mathrm{S}^* > p_\mathrm{SS}^*$ であるから，$p_\mathrm{SS}^*/p_\mathrm{S}^* < 1$ であり，得られた基本再生産数 (5.17) は，前出の式 (5.14) で与えられるものより小さい。すなわち，p_S^* と p_SS^* が 1 でないときには，感染症が集団内により広がりにくい。これは，上記の通り，集団内に状態 R の格子点が存在するため，初期時刻に侵入してきた少数の感染者からの感染症伝染がブロックされる因子が反映されていると考えることができる。

詳説 前節と本節では，異なる考え方に基づいて基本再生産数 $\mathscr{R}_0$ を求めた。さらに，4.9 節で適用した次世代行列の考え方（付録 F）を用いて導出することもできる。部分系 (5.15) につ

5.7 感染症のない平衡点の局所安定性

いて，p_SI, p_II, p_IR の増加を表す項と，それ以外の項に分け，次のように定義する：

$$\mathscr{F}_1 = \left(1-\frac{1}{z}\right)\sigma \frac{p_\text{SS}(t)p_\text{SI}(t)}{p_\text{S}(t)}$$

$$\mathscr{V}_1 = \rho\, p_\text{SI}(t) + \frac{\sigma}{z}\,p_\text{SI}(t) + \left(1-\frac{1}{z}\right)\sigma \frac{p_\text{SI}(t)^2}{p_\text{S}(t)}$$

$$\mathscr{F}_2 = 2\left(1-\frac{1}{z}\right)\sigma \frac{\{p_\text{SI}(t)\}^2}{p_\text{S}(t)} + 2\,\frac{\sigma}{z}\,p_\text{SI}(t)$$

$$\mathscr{V}_2 = 2\rho\, p_\text{II}(t)$$

$$\mathscr{F}_3 = \left(1-\frac{1}{z}\right)\sigma \frac{p_\text{SI}(t)p_\text{SR}(t)}{p_\text{S}(t)} + \rho\, p_\text{II}(t)$$

$$\mathscr{V}_3 = \rho\, p_\text{IR}(t)$$

これらの式の感染症のない平衡点 $(p_\text{SS}, p_\text{SI}, p_\text{SR}, p_\text{II}, p_\text{IR}, p_\text{RR}) = (p_\text{SS}^*, 0, p_\text{SR}^*, 0, 0, p_\text{RR}^*)$ について，次の 3×3 行列 F と V を考える：

$$F = \left.\begin{pmatrix} \dfrac{\partial \mathscr{F}_1}{\partial p_\text{SI}(t)} & \dfrac{\partial \mathscr{F}_1}{\partial p_\text{II}(t)} & \dfrac{\partial \mathscr{F}_1}{\partial p_\text{IR}(t)} \\ \dfrac{\partial \mathscr{F}_2}{\partial p_\text{SI}(t)} & \dfrac{\partial \mathscr{F}_2}{\partial p_\text{II}(t)} & \dfrac{\partial \mathscr{F}_2}{\partial p_\text{IR}(t)} \\ \dfrac{\partial \mathscr{F}_3}{\partial p_\text{SI}(t)} & \dfrac{\partial \mathscr{F}_3}{\partial p_\text{II}(t)} & \dfrac{\partial \mathscr{F}_3}{\partial p_\text{IR}(t)} \end{pmatrix}\right|_{(p_\text{SS}, p_\text{SI}, p_\text{SR}, p_\text{II}, p_\text{IR}, p_\text{RR}) = (p_\text{SS}^*, 0, p_\text{SR}^*, 0, 0, p_\text{RR}^*)}$$

$$= \begin{pmatrix} \left(1-\dfrac{1}{z}\right)\sigma \dfrac{p_\text{SS}^*}{p_\text{S}^*} & 0 & 0 \\ 2\dfrac{\sigma}{z} & 0 & 0 \\ \left(1-\dfrac{1}{z}\right)\sigma \dfrac{p_\text{SR}^*}{p_\text{S}^*} & \rho & 0 \end{pmatrix}$$

$$V = \left.\begin{pmatrix} \dfrac{\partial \mathscr{V}_1}{\partial p_\text{SI}(t)} & \dfrac{\partial \mathscr{V}_1}{\partial p_\text{II}(t)} & \dfrac{\partial \mathscr{V}_1}{\partial p_\text{IR}(t)} \\ \dfrac{\partial \mathscr{V}_2}{\partial p_\text{SI}(t)} & \dfrac{\partial \mathscr{V}_2}{\partial p_\text{II}(t)} & \dfrac{\partial \mathscr{V}_2}{\partial p_\text{IR}(t)} \\ \dfrac{\partial \mathscr{V}_3}{\partial p_\text{SI}(t)} & \dfrac{\partial \mathscr{V}_3}{\partial p_\text{II}(t)} & \dfrac{\partial \mathscr{V}_3}{\partial p_\text{IR}(t)} \end{pmatrix}\right|_{(p_\text{SS}, p_\text{SI}, p_\text{SR}, p_\text{II}, p_\text{IR}, p_\text{RR}) = (p_\text{SS}^*, 0, p_\text{SR}^*, 0, 0, p_\text{RR}^*)}$$

$$= \begin{pmatrix} \rho + \dfrac{\sigma}{z} & 0 & 0 \\ 0 & 2\rho & 0 \\ 0 & 0 & \rho \end{pmatrix}$$

これらの行列 F と V から，次の次世代行列 K を定めることができる：

$$K = FV^{-1} = \frac{1}{\rho + \sigma/z}\begin{pmatrix} \left(1-\dfrac{1}{z}\right)\sigma \dfrac{p_\text{SS}^*}{p_\text{S}^*} & 0 & 0 \\ 2\dfrac{\sigma}{z} & 0 & 0 \\ \left(1-\dfrac{1}{z}\right)\sigma \dfrac{p_\text{SR}^*}{p_\text{S}^*} & \dfrac{1}{2}\left(\rho + \dfrac{\sigma}{z}\right) & 0 \end{pmatrix}$$

よって，次世代行列 K の絶対値最大の固有値として定義される基本再生産数 $\mathscr{R}_0$ は，

$$\mathscr{R}_0 = \frac{\left(1 - \frac{1}{z}\right)\sigma \frac{p_{\mathrm{SS}}^*}{p_{\mathrm{S}}^*}}{\rho + \sigma/z} \tag{5.18}$$

となる。

$\mathscr{R}_0 = 1$ となる条件は，前出の式 (5.17) とこの式 (5.18) で一致するが，$\mathscr{R}_0$ の表式は異なっている。このように，導出する考え方に応じて，基本再生産数 $\mathscr{R}_0$ が異なる場合があることに注意する必要がある。

5.8 最終規模

図 5.7 が示すように，空間構造のない SIR モデルである Kermack–McKendrick モデル (4.1) の場合[20]と同様に，本章で扱っている格子モデルについても，$t \to \infty$ において，ある頻度 $p_{\mathrm{S}}(\infty)$ で感受性個体が未感染のまま存在する。ここでは，この最終規模（final size）$p_{\mathrm{S}}(\infty)$ を，式 (5.2) と式 (5.9) を用いて導出する。

式 (5.2) および式 (5.9) において，$dp_{\mathrm{S}}(t)/dt$ は $p_{\mathrm{SI}}(t)$ だけを含み，$dp_{\mathrm{SI}}(t)/dt$ は $p_{\mathrm{S}}(t)$ と $p_{\mathrm{SI}}(t)$ 以外に $p_{\mathrm{SS}}(t)$ を含んでいる。そして，$dp_{\mathrm{SS}}(t)/dt$ は，$p_{\mathrm{S}}(t)$ と $p_{\mathrm{SI}}(t)$ と $p_{\mathrm{SS}}(t)$ 以外の変数は含んでいない。よって，3 変数 $p_{\mathrm{S}}(t)$, $p_{\mathrm{SS}}(t)$, $p_{\mathrm{SI}}(t)$ に関する次の閉じた常微分方程式系を考えることができる：

$$\begin{aligned}
\frac{dp_{\mathrm{S}}(t)}{dt} &= -\sigma\, p_{\mathrm{SI}}(t) \\
\frac{dp_{\mathrm{SS}}(t)}{dt} &= -2\left(1 - \frac{1}{z}\right)\sigma \frac{p_{\mathrm{SS}}(t) p_{\mathrm{SI}}(t)}{p_{\mathrm{S}}(t)} \\
\frac{dp_{\mathrm{SI}}(t)}{dt} &= \left(1 - \frac{1}{z}\right)\sigma \frac{p_{\mathrm{SS}}(t) p_{\mathrm{SI}}(t)}{p_{\mathrm{S}}(t)} - \rho\, p_{\mathrm{SI}}(t) - \frac{\sigma}{z} p_{\mathrm{SI}}(t) - \left(1 - \frac{1}{z}\right)\sigma \frac{\{p_{\mathrm{SI}}(t)\}^2}{p_{\mathrm{S}}(t)}
\end{aligned} \tag{5.19}$$

まず，系 (5.19) の第 1 式と第 2 式により，

$$\frac{dp_{\mathrm{SS}}}{dp_{\mathrm{S}}} = \frac{dp_{\mathrm{SS}}/dt}{dp_{\mathrm{S}}/dt} = 2\left(1 - \frac{1}{z}\right)\frac{p_{\mathrm{SS}}}{p_{\mathrm{S}}}$$

である。これは変数分離形なので，容易に解けて，

$$p_{\mathrm{SS}} = p_{\mathrm{S}}^{2(1-1/z)} \tag{5.20}$$

が得られる。ここで，$p_{\mathrm{S}} = 1$ のとき $p_{\mathrm{SS}} = 1$ であることを用いた。

---

[20]【基礎編】6.7 節

5.8 最終規模

式 (5.20) を系 (5.19) の第 3 式に代入すると，

$$\frac{dp_{\mathrm{SI}}}{dt} = \left(1 - \frac{1}{z}\right)\sigma\, p_{\mathrm{S}}^{1-2/z} p_{\mathrm{SI}} - \rho\, p_{\mathrm{SI}} - \frac{\sigma}{z} p_{\mathrm{SI}} - \left(1 - \frac{1}{z}\right)\sigma\, \frac{p_{\mathrm{SI}}^2}{p_{\mathrm{S}}} \tag{5.21}$$

となる．この式 (5.21) を用いれば，系 (5.19) の第 1 式から次式を導出できる：

$$\frac{dp_{\mathrm{SI}}}{dp_{\mathrm{S}}} = -\frac{1}{\sigma}\left[\left(1 - \frac{1}{z}\right)\sigma\, p_{\mathrm{S}}^{1-2/z} - \rho - \frac{\sigma}{z} - \left(1 - \frac{1}{z}\right)\sigma\, \frac{p_{\mathrm{SI}}}{p_{\mathrm{S}}}\right] \tag{5.22}$$

これは，p_{SI} に関する 1 階非斉次線形微分方程式なので解くことができる．$p_{\mathrm{S}} = 1$ のときに $p_{\mathrm{SI}} = 0$ であることに注意すると，次式を導くことができる［演習問題 42］：

$$p_{\mathrm{SI}} = -p_{\mathrm{S}}^{2(1-1/z)} + p_{\mathrm{S}} + \frac{z\rho}{\sigma}\left(p_{\mathrm{S}} - p_{\mathrm{S}}^{1-1/z}\right) \tag{5.23}$$

演習問題 42

線形微分方程式 (5.22) を解き，式 (5.23) を導け．

注記 ここでの初期条件は，独立変数 p_{S} の関数 $p_{\mathrm{SS}}(p_{\mathrm{S}})$ や，関数 $p_{\mathrm{SI}}(p_{\mathrm{S}})$ についての微分方程式に対して与えられていることに注意しよう．すなわち，式 (5.20) や式 (5.23) を得る過程において，時間変動については何も触れていない．実際，系 (5.19) においては，$p_{\mathrm{SS}} = p_{\mathrm{S}} = 1$，$p_{\mathrm{SI}} = 0$ で定まる状態は感染症のない自明な平衡点に対応しているので，初期時刻としてこの平衡点をとれば，時間が経過しても時間変動は起こらない．変動する状態の時間方向を考えるならば，数学的には，時間軸の逆向きを考え，「現在」の状態から過去に遡った果ての状態として，$p_{\mathrm{S}}(-\infty) = p_{\mathrm{SS}}(-\infty) = 1$，$p_{\mathrm{SI}}(-\infty) = 0$ を仮定し，これを初期条件として用いていると考えることができる．

式 (5.23) を系 (5.19) の第 1 式に代入すると，

$$\frac{dp_{\mathrm{S}}}{dt} = -\sigma\left[-p_{\mathrm{S}}^{2(1-1/z)} + p_{\mathrm{S}} + \frac{z\rho}{\sigma}\left(p_{\mathrm{S}} - p_{\mathrm{S}}^{1-1/z}\right)\right] \tag{5.24}$$

となる．最終規模 $p_{\mathrm{S}}(\infty)$ とは，十分な時間経過後の感受性個体の頻度の意味をもつので，式 (5.24) において $dp_{\mathrm{S}}/dt|_{t\to\infty} = 0$ とすることにより，関係式

$$-\{p_{\mathrm{S}}(\infty)\}^{2(1-1/z)} + p_{\mathrm{S}}(\infty) + \frac{z\rho}{\sigma}\left[p_{\mathrm{S}}(\infty) - \{p_{\mathrm{S}}(\infty)\}^{1-1/z}\right] = 0$$

が得られ，この式を整理すれば，$p_{\mathrm{S}}(\infty)$ に関する方程式

$$p_{\mathrm{S}}(\infty) = \frac{z + \sigma/\rho}{\sigma/\rho}\{p_{\mathrm{S}}(\infty)\}^{1/z}\left[\{p_{\mathrm{S}}(\infty)\}^{1/z} - \frac{z}{z + \sigma/\rho}\right] \tag{5.25}$$

を導くことができる．

> **注記** 上記の議論では，煩雑になるのを避けるために，初期条件を $p_{SS} = p_S = 1$，$p_{SI} = 0$ としたが，一般的には，初期時刻での感受性個体数と感染個体数に依存して決まる[*21]。上記と同様の議論により，一般の初期条件 $p_{SS}(0)$，$p_S(0)$，$p_{SI}(0)$ に対して，最終規模 $p_S(\infty)$ を定める次の方程式を導くことは難しくない：

$$\frac{\sigma/\rho}{z+\sigma/\rho} \frac{p_{SS}(0)}{p_S(0)} \frac{p_S(\infty)}{p_S(0)} = \left\{\frac{p_S(\infty)}{p_S(0)}\right\}^{1/z} \left[\left\{\frac{p_S(\infty)}{p_S(0)}\right\}^{1/z} + \frac{\sigma/\rho}{z+\sigma/\rho}\left\{\frac{p_{SS}(0)}{p_S(0)} + \frac{p_{SI}(0)}{p_S(0)}\right\} - 1\right]$$

方程式 (5.25) は，式 (5.14) で定義される基本再生産数 $\mathcal{R}_0$ が 1 より大きいとき，そのときに限り，$0 < p_S(\infty) < 1$ なる唯一の解をもち，$\mathcal{R}_0$ が 1 以下の場合には，正の解は $p_S(\infty) = 1$ のみである ［演習問題 43］。これは，式 (5.14) で定義される基本再生産数 $\mathcal{R}_0$ が 1 より大きい場合には，感染者が集団に出現すると，感染者数が増加し，十分な時間経過後，感受性個体の頻度が必ず 1 を下回るが，基本再生産数 $\mathcal{R}_0$ が 1 以下の場合には，集団に出現したわずかな感染者は感染者数を増やすことなく，感染症伝染が終息するので，方程式 (5.25) の解で定義される最終規模 $p_S(\infty)$ が 1，すなわち，十分な時間経過後は感受性個体のみになることを表している。

> **演習問題 43**
> 方程式 (5.25) について，式 (5.14) で定義される基本再生産数 $\mathcal{R}_0$ が 1 より大きいとき，そのときに限り，$0 < p_S(\infty) < 1$ なる唯一の解をもち，$\mathcal{R}_0$ が 1 以下の場合には，正の解は $p_S(\infty) = 1$ のみであることを示せ。

> **詳説** $z \to \infty$ の場合は，すべての格子点がつながっている完全グラフによるモデル，すなわち，空間構造のないモデルに対応する．式 (5.25) の両辺において，$z \to \infty$ の極限をとることにより，方程式

$$p_S(\infty) - \frac{\rho}{\sigma} \log p_S(\infty) = 1 \tag{5.26}$$

が得られる[*22]．$p_S(\infty)$ に関するこの方程式について，式 (5.11) で定義される基本再生産数 $\mathcal{R}_0$ が 1 より大きいとき，すなわち，$\sigma/\rho > 1$ であるとき，そのときに限り，$0 < p_S(\infty) < 1$ なる唯一の解が存在することを示すことは難しくない．

> **注記** 最終規模 $p_S(\infty)$ を定める方程式 (5.25) や (5.26) に関して，対応する基本再生産数 $\mathcal{R}_0$ が 1 以下の場合に，それらの方程式から得られる最終規模 $p_S(\infty)$ の解が 1 となるのは，それ

[*21] 【基礎編】6.7 節
[*22] 【基礎編】6.7 節の式 (6.38) における $S_0 = N$，$I_0 = 0$ の場合に対応している．

らの方程式が，いずれも，初期時刻において十分に小さな感染個体群が侵入するという仮定の下で，初期時刻における集団の感受性者 S の頻度を 1 とする数学的な近似に端を発している。

実際の感染ダイナミクスでは，どんなに小さな感染個体群の侵入であっても，感受性者が侵入してきた感染者から感染症をうつされる確率は 0 ではないので，元の感受性者頻度は減少するはずである。したがって，基本再生産数が 1 より小さくても，期待される最終規模は必ず 1 より小さくなければならない。ただし，基本再生産数が 1 より小さい場合のこの最終規模と 1 との差は侵入してきた感染者頻度の大きさ程度と期待されるので，上で述べたような近似が意味をもつのである。感染規模について，この近似をとらない方程式の基礎的な議論については，【基礎編】6.7 節を参照されたい。

5.9 初期感染者数と空間構造

空間構造がない場合，少数の感染個体の侵入時，すなわち，初期時刻における感染者や感受性者の頻度の変動速度の式 (5.5) には，$p_I(0)$ や $p_S(0)$ が含まれる。これらを用いた前述の議論では，感受性個体のみから成る集団中に（1 感染者ではなく）少数の感染個体が侵入するという状況を，$p_I(0) = 0$ や $p_S(0) = 1$ の近傍を考えることに対応させた。この考え方をさらに数学的に解釈すれば，無限個の感受性個体から成る集団の中に，（「少数」ではあるが）無限個の感染個体が侵入する状況として捉えることができるだろう。

一方，空間構造がある場合には，感染者頻度の初期時刻における変動速度を議論する上で，初期時刻における感受性個体頻度 $p_S(0)$ の代わりに，感染者の隣にどれくらいの感受性者がいるのかを表す量 $q_{S/I}(0)$ が重要なカギとなっていた。本節では，この点についてもう少し明確に理解するために，侵入する感染者数が「1 個体」ではなくて「少数」であるという意味について，2 次元正方格子空間を例に，改めて考えてみる。

まず，感受性個体のみから成る集団の中に，感染者 1 個体だけが侵入した場合を考える（図 5.8(a-1)）。このとき，感染個体の隣は必ず感受性個体なので，$q_{S/I}(0) = 1$ である。次に，感染者 2 個体が連なって侵入した場合を考えよう（図 5.8(a-2)；2 個体は上下あるいは左右に並んでいる）。各感染個体には 4 つずつの隣接個体があり，これらの計 8 個体の隣接個体に着目すると，そのうち 6 個体が感受性個体だから，$q_{S/I}(0) = 6/8 = 3/4$ である。

それでは，感染者 3 個体が隣接して侵入した場合はどうだろうか？この場合には，3 個体の連なり方として（回転させたり裏返しにしたりしても同じにならない形として）直線的なものとそうでないものの 2 種類が考えられ，どちらの連なり方の場合であっても，$q_{S/I}(0) = 8/12 = 2/3$ である（図 5.8(a-3, 4)）。

侵入する感染者が隣接する 4 個体の場合には，少し状況が異なる。侵入した感染者の状態配置は 5 通りある（図 5.8(b)）。そのうち 4 通りについては，いずれも，$q_{S/I}(0) = 10/16 = 5/8$ である（図 5.8(b-1, 2, 3, 4)）が，残りの 1 通りについては $q_{S/I}(0) = 8/16 =$

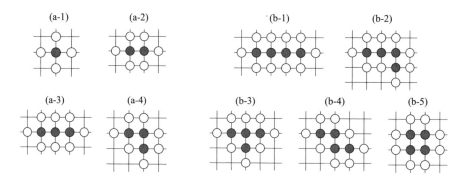

図 5.8 初期時刻において，感受性個体から成る集団中に少数の感染個体が侵入する場合の状態配置。白丸は感受性個体を，灰丸は感染個体を表す。(a-1) 感染個体が 1 個体の場合 $q_{S/I}(0) = 1$；(a-2) 感染個体が 2 個体の場合 $q_{S/I}(0) = 6/8 = 3/4$；(a-3, 4) 感染個体が 3 個体の場合 $q_{S/I}(0) = 8/12 = 2/3$。(b) 感染個体が 4 個体の場合。(b-1, 2, 3, 4) の $q_{S/I}(0) = 10/16 = 5/8$ に対して，(b-5) では $q_{S/I}(0) = 8/16 = 1/2$ となる。

1/2 である（図 5.8(b-5)）。

このように，侵入する感染者の固まりを成す個体数が同じであっても，$q_{S/I}(0)$ は異なる場合があることに注意しよう。特に，図 5.8(b-5) のように感染者が丸く固まった方が，図 5.8(b-1, 2, 3, 4) のように広がっている場合よりも，感受性者との接触が少なくなる傾向がある。さらに多くの感染者が侵入する場合にも，感染者が丸く固まって配置していれば，$q_{S/I}(0)$ の値が相当に小さくなり得る。

この議論から，前節までの感染者侵入による流行の生起の有無を決める条件において与えられる $q_{S/I}(0)$ の値は，それに見合う適当な大きさや配置の初期感染者の固まりを考えていることに相当すると考えればよい。また，$q_{S/I}(0)$ とは独立に与えられる $p_I(0)$ の値は，感染者と接触していない感受性者数で調整すればよい。なお，無限サイズの格子空間については，これらの有限サイズの格子空間を上下左右に何枚もつなげたようなものをイメージすればよいだろう。

5.10　より精度の高いペア近似における課題：ループ

本節では，$p_{\omega\omega'\omega''}(t)$ で表される 3 つの連なる格子点の状態について，$z = 6$ のとき，すなわち，2 次元三角格子空間上で考えてみる。状態 ω, ω', ω'' をもつ 3 つの連なる格子点は，直線状に連なる場合と三角形状に連なる場合がある（図 5.9）。後者の場合には，状態 ω をもつ格子点は，状態 ω' の格子点の隣であると同時に，状態 ω'' の格子点の隣にもなっている。このような閉じた三角形（ループ，閉路）を成す格子点の間には，（最小で）3 つの点を経れば元に戻るという関係があり，本来，この性質を方程式の中に取り入

5.10 より精度の高いペア近似における課題：ループ

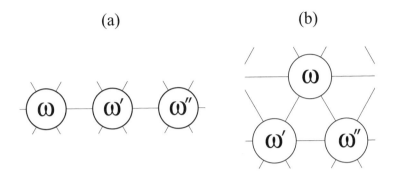

図 5.9　2 次元三角格子空間上の 3 つの連なる格子点。(a) 直線状に並ぶ場合，(b) 三角形（ループ）を作る場合。

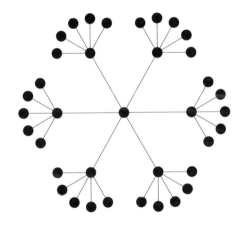

図 5.10　ツリー構造をもつ格子空間の例。一番外側の格子点はすべて，さらに外側に 5 つずつの格子点とつながっている。最近接格子点の数は 2 次元三角格子空間と同じ $z = 6$ であるが，ループは存在し得ない。

れる必要がある．2 次元正方格子空間や 2 次元蜂の巣格子空間の場合でも，同様に，四角形状や六角形状に連なる閉じた状態配置があり，それぞれ，4 点あるいは 6 点を経て元に戻る関係になる．

本章では，簡単化のために，格子空間に現れ得るこのような状態配置のループは無視して，直線状に連なる場合と三角形状に連なる場合を区別しない議論を述べてきた．この簡単化によって，本章で扱った格子空間上のダイナミクスを表す数理モデルは，図 5.10 で例示するようなループをもたない樹状の空間（ベーテ格子，（ケイリー）ツリー）上のダイナミクスの数理モデルとも解釈できることになり，これらの空間の構造特性の違いを明確にするためには，さらに進んだ数理モデリングが必要である．

Kirkwood 近似

状態 $\omega, \omega', \omega''$ をもつ 3 つの連なる格子点が三角形を成す確率について,次の Kirkwood 近似が知られている [56]:

$$q_{\omega/\omega'}q_{\omega'/\omega''}q_{\omega''/\omega} \quad \text{あるいは} \quad \frac{p_{\omega\omega'}p_{\omega'\omega''}p_{\omega''\omega}}{p_\omega p_{\omega'} p_{\omega''}}$$

3 つの格子点が三角形状に連なっている頻度を ϕ とすれば,直線状に連なっている頻度は $1-\phi$ となるので,3 つの連なる格子点が状態 $\omega, \omega', \omega''$ をもつ確率は,式 (5.8) の代わりに,

$$p_{\omega\omega'\omega''} \approx \frac{p_{\omega\omega'}p_{\omega'\omega''}}{p_{\omega'}}\left[(1-\phi) + \phi\frac{p_{\omega''\omega}}{p_{\omega''}p_\omega}\right]$$

と近似できる [54, 55, 79, 99, 124].すなわち,通常のペア近似 (5.8) は $\phi = 0$ の場合に対応する.さらに,三角形状配置以外のループの頻度を考慮した近似も考えられるが,数理的な解析は非常に困難になる.

ネットワークとしての格子空間

格子空間は,同等な格子点から構成された,規則的なグラフまたはネットワークの 1 つと考えることもできる.ネットワーク(またはグラフ)は,頂点と,頂点同士を結ぶ辺から成る構造をもつ.

複雑ネットワーク(complex networks)と呼ばれるネットワークの研究は,20 世紀の終わりから,スモールワールド(small-world)[130] やスケールフリー(scale-free)[3] の概念への注目がきっかけとなって,主にその構造に関する研究が爆発的に流行した.その後,複雑ネットワーク上での様々なダイナミクスの研究も盛んに行われている.本書では取り扱わなかったが,感染症の伝染ダイナミクスもその中心的なテーマの 1 つである.

「複雑」とは,古典的なグラフ理論では通常は考えないほど多く(本質的には無限大)の頂点や辺から成るネットワークの構造が非常に入り組んでいる状態を表す.現実の社会で見られるネットワーク構造にも複雑ネットワークと考える方が適切と考えられる例が少なくない.もちろん,その上で生じる個々のダイナミクスも複雑になり得るが,集団全体が示す統計的な特徴をうまく捉えることができる場合もある.たとえば,2 つの頂点間の平均的な距離 L や,3 つの連なる頂点が三角形状を成す頻度として測られるクラスター係数(clustering coefficient)C はその代表的な指標の 1 つである.現実のネットワーク構造では,小さな L と大きな C が現れることが知られている.大きな L をもち,$C = 0$ である 2 次元正方格子空間は,それには対応しない.

5.10 より精度の高いペア近似における課題：ループ

詳説 クラスター係数 C は，ランダムに選んだ頂点に辺で結ばれている2つの頂点同士が辺で結ばれている確率として定義される。一方，ランダムに選んだ頂点と辺で結ばれている頂点の別の辺に結ばれている頂点が，初めに選んだ頂点と結ばれている確率は，推移性 (transitivity) と呼ばれる [69]。感染症モデルでは，後者の指標によって三角形状ループの頻度を表すことが多く，前出の ϕ に対応する。わかりやすくいえば，前者は，自分の2人の友達が友達同士である確率であり，後者は，自分の友達の友達が自分の友達である確率である。ただし，この節で扱った2次元三角格子空間の場合には，前者の値も後者の値も同じ 0.4 であり，両者の区別はつかない。

ネットワークにおける頂点につながっている辺の数を次数 (degree) と呼ぶ。格子空間は，すべての格子点がまったく同等であるネットワークの1つであり，すべての格子点の次数は z である[*23]が，より一般的なネットワークは次数が分布をもつ。スモールワールドやスケールフリーネットワークも次数の分布に特徴があり，それによって面白い性質が現れ得る。ある条件をもつスケールフリーネットワーク上の SIR モデルでは，基本再生産数が発散してしまい，どのような感染率でも（正であれば）感染症が広がってしまうことが知られている[*24] [74,78]。複雑ネットワーク上の感染症伝染ダイナミクスモデルの解説書として，稲葉 [39]，増田・今野 [68,69] などが挙げられる。

[*23] 逆に，すべての頂点が同じ次数をもつからといって，すべての頂点が同等なネットワークとはならない場合も考えられる。一般的に，すべての次数が等しいネットワークを正則グラフ (regular graph) と呼び，その特別な場合のレギュラー・ランダム・グラフは，すべての頂点が同等とはならない例である [69]。

[*24] SIR モデルと異なり，I が回復して R になる代わりに，I は回復して S に戻るとする SIS モデルでも同様のことが知られている [95]。なお，格子空間上の SIS モデルはベーシックコンタクトプロセスともいう。

付録 A

Poisson 過程/Poisson 分布/生起時間間隔

A.1 Poisson 過程

ある事象が十分に短い時間 $[t, t+\Delta t]$ にちょうど 1 回生起する確率を $\lambda(t)\Delta t + \mathrm{o}(\Delta t)$ とおく。$\lambda(t)$ は時刻 t に関する非負値関数とする[*1]。一般に，このような確率による事象の生起過程が **Poisson 過程**（Poisson process）であり，パラメータ λ をその強度パラメータ（intensity parameter）と呼ぶことがある[*2]。

> **注記** このように定義される Poisson 過程では，十分に短い時間 $[t, t+\Delta t]$ に事象が 2 回以上生起する確率は $\mathrm{o}(\Delta t)$ である。たとえば，ちょうど 2 回生起する場合には，事象の 1 回目の生起と 2 回目の生起の間の任意の時刻を t_1 とすれば，時間 $[t, t_1]$，$[t_1, t+\Delta t]$ のそれぞれにおいて事象がちょうど 1 回起こる場合を考えることになり，上記の Poisson 過程の定義より，その確率は，$\lambda(t)(t_1 - t) + \mathrm{o}(t_1 - t)$ と $\lambda(t_1)(t+\Delta t - t_1) + \mathrm{o}(t+\Delta t - t_1)$ の積で与えられる。$t \leq t_1 \leq t+\Delta t$ であるから，$t_1 - t \leq \Delta t$，かつ $t+\Delta t - t_1 \leq \Delta t$ であり，このことより，時間 $[t, t+\Delta t]$ にちょうど 2 回生起する確率が $\mathrm{o}(\Delta t)$ であることが導かれる。3 回以上生起する場合についても同様の論理が適用できる。

パラメータ λ が時刻に依存する場合の Poisson 過程は，特に，**非同次 Poisson 過程**（non-homogeneous Poisson process）と呼ばれる。たとえば，環境に季節変動があり，そのために，ある（生物的）事象の生起確率が周期的に変動するような場合（$\lambda(t)$ が周期関数の場合）を考えることができるだろう。

[*1] $\lambda(t)$ が時刻 t によらない正定数である（定数関数の）場合も含む。

[*2] 一般に，時刻 t の関数に対して「パラメータ」という呼び方を使うことは稀かもしれないが，本書では，通常取り扱われる λ が正定数である Poisson 過程の場合に倣って，時刻 t の関数 $\lambda(t)$ に対しても，あえて，「パラメータ」と呼ぶことにする。

一方，時刻 t に依存しない定数の場合は，同次 Poisson 過程（homogeneous Poisson process）と呼ばれ，この確率による事象の生起過程は，次のような特殊なランダム性，（定常）独立増分性（[stationary] independent increments）をもつ．

定義 ある確率過程における連続な確率変数 $\{X(t),\ 0 \leq t < \infty\}$ に関して，$t_0 < t_1 \leq t_2 < t_3$ なる任意の時刻 $t_0,\ t_1,\ t_2,\ t_3$ について，差 $X(t_1) - X(t_0)$ と $X(t_3) - X(t_2)$ が独立ならば，その確率過程は**独立増分**（independent increments）をもつという．

定義 ある確率過程における連続な確率変数 $\{X(t),\ 0 \leq t < \infty\}$ に関して，任意の時刻 $t,\ t'$，任意の時間 $h > 0$ について，差 $X(t+h) - X(t'+h)$ が差 $X(t) - X(t')$ と同じ分布に従うならば，その確率過程は**定常独立増分**（stationary independent increments）をもつという．

Poisson 過程におけるある事象が時刻 t までに生起する回数 $Q(t)$，および，時間 $[s, s+t]$ に生起した回数 $Q(s+t) - Q(s)$ はいずれも離散確率変数である．事象の生起回数 $Q(t)$ によって定義される確率過程を**計数過程**（counting process）と呼ぶ．Poisson 過程によって計数過程を定義することができる．Poisson 過程が独立増分をもてば，確率変数 $Q(t+s) - Q(s)$ $(t, s \geq 0)$ が任意の時刻 $t,\ s$ に対して同じ確率分布をもつ．

A.2 Poisson 分布

今，時刻 t までにある事象がちょうど n 回生起する確率を $P(n, t)$ で表すと，上記の確率を用いて，時間 $[t, t+\Delta t]$ における事象の生起を考えた生起確率の遷移律を次の方程式系で表すことができる：

$$P(0, t+\Delta t) = [1 - \{\lambda(t)\Delta t + \mathrm{o}(\Delta t)\}] P(0, t)$$

$$P(n, t+\Delta t) = [1 - \{\lambda(t)\Delta t + \mathrm{o}(\Delta t)\}] P(n, t) + \{\lambda(t)\Delta t + \mathrm{o}(\Delta t)\} P(n-1, t)$$
$$+ \sum_{k=0}^{n-2} \mathrm{o}(\Delta t) P(k, t) \qquad (n = 1, 2, \ldots)$$

最初の式の右辺，および，第 2 式の右辺第 1 項における $\lambda(t)\Delta t + \mathrm{o}(\Delta t)$ は，時間 $[t, t+\Delta t]$ において，事象が 1 回以上生起する確率を表しているが，第 2 式の右辺第 2 項における $\lambda(t)\Delta t + \mathrm{o}(\Delta t)$ は，時間 $[t, t+\Delta t]$ において，事象がちょうど 1 回生起する確率を表していることに注意する[*3]．事象が時間 $[t, t+\Delta t]$ において 2 回以上生起する確率が $\mathrm{o}(\Delta t)$ で与えられることによる便宜的な数学表記を用いている．

[*3] 便宜上，第 2 式の右辺第 3 項については，$n - 2 < 0$ に対しては 0 とする．

上式から,

$$\frac{P(0, t + \Delta t) - P(0, t)}{\Delta t} = -\left\{\lambda(t) + \frac{\mathrm{o}(\Delta t)}{\Delta t}\right\} P(0, t)$$

$$\frac{P(n, t + \Delta t) - P(n, t)}{\Delta t} = -\left\{\lambda(t) + \frac{\mathrm{o}(\Delta t)}{\Delta t}\right\} P(n, t)$$
$$+ \left\{\lambda(t) + \frac{\mathrm{o}(\Delta t)}{\Delta t}\right\} P(n-1, t)$$
$$+ \sum_{k=0}^{n-2} \frac{\mathrm{o}(\Delta t)}{\Delta t} P(k, t)$$
$$(n = 1, 2, \ldots)$$

が得られる[*4]ので, $\Delta t \to 0$ の極限をとれば, 常微分方程式系

$$\begin{aligned}\frac{dP(0, t)}{dt} &= -\lambda(t) P(0, t) \\ \frac{dP(n, t)}{dt} &= -\lambda(t) P(n, t) + \lambda(t) P(n-1, t) \qquad (n = 1, 2, \ldots)\end{aligned} \tag{A.1}$$

が得られる。この微分方程式系を初期条件 $P(n, 0) = \delta_{n0}$ の下で考える[*5]。つまり, 時刻 $t = 0$ から事象の生起を観測するとし, 時刻 $t = 0$ においては, 事象は生起していないという意味[*6]である。

すると, 系 (A.1) の第 1 式により, 容易に,

$$P(0, t) = \exp\left[-\int_0^t \lambda(\tau) \, d\tau\right] \tag{A.2}$$

が得られる。そこで,

$$P(n, t) = u_n(t) \exp\left[-\int_0^t \lambda(\tau) \, d\tau\right] \qquad (n = 1, 2, \ldots)$$

とおいて, 系 (A.1) の第 2 式に代入すると,

$$-u_n(t) \lambda(t) \exp\left[-\int_0^t \lambda(\tau) \, d\tau\right] + \frac{du_n(t)}{dt} \exp\left[-\int_0^t \lambda(\tau) \, d\tau\right]$$
$$= -\lambda(t) u_n(t) \exp\left[-\int_0^t \lambda(\tau) \, d\tau\right] + \lambda(t) u_{n-1}(t) \exp\left[-\int_0^t \lambda(\tau) \, d\tau\right]$$

[*4] $n = 1$ のときは, 右辺第 3 項の和は 0 とする。
[*5] δ_{nm} は, クロネッカーのデルタであり, $\delta_{nn} = 1$, $n \neq m$ のとき $\delta_{nm} = 0$ である。
[*6] あるいは, 事象の生起直後を $t = 0$ として, その時点から観測すると考えてもよい。

であるから，微分方程式系

$$\frac{du_n(t)}{dt} = \lambda(t)u_{n-1}(t) \qquad (n=1,2,\ldots)$$

が得られる．初期条件により $u_n(0) = 0 \ (n=1,2,\ldots)$ であることを用いれば，この微分方程式は，形式的に，次の積分漸化式によって表すことができる：

$$u_n(t) = \int_0^t \lambda(\tau)u_{n-1}(\tau)\,d\tau \qquad (n=1,2,\ldots)$$

すると，式 (A.2) より $u_0(t) = 1$ であるから，

$$u_1(t) = \int_0^t \lambda(\tau)\,d\tau$$

となり，よって，

$$\begin{aligned}
u_2(t) &= \int_0^t \lambda(\tau_2)u_1(\tau_2)\,d\tau_2 \\
&= \int_0^t \lambda(\tau_2)\left\{\int_0^{\tau_2} \lambda(\tau_1)\,d\tau_1\right\}d\tau_2 \\
&= \int_0^t \frac{1}{2}\frac{d}{d\tau_2}\left\{\int_0^{\tau_2} \lambda(\tau_1)\,d\tau_1\right\}^2 d\tau_2 \\
&= \frac{1}{2}\left\{\int_0^t \lambda(\tau)\,d\tau\right\}^2
\end{aligned}$$

である．同様にして，結局，

$$u_n(t) = \frac{1}{n!}\left\{\int_0^t \lambda(\tau)\,d\tau\right\}^n \qquad (n=1,2,\ldots)$$

であることを数学的帰納法を用いて証明することができる．

したがって，

$$P(n,t) = \frac{(\langle\lambda\rangle_t t)^n}{n!}\,e^{-\langle\lambda\rangle_t t} \tag{A.3}$$

であることが導かれる．ただし，

$$\langle\lambda\rangle_t := \frac{1}{t}\int_0^t \lambda(\tau)\,d\tau$$

と表している．$\langle\lambda\rangle_t$ は，パラメータ λ の時間 $[0,t]$ における平均値であり，λ が時刻によらない定数の場合には，その定数に等しい．

なお，慣用的に用いられる定義として，$0! = 1$ とおけば，式 (A.3) は $n = 0, 1, 2, \ldots$ に対して $P(n,t)$ を与えている。$\sum_{n=0}^{\infty} P(n,t) = 1$ であることは，$\sum_{n=0}^{\infty} x^n/n! = e^x$ であることを用いれば容易に確かめられる。式 (A.3) が定義する確率分布 $\{P(n,t), n = 0, 1, 2, \ldots\}$ は，**Poisson 分布** (Poisson distribution) と呼ばれる。

Poisson 過程における時刻 t までの事象生起の期待回数 (expected number of events) $\langle n \rangle_t$ は，確率論により，

$$\langle n \rangle_t = \sum_{n=0}^{\infty} n P(n,t) \tag{A.4}$$

で与えられるので，Possion 分布 (A.3) により，

$$\langle n \rangle_t = \sum_{n=0}^{\infty} n \cdot \frac{(\langle \lambda \rangle_t t)^n}{n!} e^{-\langle \lambda \rangle_t t} = e^{-\langle \lambda \rangle_t t} \sum_{n=1}^{\infty} \frac{(\langle \lambda \rangle_t t)^n}{(n-1)!}$$

$$= e^{-\langle \lambda \rangle_t t} \langle \lambda \rangle_t t \sum_{n=1}^{\infty} \frac{(\langle \lambda \rangle_t t)^{n-1}}{(n-1)!} = e^{-\langle \lambda \rangle_t t} \langle \lambda \rangle_t t \sum_{k=0}^{\infty} \frac{(\langle \lambda \rangle_t t)^k}{k!}$$

$$= e^{-\langle \lambda \rangle_t t} \langle \lambda \rangle_t t \cdot e^{\langle \lambda \rangle_t t} = \langle \lambda \rangle_t t = \int_0^t \lambda(\tau) \, d\tau \tag{A.5}$$

と得られる。$\lambda(t)$ は非負値関数であるから，この結果より，Poisson 過程における時刻 t までの事象生起の期待回数 $\langle n \rangle_t$ は，時刻 t について（広義）単調増加であることがわかる。特に，λ が正定数の場合には，$\langle n \rangle_t$ は時刻 t に比例する。

詳説 Poisson 過程における時刻 t までの事象生起の期待回数 $\langle n \rangle_t$ が時間経過とともに，時刻 t によらない有限な定数値に収束する，すなわち，条件

$$\lim_{t \to \infty} \langle n \rangle_t = {}^{\exists} n^* < \infty$$

が満たされる場合には，強度パラメータ $\lambda(t)$ はどのような性質をもつべきか考えてみよう。

上記の結果 (A.5) により，

$$\lim_{t \to \infty} \langle n \rangle_t = \lim_{t \to \infty} \int_0^t \lambda(\tau) \, d\tau = \int_0^{\infty} \lambda(\tau) \, d\tau \tag{A.6}$$

であるから，広義積分 (A.6) が収束するような $\lambda(t)$ でなければならない。$\lambda(t)$ は非負値関数であるから，明らかに，$\lim_{t \to \infty} \lambda(t) = 0$ でなければならないことは，直感的にもわかるであろう。しかし，それだけでは不十分である。

広義積分の収束性については，大学 1 年次レベルの解析学や微分積分学で学ぶ内容であり，たとえば，次のような定理がある[7]：

---

[7] p. 14 に記載の定理と同じ。

定理 $\mathscr{F}(x)$ は $[a, \infty)$ で定義された有界な連続関数で，かつ，適当な $c > 0$ をとれば $\mathscr{F}(x) > 0$ $(x \geq c)$ とする。

(i) $0 < \mathscr{F}(x) \leq K/x^p$ $(x \geq c)$ となる $K > 0$, $p > 1$ が存在すれば，$\int_a^\infty \mathscr{F}(x) dx$ は収束する。

(ii) $\mathscr{F}(x) \geq K/x^p$ $(x \geq c)$ となる $K > 0$, $1 \geq p > 0$ が存在すれば，$\int_a^\infty \mathscr{F}(x) dx$ は発散する。

(iii) 特に，$\lim_{x \to \infty} x^p \mathscr{F}(x) = A$ となるとき，$p > 1$ ならば，$\int_a^\infty \mathscr{F}(x) dx$ は収束し，$0 < p \leq 1$, $A > 0$ ならば，$\int_a^\infty \mathscr{F}(x) dx$ は発散する。

具体例を考えることはさほど難しくない。最も簡単な例の1つは，$\lambda(t) = \lambda_0 e^{-\beta t}$ (λ_0, β は正定数) である。この場合，

$$\lim_{t \to \infty} \langle n \rangle_t = \int_0^\infty \lambda(\tau) d\tau = \int_0^\infty \lambda_0 e^{-\beta \tau} d\tau = \frac{\lambda_0}{\beta}$$

となる。一方，$\lambda(t) = \dfrac{\lambda_0}{1+bt}$ (λ_0, b は正定数) を考えてみると，

$$\lim_{t \to \infty} \langle n \rangle_t = \lim_{t \to \infty} \int_0^t \lambda(\tau) d\tau = \lim_{t \to \infty} \int_0^t \frac{\lambda_0}{1+b\tau} d\tau = \lim_{t \to \infty} \frac{\lambda_0}{b} \log(1+bt) = \infty$$

であるから，$\lim_{t \to \infty} \lambda(t) = 0$ であっても，$\langle n \rangle_t$ が時間経過とともに，時刻 t によらない有限な定数値には収束しない（i.e., 発散する）例となっている。Poisson過程における時刻 t までの事象生起の期待回数 $\langle n \rangle_t$ が時間経過とともに，時刻 t によらない有限な定数値に収束するためには，時間経過に伴って，$\lambda(t)$ が「十分に速く」0 に向かって収束することが必要である。

A.3 生起時間間隔

Poisson過程において，$n-1$ 回目の事象生起から n 回目の事象生起までの時間は連続確率変数であり，それを，今，Y_n で表すことにする。この時間列 $\{Y_n, n = 1, 2, \ldots\}$ は，確率過程論では，**到着時間列** (interarrival time) と呼ばれている。

確率 $\text{Prob}\{Y_1 \leq t\}$ は，時刻 t までに最初の事象生起が起こる確率であり，$\text{Prob}\{Y_1 > t\}$ は，時刻 t までに最初の事象が生起しない確率であることにより，前節で示された Poisson 分布 $\{P(n,t), n = 0, 1, 2, \ldots\}$ を用いれば，

$$\text{Prob}\{Y_1 \leq t\} = 1 - \text{Prob}\{Y_1 > t\} = 1 - P(0,t)$$

$$= 1 - e^{-\langle \lambda \rangle_t t}$$

$$= \int_0^t \lambda(\tau) \exp\left[-\int_0^\tau \lambda(s) ds\right] d\tau$$

であることがわかる。確率 $\text{Prob}\{Y_1 \leq t\}$ は，パラメータ λ で定義される**指数分布**（exponential distribution）に従っている。特に，λ が時刻によらない定数の場合には，$\text{Prob}\{Y_1 \leq t\} = 1 - e^{-\lambda t}$ である。

パラメータ λ が時刻によらない定数の場合には，（同次）Poisson 過程が定常独立増分性をもつので，時刻 s において最初の事象生起が起こったときに，次の事象生起が時刻 t（$> s$）までに起こる（条件付き）確率 $\text{Prob}\{Y_2 \leq t \mid Y_1 = s\}$ を次のように定めることができる：

$$\begin{aligned}
\text{Prob}\{Y_2 \leq t \mid Y_1 = s\} &= 1 - \text{Prob}\{Y_2 > t \mid Y_1 = s\} \\
&= 1 - \text{Prob}\{Q(s+t) - Q(s) = 0 \mid Y_1 = s\} \\
&= 1 - \text{Prob}\{Q(s+t) - Q(s) = 0\} \\
&= 1 - P(0, t) \\
&= 1 - e^{-\lambda t} \\
&= \int_0^t \lambda e^{-\lambda \tau} d\tau
\end{aligned}$$

よって，この場合，確率 $\text{Prob}\{Y_2 \leq t \mid Y_1 = s\}$ の分布は，確率 $\text{Prob}\{Y_1 \leq t\}$ の分布とは独立で，同一の累積指数分布 $F(t) = 1 - e^{-\lambda t}$（指数分布 $\lambda e^{-\lambda t}$）に従うことがわかる。

定理 時刻によらない定数 λ によって定義される同次 Poisson 過程においては，事象の生起時間間隔 Y_n は，独立で，同一の平均 $1/\lambda$ をもつ指数分布 $\lambda e^{-\lambda t}$ に従う。

定義 各事象の生起時間間隔が，独立で，同一の分布 $F(t)$ をもつ計数過程を**再生過程**（renewal process）と呼ぶ。

定義 時刻によらない定数 λ によって定義される同次 Poisson 過程は，事象の生起時間間隔の分布が指数分布 $\lambda e^{-\lambda t}$（累積指数分布 $F(t) = 1 - e^{-\lambda t}$）に従う再生過程である。

n 回目の事象が生起するまでの時間 $S_n = Y_1 + Y_2 + \cdots + Y_n$ について，事象が時刻 t までに少なくとも n 回生起する確率 $\text{Prob}\{S_n \leq t\}$（$S_n$ の累積確率分布）は，

$$\text{Prob}\{S_n \leq t\} = \sum_{k=n}^{\infty} P(k, t) = \sum_{k=n}^{\infty} \frac{(\langle \lambda \rangle_t t)^k}{k!} e^{-\langle \lambda \rangle_t t}$$

である。$\text{Prob}\{S_1 \leq t\} = \text{Prob}\{Y_1 \leq t\}$ であることを用いて，数学的帰納法により，

$$\text{Prob}\{S_n \leq t\} = \int_0^t \lambda(t) \frac{(\langle \lambda \rangle_\tau \tau)^{n-1}}{(n-1)!} e^{-\langle \lambda \rangle_\tau \tau} d\tau \tag{A.7}$$

であることを証明できる[*8]。特に，λ が時刻によらない定数の場合には，式 (A.7) により，

[*8] 関係式 $\text{Prob}\{S_{n+1} \leq t\} = \text{Prob}\{S_n \leq t\} - P(n, t)$ を利用する。

S_n の確率密度関数が

$$\lambda \frac{(\lambda t)^{n-1}}{(n-1)!} \mathrm{e}^{-\lambda t}$$

で与えられる．これは，**ガンマ分布**（gamma distribution）の 1 種であり，**アーラン分布**（Erlang distribution）[*9]と呼ばれる．

一方，時刻 t まで事象が生起しない条件の下で，時刻 $t+\tau$ まで事象が生起しない条件付き確率 $\mathrm{Prob}\{Y_1 > t+\tau \mid Y_1 > t\}$ については，

$$\begin{aligned}
\mathrm{Prob}\{Y_1 > t+\tau \mid Y_1 > t\} &= \frac{\mathrm{Prob}\{Y_1 > t+\tau \text{ かつ } Y_1 > t\}}{\mathrm{Prob}\{Y_1 > t\}} \\
&= \frac{\mathrm{Prob}\{Y_1 > t+\tau\}}{\mathrm{Prob}\{Y_1 > t\}} \\
&= \frac{\mathrm{e}^{-\langle\lambda\rangle_{t+\tau}(t+\tau)}}{\mathrm{e}^{-\langle\lambda\rangle_t t}} \\
&= \exp\left[-\int_t^{t+\tau} \lambda(s)\, ds\right]
\end{aligned}$$

が示される．パラメータ λ が時刻 t に依存しない場合には，確率 $\mathrm{Prob}\{Y > t+\tau \mid Y > t\}$ は，時刻 t に依存せず，時間間隔 τ にのみ依存している．これを確率過程の**無記憶性**（memoryless property）と呼ぶ．この性質は，本質的には，$\mathrm{Prob}\{Y > t+\tau\}/\mathrm{Prob}\{Y > t\}$ が時刻 t に依存せず，時間間隔 τ にのみ依存することを指しており，確率 $\mathrm{Prob}\{Y > t\}$ が指数分布に従う場合のみ現れる性質であることが数学的に保証されている．

[*9] 同一の指数分布に従う独立な n 個の確率変数の和の分布は，フェーズ n のアーラン分布と呼ばれる．

付録 B

Lotka–Volterra 方程式系 $\rightleftarrows$ レプリケータ方程式系

この付録では，一般の n 次元 Lotka–Volterra 常微分方程式系 (2.23)[*1]

$$\frac{du_i(t)}{dt} = \{r_i + \sum_{j=1}^{n} \gamma_{ij} u_j(t)\} u_i(t) \quad (i = 1, 2, \ldots, n) \tag{2.23}$$

に対して，数学的に同等な閉じた $n+1$ 次元レプリケータ方程式系 (2.85)

$$\frac{dx_i}{dt} = (\phi_i - \overline{\phi}) x_i \quad (i = 1, 2, \ldots, n+1) \tag{2.85}$$

が存在することについて解説する。ここで，ϕ_i は $\{x_i\}$ のある関数であり，$\overline{\phi} := \sum_{k=1}^{n+1} x_k \phi_k$ である。

B.1　Lotka–Volterra 方程式系 $\rightarrow$ レプリケータ方程式系

変数 $(u_1, u_2, \ldots, u_n)$ に関する n 次元 Lotka–Volterra 常微分方程式系 (2.23) に対して，

$$u_{n+1} \equiv 1, \quad \gamma_{i,n+1} = r_i, \quad \gamma_{n+1,k} = 0 \quad (k = 1, 2, \ldots, n+1) \tag{B.1}$$

を加え，系 (2.23) を形式的に，$(u_1, u_2, \ldots, u_n, u_{n+1})$ に関する $n+1$ 次元系に拡張すると，n 次元系 (2.23) から $n+1$ 次元系

$$\frac{du_i(t)}{dt} = \{\sum_{j=1}^{n+1} \gamma_{ij} u_j(t)\} u_i(t) \quad (i = 1, 2, \ldots, n+1) \tag{B.2}$$

[*1] 係数 r_i, γ_{ij} の符号は特に限定しないが，数理モデルとして，初期値 $u_i(0)$ は非負値に限定する。

が導かれる。ここで, $n+1$ 番目の変数 u_{n+1} が定数関数 ($=1$) なので, $du_{n+1}/dt \equiv 0$ でなければならないが, 式 (B.1) により, 式 (B.2) において, $du_{n+1}/dt \equiv 0$ が成り立ち, 矛盾はない。$n+1$ 次元系 (B.2) の $(u_1, u_2, \ldots, u_n, u_{n+1})$ の振る舞いは, $n+1$ 次元空間の超平面 $u_{n+1} = 1$ 上に含まれており, それが, n 次元 Lotka–Volterra 常微分方程式系 (2.23) の $(u_1, u_2, \ldots, u_n)$ の振る舞いに同等である。

ここで, 次の変数変換, パラメータ変換を用いる:

$$x_i(t) = \frac{u_i(t)}{\sum_{j=1}^{n+1} u_j(t)}, \quad \gamma_{ij} = a_{ij} - a_{n+1,j}, \quad r_i = \gamma_{i,n+1} = a_{i,n+1} - a_{n+1,n+1} \quad (B.3)$$
$$(i, j = 1, 2, \ldots, n+1)$$

この定義は, 式 (B.1) と矛盾しない[*2]。また, $\sum_{i=1}^{n+1} x_i(t) = 1$ が成り立つ。Lotka–Volterra 常微分方程式系 (2.23) が相互作用する n 種個体群のサイズ時間変動ダイナミクスを表す数理モデルであるという視点からは, $x_i(t)$ は, 時刻 t における種 i の個体群サイズの相対頻度に対応している[*3]。

変数変換 (B.3) により,

$$x_{n+1} = \frac{u_{n+1}}{\sum_{j=1}^{n+1} u_j} = \frac{1}{\sum_{j=1}^{n+1} u_j} \quad (B.4)$$

なので[*4],

$$\frac{1}{x_{n+1}} = \sum_{j=1}^{n+1} u_j = \sum_{j=1}^{n} u_j + u_{n+1} = \sum_{j=1}^{n} u_j + 1$$

である。すなわち, $x_{n+1}(t)$ は, 元の n 次元 Lotka–Volterra 常微分方程式系 (2.23) の $u_i(t)$ ($i = 1, 2, \ldots, n$) の総和に 1 を加えた値の逆数の時間変動に対応している。そして, 変数変換 (B.3) は, $u_i(t) = x_i(t)/x_{n+1}(t)$ と書き換えられるので, 逆に, $(x_1, x_2, \ldots, x_n, x_{n+1})$ の振る舞いを系 (2.23) の $(u_1, u_2, \ldots, u_n)$ の振る舞いに 1 対 1 に対応させることができる。

詳説 式 (B.3) によるパラメータ変換 $\{r_i, \gamma_{ij}\} \longrightarrow \{a_{ij}\}$ により, パラメータの間にも 1 対 1 対応が成り立つようにできる。式 (B.3) から, パラメータ $\{a_{ij}\}$ が与えられれば, パラメータ $\{r_i, \gamma_{ij}\}$ が一意に定まることは明白である。一方, パラメータ $\{r_i, \gamma_{ij}\}$ が与えられても, パラメータ $\{a_{ij}\}$ を一意に定めることができない。パラメータ $\{r_i, \gamma_{ij}\}$ の個数が $n + n^2 = n(n+1)$ であるのに対して, パラメータ $\{a_{ij}\}$ の個数は $(n+1)^2$ であり, $n+1$ 個多いからである。しかし, このことは, パラメータ $\{a_{ij}\}$ に選択の自由度があることを意味

[*2] $r_{n+1} = 0$ であることにも注意。
[*3] u_{n+1} の追加により, 等しくはない。
[*4] 見やすさ, 捉えやすさを考慮して, これ以降, 「(t)」を省略した表記を適宜用いるが, 時間の関数を扱っていることに注意。

するのであって,パラメータ $\{a_{ij}\}$ を定めることができないわけではない.1つの選択肢として,$a_{n+1,j} = 0$ $(j = 1, 2, \ldots, n+1)$ とすると,パラメータ変換 (B.3) により,$a_{ij} = \gamma_{ij}$, $a_{i,n+1} = r_i$ $(i, j = 1, 2, \ldots, n)$ なので,実際,与えられた $n(n+1)$ 個のパラメータ $\{r_i, \gamma_{ij}\}$ に対して,$(n+1)^2$ 個のパラメータ $\{a_{ij}\}$ が定まる.このパラメータ $\{a_{ij}\}$ における $n+1$ 個の自由度は,変数 $(u_1, u_2, \ldots, u_n)$ に関する n 次元 Lotka–Volterra 常微分方程式系 (2.23) と $n+1$ 次元レプリケータ方程式系 (2.85) の数学的性質の同等性を損なうものではない.この点についての数学的により詳しい議論は,たとえば,Hofbauer & Sigmund [29–31] を参照されたい.

さて,変数変換 (B.3) により $x_i(t) = x_{n+1}(t) u_i(t)$ なので,式 (B.2) から,

$$\frac{dx_i}{dt} = u_i \frac{dx_{n+1}}{dt} + x_{n+1} \frac{du_i}{dt}$$
$$= \left\{ \frac{1}{x_{n+1}} \frac{dx_{n+1}}{dt} + \frac{1}{x_{n+1}} \sum_{j=1}^{n+1} (a_{ij} - a_{n+1,j}) x_j \right\} x_i \tag{B.5}$$

を導くことができる.

一方,式 (B.4) から,

$$\frac{dx_{n+1}}{dt} = \frac{d}{dt} \left(\frac{1}{\sum_{j=1}^{n+1} u_j} \right) = -\frac{\sum_{j=1}^{n+1} du_j/dt}{\left(\sum_{j=1}^{n+1} u_j \right)^2} = -x_{n+1}^2 \sum_{j=1}^{n+1} \frac{du_j}{dt}$$

なので,式 (B.1),$du_{n+1}/dt = 0$,式 (B.2) により,

$$\frac{1}{x_{n+1}} \frac{dx_{n+1}}{dt} = -x_{n+1} \sum_{j=1}^{n} u_j \left(\sum_{k=1}^{n+1} \gamma_{jk} u_k \right)$$
$$= -x_{n+1} \sum_{j=1}^{n+1} u_j \left(\sum_{k=1}^{n+1} \gamma_{jk} u_k \right) + x_{n+1} u_{n+1} \sum_{k=1}^{n+1} \underbrace{\gamma_{n+1,k}}_{=0} u_k$$
$$= -\sum_{j=1}^{n+1} u_j \left(\sum_{k=1}^{n+1} \gamma_{jk} x_{n+1} u_k \right)$$
$$= -\frac{1}{x_{n+1}} \sum_{j=1}^{n+1} x_j \left(\sum_{k=1}^{n+1} \gamma_{jk} x_k \right) \tag{B.6}$$

が導かれる。式 (B.3) と (B.6) を式 (B.5) に代入して計算すると，

$$\frac{dx_i}{dt} = \frac{x_i}{x_{n+1}} \left[\sum_{j=1}^{n+1}(a_{ij} - a_{n+1,j})\, x_j - \sum_{j=1}^{n+1} x_j \left\{ \sum_{k=1}^{n+1}(a_{jk} - a_{n+1,k})\, x_k \right\} \right]$$

$$= \frac{x_i}{x_{n+1}} \left[\left(\sum_{j=1}^{n+1} a_{ij} x_j - \sum_{j=1}^{n+1} a_{n+1,j}\, x_j \right) - \left(\sum_{j=1}^{n+1} x_j \sum_{k=1}^{n+1} a_{jk} x_k - \underbrace{\sum_{j=1}^{n+1} x_j}_{=1} \sum_{k=1}^{n+1} a_{n+1,k}\, x_k \right) \right]$$

$$= \frac{x_i}{x_{n+1}} \left[\sum_{j=1}^{n+1} a_{ij} x_j - \sum_{j=1}^{n+1} x_j \left(\sum_{k=1}^{n+1} a_{jk} x_k \right) \right] \tag{B.7}$$

となる。ここで，時間 t に対して，次の変数変換を適用する：

$$\tau = \int_0^t \frac{1}{x_{n+1}(s)}\, ds = \int_0^t \sum_{j=1}^{n+1} u_j(s)\, ds \tag{B.8}$$

詳説 今，数理モデルとして，n 次元 Lotka–Volterra 常微分方程式系 (2.23) における初期値 $u_j(0)$ は非負値を考えていたので，ある j に対する初期値が正である限り[*5]，任意の時刻 $t > 0$ について，$\sum_{j=1}^n u_j(t) > 0$ である[*6]。また，$u_{n+1}(t) \equiv 1$ であるから，式 (B.4) により，任意の時刻 $t > 0$ に対して $1/x_{n+1}(t) = \sum_{j=1}^{n+1} u_j(t) > 0$ なので，式 (B.8) の右辺は時刻 $t > 0$ に関する狭義単調増加関数である。すなわち，式 (B.8) は，時刻 $t \in [0, \infty)$ の $\tau \in [0, \infty)$ への 1 対 1 変換になっている。

そして，

$$\phi_i := \sum_{j=1}^{n+1} a_{ij} x_j(\tau) \quad (i = 1, 2, \ldots, n+1), \qquad \overline{\phi} := \sum_{k=1}^{n+1} x_k(\tau)\, \phi_k \tag{B.9}$$

とすれば，式 (B.7) から，$n+1$ 次元レプリケータ方程式系

$$\frac{dx_i(\tau)}{d\tau} = (\phi_i - \overline{\phi})\, x_i(\tau) \qquad (i = 1, 2, \ldots, n+1) \tag{B.10}$$

を導くことができる。

[*5] すべての j に対して初期値 0 の場合は，数理モデルとして系 (2.23) を扱う上では無意味である。このとき，任意の時刻 $t > 0$ に対して，$u_j(t) \equiv 0$ $(j = 1, 2, \ldots, n)$ である。
[*6] 【基礎編】演習問題 22 や 24 の議論を参照。

詳説 式 (B.9) が定める ϕ_i と $\overline{\phi}$ が 2 次元レプリケータ方程式系 (2.83) における r_i と $\overline{r}$ に対応していることが見て取れるだろう。ϕ_i が x_i に対するある量を表しているとすれば，$\overline{\phi}$ が，$\{x_i\}$ における $\{\phi_i\}$ の平均値を意味することは，$\sum_{i=1}^{n+1} x_i = 1$ により，式 (B.9) から明らかである。すなわち，x_i の時間変動における増減は，対応する ϕ_i の値と $\{x_i\}$ における $\{\phi_i\}$ の平均値 $\overline{\phi}$ の大小関係だけで決まる。

2 次元レプリケータ方程式系 (2.83) における r_i は，捕食者個体あたりの単位時間あたり増殖率として，餌選択戦略に依存する捕食者個体あたりの単位時間あたりの期待エネルギー摂取量 W_i の関数であった。そして，p. 72 でも触れられているように，ゲーム理論の概念では，W_i が「利得」(payoff, gain, benefit)，x_i が「戦略の頻度」，r_i が「適応度」(fitness)，$\overline{r}$ が集団における平均適応度（mean fitness）である。レプリケータ方程式系 (B.10) については，ϕ_i が適応度，$\overline{\phi}$ が平均適応度に対応する。系 (B.10) は，適応度が戦略頻度 $\{x_i\}$ の線形結合で与えられる場合の集団内の戦略頻度の時間変動を与える形式になっている。

たとえば，パラメータ変換 (B.3) において，$a_{n+1,j} = 0$ $(j=1,2,\ldots,n+1)$, $a_{ij} = \gamma_{ij} < 0$, $a_{i,n+1} = r_i > 0$ $(i,j=1,2,\ldots,n)$ とすると，式 (B.9) から，$\phi_{n+1} = 0$,

$$\phi_i = \frac{1}{\sum_{i=1}^n u_i(\tau) + 1}\left\{r_i + \gamma_{ii} u_i(\tau) + \sum_{j=1, j\neq i}^n \gamma_{ij} u_j(\tau)\right\}$$

$$= \frac{1}{\sum_{i=1}^n u_i(\tau) + 1}\left\{\frac{1}{u_i(\tau)} \frac{du_i(\tau)}{d\tau}\right\} \quad (i=1,2,\ldots,n) \tag{B.11}$$

であり，ϕ_i が Lotka–Volterra n 種競争系 (2.23) についての個体あたりの正味の増殖率 $(1/u_i)du_i/dt$ を n 種の個体群サイズの総和に 1 を加えた値で割った形の適応度を定義していることがわかる。

B.2 レプリケータ方程式系 $\to$ Lotka–Volterra 方程式系

式 (B.9) と (B.10) が定める変数 $(x_1, x_2, \ldots, x_n, x_{n+1})$ に関する $n+1$ 次元レプリケータ方程式系[*7]に対して，変数

$$u_i(t) = \frac{x_i(t)}{x_{n+1}(t)} \quad (i=1,2,\ldots,n+1) \tag{B.12}$$

を考える。このとき，$u_{n+1}(t) = 1$ である。レプリケータ方程式系においては $\sum_{k=1}^{n+1} x_k(t) = 1$ なので，式 (B.12) から，

$$\sum_{i=1}^{n+1} u_i(t) = \frac{1}{x_{n+1}(t)} \sum_{i=1}^{n+1} x_i(t) = \frac{1}{x_{n+1}(t)}$$

[*7] ただし，時間は τ ではなく，t と表す。

である。これにより，変数変換

$$x_i(t) = \frac{u_i(t)}{\sum_{j=1}^{n+1} u_j(t)} \qquad (i = 1, 2, \ldots, n+1) \tag{B.13}$$

が導かれる。

式 (B.12) から，

$$\frac{du_i}{dt} = \frac{d}{dt}\left(\frac{x_i}{x_{n+1}}\right)$$

$$= \frac{1}{x_{n+1}^2}\left(x_{n+1}\frac{dx_i}{dt} - x_i\frac{dx_{n+1}}{dt}\right)$$

$$= \frac{x_i}{x_{n+1}}\left(\frac{1}{x_i}\frac{dx_i}{dt} - \frac{1}{x_{n+1}}\frac{dx_{n+1}}{dt}\right) \qquad (i = 1, 2, \ldots, n)$$

であるから，式 (B.10) と (B.9)，(B.12) により，

$$\begin{aligned}
\frac{du_i}{dt} &= u_i\left\{(\phi_i - \overline{\phi}) - (\phi_{n+1} - \overline{\phi})\right\} = u_i(\phi_i - \phi_{n+1}) \\
&= u_i \sum_{j=1}^{n+1}(a_{ij} - a_{n+1,j})x_j = u_i \sum_{j=1}^{n+1}(a_{ij} - a_{n+1,j})u_j x_{n+1} \\
&= u_i\left\{(a_{i,n+1} - a_{n+1,n+1})u_{n+1} + \sum_{j=1}^{n}(a_{ij} - a_{n+1,j})u_j\right\} x_{n+1} \\
&= u_i\left\{a_{i,n+1} - a_{n+1,n+1} + \sum_{j=1}^{n}(a_{ij} - a_{n+1,j})u_j\right\} x_{n+1} \\
&\qquad (i = 1, 2, \ldots, n)
\end{aligned} \tag{B.14}$$

となる。ここで，時間 t に対して，次の変数変換を適用する：

$$\tau = \int_0^t x_{n+1}(s)\,ds \tag{B.15}$$

そして，

$$r_i = a_{i,n+1} - a_{n+1,n+1}, \qquad \gamma_{ij} = a_{ij} - a_{n+1,j} \quad (i,j = 1, 2, \ldots, n)$$

と置き換えれば，式 (B.14) から，n 次元 Lotka–Volterra 系

$$\frac{du_i(\tau)}{d\tau} = \left\{r_i + \sum_{j=1}^{n}\gamma_{ij}u_j(\tau)\right\}u_i(\tau) \qquad (i = 1, 2, \ldots, n) \tag{B.16}$$

が得られる。

> [注記] 変数の変換 (B.12) や時間変数の変換 (B.15) が意味をもつためには，任意の $t > 0$ に対して $x_{n+1}(t) > 0$ であることが必要である．式 (B.10) から，
>
> $$\frac{1}{x_{n+1}(t)} \frac{dx_{n+1}(t)}{dt} = \phi_{n+1}(t) - \overline{\phi}(t)$$
>
> である[*8]から，形式的に，
>
> $$\int_0^t \frac{1}{x_{n+1}(s)} \frac{dx_{n+1}(s)}{ds} ds = \int_0^t \left\{ \phi_{n+1}(s) - \overline{\phi}(s) \right\} ds$$
>
> $$\log x_{n+1}(t) - \log x_{n+1}(0) = \int_0^t \left\{ \phi_{n+1}(s) - \overline{\phi}(s) \right\} ds$$
>
> $$x_{n+1}(t) = x_{n+1}(0) \exp\left[\int_0^t \left\{ \phi_{n+1}(s) - \overline{\phi}(s) \right\} ds \right] \quad \text{(B.17)}$$
>
> である．よって，式 (B.17) から，$x_{n+1}(t)$ は，$x_{n+1}(0) > 0$ ならば，任意の時刻 $t > 0$ において正である．

以上の議論により，一般の n 次元 Lotka–Volterra 常微分方程式系 (2.23) に対して，数学的に同等な $n+1$ 次元レプリケータ方程式系 (2.85) が存在することが示された．

これら2つの系の数学的同等性においては，独立変数である時間の変換が伴っていたことに注意しよう．すなわち，この数学的同等性は，定性的な同等性であって，定量的な同等性はない．しかし，定性的な同等性があることは，一方の系における数学的性質が他方の系においても存在することを保証するので，重要な結果といえる．

[*8] ϕ_{n+1} や $\overline{\phi}$ は，定義 (B.9) から，時間 t の関数として扱えることに注意．

付録 C

Stieltjes 積分

Stieltjes（スティルチェス）積分とは，通常の（リーマン）積分を一般化させた概念であり，以下のように定義される。ϕ と f を，ともに，区間 $I = [a, b]$ で定義された実数値関数とする。I の任意の分割 Δ を

$$\Delta : \quad a = x_0 < x_1 < \cdots < x_m = b$$

とし，この直径を $d(\Delta) = \max_{1 \leq k \leq m}(x_k - x_{k-1})$ とする。Δ における各小区間 $I_k = [x_{k-1}, x_k]$ の代表元 $\xi_k \in I_k$ を選んで作った和

$$\sum_{k=1}^{m} f(\xi_k)\{\phi(x_k) - \phi(x_{k-1})\}$$

に対して，$d(\Delta) \to 0$ とするとき，ξ_k のとり方によらない有限確定な極限値が存在するならば，f は I 上で ϕ に関して Stieltjes 積分可能といい，その極限値を f の ϕ に関する I 上の Stieltjes 積分という。そして，

$$\lim_{d(\Delta) \to 0} \sum_{k=1}^{m} f(\xi_k)\{\phi(x_k) - \phi(x_{k-1})\} = \int_a^b f(x)\, d\phi(x)$$

と記す。なお，I 上の連続関数 f が I において有界変動であることは，f が I 上で ϕ に関して Stieltjes 積分可能であるための十分条件として知られている。

注記 I の任意の分割 Δ に対して，次の和が有界ならば，ϕ は I において有界変動であるという：

$$\sum_{k=1}^{m} |\phi(x_k) - \phi(x_{k-1})|$$

付録 **D**

感染齢構造をもつ SIR モデルの解の存在と一意性

系 (4.18–4.20)

$$\frac{dS}{dt} = - S(t) \int_0^B \sigma(\beta)\, i(t,\beta)\, d\beta \tag{4.18}$$

$$i(t,b) = \begin{cases} S(t-b)P(b) \int_0^B \sigma(\beta)\, i(t-b,\beta)\, d\beta & (t \geq b \geq 0) \\ i_0(b-t)\, \dfrac{P(b)}{P(b-t)} & (b > t \geq 0) \end{cases} \tag{4.19}$$

$$\frac{dR}{dt} = - \int_0^B \frac{i(t,b)}{P(b)}\, dP(b) \tag{4.20}$$

における式 (4.18) と (4.19) は $R(t)$ の情報を含まず,式 (4.20) の右辺にも $R(t)$ の情報がないから,系 (4.18–4.20) の解の存在性と一意性を示すには,式 (4.18) と (4.19) から成る系の解の存在性と一意性を初期条件

$$S(0) = S_0, \quad i(0,b) = i_0(b) \tag{D.1}$$

の下で論じればよい。

同値な積分方程式

区間 $0 \leq t < r$ において定義された初期条件 (D.1) を満たす式 (4.18) と (4.19) から成る系の解を $(S(t), i(t,b))$ とする。式 (4.12) によって定義される時刻 $t\ (\geq 0)$ の感染個体群における平均感染力 $\widehat{\sigma}(t)$ から,時刻 $t\ (\geq 0)$ の感染個体群による感染力

$$\mathcal{I}(t) = \widehat{\sigma}(t) I(t) = \int_0^B \sigma(\beta)\, i(t,\beta)\, d\beta$$

を定義し，これを用いれば，式 (4.18) から，

$$\frac{dS(t)}{dt} = -S(t)\int_0^B \sigma(\beta)\,i(t,\beta)\,d\beta = -S(t)\,\mathcal{I}(t)$$

は恒等式であり，これを両辺積分すれば，$0 \leq t < r$ なる t に対して，

$$S(t) = -\int_0^t S(u)\,\mathcal{I}(u)\,du + S_0 \tag{D.2}$$

が成り立つ．さらに，式 (4.19) から，

$$\sigma(b)\,i(t,b) = \begin{cases} \sigma(b)S(t-b)P(b)\,\mathcal{I}(t-b) & (t \geq b \geq 0) \\ \sigma(b)\,i_0(b-t)\dfrac{P(b)}{P(b-t)} & (b > t \geq 0) \end{cases}$$

であるから，$t \leq B$ ならば，

$$\begin{aligned}
\mathcal{I}(t) &= \int_0^B \sigma(\beta)\,i(t,\beta)\,d\beta \\
&= \int_0^t \sigma(\beta)S(t-\beta)P(\beta)\,\mathcal{I}(t-\beta)\,d\beta + \int_t^B \sigma(\beta)\,i_0(\beta-t)\frac{P(\beta)}{P(\beta-t)}\,d\beta \\
&= \int_0^t \sigma(t-u)P(t-u)S(u)\,\mathcal{I}(u)\,du + \int_t^B \sigma(\beta)i_0(\beta-t)\frac{P(\beta)}{P(\beta-t)}\,d\beta
\end{aligned}$$

となり，$t > B$ ならば，

$$\begin{aligned}
\mathcal{I}(t) &= \int_0^B \sigma(\beta)\,i(t,\beta)\,d\beta = \int_0^B \sigma(\beta)S(t-\beta)P(\beta)\,\mathcal{I}(t-\beta)\,d\beta \\
&= \int_{t-B}^t \sigma(t-u)P(t-u)S(u)\,\mathcal{I}(u)\,du \\
&= \int_0^t \sigma(t-u)P(t-u)S(u)\,\mathcal{I}(u)\,du
\end{aligned}$$

である．

注記 $t \geq B$ においても，式 (4.19) は，

$$i(t,b) = \begin{cases} S(t-b)P(b)\,\mathcal{I}(t-b) & (t \geq b \geq 0) \\ i_0(b-t)\dfrac{P(b)}{P(b-t)} & (b > t \geq 0) \end{cases}$$

であるが，B の意味から $b > t \geq 0$ の場合については不適である．また，式 (4.9) から，

$$\int_0^{t-B} \sigma(t-u)P(t-u)S(u)\,\mathcal{I}(u)\,du = 0$$

が成り立つことに注意．

ここで,
$$f(t) = \begin{cases} \int_t^B \sigma(\beta)\, i_0(\beta - t) \frac{P(\beta)}{P(\beta - t)}\, d\beta & (t \leq B) \\ 0 & (t > B) \end{cases} \tag{D.3}$$

とおけば, これは既知の連続関数であり, 式 (D.2), (D.3) により, $(S(t), \mathcal{I}(t))$ は, 区間 $0 \leq t < r$ において, 積分恒等式

$$S(t) = -\int_0^t S(u)\,\mathcal{I}(u)\, du + S_0 \tag{D.4}$$

$$\mathcal{I}(t) = \int_0^t \sigma(t-u) P(t-u) S(u)\,\mathcal{I}(u)\, du + f(t) \tag{D.5}$$

を満たす.

逆に, ある連続関数の組 $(S(t), \mathcal{I}(t))$ が, 区間 $0 \leq t < r$ において, 恒等的に式 (D.4), (D.5) を満たすならば, 式 (D.4) から, $S(t)$ は $0 < t < r$ において微分可能であって,

$$\frac{dS(t)}{dt} = -S(t)\,\mathcal{I}(t) \tag{D.6}$$

を満たし, 明らかに $S(0) = S_0$ である. そして, $i(t, b)$ を

$$i(t, b) = \begin{cases} S(t-b) P(b)\,\mathcal{I}(t-b) & (t \geq b \geq 0) \\ i_0(b-t) \dfrac{P(b)}{P(b-t)} & (b > t \geq 0) \end{cases} \tag{D.7}$$

により定めれば, 区間 $0 \leq t < r$ において,

$$\int_0^B \sigma(\beta)\, i(t, \beta)\, d\beta = \begin{cases} \int_0^t \sigma(\beta) S(t-\beta) P(\beta)\,\mathcal{I}(t-\beta)\, d\beta \\ \qquad + \int_t^B \sigma(\beta)\, i_0(\beta-t) \dfrac{P(\beta)}{P(\beta-t)}\, d\beta & (t \leq B) \\ \int_0^B \sigma(\beta) S(t-\beta) P(\beta)\,\mathcal{I}(t-\beta)\, d\beta & (t > B) \end{cases}$$

$$= \int_0^t \sigma(t-u) P(t-u) S(u)\,\mathcal{I}(u)\, du + f(t)$$

となる. さらに, 式 (D.5) は, 区間 $0 \leq t < r$ において恒等的に成立して,

$$\int_0^t \sigma(t-u) P(t-u) S(u)\,\mathcal{I}(u)\, du + f(t) = \mathcal{I}(t)$$

であるから,

$$\mathcal{I}(t) = \int_0^B \sigma(\beta)\, i(t, \beta)\, d\beta$$

である．これを式 (D.6) と (D.7) に代入すれば，

$$\frac{dS}{dt} = -S(t)\int_0^B \sigma(\beta)\,i(t,\beta)\,d\beta$$

$$i(t,b) = \begin{cases} S(t-b)P(b)\displaystyle\int_0^B \sigma(\beta)\,i(t-b,\beta)\,d\beta & (t \geq b \geq 0) \\[2mm] i_0(b-t)\dfrac{P(b)}{P(b-t)} & (b > t \geq 0) \end{cases}$$

が成り立つ．ゆえに，積分方程式 (D.4), (D.5) は初期条件 (D.1) の下で，式 (4.18) と (4.19) から成る系と同値であり，式 (4.18) と (4.19) から成る系の解の存在と一意性の問題は，積分方程式 (D.4), (D.5) の解の存在と一意性の問題に帰着される．

解の存在性

ある局所的な区間において，積分方程式 (D.4), (D.5) の解が存在することは，Picard (ピカール) の逐次近似法[*1]によって示すことができる．適当な区間 $I = [0, \alpha]$ において，

$$\begin{aligned} &\phi_1(t) = S_0, \quad \psi_1(t) = f(t) \\ &\phi_{n+1}(t) = -\int_0^t \phi_n(u)\psi_n(u)\,du + S_0 \\ &\psi_{n+1}(t) = \int_0^t \sigma(t-u)P(t-u)\phi_n(u)\psi_n(u)\,du + f(t) \end{aligned} \quad \text{(D.8)}$$

で定義される 2 つの関数列 $\{\phi_n(t)\}$, $\{\psi_n(t)\}$ を考察し，これらが一様収束するような区間幅 α を見出すことが証明のポイントである．なぜなら，そのような区間幅では，$\{\phi_n(t)\}$, $\{\psi_n(t)\}$ の極限をそれぞれ $\phi^*(t)$, $\psi^*(t)$ と表せば，式 (D.8) の $n \to \infty$ における関係式

$$\phi^*(t) = -\int_0^t \phi^*(u)\psi^*(u)\,du + S_0$$

$$\psi^*(t) = \int_0^t \sigma(t-u)P(t-u)\phi^*(u)\psi^*(u)\,du + f(t)$$

により，$(\phi^*(t), \psi^*(t))$ が積分方程式 (D.4), (D.5) の解であることが結論されるからである．

式 (D.8) により定まる関数列 $\{\phi_n(t)\}$, $\{\psi_n(t)\}$ が一様収束するような区間幅 α を見出すために，まず，領域 Π を

$$\Pi = \{(t, S, \mathcal{I}) \mid 0 \leq t \leq q,\ |S - S_0| \leq a,\ |\mathcal{I} - f(t)| \leq b\}$$

[*1] 井ノ口 [40], クライツィグ [59, 60], 長瀬 [82], ポントリャーギン [98], 吉沢 [135] などを参照．

と定め，この領域 Π が $\mathbb{R}_+^3$ 内にすっかり含まれるように $q>0$，$a>0$，$b>0$ を適当に選ぶ．領域 Π は閉集合であるから，その上での連続関数 $S\mathcal{I}$, S, $\mathcal{I}$ は有界である．すなわち，正の数 M, L, K が存在して，$(t,S,\mathcal{I}) \in \Pi$ に対して，不等式

$$|S\mathcal{I}| \leq M, \quad |S| \leq L, \quad |\mathcal{I}| \leq K \tag{D.9}$$

が成り立つ．なお，$\sigma(b)$ や $P(b)$ は有界な関数であるから，これらの積も有界であるが，ここではひとまず

$$\sigma(b)P(b) < 1, \quad b \in [0, B] \tag{D.10}$$

と仮定しておく．

次に，$0 < \alpha \leq q$ として，Π より狭い領域

$$\Pi_\alpha = \{(t, S, \mathcal{I}) \mid 0 \leq t \leq \alpha, |S - S_0| \leq a, |\mathcal{I} - f(t)| \leq b\}$$

を考え，区間 $I = [0, \alpha]$ において定義されるグラフ[*2] が領域 Π_α の中にあるような連続関数全体の集合を Ω_α で表す．式 (D.8) で定まる関数 $\phi_n(t)$, $\psi_n(t)$ がすべて Ω_α に属するのは，

$$|\phi_n(t) - S_0| \leq a, \quad |\psi_n(t) - f(t)| \leq b \quad (n = 1, 2, \ldots)$$

となる場合であって，かつ，この場合に限る．この条件が成立する α を決定したい．そのためには，$n=1$ のときは自明であるから，$\phi_n(t), \psi_n(t) \in \Omega_\alpha$ ならば $\phi_{n+1}(t), \psi_{n+1}(t) \in \Omega_\alpha$ が成り立つような α の条件を求めればよい．すると，式 (D.8), (D.9), (D.10) により，

$$|\phi_{n+1}(t) - S_0| = \left| \int_0^t \phi_n(u) \psi_n(u) \, du \right| \leq Mt \leq M\alpha \leq a$$

かつ

$$|\psi_{n+1}(t) - f(t)| = \left| \int_0^t \sigma(t-u) P(t-u) \phi_n(u) \psi_n(u) \, du \right| \leq Mt \leq M\alpha \leq b$$

であることから，

$$\alpha \leq \min\left\{\frac{a}{M}, \frac{b}{M}\right\} \tag{D.11}$$

が求める α の条件である．

α を条件 (D.11) を満たす任意の正の数とし，区間 $I = [0, \alpha]$ で定義された連続関数 $\phi(t)$, $\psi(t)$ に対して，ベクトル値関数

$$\boldsymbol{\phi}(t) = \begin{pmatrix} \phi(t) \\ \psi(t) \end{pmatrix}$$

[*2] $\{(t, S(t), \mathcal{I}(t)) \mid t \in I\}$ のこと．一般に，A, B を2つの集合とし，ある規則 Γ によって，A の各元 t に対して，それぞれ B のただ1つの元 $\Gamma(t)$ が定められるとき，その規則 Γ を A から B への写像 (map) といい，$\{(t, \Gamma(t)) \mid t \in A\}$ を Γ のグラフという．

を考え，そのノルム $\|\boldsymbol{\phi}\|$ を

$$\|\boldsymbol{\phi}\| = \max_{0 \leq t \leq \alpha} |\phi(t)| + \max_{0 \leq t \leq \alpha} |\psi(t)|$$

により定義する．このとき，区間 I において，式 (D.8) が定める連続関数列 $\{\phi_n(t)\}$, $\{\psi_n(t)\}$ がそれぞれ $\phi^*(t)$, $\psi^*(t)$ に一様収束することを示すことは，

$$\boldsymbol{\phi}_n(t) = \begin{pmatrix} \phi_n(t) \\ \psi_n(t) \end{pmatrix}, \quad \boldsymbol{\phi}^*(t) = \begin{pmatrix} \phi^*(t) \\ \psi^*(t) \end{pmatrix}$$

と表したとき，

$$\lim_{n \to \infty} \|\boldsymbol{\phi}_n - \boldsymbol{\phi}^*\| = 0$$

を証明することに他ならず，さらに，Cauchy の収束条件定理[*3]から，

$$\lim_{n \to \infty} \|\boldsymbol{\phi}_{n+1} - \boldsymbol{\phi}_n\| = 0 \tag{D.12}$$

を示すことと同値である．$0 \leq t \leq \alpha$ に対して，

$$|\phi_{n+1}(t) - \phi_n(t)| = \left| \int_0^t \phi_n(u)\psi_n(u) - \phi_{n-1}(u)\psi_{n-1}(u)\, du \right|$$

$$\leq \int_0^t \left| \phi_n(u)\psi_n(u) - \phi_{n-1}(u)\psi_{n-1}(u) \right| du$$

$$\leq \int_0^t \left| \phi_n(u) \right| \left| \psi_n(u) - \psi_{n-1}(u) \right| du$$
$$\quad + \int_0^t \left| \phi_n(u) - \phi_{n-1}(u) \right| \left| \psi_{n-1}(u) \right| du$$

$$\leq L\alpha \max_{0 \leq t \leq \alpha} |\psi_n(t) - \psi_{n-1}(t)| + K\alpha \max_{0 \leq t \leq \alpha} |\phi_n(t) - \phi_{n-1}(t)|$$

$$\leq \alpha \max\{K, L\} \|\boldsymbol{\phi}_n - \boldsymbol{\phi}_{n-1}\|$$

であり，同様にして，

$$|\psi_{n+1}(t) - \psi_n(t)| = \left| \int_0^t \sigma(t-u)P(t-u)\{\phi_n(u)\psi_n(u) - \phi_{n-1}(u)\psi_{n-1}(u)\}\, du \right|$$

$$\leq \int_0^t \left| \phi_n(u)\psi_n(u) - \phi_{n-1}(u)\psi_{n-1}(u) \right| du$$

$$\leq L\alpha \max_{0 \leq t \leq \alpha} |\psi_n(t) - \psi_{n-1}(t)| + K\alpha \max_{0 \leq t \leq \alpha} |\phi_n(t) - \phi_{n-1}(t)|$$

$$\leq \alpha \max\{K, L\} \|\boldsymbol{\phi}_n - \boldsymbol{\phi}_{n-1}\|$$

[*3] たとえば，田島 [115] に述べられている実数列に関する Cauchy の収束条件定理を関数列に適用するように拡張すればよい．

であるから,
$$\|\phi_{n+1} - \phi_n\| \leq 2\alpha \max\{K, L\} \|\phi_n - \phi_{n-1}\|$$

であることがわかる。したがって，もしも，$2\alpha \max\{K, L\}$ が 1 より小さければ，すなわち，
$$\alpha < \frac{1}{2\max\{K, L\}} \tag{D.13}$$

ならば，式 (D.12) が示される。ゆえに，式 (D.11) と (D.13) を満たす α で定まる区間 $I = [0, \alpha]$ において，式 (D.8) で定まる連続関数列 $\{\phi_n(t)\}$, $\{\psi_n(t)\}$ は一様収束し，その極限をそれぞれ $\phi^*(t)$, $\psi^*(t)$ とすれば，

$$\phi^*(t) = -\int_0^t \phi^*(u)\psi^*(u)\,du + S_0$$

$$\psi^*(t) = \int_0^t \sigma(t-u)P(t-u)\phi^*(u)\psi^*(u)\,du + f(t)$$

が成り立つ。よって，積分方程式 (D.4), (D.5) について，区間 $I = [0, \alpha]$ における解 $(S(t), \mathcal{I}(t)) = (\phi^*(t), \psi^*(t))$ の存在が示された。

式 (D.10) が成り立たない場合には，$\eta > 0$ を
$$\mathrm{e}^{-\eta b}\sigma(b)P(b) < 1$$

を満たすように選び，$\overline{\mathcal{I}}(t) = \mathrm{e}^{-\eta t}\mathcal{I}(t)$, $\overline{f}(t) = \mathrm{e}^{-\eta t}f(t)$, $\overline{\sigma}(b) = \mathrm{e}^{-\eta b}\sigma(b)$ とおけば，式 (D.5) は
$$\overline{\mathcal{I}}(t) = \int_0^t \overline{\sigma}(t-u)P(t-u)S(u)\overline{\mathcal{I}}(u)\,du + \overline{f}(t)$$

と同値となる。$\overline{\sigma}(b)P(b)$ は式 (D.10) を満たすから，上記と同じ論法が適用される。

解の一意性

次に，一意性を証明しよう。すなわち，式 (D.11) と (D.13) を満たす α に対し，区間 $I = [0, \alpha]$ で定義される積分方程式 (D.4), (D.5) の解を $(S(t), \mathcal{I}(t))$ とするとき，I より狭い任意の区間 $[0, c\alpha]$ $(0 < c \leq 1)$ において，$(S(t), \mathcal{I}(t))$ とは別の積分方程式 (D.4), (D.5) の解 $(\widetilde{S}(t), \widetilde{\mathcal{I}}(t))$ が存在するとすれば，これら 2 つの解が区間 $[0, c\alpha]$ において一致することを示そう。この議論には，次の補題を用いる[*4]：

[*4] この補題の証明は本書で触れないが，たとえば，吉沢 [135] や金子 [52] を参照されたい。

> **Gronwall（グロンウォール）の補題**
>
> $\lambda(t)$, $\mu(t)$, $\nu(t)$ は区間 $[a,b]$ で定義された負でない連続関数とする．これらが
> $$\lambda(t) \leq \mu(t) + \int_a^t \nu(u)\lambda(u)\,du$$
> を満たすならば，
> $$\lambda(t) \leq \mu(t) + \int_a^t \mu(u)\nu(u)\,e^{\int_u^t \nu(r)dr}du$$
> が成り立つ．

今，$t \in [0, c\alpha]$ に対して，
$$S(t) = -\int_0^t S(u)\mathcal{I}(u)\,du + S_0$$
$$\mathcal{I}(t) = \int_0^t \sigma(t-u)P(t-u)S(u)\mathcal{I}(u)\,du + f(t)$$

かつ
$$\widetilde{S}(t) = -\int_0^t \widetilde{S}(u)\widetilde{\mathcal{I}}(u)\,du + S_0$$
$$\widetilde{\mathcal{I}}(t) = \int_0^t \sigma(t-u)P(t-u)\widetilde{S}(u)\widetilde{\mathcal{I}}(u)\,du + f(t)$$

が成立しているから，
$$|S(t) - \widetilde{S}(t)| \leq \int_0^t \{|S(u)\mathcal{I}(u) - \widetilde{S}(u)\mathcal{I}(u)| + |\widetilde{S}(u)\mathcal{I}(u) - \widetilde{S}(u)\widetilde{\mathcal{I}}(u)|\}\,du$$
$$\leq \int_0^t \max\{|\mathcal{I}(u)|, |\widetilde{S}(u)|\}\{|S(u) - \widetilde{S}(u)| + |\mathcal{I}(u) - \widetilde{\mathcal{I}}(u)|\}\,du$$

が成り立つ．さらに，N を，
$$\sigma(b)P(b) < N, \quad b \in [0, B] \tag{D.14}$$

を満たす正数とすれば，
$$|\mathcal{I}(t) - \widetilde{\mathcal{I}}(t)| \leq \int_0^t N\{|S(u)\mathcal{I}(u) - \widetilde{S}(u)\mathcal{I}(u)| + |\widetilde{S}(u)\mathcal{I}(u) - \widetilde{S}(u)\widetilde{\mathcal{I}}(u)|\}\,du$$
$$\leq \int_0^t N\max\{|\mathcal{I}(u)|, |\widetilde{S}(u)|\}\{|S(u) - \widetilde{S}(u)| + |\mathcal{I}(u) - \widetilde{\mathcal{I}}(u)|\}\,du$$

である．したがって，$t \in [0, c\alpha]$ に対して，
$$|S(t) - \widetilde{S}(t)| + |\mathcal{I}(t) - \widetilde{\mathcal{I}}(t)|$$
$$\leq \int_0^t (1+N)\max\{|\mathcal{I}(u)|, |\widetilde{S}(u)|\}\{|S(u) - \widetilde{S}(u)| + |\mathcal{I}(u) - \widetilde{\mathcal{I}}(u)|\}\,du$$

であるから，Gronwall の補題において

$$\lambda(t) = |S(t) - \widetilde{S}(t)| + |\mathcal{I}(t) - \widetilde{\mathcal{I}}(t)|, \quad \mu(t) = 0, \quad \nu(t) = (1+N)\max\{|\mathcal{I}(t)|, |\widetilde{S}(t)|\}$$

とすれば，区間 $[0, c\alpha]$ で恒等的に $\lambda(t) = 0$, すなわち，

$$S(t) \equiv \widetilde{S}(t), \quad \mathcal{I}(t) \equiv \widetilde{\mathcal{I}}(t)$$

が成り立つことが導かれる。

以上の議論から，式 (D.11) と (D.13) を満たす α に対して，区間 $I = [0, \alpha]$ における積分方程式 (D.4), (D.5) の解が一意的に存在することが証明された。それでは，$t > \alpha$ における解の存在性と一意性についてはどうであろうか。

解の延長

連続関数の組 $(S(t), \mathcal{I}(t))$ を，区間 $I = [0, \alpha]$ で定義される積分方程式 (D.4), (D.5) の解とする。式 (D.4), (D.5) における t を $t + \alpha$ とすれば，

$$\begin{aligned}
S(t+\alpha) &= -\int_0^{t+\alpha} S(u)\,\mathcal{I}(u)\,du + S_0 \\
\mathcal{I}(t+\alpha) &= \int_0^{t+\alpha} \sigma(t+\alpha-u)P(t+\alpha-u)S(u)\,\mathcal{I}(u)\,du + f(t+\alpha)
\end{aligned} \tag{D.15}$$

となるが，これらの右辺において，

$$\begin{aligned}
\int_0^{t+\alpha} S(u)\,\mathcal{I}(u)\,du &= \int_0^{\alpha} S(u)\,\mathcal{I}(u)\,du + \int_{\alpha}^{t+\alpha} S(u)\,\mathcal{I}(u)\,du \\
&= \int_0^{\alpha} S(u)\,\mathcal{I}(u)\,du + \int_0^{t} S(u+\alpha)\,\mathcal{I}(u+\alpha)\,du
\end{aligned}$$

$$\begin{aligned}
\int_0^{t+\alpha} &\sigma(t+\alpha-u)P(t+\alpha-u)S(u)\,\mathcal{I}(u)\,du \\
&= \int_0^{\alpha} \sigma(t+\alpha-u)P(t+\alpha-u)S(u)\,\mathcal{I}(u)\,du \\
&\quad + \int_{\alpha}^{t+\alpha} \sigma(t+\alpha-u)P(t+\alpha-u)S(u)\,\mathcal{I}(u)\,du \\
&= \int_0^{\alpha} \sigma(t+\alpha-u)P(t+\alpha-u)S(u)\,\mathcal{I}(u)\,du \\
&\quad + \int_0^{t} \sigma(t-u)P(t-u)S(u+\alpha)\,\mathcal{I}(u+\alpha)\,du
\end{aligned}$$

であるから，

$$\phi(t) = S(t+\alpha), \quad \psi(t) = \mathcal{I}(t+\alpha), \quad S_\alpha = S_0 - \int_0^\alpha S(u)\mathcal{I}(u)\,du,$$

$$f_\alpha(t) = f(t+\alpha) + \int_0^\alpha \sigma(t+\alpha-u)P(t+\alpha-u)S(u)\mathcal{I}(u)\,du$$

と定めれば，式 (D.15) は

$$\begin{aligned}\phi(t) &= -\int_0^t \phi(u)\psi(u)\,du + S_\alpha \\ \psi(t) &= \int_0^t \sigma(t-u)P(t-u)\phi(u)\psi(u)\,du + f_\alpha(t)\end{aligned} \tag{D.16}$$

と表される。ここで，$(S(t), \mathcal{I}(t))$ が区間 $I = [0, \alpha]$ で定義される積分方程式 (D.4)，(D.5) の解であることから，S_α は既知の値，$f_\alpha(t)$ は既知の関数であることに注意する。

式 (D.16) に対して，もしも，区間 $[0, \delta]$ で定義された連続関数の組 $(\phi(t), \psi(t))$ が解として存在すれば，

$$S(t+\alpha) = \phi(t), \quad \mathcal{I}(t+\alpha) = \psi(t)$$

と定めることで，$(S(t), \mathcal{I}(t))$ は，I より広い区間 $0 \le t \le \alpha + \delta$ で定義される積分方程式 (D.4)，(D.5) の解となることがわかる。なぜなら，$\alpha \le t \le \alpha + \delta$ に対して，

$$\begin{aligned}S(t) = \phi(t-\alpha) &= -\int_0^{t-\alpha} \phi(u)\psi(u)\,du + S_\alpha \\ &= -\int_0^{t-\alpha} S(u+\alpha)\mathcal{I}(u+\alpha)\,du + S_\alpha \\ &= -\int_\alpha^t S(u)\mathcal{I}(u)\,du + S_\alpha \\ &= -\int_0^t S(u)\mathcal{I}(u)\,du + S_0\end{aligned}$$

となり，

$$\mathcal{I}(t) = \psi(t-\alpha)$$
$$= \int_0^{t-\alpha} \sigma(t-\alpha-u)P(t-\alpha-u)\phi(u)\psi(u)\,du + f_\alpha(t-\alpha)$$
$$= \int_0^{t-\alpha} \sigma(t-\alpha-u)P(t-\alpha-u)S(u+\alpha)\mathcal{I}(u+\alpha)\,du + f_\alpha(t-\alpha)$$
$$= \int_\alpha^t \sigma(t-u)P(t-u)S(u)\mathcal{I}(u)\,du + f_\alpha(t-\alpha)$$
$$= \int_0^t \sigma(t-u)P(t-u)S(u)\mathcal{I}(u)\,du + f(t)$$

が成り立つ[*5]からである。

式 (D.16) は，S_α，$f_\alpha(t)$ を除いて，積分方程式 (D.4), (D.5) と同一であるから，区間 $[0,\delta]$ における式 (D.16) の解の存在性と一意性は，前節の議論における S_0, $f(t)$ をそれぞれ S_α, $f_\alpha(t)$ に置き換えるだけで，積分方程式 (D.4), (D.5) の解の存在性と一意性の証明と同様に示されることがわかるだろう。たとえば，領域 Π は

$$\Pi = \{(t,S,\mathcal{I}) \mid 0 \leq t \leq q,\ |S - S_\alpha| \leq a,\ |\mathcal{I} - f_\alpha(t)| \leq b\}$$

と修正すればよい。よって，I よりも広い区間 $[0,\alpha+\delta]$ で定義される積分方程式 (D.4), (D.5) の解が一意的に存在することが証明された。

このような解の延長操作を，再び，区間 $[0,\alpha+\delta]$ で定義される積分方程式 (D.4), (D.5) の解に対して施せば，同様な議論により，さらに広い区間において積分方程式 (D.4), (D.5) の解が一意的に存在することが保証される。

この議論を何度も繰り返すことにより，積分方程式 (D.4), (D.5) の解は，区間 $[0,\infty)$ において一意的に存在すると結論付けたいところだが，これは早計である。解の延長操作とともにその延長幅が減少し，解の延長幅の総計が有限となるかもしれない[*6]。しかしながら，そうしたことは起こらないことは，以下のように背理法により証明できる。

ある $t_0 > 0$ が存在し，積分方程式 (D.4), (D.5) の解 $(S(t),\mathcal{I}(t))$ が区間 $[0,t_0)$ で定義され，$t > t_0$ では存在しないとしよう。すなわち，

$$\lim_{t \to t_0-} S(t) \quad \text{または} \quad \lim_{t \to t_0-} \mathcal{I}(t)$$

[*5] 「区間 I で定義された積分方程式 (D.4), (D.5) の解 $(S(t),\mathcal{I}(t))$ が，区間 $[0,\alpha+\delta]$ に延長される」という。

[*6] たとえば，各段階での解の延長操作において，解の延長幅が前段階での解の延長幅の半分であるような場合だと，解の延長幅の総計は有限であり，∞ に到達しない。

が存在しないと仮定する[*7]。ところが，式 (D.14) と，$\sigma(b)$ が有界であることから，ある正数 $\overline{\sigma}$ を用いて，$[0, B]$ におけるすべての b に対して $\sigma(b) < \overline{\sigma}$ とすれば，$t \in [0, t_0)$ に対して，以下の評価が得られる：

$$S(t) + \frac{1}{N}\mathcal{I}(t) = -\int_0^t S(u)\,\mathcal{I}(u)\,du + S_0 + \int_0^t \frac{\sigma(t-u)P(t-u)}{N} S(u)\,\mathcal{I}(u)\,du + \frac{f(t)}{N}$$

$$\leq \begin{cases} S_0 + \dfrac{1}{N}\displaystyle\int_t^B \sigma(\beta) i_0(\beta - t) \dfrac{P(\beta)}{P(\beta - t)}\,d\beta & (t \leq B) \\ S_0 & (t > B) \end{cases}$$

$$\leq \begin{cases} S_0 + \dfrac{1}{N}\displaystyle\int_t^B \sigma(\beta) i_0(\beta - t)\,d\beta & (t \leq B) \\ S_0 & (t > B) \end{cases}$$

$$\leq \begin{cases} S_0 + \dfrac{\overline{\sigma}}{N}\displaystyle\int_t^B i_0(\beta - t)\,d\beta & (t \leq B) \\ S_0 & (t > B) \end{cases}$$

$$\leq S_0 + \frac{\overline{\sigma} I(0)}{N}$$

よって，区間 $[0, t_0)$ において，

$$S(t) \leq \widehat{S} := S_0 + \frac{\overline{\sigma} I(0)}{N}, \qquad \mathcal{I}(t) \leq \widehat{\mathcal{I}} := N S_0 + \overline{\sigma} I(0)$$

が成り立つ．したがって，任意の $t_1, t_2 \in [0, t_0)$ に対して，

$$|S(t_2) - S(t_1)| \leq \left|\int_{t_1}^{t_2} |S(u)\,\mathcal{I}(u)|\,du\right| \leq \widehat{S}\,\widehat{\mathcal{I}}\,|t_2 - t_1|$$

であるから，$t_1 \to t_0-$，$t_2 \to t_0-$ ならば，明らかに

$$|S(t_2) - S(t_1)| \to 0$$

[*7] もしも，これらの極限がともに存在すれば，解 $(S(t), \mathcal{I}(t))$ は区間 $[0, t_0]$ において連続関数であり，これに解の延長操作を施せば，解 $(S(t), \mathcal{I}(t))$ が $t > t_0$ では存在しないという背理法の仮定に矛盾する．

である。さらに，$t_1 \geq t_2$ のときは

$$
\begin{aligned}
|\mathcal{I}(t_2) - \mathcal{I}(t_1)| &\leq \left| \int_0^{t_2} \sigma(t_2-u) P(t_2-u) S(u) \mathcal{I}(u) \, du - \int_0^{t_1} \sigma(t_1-u) P(t_1-u) S(u) \mathcal{I}(u) \, du \right| \\
&\quad + |f(t_2) - f(t_1)| \\
&\leq \left| \int_0^{t_2} \{\sigma(t_2-u) P(t_2-u) - \sigma(t_1-u) P(t_1-u)\} S(u) \mathcal{I}(u) \, du \right| \\
&\quad + \left| \int_{t_2}^{t_1} \sigma(t_1-u) P(t_1-u) S(u) \mathcal{I}(u) \, du \right| + |f(t_2) - f(t_1)| \\
&\leq \widehat{S}\widehat{\mathcal{I}} \int_0^{t_2} \left| \sigma(t_2-u) P(t_2-u) - \sigma(t_1-u) P(t_1-u) \right| du \\
&\quad + N\widehat{S}\widehat{\mathcal{I}} |t_2 - t_1| + |f(t_2) - f(t_1)|
\end{aligned}
$$

となり，$t_1 < t_2$ のときは

$$
\begin{aligned}
|\mathcal{I}(t_2) - \mathcal{I}(t_1)| &\leq \left| \int_0^{t_2} \sigma(t_2-u) P(t_2-u) S(u) \mathcal{I}(u) \, du - \int_0^{t_1} \sigma(t_1-u) P(t_1-u) S(u) \mathcal{I}(u) \, du \right| \\
&\quad + |f(t_2) - f(t_1)| \\
&\leq \left| \int_0^{t_1} \{\sigma(t_1-u) P(t_1-u) - \sigma(t_2-u) P(t_2-u)\} S(u) \mathcal{I}(u) \, du \right| \\
&\quad + \left| \int_{t_1}^{t_2} \sigma(t_2-u) P(t_2-u) S(u) \mathcal{I}(u) \, du \right| + |f(t_2) - f(t_1)| \\
&\leq \widehat{S}\widehat{\mathcal{I}} \int_0^{t_1} \left| \sigma(t_1-u) P(t_1-u) - \sigma(t_2-u) P(t_2-u) \right| du \\
&\quad + N\widehat{S}\widehat{\mathcal{I}} |t_2 - t_1| + |f(t_2) - f(t_1)|
\end{aligned}
$$

を得るから，$t_1 \to t_0-$，$t_2 \to t_0-$ ならば，

$$\left| \mathcal{I}(t_2) - \mathcal{I}(t_1) \right| \to 0$$

となる。

詳説

$$\int_0^{\min\{t_1, t_2\}} \left| \sigma(t_2-u) P(t_2-u) - \sigma(t_1-u) P(t_1-u) \right| du$$

は，$t_1, t_2 \to t_0-$ のとき，有限区間の積分となり，t_0 が関数 $\sigma(t) P(t)$ の不連続点であろうとなかろうと 0 に収束することが容易にわかるであろう。$|f(t_2) - f(t_1)| \to 0$ $(t_1, t_2 \to t_0-)$ は，$f(t)$ が連続関数であることから明らかである。

よって，Cauchy の収束条件定理により，極限 $\lim_{t \to t_0-} S(t)$, $\lim_{t \to t_0-} \mathcal{I}(t)$ がいずれも存在することになるが，これは背理法の仮定に矛盾する。ゆえに，積分方程式 (D.4), (D.5), すなわち，式 (4.18) と (4.19) から成る系の解は，区間 $[0, \infty)$ において一意的に存在する。

付録 E

Lyapunov の方法/ LaSalle の不変原理

適当な領域 $\Omega \subset \mathbb{R}^n$ で定義された自励系の連立微分方程式

$$
\begin{aligned}
\frac{dx_1}{dt} &= f_1(x_1, x_2, \ldots, x_n) \\
\frac{dx_2}{dt} &= f_2(x_1, x_2, \ldots, x_n) \\
&\vdots \\
\frac{dx_n}{dt} &= f_n(x_1, x_2, \ldots, x_n)
\end{aligned}
\tag{E.1}
$$

において,f_i $(i = 1, 2, \ldots, n)$ が $x_1, x_2, \ldots, x_n$ に関して連続であり,すべての解が $[0, \infty)$ で定義されているとする.さらに,系 (E.1) が平衡点をもつ,すなわち,

$$f_i(x_1^*, x_2^*, \ldots, x_n^*) = 0 \qquad (i = 1, 2, \ldots, n)$$

を満たす $(x_1^*, x_2^*, \ldots, x_n^*) \in \Omega$ が存在すると仮定する.

一般に,連立微分方程式 (E.1) は解けない.微分方程式の分野では,解ける微分方程式が限られたタイプだけであることが判明した後,理論の重点が,解の安定性解析等,微分方程式を "解かずに" 解の挙動を理解する定性的な研究に移った.本付録では,こうした背景の中で構築された Lyapunov(リヤプノフ)の方法と LaSalle(ラサール)の不変原理(LaSalle's invariance principle)について概説する.

E.1 Lyapunov の方法

解けない微分方程式 (E.1) について,解が平衡点に近づくか否かを理解したい.系 (E.1) の任意の解を $(x_1(t), x_2(t), \ldots, x_n(t))$ とすれば,これが平衡点 $(x_1^*, x_2^*, \ldots, x_n^*)$ に

近づくかどうかは，距離
$$\sqrt{\sum_{k=1}^{n}\left\{x_k(t)-x_k^*\right\}^2}$$
を用いて検討できる可能性は容易に思いつく．
$$v(t)=\sum_{k=1}^{n}\left\{x_k(t)-x_k^*\right\}^2$$
とおけば，それは $v(t)$ の振る舞いについての検討に帰着される．$(x_1(t),x_2(t),\ldots,x_n(t))$ が系 (E.1) の解であることに注意すれば，

$$\begin{aligned}\frac{dv(t)}{dt}&=\sum_{k=1}^{n}2\{x_k(t)-x_k^*\}x_k'(t)\\&=\sum_{k=1}^{n}2\{x_k(t)-x_k^*\}f_k(x_1(t),x_2(t),\ldots,x_n(t))\end{aligned} \tag{E.2}$$

が得られる．このままでは，右辺に（解けないので，得られていない）解の情報を含むため，有用とは思えないかもしれないが，Ω において，

$$\sum_{k=1}^{n}2(x_k-x_k^*)f_k(x_1,x_2,\ldots,x_n) \tag{E.3}$$

の正負が明確な場合には，式 (E.2) は有用な式である．

たとえば，Ω において，

$$\sum_{k=1}^{n}2(x_k-x_k^*)f_k(x_1,x_2,\ldots,x_n)<0$$

が成り立つならば，どんな解 $(x_1(t),x_2(t),\ldots,x_n(t))$ であれ，式 (E.2) により，

$$\begin{aligned}0&>\left.\sum_{k=1}^{n}2(x_k-x_k^*)f_k(x_1,x_2,\ldots,x_n)\right|_{(x_1,x_2,\ldots,x_n)=(x_1(t),x_2(t),\ldots,x_n(t))}\\&=\sum_{k=1}^{n}2\{x_k(t)-x_k^*\}f_k(x_1(t),x_2(t),\ldots,x_n(t))=\frac{dv(t)}{dt}\end{aligned}$$

であるから，解 $(x_1(t),x_2(t),\ldots,x_n(t))$ は，平衡点 $(x_1^*,x_2^*,\ldots,x_n^*)$ に徐々に近づく．

一方，
$$\sum_{k=1}^{n}2(x_k-x_k^*)f_k(x_1,x_2,\ldots,x_n)\geq 0$$

が成り立つならば，式 (E.2) から $dv(t)/dt\geq 0$ となるから，解 $(x_1(t),x_2(t),\ldots,x_n(t))$ は平衡点 $(x_1^*,x_2^*,\ldots,x_n^*)$ には近づかない．このように，式 (E.3) の符号の情報さえあれば，微分方程式 (E.1) が解けずとも，その解が平衡点に近づくか否かを検討できる．

以上の議論を一般化，精密化したものが Lyapunov の方法である[*1]。
$$V(x_1, x_2, \ldots, x_n) = \sum_{k=1}^{n} (x_k - x_k^*)^2$$
と定めると，式 (E.3) は
$$\sum_{k=1}^{n} 2(x_k - x_k^*) f_k(x_1, x_2, \ldots, x_n) = \sum_{k=1}^{n} \frac{\partial V(x_1, x_2, \ldots, x_n)}{\partial x_k} f_k(x_1, x_2, \ldots, x_n)$$
と表される。一般に，Ω で定義された関数 $V = V(x_1, x_2, \ldots, x_n)$ に対して，
$$\sum_{k=1}^{n} \frac{\partial V}{\partial x_k} f_k(x_1, x_2, \ldots, x_n)$$
を，系 (E.1) の解に沿った V の微分といい，ここでは，
$$\dot{V}_{(E.1)}(x_1, x_2, \ldots, x_n) = \sum_{k=1}^{n} \frac{\partial V}{\partial x_k} f_k(x_1, x_2, \ldots, x_n)$$
と表すことにする。次の定理が成り立つ：

定理 【安定性】 適当な $V(\boldsymbol{x}) \in C^1[\Omega]$ （$\mathbb{R}^n \supset \Omega \ni \boldsymbol{x}^*$）に対して，以下の条件を満たすならば，$\boldsymbol{x}^*$ は安定である：
  (i) $V(\boldsymbol{x})$ が $\boldsymbol{x}^*$ に関して正定値[*2]
  (ii) $\Omega - \{\boldsymbol{x}^*\}$ において $\dot{V}_{(E.1)}(\boldsymbol{x}) \leq 0$

定理 【漸近安定性】 適当な $V(\boldsymbol{x}) \in C^1[\Omega]$ （$\mathbb{R}^n \supset \Omega \ni \boldsymbol{x}^*$）に対して，以下の条件を満たすならば，$\boldsymbol{x}^*$ は漸近安定である：
  (i) $V(\boldsymbol{x})$ が $\boldsymbol{x}^*$ に関して正定値
  (ii) $\Omega - \{\boldsymbol{x}^*\}$ において $\dot{V}_{(E.1)}(\boldsymbol{x}) < 0$

便宜のため，表記
$$\boldsymbol{x} = \begin{pmatrix} x_1 \\ x_2 \\ \vdots \\ x_n \end{pmatrix}, \quad \boldsymbol{x}^* = \begin{pmatrix} x_1^* \\ x_2^* \\ \vdots \\ x_n^* \end{pmatrix}$$
を用いている。

系 (E.1) の平衡点 $\boldsymbol{x}^*$ が**安定** (stable) であるとは，$\boldsymbol{x}^*$ の近傍を出発するすべての解が $\boldsymbol{x}^*$ から遠ざからない性質をいう[*3]。$t = 0$ のときに初期値 $\boldsymbol{\xi}$ をとる系 (E.1) の解を

[*1] 入門は【基礎編】6.4 節にある。
[*2] $\boldsymbol{x} \neq \boldsymbol{x}^*$ のとき $V(\boldsymbol{x}) > 0$ であり，かつ，$V(\boldsymbol{x}^*) = 0$ であるときを指し，通常の正定値関数を少し一般化した概念である。
[*3] 【基礎編】5.5 節

$x(t, \boldsymbol{\xi})$ と表し，よりデリケートな数学的表現を用いれば，系 (E.1) の平衡点 $\boldsymbol{x}^*$ が安定であるとは，

$$\forall \varepsilon > 0, \quad \exists \delta(\varepsilon) > 0; \quad |\boldsymbol{\xi} - \boldsymbol{x}^*| < \delta \implies \forall t \geq 0, \quad |\boldsymbol{x}(t, \boldsymbol{\xi}) - \boldsymbol{x}^*| < \varepsilon$$

が成り立つことである。$|\cdot|$ は適当なノルムを意味する。また，系 (E.1) の平衡点 $\boldsymbol{x}^*$ が**漸近安定** (asymptotically stable) であるとは，$\boldsymbol{x}^*$ が安定であり，かつ，$\boldsymbol{x}^*$ の近傍を出発する解 $\boldsymbol{x}(t)$ が $t \to \infty$ のとき $\boldsymbol{x}^*$ に収束する性質をいう[*4]。「$\boldsymbol{x}^*$ の近傍を出発する解 $\boldsymbol{x}(t)$ が $t \to \infty$ において $\boldsymbol{x}^*$ に収束する」ことは，よりデリケートな数学的表現を用いれば，次のように表される：

$$\exists \delta_0 > 0; \quad |\boldsymbol{\xi} - \boldsymbol{x}^*| < \delta_0 \implies \lim_{t \to \infty} \boldsymbol{x}(t, \boldsymbol{\xi}) = \boldsymbol{x}^*$$

なお，上記の安定性の定理の条件 (i)，(ii) を満たす $V(\boldsymbol{x})$ を**弱 Lyapunov 関数** (weak Lyapunov function) といい，漸近安定性の定理の条件 (i)，(ii) を満たす $V(\boldsymbol{x})$ を**狭義 Lyapunov 関数** (strict Lyapunov function)（または，単に，**Lyapunov 関数**）という[*5]。

さらに，次の定理が知られている：

定理【大域漸近安定性】 Ω の境界を $\partial\Omega$ と表すとき，上記の漸近安定性の定理において，

$$\lim_{\boldsymbol{x} \to \partial\Omega} V(\boldsymbol{x}) = \infty$$

が成り立つならば，$\boldsymbol{x}^*$ は大域的に漸近安定である。

系 (E.1) の平衡点 $\boldsymbol{x}^*$ が**大域的に漸近安定** (globally asymptotically stable) であるとは，$\boldsymbol{x}^*$ が安定であり，系 (E.1) のどの解 $\boldsymbol{x}(t)$ も，$t \to \infty$ のとき，$\boldsymbol{x}^*$ に収束する性質をいう[*6]。

■ **例 1** 系

$$\begin{aligned} \frac{dx}{dt} &= y - x^3 \\ \frac{dy}{dt} &= -x - y \end{aligned} \tag{E.4}$$

の解の振る舞いを考えてみよう。系 (E.4) の右辺は $\mathbb{R}^2$ 全体で定義され，明らかに平衡点は原点 $(0,0)$ のみである。

$$V(x, y) = x^2 + y^2 \tag{E.5}$$

[*4] 【基礎編】5.5 節
[*5] 【基礎編】6.4 節
[*6] 【基礎編】6.4 節

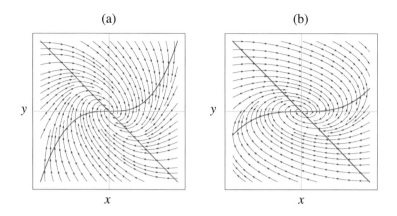

図 E.1 　大域的に漸近安定な平衡点 $(0,0)$ への漸近を示す (x,y) 相平面におけるヌルクラインとベクトルの向き。(a) 系 (E.4)；(b) 系 (E.6)。

と定義すれば，これは正定値である。さらに，系 (E.4) の解に沿った微分は，

$$\dot{V}_{(\text{E.4})}(x,y) = 2x(y-x^3) + 2y(-x-y)$$
$$= -2x^4 - 2y^2 = \begin{cases} < 0 & (x,y) \neq (0,0) \\ = 0 & (x,y) = (0,0) \end{cases}$$

となるから，前記の漸近安定性の定理により，$(0,0)$ は漸近安定である。また，明らかに，

$$\lim_{|(x,y)| \to \infty} V(x,y) = \infty$$

が成り立つから，前記の大域漸近安定性の定理により，$(0,0)$ は大域的に漸近安定である（図 E.1(a) 参照）。

式 (E.4) を少し変更した系

$$\begin{aligned} \frac{dx}{dt} &= 3y - x^3 \\ \frac{dy}{dt} &= -x - y \end{aligned} \tag{E.6}$$

の解の振る舞いはどうであろうか。これも，右辺は $\mathbb{R}^2$ 全体で定義され，平衡点は原点 $(0,0)$ のみである。前出の式 (E.5) で定義される $V(x,y)$ を考えてみよう。系 (E.6) の解に沿った微分は

$$\dot{V}_{(\text{E.6})}(x,y) = 2x(3y-x^3) + 2y(-x-y) = 4xy - 2x^4 - 2y^2$$

となり，原点 $(0,0)$ 以外でも 0 の値をとり，$(x,y) \neq (0,0)$ において常に 0 以下でもな

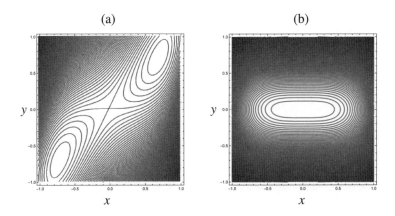

図 E.2 系 (E.6) に対する正定値関数 $V(x,y)$ の解に沿った微分 $\dot{V}_{(\mathrm{E.6})}(x,y)$ の等高線図。(a) $V(x,y) = x^2+y^2$, $\dot{V}_{(\mathrm{E.6})}(x,y) = 4xy-2x^4-2y^2$；(b) $V(x,y) = x^2+3y^2$, $\dot{V}_{(\mathrm{E.6})}(x,y) = -2x^4-6y^2$。

い[*7]（図 E.2(a) 参照）。よって，前出のいずれの定理も適用できない。代わりに，

$$V(x,y) = x^2 + 3y^2$$

を考えれば，これは正定値[*8]であって，

$$\begin{aligned}\dot{V}_{(\mathrm{E.6})}(x,y) &= 2x(3y-x^3) + 6y(-x-y) \\ &= -2x^4 - 6y^2 = \begin{cases} < 0 & (x,y) \neq (0,0) \\ = 0 & (x,y) = (0,0) \end{cases}\end{aligned}$$

が得られる（図 E.2(b) 参照）。漸近安定性の定理により，$(0,0)$ は漸近安定である。さらに，大域漸近安定性の定理も適用できるので，$(0,0)$ が大域的に漸近安定であることもわかる（図 E.1(b) 参照）。

■ **例 2** ε を非負の定数とするとき，

$$\begin{aligned}\frac{dx}{dt} &= y \\ \frac{dy}{dt} &= -x - \varepsilon x^2 y\end{aligned} \tag{E.7}$$

[*7] $4xy - 2x^4 - 2y^2 = -2\{(y-x)^2 - x^2(1+x)(1-x)\}$ であるから，たとえば，$x=y$ かつ $0 < x < 1$（もしくは $-1 < x < 0$）では，$\dot{V}_{(\mathrm{E.6})}(x,y) > 0$ となる。

[*8] $\sqrt{x^2+3y^2}$ はユークリッド距離でないが，距離の公理を満たす。一般に，正定値関数 $V(\boldsymbol{x})$ は，$\boldsymbol{x} = \boldsymbol{0}$ の近傍において距離を与える。

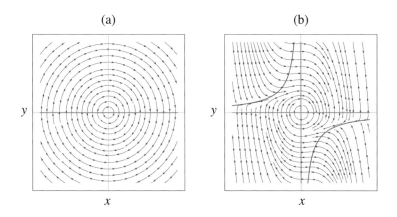

図 E.3 大域的に漸近安定な平衡点 $(0,0)$ への漸近を示す (x,y) 相平面における系 (E.7) のヌルクラインとベクトルの向き。(a) $\varepsilon = 0.0$；(b) $\varepsilon = 10.0$。

の解の振る舞いを考えてみよう．系 (E.7) の右辺は $\mathbb{R}^2$ 全体で定義され，平衡点は原点 $(0,0)$ のみである．$\varepsilon = 0$ のとき，系 (E.7) は，

$$\begin{aligned}\frac{dx}{dt} &= y \\ \frac{dy}{dt} &= -x\end{aligned} \tag{E.7'}$$

となり，よく知られた単振動の方程式である．実際，式 (E.5) で定義される正定値関数 V を考えれば，

$$\dot{V}_{(\mathrm{E.7})}(x,y) = 2xy + 2y(-x) = 0$$

が得られるから，系 (E.7') の解 $(x(t), y(t))$ は，

$$\frac{d}{dt}\{x^2(t) + y^2(t)\} = \dot{V}_{(\mathrm{E.7})}(x(t),y(t)) = 0$$

を満たし，$(x(t), y(t))$ は初期値に依存した同心円上を時計回りに回転する．もちろん，安定性の定理により，原点 $(0,0)$ は安定である．

$\varepsilon > 0$ の場合については，式 (E.5) による $V(x,y)$ を用いると，

$$\dot{V}_{(\mathrm{E.7})}(x,y) = 2xy + 2y(-x - \varepsilon x^2 y) = -2\varepsilon x^2 y^2 \leq 0 \tag{E.8}$$

となり，安定性の定理により，原点 $(0,0)$ は安定であるが，漸近安定性の定理の条件 (ii) は成り立たない．

しかしながら，$xy \neq 0$ の領域において $\dot{V}_{(\mathrm{E.7})}(x,y) < 0$ であることと，図 E.3(b) が示すような系 (E.7) におけるベクトル場の様相から，系 (E.7) のどの解も時計回りに回転し

ながら原点 $(0,0)$ に近づきそうである[*9]。この予想が正しいことを数学的に保証するのが次節で概説する定理である。

E.2 LaSalle の不変原理

微分方程式 (E.1) において，前節では，f_i $(i = 1, 2, \ldots, n)$ が $x_1, x_2, \ldots, x_n$ に関して連続であるとしていた．この仮定の代わりに，$f_i(\boldsymbol{x}) \in C^1[\Omega]$ $(i = 1, 2, \ldots, n)$ という少し強い条件を課すと，次の定理が成り立つ：

定理【LaSalle の不変原理】 Ω において $\dot{V}_{(\mathrm{E.1})}(\boldsymbol{x}) \leq 0$ が成り立つような $V(\boldsymbol{x}) \in C^1[\overline{\Omega}]$（$\mathbb{R}^n \supset \Omega$）が存在するとする．このとき，集合

$$E = \{\boldsymbol{x} \in \overline{\Omega} \mid \dot{V}_{(\mathrm{E.1})}(\boldsymbol{x}) = 0\}$$

の部分集合のうち，系 (E.1) に対する最大の正の不変集合を M とすれば，系 (E.1) の有界な解は $t \to \infty$ において M に近づく．

詳説 集合 S が系 (E.1) に対する**正の不変集合**（positively invariant set）であるとは，

$$\forall \boldsymbol{\xi} \in S \implies \forall t \geq 0, \quad \boldsymbol{x}(t, \boldsymbol{\xi}) \in S$$

が成り立つときをいう．集合 S が系 (E.1) に対する**負の不変集合**（negatively invariant set）であるとは，

$$\forall \boldsymbol{\xi} \in S \implies \forall t \leq 0, \quad \boldsymbol{x}(t, \boldsymbol{\xi}) \in S$$

が成り立つときをいう．単に「不変集合（invariant set）」と呼ぶときは，正の不変集合と負の不変集合の共通部分を指す．たとえば，平衡点は不変集合に属する．

また，$\boldsymbol{x}(t, \boldsymbol{\xi})$ が $t \to \infty$ において集合 S に近づくとは，

$$\forall \varepsilon > 0, \ \exists T > 0; \ \forall t \geq T, \ \exists \boldsymbol{p} \in S, \ |\boldsymbol{x}(t, \boldsymbol{\xi}) - \boldsymbol{p}| < \varepsilon$$

が成り立つことである[*10]．なお，LaSalle の不変原理の定理において $V(\boldsymbol{x})$ の正定値性は要求されていないことに注意する．

式 (E.8) により，系 (E.7) の解 $(x(t), y(t))$ は，

$$\frac{d}{dt}\{x^2(t) + y^2(t)\} = \dot{V}_{(\mathrm{E.7})}(x(t), y(t)) \leq 0$$

を満たすから，系 (E.7) のどの解も有界である．そして，

$$E = \{\boldsymbol{x} \in \overline{\Omega} \mid \dot{V}_{(\mathrm{E.7})}(\boldsymbol{x}) = 0\} = \{\boldsymbol{x} \in \overline{\Omega} \mid xy = 0\}$$

[*9] この段階では，原点を囲むある周期軌道に漸近する可能性を拭いきれない．
[*10] S が点集合ならば，通常の「点」への収束を表す．

であり，図 E.3(b) が示すような系 (E.7) のベクトル場の様相から，$xy = 0$ の領域において，系 (E.7) に対する正の不変集合となるのは原点 $(0,0)$ のみであることは容易にわかる。よって，$M = \{(0,0)\}$ である。したがって，系 (E.7) のどの解も原点 $(0,0)$ に収束する。

最後に，【基礎編】6.3 節で扱った系

$$\begin{aligned}\frac{dH}{dt} &= (r - \beta H)H - \gamma HP \\ \frac{dP}{dt} &= -\delta P + \kappa \gamma HP \\ H(0) &> 0, \quad P(0) > 0\end{aligned} \quad \text{(E.9)}$$

について考えてみよう。r，β，γ，δ，κ はすべて正の定数である。系 (E.9) の平衡点

$$E_0(0,0), \quad E_1\left(\frac{r}{\beta}, 0\right)$$

は常に存在し，$\beta/\kappa\gamma < r/\delta$ ならば，平衡点

$$E_2\left(\frac{\delta}{\kappa\gamma}, \frac{r}{\gamma} - \frac{\beta\delta}{\kappa\gamma^2}\right)$$

も存在する。【基礎編】6.4 節では，E_2 が存在すれば，E_2 は大域的に漸近安定となることを Lyapunov の方法を用いて論じているが，LaSalle の不変原理は用いていない。便宜のため，

$$(H^*, P^*) = \left(\frac{\delta}{\kappa\gamma}, \frac{r}{\gamma} - \frac{\beta\delta}{\kappa\gamma^2}\right)$$

とおくと，系 (E.9) を次のように書き換えることができる：

$$\begin{aligned}\frac{dH}{dt} &= \gamma\left\{P^* - P + \frac{\beta}{\gamma}(H^* - H)\right\}H \\ \frac{dP}{dt} &= \kappa\gamma(H - H^*)P\end{aligned} \quad \text{(E.10)}$$

次の関数が，この系に対する Lyapunov 関数の 1 つである：

$$V(H, P) = \kappa\{H - H^* - H^*(\log H - \log H^*)\} + P - P^* - P^*(\log P - \log P^*) \quad \text{(E.11)}$$

この Lyapunov 関数による議論に LaSalle の不変原理を適用することを考える。

$$\dot{V}_{(\text{E.10})}(H, P) = -\kappa\beta(H - H^*)^2 \leq 0 \quad \text{(E.12)}$$

である[*11]から，系 (E.10) のどの解も有界である。したがって，LaSalle の不変原理により，

$$E = \{(H, P) \in \overline{\mathbb{R}^2_+} \mid \dot{V}_{(\text{E.10})}(H, P) = 0\} = \{(H, P) \in \overline{\mathbb{R}^2_+} \mid H = H^*\}$$

[*11] 【基礎編】6.4 節

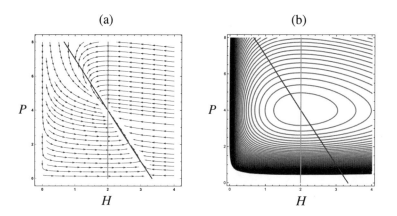

図 E.4　(x,y) 相平面における系 (E.9) の (a) ヌルクラインとベクトルの向き；(b) ヌルクラインと Lyapunov 関数 (E.11) の等高線。$r = 1.0$, $\beta = 0.3$, $\gamma = 0.1$, $\delta = 0.1$, $\kappa = 0.5$。

の部分集合 M が E_2 のみであることを示せばよいが，$V(H,P)$ が $\overline{\mathbb{R}_+^2}\,(=\mathbb{R}_+^2)$ で定義されない[*12]ので，LaSalle の不変原理を適用するためには，工夫が必要である。

正の数 l に対して，
$$\Omega_l = \left\{(H,P) \in \mathbb{R}_+^2 \mid V(H,P) \leq l\right\}$$

と定めれば，式 (E.11) と (E.12) から，Ω_l は有界閉領域であり，$\overline{\Omega}_l\,(=\Omega_l)$ は $\{H=0\} \cup \{P=0\}$ を含まない。そして，Ω_l は式 (E.10) に対する正の不変集合である。したがって，系 (E.10) の任意の解 $(H(t), P(t))$ に対して，適当な $l > 0$ が存在して，

$$(H(t), P(t)) \in \Omega_l, \quad t \geq 0$$

が成り立つから，式 (E.11) で定義される $V(H,P)$ を任意の有界閉領域 Ω_l 上で考えれば，改めて，集合 E を次のように定めればよい：

$$E = \left\{(H,P) \in \overline{\Omega}_l \mid \dot{V}_{(\text{E.10})}(H,P) = 0\right\} = \left\{(H,P) \in \overline{\Omega}_l \mid H = H^*\right\}$$

図 E.4(a) に示されるような系 (E.10) のベクトル場の様相から，$H = H^*$ の領域において，系 (E.10) に対する正の不変集合となるのは，平衡点 (H^*, P^*) のみであることがわかるから，$M = \{(H^*, P^*)\}$ となる。よって，E_2 が存在するとき，系 (E.10) のどの解も平衡点 E_2 に収束する。

[*12] 関数 $\log x$ が $x = 0$ で定義されない。$V(H,P)$ が $\overline{\mathbb{R}_+^2}$ で定義されなければ，LaSalle の不変原理は適用できない。

付録 F

次世代行列による基本再生産数の導出

多種類の感染個体群を有する一般モデル

一般に，感染症流行を定式化する際の未知関数が n 個あり，そのうち感染個体群を表す未知関数が m 個（$m<n$）あるとする。n 個の未知関数をベクトル $\bm{x}$ を用いて，

$$\bm{x}(t) = \begin{pmatrix} x_1(t) \\ \vdots \\ x_n(t) \end{pmatrix}$$

と表し，最初の m 個の成分 $x_1,\ldots,x_m$ を感染個体群を表す未知関数とする。感染症の伝染ダイナミクスが自励系の微分方程式

$$\frac{dx_i}{dt} = f_i(\bm{x}) \qquad (i=1,\ldots,n) \tag{F.1}$$

によって記述されるとき，右辺において感染症の伝染過程を表す項を $\mathscr{F}_i(\bm{x})$，それ以外を $-\mathscr{V}_i(\bm{x})$ として，式 (F.1) を次のように表す：

$$\frac{dx_i}{dt} = \mathscr{F}_i(\bm{x}) - \mathscr{V}_i(\bm{x}) \qquad (i=1,\ldots,n) \tag{F.2}$$

ここで，$\mathscr{F}_i$ と $\mathscr{V}_i$ はすべての変数に関して微分可能であるとする。さらに，$-\mathscr{V}_i(\bm{x})$ における正の項を $\mathscr{V}_i^+(\bm{x})$，負の項を $-\mathscr{V}_i^-(\bm{x})$ と表しておく：

$$\mathscr{V}_i(\bm{x}) = \mathscr{V}_i^-(\bm{x}) - \mathscr{V}_i^+(\bm{x})$$

また，以後，以下の式表記を用いる：

$$\frac{d\bm{x}}{dt} = \begin{pmatrix} \dfrac{dx_1}{dt} \\ \vdots \\ \dfrac{dx_n}{dt} \end{pmatrix}, \quad \bm{f}(\bm{x}) = \begin{pmatrix} f_1(\bm{x}) \\ \vdots \\ f_n(\bm{x}) \end{pmatrix}, \quad \mathscr{F}(\bm{x}) = \begin{pmatrix} \mathscr{F}_1(\bm{x}) \\ \vdots \\ \mathscr{F}_n(\bm{x}) \end{pmatrix}, \quad \mathscr{V}(\bm{x}) = \begin{pmatrix} \mathscr{V}_1(\bm{x}) \\ \vdots \\ \mathscr{V}_n(\bm{x}) \end{pmatrix},$$

$$D\mathscr{F}(\bm{x}) = \left(\frac{\partial \mathscr{F}_i}{\partial x_j}(\bm{x})\right)_{1\le i,j\le n}, \quad D\mathscr{V}(\bm{x}) = \left(\frac{\partial \mathscr{V}_i}{\partial x_j}(\bm{x})\right)_{1\le i,j\le n}$$

$D\mathscr{F}(\bm{x})$ と $D\mathscr{V}(\bm{x})$ は，それぞれ，$\mathscr{F}(\bm{x})$ と $\mathscr{V}(\bm{x})$ のヤコビ行列を表す．本付録では，これらの準備の下，感染症のない平衡状態 $\bm{x}_0$ に出現した感染者が感染力を失うまでに感染させる感受性者数の期待値（つまり，系 (F.1) についての基本再生産数 $\mathscr{R}_0$）の導出について解説する[*1]。

基本再生産数と閾値定理

式 (F.1)（または (F.2)）に関して，感染症のない平衡点 $\bm{x}_0$ が存在するとする．集合 X_s を

$$X_s = \{\bm{x} \ge 0 \mid x_i = 0,\ i = 1,\ldots,m\}$$

により定義すると，明らかに，$\bm{x}_0 \in X_s$ である．そして，式 (F.1) の右辺は，以下の (A1) から (A5) の 5 つの条件を満たさなければならない：

(A1) $\bm{x} \ge 0$ ならば，$\mathscr{F}_i \ge 0,\ \mathscr{V}_i^+ \ge 0,\ \mathscr{V}_i^- \ge 0\ (i=1,\ldots,n)$
(A2) $x_i = 0$ ならば，$\mathscr{V}_i^- = 0$；特に，$\bm{x} \in X_s$ ならば，$\mathscr{V}_i^- = 0\ (i=1,\ldots,m)$
(A3) $i > m$ ならば，$\mathscr{F}_i = 0$
(A4) $\bm{x} \in X_s$ ならば，$\mathscr{F}_i = 0$ かつ $\mathscr{V}_i^+ = 0\ (i=1,\ldots,m)$
(A5) $\bm{x}_0$ における $-\mathscr{V}$ のヤコビ行列 $-D\mathscr{V}(\bm{x}_0)$ のすべての固有値の実部が負

$\mathscr{F}_i,\ \mathscr{V}_i^+,\ \mathscr{V}_i^-$ の定義から，(A1) から (A4) は自明な条件であることは容易にわかるであろう．条件 (A5) は，式 (F.1) において $\mathscr{F}(\bm{x}) = \bm{0}$ とした方程式系による感染症のないモデル

$$\frac{d\bm{x}}{dt} = -\mathscr{V}(\bm{x}) \tag{F.3}$$

において，感染症のない平衡状態が漸近安定であることを意味する．
次の補題が成立する．

[*1] 以下の考え方は，van den Driessche & Watmough [125, 126] に従っている．

補題 条件 (A1–A5) が成り立つとき，感染症のない平衡点 $\boldsymbol{x}_0$ におけるヤコビ行列 $D\mathscr{F}(\boldsymbol{x}_0)$, $D\mathscr{V}(\boldsymbol{x}_0)$ は次の形式となる：

$$D\mathscr{F}(\boldsymbol{x}_0) = \begin{pmatrix} F & 0 \\ 0 & 0 \end{pmatrix}, \quad D\mathscr{V}(\boldsymbol{x}_0) = \begin{pmatrix} V & 0 \\ J_3 & J_4 \end{pmatrix}$$

ここで，F と V はいずれも m 次正方行列ブロック

$$F = \left(\frac{\partial \mathscr{F}_i}{\partial x_j}(\boldsymbol{x}_0) \right)_{1 \leq i,j \leq m}, \quad V = \left(\frac{\partial \mathscr{V}_i}{\partial x_j}(\boldsymbol{x}_0) \right)_{1 \leq i,j \leq m}$$

であり，F は非負の行列，V は正則な M-行列[*2]である．また，J_4 の固有値の実部はすべて正である．

そして，van den Driessche & Watmough [125, 126] によれば，式 (F.1) の次世代行列 (next generation matrix) は FV^{-1} で与えられ，感染症のない平衡点 $\boldsymbol{x}_0$ における基本再生産数 $\mathscr{R}_0$ は，

$$\mathscr{R}_0 = \rho(FV^{-1})$$

である．ここで，$\rho(FV^{-1})$ は，FV^{-1} のスペクトル半径，つまり，FV^{-1} の固有値の絶対値の最大値を表す．

基本再生産数 $\mathscr{R}_0$ と，$\boldsymbol{x}_0$ の近傍における解の振る舞いとの関係については，次の定理が成り立つ：

定理【閾値定理】 系 (F.1) において，$\mathscr{R}_0 < 1$ ならば $\boldsymbol{x}_0$ は漸近安定であり，$\mathscr{R}_0 > 1$ ならば $\boldsymbol{x}_0$ は不安定である．

すなわち，系 (F.1) のような一般の感染症流行モデルに対しても，条件 (A1–A5) の下では，$\mathscr{R}_0 > 1$ ならば，感染症の流行が起こり，$\mathscr{R}_0 < 1$ ならば，感染症の流行が起こらずに伝染が終息するという基本再生産数の意味から得られる直観が数学的に保証される．

[*2] V が M-行列であるとは，次の 2 つの性質を満たすことを意味する：(a) 任意の $\boldsymbol{x} \in \mathbb{R}^m$ に対して，$V\boldsymbol{x} \geq 0$ ならば $\boldsymbol{x} \geq 0$ [= 単調行列]；(b) V の対角要素以外の要素はすべて非正 [= Z-行列]．

付録 G

Routh–Hurwitz の判定条件/Liénard–Chipart の判定条件

G.1 Routh–Hurwitz の判定条件

n 次方程式

$$\lambda^n + a_1 \lambda^{n-1} + \cdots + a_{n-1}\lambda + a_n = 0 \tag{G.1}$$

のすべての解の実部が負（$\mathrm{Re}\,\lambda < 0$）であるための必要十分条件は，$k = 1, 2, \ldots, n$ に対して，

$$\Delta_k := \begin{vmatrix} a_1 & a_0 & 0 & 0 & 0 & 0 & \cdots & 0 \\ a_3 & a_2 & a_1 & a_0 & 0 & 0 & \cdots & 0 \\ a_5 & a_4 & a_3 & a_2 & a_1 & a_0 & \cdots & 0 \\ \vdots & \vdots & \vdots & \vdots & \vdots & \vdots & \ddots & \vdots \\ a_{2k-1} & a_{2k-2} & a_{2k-3} & a_{2k-4} & a_{2k-5} & a_{2k-6} & \cdots & a_k \end{vmatrix} > 0 \tag{G.2}$$

が満たされることである。ただし，$a_0 = 1$，$m > n$ のとき $a_m = 0$ とする。

たとえば，$n = 3$ のとき，

$$\Delta_1 = a_1, \quad \Delta_2 = \begin{vmatrix} a_1 & a_0 \\ a_3 & a_2 \end{vmatrix} = \begin{vmatrix} a_1 & 1 \\ a_3 & a_2 \end{vmatrix}, \quad \Delta_3 = \begin{vmatrix} a_1 & a_0 & 0 \\ a_3 & a_2 & a_1 \\ a_5 & a_4 & a_3 \end{vmatrix} = \begin{vmatrix} a_1 & 1 & 0 \\ a_3 & a_2 & a_1 \\ 0 & 0 & a_3 \end{vmatrix}$$

である。

- ■ **3 次の場合** $a_1 > 0$, $a_3 > 0$, $a_1 a_2 - a_3 > 0$
- ■ **4 次の場合** $a_1 > 0$, $a_3 > 0$, $a_4 > 0$, $a_1 a_2 a_3 > a_3^2 + a_1^2 a_4$
- ■ **5 次の場合** $a_1 > 0$, $a_3 > 0$, $a_5 > 0$, $a_1 a_2 a_3 > a_3^2 + a_1^2 a_4 - a_1 a_5$,
  $(a_1 a_4 - a_5)(a_1 a_2 a_3 - a_3^2 - a_1^2 a_4 + a_1 a_5) > a_5 (a_1 a_2 - a_3)^2$

G.2 Liénard–Chipart の判定条件

n 次方程式 (G.1) のすべての解の実部が負（Re $\lambda < 0$）であるための必要十分条件は，$k = 1, 2, \ldots, \left[\dfrac{n}{2}\right] + 1$ に対する次の 4 つの条件のうち，いずれか 1 つが成り立つことである：

1. $a_n > 0$, $a_{n-2k} > 0$, かつ $\Delta_{2k-1} > 0$
2. $a_n > 0$, $a_{n-2k} > 0$, かつ $\Delta_{2k} > 0$
3. $a_n > 0$, $a_{n-2k+1} > 0$, かつ $\Delta_{2k-1} > 0$
4. $a_n > 0$, $a_{n-2k+1} > 0$, かつ $\Delta_{2k} > 0$

ただし，前節の Routh–Hurwitz の判定条件の場合と同様，$a_0 = 1$，$m > n$ のとき $a_m = 0$ とする。$[x]$ はガウス記号であり，x を超えない最大の整数を表す。

要するに，$a_n > 0$ が満たされ，係数 $\{a_{n-1}, \ldots, a_1\}$ のうち，奇数番目あるいは偶数番目の値がすべて正であり，式 (G.2) で定義される行列式 $\{\Delta_1, \Delta_2, \ldots, \Delta_n\}$ のうち，奇数番目あるいは偶数番目の値がすべて正である条件である。

注記 Liénard–Chipart の判定条件は，Routh–Hurwitz の判定条件と同等であり，その詳細版の 1 つである。特に，高次の方程式の解についての判定に応用する場合，Liénard–Chipart の判定条件は，Routh–Hurwitz の判定条件に比べ，計算すべき条件の数がほぼ半数である利点をもつ。

付録 H

Juryの安定性判別法

方程式

$$f(\lambda) = \lambda^n + a_1 \lambda^{n-1} + \cdots + a_{n-1}\lambda + a_n = 0$$

のすべての解の絶対値が1より小さい（$|\lambda| < 1$）ための必要十分条件は，以下で定義される $J_{i,j}$（$i = 0, 1, 2, \ldots, n;\ j = 0, 1, \ldots, n-i$）のうち，$J_{i,0} > 0$（$i = 0, 1, 2, \ldots, n$）が成り立つことである。ただし，$a_0 = 1$ とする。

$$J_{0,j} := a_j, \quad J_{i,j} := \begin{vmatrix} J_{i-1,0} & J_{i-1,n-(i-1)-j} \\ J_{i-1,n-(i-1)} & J_{i-1,j} \end{vmatrix} \quad (i = 1, 2, \ldots, n;\ j = 0, 1, \ldots, n-i)$$

■ **2次の場合**　$a_2^2 < 1,\quad a_1^2 - 2a_2 - a_2^2 < 1$

■ **3次の場合**　$a_3^2 < 1,$
　　　　　　　　$a_2^2 + (2 + a_1^2)a_3^2 - a_3^4 - 2a_1 a_2 a_3 < 1,$
　　　　　　　　$a_1^2 - a_2^2 - 2a_2 + 2a_1 a_3 + a_3^2 < 1$

ただし，このJuryの安定性判別法（Jury stability test）を利用する場合には，回帰的な計算を用いて判定を行うのが一般的である。

$J_{0,j}:\quad a_0,\ a_1,\ a_2,\ \ldots,\ a_n$

$J_{1,j}:\quad \begin{vmatrix} J_{0,0} & J_{0,n} \\ J_{0,n} & J_{0,0} \end{vmatrix},\ \begin{vmatrix} J_{0,0} & J_{0,n-1} \\ J_{0,n} & J_{0,1} \end{vmatrix},\ \begin{vmatrix} J_{0,0} & J_{0,n-2} \\ J_{0,n} & J_{0,2} \end{vmatrix},\ \ldots,\ \begin{vmatrix} J_{0,0} & J_{0,1} \\ J_{0,n} & J_{0,n-1} \end{vmatrix}$

$J_{2,j}:\quad \begin{vmatrix} J_{1,0} & J_{1,n-1} \\ J_{1,n-1} & J_{1,0} \end{vmatrix},\ \begin{vmatrix} J_{1,0} & J_{1,n-2} \\ J_{1,n-1} & J_{1,1} \end{vmatrix},\ \begin{vmatrix} J_{1,0} & J_{1,n-3} \\ J_{1,n-1} & J_{1,2} \end{vmatrix},\ \ldots,\ \begin{vmatrix} J_{1,0} & J_{1,1} \\ J_{1,n-1} & J_{1,n-2} \end{vmatrix}$

$\vdots$

$J_{i+1,j}:\quad \begin{vmatrix} J_{i,0} & J_{i,n-i} \\ J_{i,n-i} & J_{i,0} \end{vmatrix},\ \begin{vmatrix} J_{i,0} & J_{i,n-i-1} \\ J_{i,n-i} & J_{i,1} \end{vmatrix},\ \ldots,\ \begin{vmatrix} J_{i,0} & J_{i,1} \\ J_{i,n-i} & J_{i,n-i-1} \end{vmatrix}$

$\vdots$

$J_{n-4,j}:\quad \begin{vmatrix} J_{n-5,0} & J_{n-5,5} \\ J_{n-5,5} & J_{n-5,0} \end{vmatrix},\ \begin{vmatrix} J_{n-5,0} & J_{n-5,4} \\ J_{n-5,5} & J_{n-5,1} \end{vmatrix},\ \begin{vmatrix} J_{n-5,0} & J_{n-5,3} \\ J_{n-5,5} & J_{n-5,2} \end{vmatrix},\ \begin{vmatrix} J_{n-5,0} & J_{n-5,2} \\ J_{n-5,5} & J_{n-5,3} \end{vmatrix},$
$\begin{vmatrix} J_{n-5,0} & J_{n-5,1} \\ J_{n-5,5} & J_{n-5,4} \end{vmatrix}$

$J_{n-3,j}:\quad \begin{vmatrix} J_{n-4,0} & J_{n-4,4} \\ J_{n-4,4} & J_{n-4,0} \end{vmatrix},\ \begin{vmatrix} J_{n-4,0} & J_{n-4,3} \\ J_{n-4,4} & J_{n-4,1} \end{vmatrix},\ \begin{vmatrix} J_{n-4,0} & J_{n-4,2} \\ J_{n-4,4} & J_{n-4,2} \end{vmatrix},\ \begin{vmatrix} J_{n-4,0} & J_{n-4,1} \\ J_{n-4,4} & J_{n-4,3} \end{vmatrix}$

$J_{n-2,j}:\quad \begin{vmatrix} J_{n-3,0} & J_{n-3,3} \\ J_{n-3,3} & J_{n-3,0} \end{vmatrix},\ \begin{vmatrix} J_{n-3,0} & J_{n-3,2} \\ J_{n-3,3} & J_{n-3,1} \end{vmatrix},\ \begin{vmatrix} J_{n-3,0} & J_{n-3,1} \\ J_{n-3,3} & J_{n-3,2} \end{vmatrix}$

$J_{n-1,j}:\quad \begin{vmatrix} J_{n-2,0} & J_{n-2,2} \\ J_{n-2,2} & J_{n-2,0} \end{vmatrix},\ \begin{vmatrix} J_{n-2,0} & J_{n-2,1} \\ J_{n-2,2} & J_{n-2,1} \end{vmatrix}$

$J_{n,j}:\quad \begin{vmatrix} J_{n-1,0} & J_{n-1,1} \\ J_{n-1,1} & J_{n-1,0} \end{vmatrix}$

注記 Juryの安定判別法にはいくつかの異なる表現があり，ここでは，そのうちの1つに倣っている（たとえば，文献 [1] 参照）．ただし，通例の $J_{i,j}$ の定義においては，前ページの行列式に $J_{i-1,0}$ の逆数をかけた形を用いる．必要十分条件の導出には寄与しないので，ここではより単純な表式で記した．

演習問題解説

■ **演習問題 1** 期待個体群サイズ $\langle n \rangle_t$ の定義式 (1.7) の両辺を t で微分することにより,

$$\frac{d\langle n \rangle_t}{dt} = \sum_{n=n_0}^{\infty} n \frac{dP(n,t)}{dt} = n_0 \frac{dP(n_0,t)}{dt} + \sum_{n=n_0+1}^{\infty} n \frac{dP(n,t)}{dt}$$

が得られるので,この式に (1.1) を代入すると,

$$\frac{d\langle n \rangle_t}{dt} = -\beta n_0^2 P(n_0,t) + \sum_{n=n_0+1}^{\infty} n \left\{ -\beta n P(n,t) + \beta(n-1) P(n-1,t) \right\}$$

$$= -\beta n_0^2 P(n_0,t) - \beta \sum_{n=n_0+1}^{\infty} n^2 P(n,t) + \beta \sum_{n=n_0+1}^{\infty} n(n-1) P(n-1,t)$$

$$= -\beta n_0^2 P(n_0,t) - \beta \sum_{n=n_0+1}^{\infty} n^2 P(n,t) + \beta \sum_{n=n_0}^{\infty} (n+1) n P(n,t)$$

$$= -\beta \underbrace{\left\{ n_0^2 P(n_0,t) + \sum_{n=n_0+1}^{\infty} n^2 P(n,t) \right\}}_{= \sum_{n=n_0}^{\infty} n^2 P(n,t)} + \beta \sum_{n=n_0}^{\infty} n^2 P(n,t) + \beta \sum_{n=n_0}^{\infty} n P(n,t)$$

$$= \beta \sum_{n=n_0}^{\infty} n P(n,t) = \beta \langle n \rangle_t$$

■ **演習問題 2** 期待個体群サイズ $\langle n \rangle_t$ の定義式 (1.10) と常微分方程式系 (1.9) を用いて,演習問題 1 と同様の手順で計算すればよい.[具体的な計算についての記述は省略]

■ **演習問題 3** $Q(t + \Delta t) = [1 - \{\mu(t)\Delta t + \mathrm{o}(\Delta t)\}] Q(t)$ とできるので,本文と同様の議論により,生存確率 $Q(t)$ の表式を導くことができる.$\langle \mu \rangle_t$ は,μ が時刻によらない定数の場合には,その定数に等しい.パラメータ μ が時刻によって変動する場合としては,死亡率が季節変動する状況や,環境の劣化によって死亡率が増大してゆく状況などを想定することができる.

■ **演習問題 4**
(a) 式 (1.16) から,容易に,

$$\langle t \rangle = \left[-t \exp\left[-\int_0^t m\tau\, d\tau \right] \right]_0^\infty + \int_0^\infty \exp\left[-\int_0^t m\tau\, d\tau \right] dt$$

$$= \left[-t\, \mathrm{e}^{-mt^2/2} \right]_0^\infty + \int_0^\infty \mathrm{e}^{-mt^2/2} dt$$

$$= \int_0^\infty \mathrm{e}^{-mt^2/2} dt = \sqrt{\frac{\pi}{2m}}$$

と導出できる．したがって，この場合には，期待寿命 $\langle t \rangle$ は，パラメータ m の平方根 $\sqrt{m}$ に反比例している．最も単純には，死亡率が時間経過とともに増大する原因として，生理的老化を想定することができるだろう．ただし，一般的に，死亡率は，出生時により高く，出生後の成長段階のある時期まで減少し続け，その後，老化により増加に転ずると考えられる．このほかに，時間経過とともに死亡という事象が起こりやすくなるような状況としては，個体群の生命活動によって環境が劣化する影響を想定することができる．ここで得られた結果では，環境の劣化の速さが倍になっても，期待寿命は半分になるほど短くはならないことを示唆していると解釈できる．

(b) この場合，

$$\left[-t \exp\left[-\int_0^t \mu(\tau) d\tau \right] \right]_0^\infty = 0$$

であることは，$\underline{\mu} = \min\{\mu_1, \mu_2\}$ とすると，任意の $t \geq 0$ について

$$t \exp\left[-\int_0^t \mu(\tau) d\tau \right] \leq t\, \mathrm{e}^{-\underline{\mu} t}$$

であり，$t \to \infty$ のとき $t\, \mathrm{e}^{-\underline{\mu} t} \to 0$ であることより証明できる．期待寿命 $\langle t \rangle$ は，式 (1.16) により，与えられた周期関数 $\mu(t)$ を代入して計算すれば，

$$\langle t \rangle = \lim_{n \to \infty} \int_0^{nh} \exp\left[-\int_0^t \mu(\tau) d\tau \right] dt$$

$$= \lim_{n \to \infty} \sum_{k=0}^{n-1} \left\{ \int_{kh}^{kh+\theta h} \exp\left[-\int_0^t \mu(\tau) d\tau \right] dt + \int_{kh+\theta h}^{(k+1)h} \exp\left[-\int_0^t \mu(\tau) d\tau \right] dt \right\}$$

$$= \lim_{n \to \infty} \sum_{k=0}^{n-1} \left[\frac{1}{\mu_1}(1 - \mathrm{e}^{-\mu_1 \theta h}) \mathrm{e}^{-\mu_1 kh} + \frac{1}{\mu_2} \mathrm{e}^{-\mu_2 \theta h}\{1 - \mathrm{e}^{-\mu_2(1-\theta)h}\} \mathrm{e}^{-\mu_2 kh} \right]$$

$$= \frac{1 - \mathrm{e}^{-\mu_1 \theta h}}{1 - \mathrm{e}^{-\mu_1 h}} \frac{1}{\mu_1} + \frac{\mathrm{e}^{-\mu_2 \theta h}\{1 - \mathrm{e}^{-\mu_2(1-\theta)h}\}}{1 - \mathrm{e}^{-\mu_2 h}} \frac{1}{\mu_2}$$

$$= \frac{1 - \mathrm{e}^{-\mu_1 \theta h}}{1 - \mathrm{e}^{-\mu_1 h}} \frac{1}{\mu_1} + \left\{ 1 - \frac{1 - \mathrm{e}^{-\mu_2 \theta h}}{1 - \mathrm{e}^{-\mu_2 h}} \right\} \frac{1}{\mu_2}$$

と導出される．この結果により，期待寿命 $\langle t \rangle$ は，一般的に，死亡率の単純算術平均 $\langle \mu \rangle := \theta \mu_1 + (1-\theta)\mu_2$ の逆数では与えられないことがわかるが，周期 h が十分に小さいときや死亡率 μ_1, μ_2 がともに十分に小さいときには，上式より，

$$\langle t \rangle \approx \theta \frac{1}{\mu_1} + (1-\theta) \frac{1}{\mu_2}$$

であり，期待寿命が死亡率の逆数の単純算術平均によって近似できる。

■ **演習問題 5** 死亡という事象の生起しやすさを表すパラメータ μ が時間の関数 $\mu = \mu(t)$ である場合については，付録 A.2 節で述べた Poisson 分布の導出と同様の考え方に従えば，確率 $P(n,t)$ は，次のように得られる：

$$P(n,t) = \binom{n_0}{n} \left(1 - e^{-\langle\mu\rangle_t t}\right)^{n_0-n} e^{-n\langle\mu\rangle_t t}$$

ただし，前出と同様，

$$\langle\mu\rangle_t := \frac{1}{t} \int_0^t \mu(\tau)\,d\tau$$

である。

■ **演習問題 6** この場合，p. 11 からの解説における考察と同様にして，式 (1.25) に対応する寿命 t の頻度密度分布 $f(t)$ が次式によって与えられることがわかる（p. 14 の【詳説】も参照）：

$$f(t) = \nu(t)\,e^{-\int_0^t \nu(\tau)d\tau}$$

そして，式 (1.26) に対応する累積頻度分布 $F(t)$ は，

$$F(t) = 1 - e^{-\int_0^t \nu(\tau)d\tau}$$

となる。よって，平均寿命 $\bar{t}$ は，一般的に

$$\bar{t} = \int_0^{+\infty} t\,\nu(t)\,e^{-\int_0^t \nu(\tau)d\tau}\,dt$$

で計算される。

【詳説】 ここで，$\nu(t)$ が $t > 0$ に対して正値であるから，$V(t) := \int_0^t \nu(\tau)\,d\tau$ は，t についての狭義単調増加関数なので，積分変数の変換 $v = V(t)$ を用いると，$dv = V'(t)\,dt = \nu(t)\,dt$ であり，

$$\bar{t} = \int_0^{+\infty} V^{-1}(v)\,e^{-v}\,dv$$

と表すこともできる。ここで，V^{-1} は，狭義単調増加関数 $V(t)$ の逆関数であり，上の表式から，$\bar{t}$ が関数 $V(t)$ の逆関数 $V^{-1}(v)$ のラプラス変換

$$\mathcal{F}(s) = \mathscr{L}[V^{-1}(v)] := \int_0^{+\infty} V^{-1}(v)\,e^{-vs}\,dv$$

により，$\bar{t} = \mathcal{F}(1)$ で与えられるとみなすこともできる。

■ **演習問題 7** 式 (1.29) と (1.30) が等しいことは以下のように証明できる．二項展開の公式により，

$$\sum_{k=1}^{n_0} \binom{n_0}{k} x^k = (1+x)^{n_0} - 1$$

であるから，関係式

$$\sum_{k=1}^{n_0} \binom{n_0}{k} x^{k-1} = \frac{(1+x)^{n_0} - 1}{x} = \frac{(1+x)^{n_0} - 1}{(1+x) - 1} = \sum_{k=0}^{n_0-1} (1+x)^k$$

が得られる．この関係式の両辺の x に関する不定積分により，新しい関係式

$$\sum_{k=1}^{n_0} \binom{n_0}{k} \frac{x^k}{k} = \sum_{k=1}^{n_0-1} \frac{1}{k+1}(1+x)^{k+1} + x + C \quad (C \text{ は積分定数}) \tag{演.1}$$

を導くことができる．積分定数 C の値は，$x = 0$ を代入することによって，

$$C = -\sum_{k=2}^{n_0} \frac{1}{k}$$

である．よって，関係式 (演.1) において，$x = -1$ を代入すれば，

$$\sum_{k=1}^{n_0} \binom{n_0}{k} \frac{(-1)^k}{k} = -1 - \sum_{k=2}^{n_0} \frac{1}{k} = -\sum_{k=1}^{n_0} \frac{1}{k}$$

であることがわかるので，この関係式を式 (1.29) に適用すれば，式 (1.30) を導出できる．

■ **演習問題 8** 常微分方程式系 (1.31) の第 1 式と初期条件 $p(0,0) = 1$ から，

$$p(0,t) = e^{-(\beta+\mu)t}$$

が得られる．次に，$k > 0$ に対して，$p(k,t) = u_k(t) e^{-(\beta+\mu)t}$ とおき[*1]，第 2 式に代入すると，

$$\frac{du_{k+1}(t)}{dt} = \beta u_k(t)$$

を導くことができる．初期条件 $p(k,0) = 0$ により，$u_k(0) = 0$ を適用すれば，この微分方程式から，形式的に

$$u_{k+1}(t) = \beta \int_0^t u_k(\tau) \, d\tau \tag{演.2}$$

が導かれる．上で求めた $p(0,t)$ から，$u_0(t) = 1$ とおけるので，式 (演.2) により，$u_1(t) = \beta t$ であることが導かれる．よって，式 (演.2) による数学的帰納法を用いれば，

$$u_k(t) = \frac{(\beta t)^k}{k!}$$

を示すことができ，この結果，式 (1.32) が導かれる．

[*1] 定数変化法と呼ばれる常微分方程式の解法の応用．

■ **演習問題 9** 平衡点 $(0, H_2^*, 0)$, $(H_1^*, 0, 0)$ に対する固有値は，固有多項式 (2.12) から次のように得られる[*2]：

$(0, H_2^*, 0)$	$(H_1^*, 0, 0)$
$r_1 - \gamma_{12}\dfrac{r_2}{\beta_2},\ -r_2,\ -\delta$	$-r_1,\ r_2 - \gamma_{21}\dfrac{r_1}{\beta_1},\ -\delta + \kappa_1\nu_1\dfrac{r_1}{\beta_1}$

これらの固有値から，p. 31 の結果 (a+b) と (b+d) が導かれる．

兄弟本【基礎編】5.4 節で解説されている通り，捕食者が存在しない場合（$P \equiv 0$）の 2 種競争系 (2.9) における，平衡点 $(H_1^*, H_2^*, 0)$ に対応する競争 2 種共存平衡点 (H_1^*, H_2^*) は，$\beta_1\beta_2 - \gamma_{12}\gamma_{21} > 0$ ならば，2 つの負の固有値をもち，$\beta_1\beta_2 - \gamma_{12}\gamma_{21} < 0$ ならば，正の固有値をもつ．そして，

$$(H_1^*, H_2^*) = \left(\frac{r_1\beta_2 - r_2\gamma_{12}}{\beta_1\beta_2 - \gamma_{12}\gamma_{21}}, \frac{r_2\beta_1 - r_1\gamma_{21}}{\beta_1\beta_2 - \gamma_{12}\gamma_{21}}\right)$$

が正値をとって存在するための条件も考慮すれば，この平衡点の存在性と局所安定性は以下のように導かれる：

$$\left.\begin{array}{r}\beta_1\beta_2 - \gamma_{12}\gamma_{21} > 0 \\ r_1\beta_2 - r_2\gamma_{12} > 0 \\ r_2\beta_1 - r_1\gamma_{21} > 0\end{array}\right\} \Longrightarrow \left.\begin{array}{r}\dfrac{r_1}{\beta_1} < \dfrac{r_2}{\gamma_{21}} \\ \dfrac{r_2}{\beta_2} < \dfrac{r_1}{\gamma_{12}}\end{array}\right\} \Longrightarrow (H_1^*, H_2^*) \text{ は存在して漸近安定}$$

$$\left.\begin{array}{r}\beta_1\beta_2 - \gamma_{12}\gamma_{21} < 0 \\ r_1\beta_2 - r_2\gamma_{12} < 0 \\ r_2\beta_1 - r_1\gamma_{21} < 0\end{array}\right\} \Longrightarrow \left.\begin{array}{r}\dfrac{r_1}{\beta_1} > \dfrac{r_2}{\gamma_{21}} \\ \dfrac{r_2}{\beta_2} > \dfrac{r_1}{\gamma_{12}}\end{array}\right\} \Longrightarrow (H_1^*, H_2^*) \text{ は存在して不安定}$$

これら以外の場合 $\Longrightarrow (H_1^*, H_2^*)$ は存在しない

そして，平衡点 $(H_1^*, H_2^*, 0)$ のもう 1 つの固有値は，

$$-\delta + \kappa_1\nu_1 H_1^* = -\delta + \kappa_1\nu_1 \frac{r_1\beta_2 - r_2\gamma_{12}}{\beta_1\beta_2 - \gamma_{12}\gamma_{21}}$$

であるから，上記の捕食者が存在しない場合（$P \equiv 0$）の 2 種競争系 (2.9) における，共存平衡点 (H_1^*, H_2^*) についての結果と，平衡点 $(H_1^*, H_2^*, 0)$ のもう 1 つの固有値の正負から，結果 (c+b) が導かれる．

■ **演習問題 10** Lotka–Volterra 2 餌–1 捕食者系 (2.9) の共存平衡点 (2.16) に対して，式 (2.24) から，次の Lyapunov 関数を仮定する：

$$\begin{aligned}V(H_1, H_2, P) = &A\{(H_1 - H_1^*) - H_1^*(\log H_1 - \log H_1^*)\} \\ &+ B\{(H_2 - H_2^*) - H_2^*(\log H_2 - \log H_2^*)\} \\ &+ C\{P - P^* - P^*(\log P - \log P^*)\}\end{aligned} \quad (演.3)$$

[*2] 【基礎編】5.4 節参照．

A, B, C はこれから定める未定係数である．ただし，$V(H_1^*, H_2^*, P^*) = 0$ なので，Lyapunov 関数として要求される性質[*3] $V(H_1, H_2, P) > V(H_1^*, H_2^*, P^*)$ $(\forall (H_1, H_2, P) \neq (H_1^*, H_2^*, P^*))$ を満たすためには，いずれも正値でなければならない．

Lyapunov 関数として要求される性質 $dV(H_1, H_2, P)/dt \leq 0$ を検討するために，式 (演.3) の時間微分を計算すると，

$$\frac{dV(H_1, H_2, P)}{dt} = -A\beta_1(H_1 - H_1^*)^2 - (A\gamma_{12} + B\gamma_{21})(H_1 - H_1^*)(H_2 - H_2^*)$$
$$- B\beta_2(H_2 - H_2^*)^2 - (A - C\kappa_1)\nu_1(H_1 - H_1^*)(P - P^*) \quad \text{(演.4)}$$

となる．この計算途上において，式 (2.9), (2.16) を用いている．ここで，$A - C\kappa_1 = 0$，すなわち，$A = C\kappa_1$ とすれば，式 (演.4) の右辺は，$H_1 - H_1^*$ の 2 次式とみなせ，次のような標準形に変形できる：

$$\frac{dV(H_1, H_2, P)}{dt} = -C\kappa_1\beta_1 \left\{ (H_1 - H_1^*) + \frac{C\kappa_1\gamma_{12} + B\gamma_{21}}{2C\kappa_1\beta_1}(H_2 - H_2^*) \right\}^2$$
$$+ \frac{(C\kappa_1\gamma_{12} + B\gamma_{21})^2 - 4C\kappa_1 B\beta_1\beta_2}{4C\kappa_1\beta_1}(H_2 - H_2^*)^2 \quad \text{(演.5)}$$

よって，性質 $dV(H_1, H_2, P)/dt \leq 0$ が満たされるためには，適当に正定数 B, C を定めたときに

$$Q(B, C) := (C\kappa_1\gamma_{12} + B\gamma_{21})^2 - 4C\kappa_1 B\beta_1\beta_2 \leq 0 \quad \text{(演.6)}$$

が成り立てば十分である．

そこで，$Q(B, C) = 0$ が成り立つ正定数 B, C を選ぶことにして，連立方程式

$$\begin{cases} C\kappa_1\gamma_{12} + B\gamma_{21} = 2\sqrt{\beta_1\beta_2} \\ C\kappa_1 B = 1 \end{cases}$$

を満たす正定数 B, C を求めれば，式 (2.20), (2.21) が得られる．ただし，B と C を正定数として定め得るには，$\beta_1\beta_2 - \gamma_{12}\gamma_{21} \geq 0$ が必要であることは，係数を定める式 (2.21) からも明らかである．

詳説 このとき，

$$\frac{dV(H_1, H_2, P)}{dt} = -c_1\kappa_1\beta_1 \left\{ (H_1 - H_1^*) + \frac{c_1\kappa_1\gamma_{12} + c_2\gamma_{21}}{2c_1\kappa_1\beta_1}(H_2 - H_2^*) \right\}^2$$

となるので，$dV(H_1, H_2, P)/dt \leq 0$ は成り立つが，平衡点 (H_1^*, H_2^*, P^*) においてのみならず，

$$(H_1 - H_1^*) + \frac{c_1\kappa_1\gamma_{12} + c_2\gamma_{21}}{2c_1\kappa_1\beta_1}(H_2 - H_2^*) = 0$$

が満たされる各時点において $dV(H_1, H_2, P)/dt = 0$ となる．ただし，平衡点 (H_1^*, H_2^*, P^*) 以外の正値の点 (H_1, H_2, P) においては，式 (2.9) から (H_1, H_2, P) は変動速度をもち，時間変動を伴うので，ある時点で $dV(H_1, H_2, P)/dt = 0$ となっても，$V(H_1, H_2, P)$ は，単調に減少し続ける．このことから，式 (2.20), (2.21) による関数 $V(H_1, H_2, P)$ は，広い意味での狭義 Lyapunov 関数となっており，$\beta_1\beta_2 - \gamma_{12}\gamma_{21} \geq 0$ の場合，すなわち，$\Gamma \leq 1$ の場合に共存平衡点 (H_1^*, H_2^*, P^*) が存在すれば，大域安定であることが示された．広い意味での狭義 Lyapunov 関数については，【基礎編】6.4 節を参照されたい．

[*3] 【基礎編】6.4 節

式 (演.5) において条件 (演.6) を満たすような正定数 B と C の選定には一意性はなく，具体的な値の選び方は無限に存在する．たとえば，式 (演.5) において，適当に選ばれた $C\kappa_1$ と B のある値の組に共通の正の定数倍をしたものを改めて選び直しても，式 (演.3) が Lyapunov 関数たり得る条件を犯すことはない．実際，$y = C\kappa_1/B$ とおくと，正定数 B と C が満たすべき不等式 (演.6) は，

$$\gamma_{12}^2 y^2 - 2(2\beta_1\beta_2 - \gamma_{12}\gamma_{21})y + \gamma_{21}^2 \leq 0 \tag{演.7}$$

と表され，$C\kappa_1$ と B の比に対する条件を与えるものとなる．この条件 (演.7) が満たされれば，式 (演.5) に対する条件 (演.6) が成り立つが，正定数 B と C のそれぞれの値を一意に定めるものではない．

さて，$\beta_1\beta_2 - \gamma_{12}\gamma_{21} \geq 0$ のとき，左辺の y についての 2 次式の判別式は，$D/4 = 4\beta_1\beta_2(\beta_1\beta_2 - \gamma_{12}\gamma_{21}) \geq 0$ である．また，このとき，同時に，$2\beta_1\beta_2 - \gamma_{12}\gamma_{21} > 0$ であるから，この不等式を満たす y の範囲は，次のように導かれる：

$$\frac{2\beta_1\beta_2 - \gamma_{12}\gamma_{21} - \sqrt{4\beta_1\beta_2(\beta_1\beta_2 - \gamma_{12}\gamma_{21})}}{\gamma_{12}^2} \leq y \leq \frac{2\beta_1\beta_2 - \gamma_{12}\gamma_{21} + \sqrt{4\beta_1\beta_2(\beta_1\beta_2 - \gamma_{12}\gamma_{21})}}{\gamma_{12}^2}$$

すなわち，

$$\left(\frac{\sqrt{\beta_1\beta_2} - \sqrt{\beta_1\beta_2 - \gamma_{12}\gamma_{21}}}{\gamma_{12}}\right)^2 \leq y \leq \left(\frac{\sqrt{\beta_1\beta_2} + \sqrt{\beta_1\beta_2 - \gamma_{12}\gamma_{21}}}{\gamma_{12}}\right)^2 \tag{演.8}$$

この範囲の y の任意の値 y_* に対して，$C\kappa_1/B = y_*$ により，たとえば，$B = \kappa_1$ と $C = y_*$ と選べば，条件 (演.6) が満たされる．本文中の定数の選択 (2.21) の場合には，少し計算すると，

$$\frac{c_1\kappa_1}{c_2} = \left(\frac{\sqrt{\beta_1\beta_2} - \sqrt{\beta_1\beta_2 - \gamma_{12}\gamma_{21}}}{\gamma_{12}}\right)^2$$

が得られ，上記の範囲 (演.8) の境界の値を選択しており，明らかな整合性がある．

一方，範囲 (演.8) の中央の値を y_* としてとれば，$Q(B,C) < 0$ が満たされる．すなわち，

$$\frac{C\kappa_1}{B} = \frac{2\beta_1\beta_2 - \gamma_{12}\gamma_{21}}{\gamma_{12}^2}$$

とする選択も合理的である．B と C の値は，この比を満たす任意の正値でよい．このとき，$\beta_1\beta_2 - \gamma_{12}\gamma_{21} \geq 0$ ならば，

$$Q(B,C) = -\frac{\beta_1\beta_2(\beta_1\beta_2 - \gamma_{12}\gamma_{21})}{\gamma_{12}^2} B^2 \leq 0$$

であり，$dV(H_1, H_2, P)/dt = 0$ となるのは，共存平衡点 (H_1^*, H_2^*, P^*) においてと，$H_1 = H_1^*$ かつ $H_2 = H_2^*$ なる時点があり得るが，前記の議論によって，(演.3) で与えられる関数 $V(H_1, H_2, P)$ は，広い意味での狭義 Lyapunov 関数となっている．

注記 なお，$\beta_1\beta_2 - \gamma_{12}\gamma_{21} < 0$ の場合，すなわち，$\Gamma > 1$ の場合には，任意の正の値 B, C に対して $(C\kappa_1\gamma_{12} + B\gamma_{21})^2 - 4C\kappa_1 B\beta_1\beta_2 > 0$ であることが上記の議論により証明でき，どのような正の値 B, C を選んでも，任意の時刻 $t > 0$ において $dV(H_1, H_2, P)/dt \leq 0$ が満たされるとはいえないため，式 (演.3) の形の関数 $V(H_1, H_2, P)$ は Lyapunov 関数たり得ないので，図 2.4(c), 2.5(c) に示した通り，$R > \Gamma > 1$ のとき，共存平衡点 (H_1^*, H_2^*, P^*) のみが局所漸近安定の場合に大域安定性が成り立つか否かについては別途検討が必要である．

■ **演習問題 11** 系 (2.25) の平衡点 (H_1^*, H_2^*, P^*) に関する線形化方程式に対して定義される次のヤコビ行列[*4] A を導出できる：

$$A = \begin{pmatrix} r_1 - 2\beta_1 H_1^* - \nu_1 P^* & 0 & -\nu_1 H_1^* \\ 0 & r_2 - 2\beta_2 H_2^* - \nu_2 P^* & -\nu_2 H_2^* \\ \kappa_1 \nu_1 P^* & \kappa_2 \nu_2 P^* & -\delta + \kappa_1 \nu_1 H_1^* + \kappa_2 \nu_2 H_2^* \end{pmatrix} \quad \text{(演.9)}$$

この 3×3 行列 A の固有値が平衡点 (H_1^*, H_2^*, P^*) の局所安定性を決める．

餌種 1 が不在の平衡点 $(0, H_2^*, P^*)$ に対するヤコビ行列 A は，

$$A = \begin{pmatrix} r_1 - \nu_1 P^* & 0 & 0 \\ 0 & -\beta_2 H_2^* & -\nu_2 H_2^* \\ \kappa_1 \nu_1 P^* & \kappa_2 \nu_2 P^* & 0 \end{pmatrix}$$

となるので，固有方程式は，

$$\begin{aligned}\det(A - \lambda E) &= -(-\beta_2 H_2^* - \lambda)(r_1 - \nu_1 P^* - \lambda)\lambda + \kappa_2 \nu_2^2 H_2^* P^* (r_1 - \nu_1 P^* - \lambda) \\ &= (r_1 - \nu_1 P^* - \lambda)(\lambda^2 + \beta_2 H_2^* \lambda + \kappa_2 \nu_2^2 H_2^* P^*) = 0 \end{aligned} \quad \text{(演.10)}$$

である．明らかに，固有値の 1 つは，式 (2.33) により，

$$\begin{aligned}\lambda &= r_1 - \nu_1 P^* \\ &= r_1 - \nu_1 \cdot \frac{1}{K_2}(D_2 - \delta) \\ &= r_1 - \nu_1 \cdot \frac{r_2}{\nu_2} + \nu_1 \cdot \frac{1}{K_2} \delta \\ &= \nu_1 \left(\frac{r_1}{\nu_1} - \frac{r_2}{\nu_2} \right) + \nu_1 \cdot \frac{1}{K_2} \delta \end{aligned}$$

である．この固有値は，条件 (2.26) により，正であるから，平衡点 $(0, H_2^*, P^*)$ は不安定である．

なお，固有方程式 (演.10) から，平衡点 $(0, H_2^*, P^*)$ は，

$$\delta < \frac{4}{4 + \nu_2/K_2} D_2$$

のとき，虚数固有値をもつので，不安定渦状点（unstable spiral；不安定焦点, unstable focus）であり，

$$\delta > \frac{4}{4 + \nu_2/K_2} D_2$$

のとき，正の固有値 1 つと負の固有値 2 つをもつ鞍点（saddle）である．

同様に，ヤコビ行列 (演.9) を用いれば，平衡点 $(H_1^*, 0, P^*)$ については，

$$\delta < \frac{4}{4 + \nu_1/K_1} D_1$$

[*4] 【基礎編】5.5 節参照．

のとき，負の実部をもつ虚数固有値をもつことがわかり，このとき，渦状点（spiral；焦点，focus）であり，

$$\delta > \frac{4}{4+\nu_1/K_1} D_1$$

のときには，実固有値 3 つをもつ結節点（node）であることがわかる．局所安定性の種類については，$4D_1/(4+\nu_1/K_1)$ と ΔD の大きさに依存し，$4D_1/(4+\nu_1/K_1) < \Delta D$ のとき，すなわち，

$$D_1 < \frac{r_1}{4} \frac{r_1/\nu_1 - r_2/\nu_2}{r_2/\nu_2}$$

が成り立つときには，安定渦状点，安定結節点，不安定結節点のいずれかであり，この条件が成り立たないときには，安定渦状点，不安定渦状点，不安定結節点のいずれかである．

また，ヤコビ行列 (演.9) を用いれば，捕食者絶滅平衡点 $(0,0,0)$, $(H_1^*,0,0)$, $(0,H_2^*,0)$, $(H_1^*,H_2^*,0)$ についての局所安定性についても，容易に次の結果を得ることができる：

平衡点	固有値
$(0,0,0)$	$r_1,\ r_2,\ -\delta$
$(H_1^*,0,0)$	$-r_1,\ r_2,\ -\delta+D_1$
$(0,H_2^*,0)$	$r_1,\ -r_2,\ -\delta+D_2$
$(H_1^*,H_2^*,0)$	$-r_1,\ -r_2,\ -\delta+D_1+D_2$

平衡点 $(0,0,0)$, $(H_1^*,0,0)$, $(0,H_2^*,0)$ については，正の固有値と負の固有値を併せもつことが明白であり，いずれも不安定な鞍点である．平衡点 $(H_1^*,H_2^*,0)$ の固有値については，局所漸近安定の条件が式 (2.27) であること，漸近安定な場合には安定結節点であり，不安定な場合には鞍点であることがわかる．

■ **演習問題 12** まず，捕食者種が絶滅に向かっている 1 餌–1 捕食者系における餌種が見かけの競争について優位な餌種 1 の場合を考える．2.1 節でも触れたように[*5]，系 (2.25) における H_1 と P から成る（$H_2 \equiv 0$ の場合の）系に対して，$\delta > D_1$ が成り立てば，捕食者は絶滅に向かうので，この条件の下で考える．

外来餌種として在来餌種 1 よりも見かけの競争について劣位な餌種 2 が追加され（侵入す）れば，系は，2 餌–1 捕食者系 (2.25) に移行する．この 2 餌–1 捕食者系において 3 種共存平衡点への遷移が起こるための必要十分条件は (2.29) である．

定義により，$\Delta D = D_1 - (K_1/K_2)D_2$ なので，$\delta > D_1$ の下では，必ず $\delta > \Delta D$ である．よって，$\delta > D_1$ の下で，条件 (2.29) が成り立つためには，$\delta < D_1 + D_2$ が成り立つこと，すなわち，$D_2 > \delta - D_1$ が成り立つことが必要十分である．

在来種が餌種 2，外来種が餌種 1 の場合についても，同様の議論により，条件 $\delta > D_2$ の下で外来餌種 1 の追加により，系が 3 種共存平衡点に遷移する必要十分条件は，$D_1 > \delta - D_2$ である．

いずれの場合においても，在来餌種と外来餌種のもつパラメータが，$D_1 + D_2 > \delta$ を満たすことが必要十分となる結果である．この条件が成り立つためには，外来餌種 i のもつパラメータ D_i の値が十分に大きいことが必要である．このことは，外来餌種の環境許容量 r/β や捕食による捕食者種の繁殖率 $\kappa\nu$ が十分に大きければ成り立つ．追加される外来餌種が捕食者個体群の増加にとって十分に有効な餌種であることを意味している．

[*5] 詳細は，【基礎編】6.3 節，6.4 節を参照．

■ **演習問題 13** 系 (2.38) に対する次の変数変換，パラメータ変換によって，系 (2.43) が導出できる：

【変数変換】 $\quad \tau = \delta t; \quad \widetilde{H}_i = \dfrac{H_i}{r_i/\beta_i}$

【パラメータ変換】 $\quad \widetilde{r}_i = \dfrac{r_i}{\delta}; \quad \widetilde{\nu}_i = \dfrac{\nu_i}{\delta}; \quad \widetilde{D}_i = \dfrac{\kappa_i \nu_i}{\delta} \dfrac{r_i}{\beta_i}$

これらの変換による新しい変数 τ，$\widetilde{H}_i$，パラメータ $\widetilde{r}_i$，$\widetilde{\nu}_i$，$\widetilde{D}_i$ は無次元量になっている（変数変換，パラメータ変換による無次元化については，【基礎編】の演習問題 6 および同 6.5 節を参照）．

なお，図 2.10 に示された数値計算は，系 (2.38) に数学的に同等な系 (2.43) を用いたものである．系に含まれるパラメータがより少ない式 (2.43) の方が，元の式 (2.38) より，数値計算によって数学的な性質を調べるのに合理的である．

■ **演習問題 14** あり得ない．独立餌 n 種系が共存平衡状態にある前提から，条件 (2.46) が満たされている条件下で考えなければならない．そして，外来餌 1 種が加入した独立餌 $n+1$ 種系において捕食者絶滅平衡点が漸近安定となる条件は，式 (2.42) から，

$$\delta > \Delta_n + \widehat{D}$$

と表すことができる．ここで，Δ_n は，独立餌 n 種系に対して定義されるものと同じであり，$\widehat{D}$ は，外来餌種に対して定義される正のパラメータ値である．この条件は，式 (2.46) による前提条件 $\delta < \Delta_n$ とは相容れない．よって，外来餌種の加入によって捕食者種の絶滅が誘引されることは起こり得ない．

一方，上記の議論からもわかるように，独立餌 n 種系において，捕食者種が絶滅に向かっている状況下での外来種 1 種の加入が捕食者種を絶滅から回避させ，独立餌 $n+1$ 種系の共存平衡状態へ遷移することは起こり得る（下図参照）．

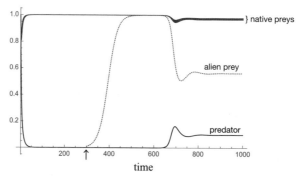

捕食者絶滅平衡点が大域安定な独立餌 5 種系に外来餌 1 種が侵入した場合の個体群サイズの時間変動の数値計算．図 2.10 と同様の数値計算であるが，パラメータ $\widetilde{\nu}_i$（i によらない定数；外来餌種を含む）の値と捕食者個体群の初期値のみ異なり，$\widetilde{\nu}_i = 0.22$, $P(0) = 1.0$ とした．パラメータ値 $\widetilde{r}_i = 0.049$ をもつ外来餌 1 種が図中矢印の時点で侵入したことにより，系は独立餌 6 種系の共存平衡状態へ遷移している．

独立餌 n 種系において，捕食者絶滅平衡点が大域安定となる条件は，p. 52 の条件 (2.42) により，$\delta > \Delta_n$ であるが，外来餌 1 種が加入した独立餌 $n+1$ 種系において，$\delta < \Delta_n + \widehat{D}$ となるようなパラメータ値 $\widehat{D}$ をもつ外来餌種が加入すれば，独立餌 $n+1$ 種系における捕食者絶滅平衡点は不安定なので，捕食者種を絶滅から回避させることができる．

■ **演習問題 15** 式 (2.72) で定義される W を最大にする最適な餌選択 $(p_1, p_2, \ldots, p_n) = (p_1^*, p_2^*, \ldots, p_n^*)$ において,ある k ($1 \leq k \leq n$) について $0 < p_k^* < 1$ であるとする.すると,W が $(p_1, p_2, \ldots, p_n) = (p_1^*, p_2^*, \ldots, p_n^*)$ において最大値 W^* をとることから,$0 < p_k^* < 1$ ならば,$(p_1, p_2, \ldots, p_n) = (p_1^*, p_2^*, \ldots, p_n^*)$ において $\partial W / \partial p_k = 0$ が成り立つことが必要である.なぜならば,明らかに,式 (2.72) で定義される W は p_k ($\in [0, 1]$) について連続な関数なので,$0 < p_k^* < 1$ なる値 p_k^* で W が最大になるためには,$j \neq k$ なる p_j のすべてが $p_j = p_j^*$ とするとき,p_k の関数としての W は $p_k = p_k^*$ において極大でなければならないからである.

一方,

$$\left.\frac{\partial W}{\partial p_k}\right|_{(p_1, p_2, \ldots, p_n) = (p_1^*, p_2^*, \ldots, p_n^*)} = \frac{\lambda_k g_k \left(1 + \sum_{i=1, i \neq k}^{n} \lambda_i p_i^* h_i\right) - \lambda_k h_k \sum_{i=1, i \neq k}^{n} \lambda_i p_i^* g_i}{\left(1 + \sum_{i=1}^{n} \lambda_i p_i^* h_i\right)^2}$$

$$= \frac{\lambda_k g_k \left(1 + \sum_{i=1}^{n} \lambda_i p_i^* h_i - \lambda_k p_k^* h_k\right) - \lambda_k h_k \left(\sum_{i=1}^{n} \lambda_i p_i^* g_i - \lambda_k p_k^* g_k\right)}{\left(1 + \sum_{i=1}^{n} \lambda_i p_i^* h_i\right)^2}$$

$$= \frac{\lambda_k g_k}{1 + \sum_{i=1}^{n} \lambda_i p_i^* h_i} - \frac{\lambda_k h_k}{1 + \sum_{i=1}^{n} \lambda_i p_i^* h_i} \cdot \frac{\sum_{i=1}^{n} \lambda_i p_i^* g_i}{1 + \sum_{i=1}^{n} \lambda_i p_i^* h_i}$$

$$= \frac{\lambda_k h_k}{1 + \sum_{i=1}^{n} \lambda_i p_i^* h_i} \left(\frac{g_k}{h_k} - W^*\right) \quad \text{(演.11)}$$

である(本文中の式 (2.74))[*6].よって,

$$\frac{g_k}{h_k} = W^* \quad \text{(演.12)}$$

でなければならない.

もしも,$l \neq k$ についても同様に $0 < p_l^* < 1$ であるとすると,まったく同様の議論により,$g_l/h_l = W^*$ でなければならない結果が得られる.つまり,このとき,$g_l/h_l = g_k/h_k$ でなければならないが,仮定 (2.67) により,この条件が成り立つ場合は特殊であることは明らかである.複数の餌種が利用できる捕食者の採餌戦略に関する数理モデルとしてこの餌選択モデルを考えているので,仮定 (2.67) に対して特殊な条件 $g_l/h_l = g_k/h_k$ を課した場合について議論することは生物学的に無意味である.したがって,W を最大にする最適な餌選択 $(p_1, p_2, \ldots, p_n) = (p_1^*, p_2^*, \ldots, p_n^*)$ において,ある k ($1 \leq k \leq n$) について $0 < p_k^* < 1$ であるとするならば,そのような k は高々 1 つと考えてよい.

ところが,関係式 (演.12) 自体が特殊である.なぜならば,仮定された餌 n 種に対して,g_i/h_i ($i = 1, 2, \ldots, n$) が与えられたときに定まる W の最大値 W^* が,事前に与えられた値 g_k/h_k と等しくなるという関係式だからである.式 (2.72) で定義される W は正の各パラメータ λ_i, h_i, g_i について連続な実数値関数であり,関係式 (演.12) が必然的に成り立つことを導く仮定は存在しない.関係式 (演.12) が成り立つためには,パラメータ λ_i, h_i, g_i ($i = 1, 2, \ldots, n$) の間に特定の関係が必要である.一般に,これらのパラメータ値は独立に定まると考えられるので,そのような特定の関係が成り立つ状況は一般的ではないと考えることが合理的である.よって,そのような場合は無視し,一般に,$(p_1, p_2, \ldots, p_n) = (p_1^*, p_2^*, \ldots, p_n^*)$ において,式 (演.11) の右辺の符号は正または負に確定すると考え,その結果,各 i に対する p_i^* は,0 または 1 となるとして議論を展開することが数理モデル解析としては合理的である.

[*6] 式 (演.11) の右辺は,g_k/h_k と W^* の値によって符号が確定することに注意.

■ **演習問題 16** 系 (2.89) の捕食者絶滅平衡点 E_{++00} についてのヤコビ行列 A は，

$$A = \begin{pmatrix} -r_1 & 0 & -f_{\langle 1,1 \rangle}(r_1/\beta_1) & -f_{\langle 1,2 \rangle}(r_1/\beta_1, r_2/\beta_2) \\ 0 & -r_2 & 0 & -f_{\langle 2,2 \rangle}(r_1/\beta_1, r_2/\beta_2) \\ 0 & 0 & -\delta + \kappa W_{\langle 1 \rangle}(r_1/\beta_1) & 0 \\ 0 & 0 & 0 & -\delta + \kappa W_{\langle 2 \rangle}(r_1/\beta_1, r_2/\beta_2) \end{pmatrix}$$

となる[*7]。三角行列なので，固有値は対角成分で与えられ，$-r_1$，$-r_2$，$-\delta + \kappa W_{\langle 1 \rangle}(r_1/\beta_1)$，$-\delta + \kappa W_{\langle 2 \rangle}(r_1/\beta_1, r_2/\beta_2)$ である。よって，$W_{\langle 1 \rangle}(r_1/\beta_1) > \delta/\kappa$ もしくは $W_{\langle 2 \rangle}(r_1/\beta_1, r_2/\beta_2) > \delta/\kappa$ が成り立てば（＝条件 (2.95) が満たされれば），正の固有値が存在するので，捕食者絶滅平衡点 E_{++00} は不安定であり，$W_{\langle 1 \rangle}(r_1/\beta_1) < \delta/\kappa$ かつ $W_{\langle 2 \rangle}(r_1/\beta_1, r_2/\beta_2) < \delta/\kappa$ が成り立てば（＝条件 (2.94) が満たされれば），すべての固有値が負なので，局所漸近安定である。

■ **演習問題 17** 任意の $t \geq 0$ に対して $H_2(t) \equiv 0$ の場合には，系 (2.89) において，

$$f_{\langle 1,2 \rangle}(H_1, H_2) = f_{\langle 1,2 \rangle}(H_1, 0) = f_{\langle 1,1 \rangle}(H_1)$$
$$f_{\langle 2,2 \rangle}(H_1, H_2) = f_{\langle 2,2 \rangle}(H_1, 0) \equiv 0$$
$$W_{\langle 2 \rangle}(H_1, H_2) = W_{\langle 2 \rangle}(H_1, 0) = W_{\langle 1 \rangle}(H_1)$$

であるから，系は，

$$\begin{aligned} \frac{dH_1}{dt} &= (r_1 - \beta_1 H_1)H_1 - f_{\langle 1,1 \rangle}(H_1)(P_{\langle 1 \rangle} + P_{\langle 2 \rangle}) \\ \frac{dP_{\langle 1 \rangle}}{dt} &= -\delta P_{\langle 1 \rangle} + \kappa W_{\langle 1 \rangle}(H_1) P_{\langle 1 \rangle} \\ \frac{dP_{\langle 2 \rangle}}{dt} &= -\delta P_{\langle 2 \rangle} + \kappa W_{\langle 1 \rangle}(H_1) P_{\langle 2 \rangle} \end{aligned} \quad (演.13)$$

となり，捕食者の総個体群サイズ $P = P_{\langle 1 \rangle} + P_{\langle 2 \rangle}$ の時間変動を表す微分方程式 (2.93) が

$$\frac{dP}{dt} = -\delta P + \kappa W_{\langle 1 \rangle}(H_1) P \quad (演.14)$$

となる。したがって，これらの式 (演.13) と (演.14) から，閉じた系として，餌 1 種と捕食者 1 種についての Rosenzweig–MacArthur モデル

$$\begin{aligned} \frac{dH_1}{dt} &= (r_1 - \beta_1 H_1)H_1 - f_{\langle 1,1 \rangle}(H_1) P \\ \frac{dP}{dt} &= -\delta P + \kappa W_{\langle 1 \rangle}(H_1) P \end{aligned} \quad (演.15)$$

が導かれる。

[*7] 【基礎編】5.5 節

■ **演習問題 18** 系 (2.89) について，餌種 1 が絶滅した平衡点 E_{0+0+} に関するヤコビ行列 A は，

$$A = \begin{pmatrix} r_1 - \partial_{H_1} f_{\langle 1,2 \rangle}(0, H_2^*) P_{\langle 2 \rangle}^* & 0 & 0 & 0 \\ \partial_{H_1} f_{\langle 2,2 \rangle}(0, H_2^*) P_{\langle 2 \rangle}^* & r_2 - 2\beta_2 H_2^* - \partial_{H_2} f_{\langle 2,2 \rangle}(0, H_2^*) P_{\langle 2 \rangle}^* & 0 & -f_{\langle 2,2 \rangle}(0, H_2^*) \\ 0 & 0 & -\delta & 0 \\ \kappa\, \partial_{H_1} W_{\langle 2 \rangle}(0, H_2^*) P_{\langle 2 \rangle}^* & \kappa\, \partial_{H_2} W_{\langle 2 \rangle}(0, H_2^*) P_{\langle 2 \rangle}^* & 0 & 0 \end{pmatrix}$$

となる。ここで，

$$\partial_{H_1} f_{\langle 1,2 \rangle}(0, H_2^*) := \left. \frac{\partial f_{\langle 1,2 \rangle}}{\partial H_1} \right|_{(H_1, H_2) = (0, H_2^*)} = \frac{\nu_1}{1 + h_2 \nu_2 H_2^*}$$

$$\partial_{H_1} f_{\langle 2,2 \rangle}(0, H_2^*) := \left. \frac{\partial f_{\langle 2,2 \rangle}}{\partial H_1} \right|_{(H_1, H_2) = (0, H_2^*)} = -\frac{h_1 \nu_1 \cdot \nu_2 H_2^*}{(1 + h_2 \nu_2 H_2^*)^2}$$

$$\partial_{H_2} f_{\langle 2,2 \rangle}(0, H_2^*) := \left. \frac{\partial f_{\langle 2,2 \rangle}}{\partial H_2} \right|_{(H_1, H_2) = (0, H_2^*)} = \frac{\nu_2}{(1 + h_2 \nu_2 H_2^*)^2}$$

$$\partial_{H_1} W_{\langle 2 \rangle}(0, H_2^*) = g_1\, \partial_{H_1} f_{\langle 1,2 \rangle}(0, H_2^*) + g_2\, \partial_{H_1} f_{\langle 2,2 \rangle}(0, H_2^*)$$

$$\partial_{H_2} W_{\langle 2 \rangle}(0, H_2^*) = g_1\, \partial_{H_2} f_{\langle 1,2 \rangle}(0, H_2^*) + g_2\, \partial_{H_2} f_{\langle 2,2 \rangle}(0, H_2^*)$$

である。よって，上のヤコビ行列から，固有方程式 $\det(A - \lambda E) = 0$ を導くことができる：

$$(-\delta - \lambda)\left\{ r_1 - \partial_{H_1} f_{\langle 1,2 \rangle}(0, H_2^*) P_{\langle 2 \rangle}^* - \lambda \right\} Q_{0+0+}(\lambda) = 0 \qquad (\text{演}.16)$$

ここで，

$$Q_{0+0+}(\lambda) := \begin{vmatrix} r_2 - 2\beta_2 H_2^* - \partial_{H_2} f_{\langle 2,2 \rangle}(0, H_2^*) P_{\langle 2 \rangle}^* - \lambda & -f_{\langle 2,2 \rangle}(0, H_2^*) \\ \kappa\, \partial_{H_2} W_{\langle 2 \rangle}(0, H_2^*) P_{\langle 2 \rangle}^* & -\lambda \end{vmatrix} \qquad (\text{演}.17)$$

$$= \lambda^2 - \left\{ r_2 - 2\beta_2 H_2^* - \partial_{H_2} f_{\langle 2,2 \rangle}(0, H_2^*) P_{\langle 2 \rangle}^* \right\} \lambda + f_{\langle 2,2 \rangle}(0, H_2^*) \cdot \kappa\, \partial_{H_2} W_{\langle 2 \rangle}(0, H_2^*) P_{\langle 2 \rangle}^*$$

である。したがって，式 (演.16) により，平衡点 E_{0+0+} に関する固有値は，$-\delta$, $r_1 - \partial_{H_1} f_{\langle 1,2 \rangle}(0, H_2^*) P_{\langle 2 \rangle}^*$ と，2 次方程式 $Q_{0+0+}(\lambda) = 0$ の解によって与えられる。固有値 $-\delta$ は負であるが，固有値 $r_1 - \partial_{H_1} f_{\langle 1,2 \rangle}(0, H_2^*) P_{\langle 2 \rangle}^*$ の符号は自明ではない。また，2 次方程式 $Q_{0+0+}(\lambda) = 0$ の解の実部がともに負となるための必要十分条件も考えれば，すべての固有値の実部が負になるための必要十分条件は，

$$\begin{cases} r_1 - \partial_{H_1} f_{\langle 1,2 \rangle}(0, H_2^*) P_{\langle 2 \rangle}^* < 0 \\ r_2 - 2\beta_2 H_2^* - \partial_{H_2} f_{\langle 2,2 \rangle}(0, H_2^*) P_{\langle 2 \rangle}^* < 0 \end{cases} \qquad (\text{演}.18)$$

である。

詳説 式 (演.17) で定まる固有多項式 $Q_{0+0+}(\lambda)$ は，餌種 2 と多食性捕食者種のみから成る Rosenzweig–MacArthur モデルの共存平衡点が存在するときの局所漸近安定に対する固有多項式に対応する形であるから，固有方程式 $Q_{0+0+}(\lambda) = 0$ から得られる固有値による条件 (演.18) は，餌 1 種と捕食者種のみから成る Rosenzweig–MacArthur モデルの共存平衡点が存在して局所漸近安定条件と同じ形になっている．

一方，平衡点 E_{0+0+} における平衡値 H_2^* と $P_{\langle 2 \rangle}^*$ は，

$$f_{\langle 2,2 \rangle}(0, H_2^*) = \frac{\nu_2 H_2^*}{1 + h_2 \nu_2 H_2^*} = \frac{\delta}{\kappa g_2}; \qquad P_{\langle 2 \rangle}^* = \frac{(r_2 - \beta_2 H_2^*) H_2^*}{f_{\langle 2,2 \rangle}(0, H_2^*)} \tag{演.19}$$

から，

$$H_2^* = \frac{\delta/(\kappa g_2)}{\nu_2 \{1 - h_2 \delta/(\kappa g_2)\}}; \qquad P_{\langle 2 \rangle}^* = \frac{(r_2 - \beta_2 H_2^*)(1 + h_2 \nu_2 H_2^*)}{\nu_2}$$

である．よって，存在条件として，$0 < H_2^* < r_2/\beta_2$, $P_{\langle 2 \rangle}^* > 0$ から，条件

$$\frac{h_2 \delta}{\kappa g_2} < \left(1 - \frac{h_2 \delta}{\kappa g_2}\right) h_2 \nu_2 \frac{r_2}{\beta_2} \tag{演.20}$$

が得られる．

注記 この存在条件は，上述から明白なように，餌種 2 と捕食者から成る餌 1 種と捕食者 1 種の Rosenzweig–MacArthur モデルの共存平衡点の存在条件と同一である．

式 (演.19) を用いると，すべての固有値の実部が負になるための必要十分条件 (演.18) は，

$$\begin{cases} r_1 - \partial_{H_1} f_{\langle 1,2 \rangle}(0, H_2^*) P_{\langle 2 \rangle}^* = r_1 - \dfrac{\nu_1}{\nu_2}(r_2 - \beta_2 H_2^*) < 0 \\ r_2 - 2\beta_2 H_2^* - \partial_{H_2} f_{\langle 2,2 \rangle}(0, H_2^*) P_{\langle 2 \rangle}^* = r_2 h_2 \dfrac{\delta}{\kappa g_2} - \left(h_2 \dfrac{\delta}{\kappa g_2} + 1\right)\beta_2 H_2^* < 0 \end{cases} \tag{演.21}$$

と表され，1 番目の不等式条件から，平衡点 E_{0+0+} が局所漸近安定である条件 (2.98) の最初の条件と 2 番目の条件の左側の不等式条件が得られる．式 (演.21) の 2 番目の不等式条件から，条件 (2.98) の 2 番目の条件の右側の不等式条件が得られる．また，存在条件 (演.20) の下で，不等式 (演.18) の不等号を逆にした条件が成り立てば，2 次方程式 $Q_{0+0+}(\lambda) = 0$ の解の実部が正となるので，このとき，平衡点 E_{0+0+} は存在するが不安定である．この条件は (2.99) となる．

次に，系 (2.89) について，餌種 2 が絶滅した平衡点 E_{+00+} に関するヤコビ行列 A は，

$$A = \begin{pmatrix} r_1 - 2\beta_1 H_1^* - f'_{\langle 1,1 \rangle}(H_1^*) P_{\langle 1 \rangle}^* - \partial_{H_1} f_{\langle 1,2 \rangle}(H_1^*, 0) P_{\langle 2 \rangle}^* & -\partial_{H_2} f_{\langle 1,2 \rangle}(H_1^*, 0) P_{\langle 2 \rangle}^* & -f_{\langle 1,1 \rangle}(H_1^*) & f_{\langle 1,2 \rangle}(H_1^*, 0) \\ 0 & r_2 - \partial_{H_2} f_{\langle 2,2 \rangle}(H_1^*, 0) P_{\langle 2 \rangle}^* & 0 & 0 \\ 0 & 0 & -\delta + \kappa W_{\langle 1 \rangle}(H_1^*) & 0 \\ \kappa \partial_{H_1} W_{\langle 2 \rangle}(H_1^*, 0) P_{\langle 2 \rangle}^* & \kappa \partial_{H_2} W_{\langle 2 \rangle}(H_1^*, 0) P_{\langle 2 \rangle}^* & 0 & 0 \end{pmatrix}$$

演習問題解説

となる．ここで，

$$f'_{\langle 1,1\rangle}(H_1^*) := \left.\frac{df_{\langle 1,1\rangle}}{dH_1}\right|_{H_1=H_1^*} = \frac{\nu_1}{(1+h_1\nu_1 H_1^*)^2}$$

$$\partial_{H_1} f_{\langle 1,2\rangle}(H_1^*,0) := \left.\frac{\partial f_{\langle 1,2\rangle}}{\partial H_1}\right|_{(H_1,H_2)=(H_1^*,0)} = \frac{\nu_1}{(1+h_1\nu_1 H_1^*)^2}$$

$$\partial_{H_2} f_{\langle 1,2\rangle}(H_1^*,0) := \left.\frac{\partial f_{\langle 1,2\rangle}}{\partial H_2}\right|_{(H_1,H_2)=(H_1^*,0)} = -\frac{\nu_1 H_1^* \cdot h_2 \nu_2}{(1+h_1\nu_1 H_1^*)^2}$$

$$\partial_{H_2} f_{\langle 2,2\rangle}(H_1^*,0) := \left.\frac{\partial f_{\langle 2,2\rangle}}{\partial H_2}\right|_{(H_1,H_2)=(H_1^*,0)} = \frac{\nu_2}{1+h_1\nu_1 H_1^*}$$

$$\partial_{H_1} W_{\langle 2\rangle}(H_1^*,0) = g_1\,\partial_{H_1} f_{\langle 1,2\rangle}(H_1^*,0) + g_2\,\partial_{H_1} f_{\langle 2,2\rangle}(H_1^*,0) = g_1\,\partial_{H_1} f_{\langle 1,2\rangle}(H_1^*,0)$$

$$\partial_{H_2} W_{\langle 2\rangle}(H_1^*,0) = g_1\,\partial_{H_2} f_{\langle 1,2\rangle}(H_1^*,0) + g_2\,\partial_{H_2} f_{\langle 2,2\rangle}(H_1^*,0) = g_1\,\partial_{H_2} f_{\langle 1,2\rangle}(H_1^*,0)$$

である．

平衡点 E_{+00+} の平衡値は，式 (2.89) から，連立方程式

$$\begin{cases}(r_1-\beta_1 H_1^*)H_1^* - f_{\langle 1,2\rangle}(H_1^*,0)P_2^* = 0 \\ -\delta + \kappa W_{\langle 2\rangle}(H_1^*,0) = 0\end{cases}$$

が定める唯一の H_1^* と $P_{\langle 2\rangle}^*$，

$$H_1^* = \frac{\delta/(\kappa g_1)}{\nu_1\{1-h_1\delta/(\kappa g_1)\}}; \quad P_{\langle 2\rangle}^* = \frac{(r_1-\beta_1 H_1^*)(1+h_1\nu_1 H_1^*)}{\nu_1} \tag{演.22}$$

によって与えられるが，存在条件として，$0 < H_1^* < r_1/\beta_1$，$P_{\langle 2\rangle}^* > 0$ が必要である．この存在条件は，餌種 1 と捕食者から成る餌 1 種と捕食者 1 種の Rosenzweig–MacArthur モデルの共存平衡点の存在条件と同一であるから，

$$\frac{h_1\delta}{\kappa g_1} < \left(1-\frac{h_1\delta}{\kappa g_1}\right)h_1\nu_1\frac{r_1}{\beta_1} \tag{演.23}$$

となる．

詳説 p. 80 における平衡点 E_{0+0+} の場合についての記述と同様に，この条件 (演.23) は，次のように書き換えることができる：

$$\frac{1}{\delta} \cdot \frac{\kappa g_1 \nu_1(r_1/\beta_1)}{1+h_1\nu_1(r_1/\beta_1)} = \frac{1}{\delta} \cdot \kappa W_{\langle 2\rangle}(r_1/\beta_1,0) > 1 \tag{演.24}$$

この不等式 (演.24) の左辺も，餌種 2 が不在であり，餌種 1 の個体群サイズが環境許容量 r_1/β_1 である（であり続ける）場合に，単食性捕食者 1 個体が餌種 1 の捕食により，死亡するまでに産生する子の数の期待値と考えることができるので，平衡点 E_{+00+} の存在条件は，餌種 2 が不在であり，餌種 1 の個体群サイズが環境許容量 r_1/β_1 である状態における単食性捕食者の純増殖率が 1 を超える条件に等しい．

さて，上記のヤコビ行列から，固有方程式 $\det(A - \lambda E) = 0$ を導くことができる：

$$-\lambda\{r_2 - \partial_{H_2} f_{\langle 2,2 \rangle}(H_1^*, 0) P_{\langle 2 \rangle}^* - \lambda\} Q_{+00+}(\lambda) = 0 \tag{演.25}$$

ここで，

$$\begin{aligned} Q_{+00+}(\lambda) &= \lambda^2 - \{r_1 - 2\beta_1 H_1^* - f'_{\langle 1,1 \rangle}(H_1^*) P_{\langle 2 \rangle}^*\}\lambda \\ &\quad + f_{\langle 1,1 \rangle}(H_1^*) \cdot \kappa\, g_1\, f'_{\langle 1,1 \rangle}(H_1^*) P_{\langle 2 \rangle}^* \end{aligned} \tag{演.26}$$

である．ただし，関係式 $\partial_{H_1} f_{\langle 1,2 \rangle}(H_1^*, 0) = f'_{\langle 1,1 \rangle}(H_1^*)$ と

$$-\delta + \kappa\, W_{\langle 1 \rangle}(H_1^*) = -\delta + \kappa\, W_{\langle 2 \rangle}(H_1^*, 0) = 0$$

を使った．

詳説 固有多項式 (演.26) は，餌 1 種と捕食者種から成る Rosenzweig–MacArthur モデルの共存平衡点が存在するときの局所漸近安定に対する固有多項式に対応する形であり，結果として得られる固有方程式 $Q_{+00+}(\lambda) = 0$ の解の実部がともに負となるための必要十分条件 (演.27) は，餌 1 種と捕食者種から成る Rosenzweig–MacArthur モデルの共存平衡点の局所漸近安定条件に対応している．

したがって，式 (演.25) により，平衡点 E_{+00+} に関する固有値は，0，$r_2 - \partial_{H_2} f_{\langle 2,2 \rangle}(H_1^*, 0) P_{\langle 2 \rangle}^*$ と，2 次方程式 $Q_{+00+}(\lambda) = 0$ の解によって与えられる．2 次方程式 $Q_{+00+}(\lambda) = 0$ の解の実部がともに負となるための必要十分条件を考えれば，平衡点 E_{+00+} に関する 0 以外の固有値がすべて負となるための必要十分条件は，式 (演.22) から，

$$\begin{cases} r_2 - \partial_{H_2} f_{\langle 2,2 \rangle}(H_1^*, 0) P_{\langle 2 \rangle}^* = r_2 - \dfrac{\nu_2}{\nu_1}(r_1 - \beta_1 H_1^*) < 0 \\ r_1 - 2\beta_1 H_1^* - f'_{\langle 1,1 \rangle}(H_1^*) P_{\langle 2 \rangle}^* = r_1 h_1 \dfrac{\delta}{\kappa g_1} - \left(h_1 \dfrac{\delta}{\kappa g_1} + 1\right)\beta_1 H_1^* < 0 \end{cases} \tag{演.27}$$

である．式 (演.22) を式 (演.27) に代入して計算することにより，0 以外の 3 つの固有値の実部が負となり，平衡点 E_{+00+} が局所漸近安定である条件 (2.101) が得られる．また，不等式 (演.27) の不等号を逆にした条件が成り立てば，正の実部をもつ固有値が存在し，このとき，平衡点 E_{+00+} は，存在しても不安定である．この条件は，式 (2.102) となる．

系 (2.89) の平衡点 E_{+0++} に関するヤコビ行列 A は，

$$A = \begin{pmatrix} r_1 - 2\beta_1 H_1^* - f'_{\langle 1,1 \rangle}(H_1^*) P_{\langle 1 \rangle}^* - \partial_{H_1} f_{\langle 1,2 \rangle}(H_1^*, 0) P_{\langle 2 \rangle}^* & -\partial_{H_2} f_{\langle 1,2 \rangle}(H_1^*, 0) P_{\langle 2 \rangle}^* & -f_{\langle 1,1 \rangle}(H_1^*) & f_{\langle 1,2 \rangle}(H_1^*, 0) \\ 0 & r_2 - \partial_{H_2} f_{\langle 2,2 \rangle}(H_1^*, 0) P_{\langle 2 \rangle}^* & 0 & 0 \\ \kappa W'_{\langle 1 \rangle}(H_1^*) P_{\langle 1 \rangle}^* & 0 & 0 & 0 \\ \kappa \partial_{H_1} W_{\langle 2 \rangle}(H_1^*, 0) P_{\langle 2 \rangle}^* & \kappa \partial_{H_2} W_{\langle 2 \rangle}(H_1^*, 0) P_{\langle 2 \rangle}^* & 0 & 0 \end{pmatrix}$$

となる．ここで，$W'_{\langle 1 \rangle}(H_1^*) = g_1 f'_{\langle 1,1 \rangle}(H_1^*)$ である．よって，上のヤコビ行列から，固有方程式 $\det(A - \lambda E) = 0$ を導くことができる：

$$-\lambda\{r_2 - \partial_{H_2} f_{\langle 2,2 \rangle}(H_1^*, 0) P_{\langle 2 \rangle}^* - \lambda\} Q_{+0++}(\lambda) = 0 \tag{演.28}$$

ここで,

$$Q_{+0++}(\lambda) = \lambda^2 - \{r_1 - 2\beta_1 H_1^* - f'_{\langle 1,1 \rangle}(H_1^*)(P_{\langle 1 \rangle}^* + P_{\langle 2 \rangle}^*)\}\lambda \qquad (演.29)$$
$$+ f_{\langle 1,1 \rangle}(H_1^*) \cdot \kappa\, g_1\, f'_{\langle 1,1 \rangle}(H_1^*)(P_{\langle 1 \rangle}^* + P_{\langle 2 \rangle}^*)$$

である。ただし,関係式 $\partial_{H_1} f_{\langle 1,2 \rangle}(H_1^*, 0) = f'_{\langle 1,1 \rangle}(H_1^*)$, $\partial_{H_1} W_{\langle 2 \rangle}(H_1^*, 0) = g_1\, \partial_{H_1} f_{\langle 1,2 \rangle}(H_1^*, 0) = g_1\, f'_{\langle 1,1 \rangle}(H_1^*)$ を使った。

したがって,式 (演.28) により,平衡点 E_{+0++} に関する固有値は,0, $r_2 - \partial_{H_2} f_{\langle 2,2 \rangle}(H_1^*, 0)P_{\langle 2 \rangle}^*$ と,2次方程式 $Q_{+0++}(\lambda) = 0$ の解によって与えられる。2次方程式 $Q_{+0++}(\lambda) = 0$ の解の実部がともに負となるための必要十分条件は,

$$r_1 - 2\beta_1 H_1^* - f'_{\langle 1,1 \rangle}(H_1^*)(P_{\langle 1 \rangle}^* + P_{\langle 2 \rangle}^*) < 0 \qquad (演.30)$$

である。

詳説 固有多項式 (演.29) は,餌1種と捕食者種から成る Rosenzweig–MacArthur モデルの共存平衡点が存在するときの局所漸近安定に対する固有多項式に対応する形であり,結果として得られる固有方程式 $Q_{+0++}(\lambda) = 0$ の解の実部がともに負となるための必要十分条件 (演.30) は,餌1種と捕食者種から成る Rosenzweig–MacArthur モデルの共存平衡点の局所漸近安定条件に対応している。

平衡点 E_{+0++} における平衡値については,式 (2.89) から,式 (2.103) で示される H_1^* と $P^* := P_{\langle 1 \rangle}^* + P_{\langle 2 \rangle}^*$ が得られるので,存在条件として,$0 < H_1^* < r_1/\beta_1$, $P^* > 0$ から,条件 (2.105) の1番目(左側)の不等式条件が得られる。この条件は,平衡点 E_{+00+} の存在条件 (演.23) と同一である。

式 (2.103) を式 (演.30) に代入して計算することにより,2次方程式 $Q_{+0++}(\lambda) = 0$ の解によって与えられる2つの固有値の実部が負となり,平衡点 E_{+0++} が局所漸近安定である条件 (2.105) の2番目(右側)の不等式条件が得られる。また,不等式 (演.30) の不等号を逆にした条件が成り立てば,2次方程式 $Q_{+0++}(\lambda) = 0$ の解の実部が正となるので,このとき,平衡点 E_{+0++} は,存在しても不安定である。この条件は,式 (2.106) となる。

■ **演習問題 19** $g_1 \alpha_1 H_1 = g_2 \alpha_2 H_2$ を満たす状態における系 (2.127) の平衡点 (H_1^*, H_2^*, P^*) は次の連立方程式を満たす:

$$\begin{cases} (r_1 - \beta_1 H_1^*)H_1^* - \dfrac{1}{2}\alpha_1 E\, H_1^* P^* = 0 \\ (r_2 - \beta_2 H_2^*)H_2^* - \dfrac{1}{2}\alpha_2 E\, H_2^* P^* = 0 \\ \kappa E \left(-\dfrac{\delta}{\kappa E} + g_1 \alpha_1 H_1^* \right) P^* = 0 \\ g_1 \alpha_1 H_1^* = g_2 \alpha_2 H_2^* \end{cases} \qquad (演.31)$$

この連立方程式が $P^* > 0$ なる解をもつのは,パラメータの間に特別な関係が成り立つ場合のみであることから,$g_1 \alpha_1 H_1 = g_2 \alpha_2 H_2$ を満たす状態における系 (2.127) には,捕食者個体群が絶滅しない平衡点は存在し得ない。

なお,捕食者個体群が絶滅する平衡点としては,$(r_1/\beta_1, r_2/\beta_2, 0)$, $(r_1/\beta_1, 0, 0)$, $(0, r_2/\beta_2, 0)$, $(0, 0, 0)$ の4つが存在するが,元の系 (2.124) について考えれば,最初の平衡点以外は常に不安定

であることは容易にわかる．また，最初の平衡点についても，条件 (2.126) もしくは，その添字 1 を 2 に置き換えた条件が成り立つならば不安定，条件 (2.126) およびその添字 1 を 2 に置き換えた条件が成り立たないならば局所漸近安定であることも容易にわかる．

■ **演習問題 20** 閉じた個体群に対しては，c_j ($0 \leq c_j \leq 1$; $j = 2, 3, \ldots, m$) は，各世代において段階 j の状態変数をもっていた個体が次世代まで生き残り，かつ，次世代においてもそのまま段階 j の状態変数をとる部分個体群の割合を表すのであるから，$1 - c_j$ は，各世代において段階 j の状態変数をもっていた個体のうち，次世代において，そのまま段階 j の状態変数をとることのなかった部分個体群の割合を表す．すなわち，それは，各世代において段階 j の状態変数をもっていた個体のうち，次世代までに死滅したか，あるいは，段階 $j+1$ に推移した部分個体群の割合である．$1 - c_j$ が次世代までに死滅した割合ではないことに注意．

個体群内外で個体の移出入が存在する開いた個体群（open population）を考える場合には，各段階 j への個体群外からの移入，各段階 j からの個体群外への移出も考慮することになる．つまり，第 $k+1$ 世代における段階 j の部分個体群の算定は，

（第 $k+1$ 世代における段階 j の部分個体群）＝
　　＋（第 k 世代における段階 j の部分個体群のうち生残・滞留分）
　　＋（第 k 世代における段階 $j-1$ の部分個体群からの推移分）
　　＋（第 k 世代から第 $k+1$ 世代までの間の段階 j の部分個体群への個体群外からの移入分）

となる[*8]．Lefkovitch 行列 (3.3) による推移行列モデルにおける第 $k+1$ 世代における段階 j の部分個体群 $n_{j,k+1}$ は，

$$n_{j,k+1} = a_{j-1} n_{j-1,k} + c_j n_{j,k}$$

で与えられるので，この式の右辺第 1 項が，第 k 世代における段階 $j-1$ の部分個体群からの推移分を与えているとすれば，右辺第 2 項は，

　　＋（第 k 世代における段階 j の部分個体群のうち生残・滞留分）
　　＋（第 k 世代から第 $k+1$ 世代までの間の段階 j の部分個体群への個体群外からの移入分）

の算定を与えていることになる．個体群外からの移入があり得ることから，一般に，c_j が 1 を超える可能性もあることに注意する．以上から，c_j は，生存率，段階 j への滞留率（もしくは，段階 $j+1$ への推移率），段階 j の個体の移入率によって定まる，段階 j をもつ個体あたりの正味の次世代部分個体群サイズ変動率と定義できるだろう．$1 - c_j$ は意味をもたない．この数理モデリングでは，段階 j の部分個体群への個体群外からの移入分が段階 j の部分個体群のサイズ $n_{j,k}$ にも依存している形式になっており，c_j も定数ではなく，個体群の状態変数分布 $\boldsymbol{n}_k$ に依存するものとして定義されるべきであろう．

■ **演習問題 21** 安定状態分布 $\boldsymbol{n}^*$ は，式 (3.5) を満たすので，$\boldsymbol{n}_k = \boldsymbol{n}^*$ ならば，$\boldsymbol{n}_{k+1} = \lambda \boldsymbol{n}^*$ である．よって，

$$\boldsymbol{f}_{k+1} = \frac{1}{\sum_{i=1}^{m} n_{i,k+1}} \cdot \boldsymbol{n}_{k+1} = \frac{1}{\sum_{i=1}^{m} \lambda n_{i,k}} \cdot \lambda \boldsymbol{n}_k = \frac{1}{\sum_{i=1}^{m} n_{i,k}} \cdot \boldsymbol{n}_k = \boldsymbol{f}^*$$

となり，$\boldsymbol{f}_k = \boldsymbol{f}^*$ ならば $\boldsymbol{f}_{k+1} = \boldsymbol{f}^*$ であることが示された．すなわち，安定状態分布 $\boldsymbol{n}^*$ に対する状態変数頻度分布 $\boldsymbol{f}^*$ は，世代によらず一定である．

[*8] 【基礎編】1.3 節

■ **演習問題 22** 式 (3.2) が定数係数行列 A の場合の式 (3.5) において，$\lambda = \lambda_+$ とし，$n_1^*, n_2^*, \ldots, n_m^*$ に関する m 個の連立方程式から，$n_1^*, n_2^*, \ldots, n_{m-1}^*$ のそれぞれを n_m^* を用いて表す表式を算出すればよい【具体的な計算は略】．ただし，固有方程式 (3.7) をうまく使う必要がある．それによって，見かけ上，b_j $(j = 1, 2, \ldots, m)$ が現れない表式 (3.8) を得ることができる．$\boldsymbol{n}^*$ のパラメータ b_j への依存性は，表式 (3.8) においては，すべて，優位固有値 λ_+ と n_m^* に含まれている．

■ **演習問題 23** 定数推移行列 A の m 個の固有値がすべて異なる場合，それぞれの固有値に対する m 個の右固有ベクトルは一次独立である．同様に，m 個の左固有ベクトルも一次独立になる．よって，m 個の右固有ベクトルは，m 次元線形空間の基底を成し，m 個の左固有ベクトルは，m 次元線形空間の別の基底の採り方を成す．

固有値 λ_i に対する右固有ベクトル $\boldsymbol{u}_i$ の満たす式 $A\boldsymbol{u}_i = \lambda_i \boldsymbol{u}_i$ の両辺に左から固有値 λ_j に対する左固有ベクトルの複素共役転置ベクトル $\boldsymbol{v}_j^*$ をかけて得られる式 $\boldsymbol{v}_j^* A \boldsymbol{u}_i = \lambda_i \boldsymbol{v}_j^* \boldsymbol{u}_i$ と，固有値 λ_j に対する左固有ベクトル $\boldsymbol{v}_j$ の満たす式 $\boldsymbol{v}_j^* A = \lambda_j \boldsymbol{v}_j^*$ の両辺に右から固有値 λ_i に対する右固有ベクトル $\boldsymbol{u}_i$ をかけて得られる式 $\boldsymbol{v}_j^* A \boldsymbol{u}_i = \lambda_j \boldsymbol{v}_j^* \boldsymbol{u}_i$ のそれぞれの左辺が等しいことから，等式 $\lambda_i \boldsymbol{v}_j^* \boldsymbol{u}_i = \lambda_j \boldsymbol{v}_j^* \boldsymbol{u}_i$ が得られる．したがって，$i \neq j$ ならば，$\lambda_i \neq \lambda_j$ なので，$\boldsymbol{v}_j^* \boldsymbol{u}_i = 0$ であることがわかる．すなわち，異なる固有値に対する右固有ベクトルと左固有ベクトルの内積は 0 になる．つまり，異なる固有値に対する右固有ベクトルと左固有ベクトルは直交している．m 個の右固有ベクトルも，m 個の左固有ベクトルも，それぞれが m 次元線形空間の基底たりうるので，このことから，同じ固有値に対する右固有ベクトルと左固有ベクトルの内積について，$\boldsymbol{v}_i^* \boldsymbol{u}_i = 0$ が成り立つことは不可能である．

結果として現れた直交性から，m 個のベクトル $\{\boldsymbol{v}_1, \boldsymbol{v}_2, \boldsymbol{v}_3, \ldots, \boldsymbol{v}_m\}$ は一次独立なので，m 次元線形空間の基底となる．よって，m 次元ベクトル $\boldsymbol{u}_1$ は，これらの m 個のベクトルの線形結合として一意に表現できるが，もしも，$\boldsymbol{v}_1^* \boldsymbol{u}_1 = 0$ ならば，$\boldsymbol{u}_1^* \boldsymbol{u}_1 = 0$，すなわち，ベクトル $\boldsymbol{u}_1$ が零ベクトルとなり，固有ベクトルは零ベクトルではないから，矛盾である．

■ **演習問題 24** 感度を与える式 (3.13) により，

$$\sum_{k,l=1}^m e_{i,kl} = \sum_{k,l=1}^m \frac{a_{kl}}{\lambda_i} \frac{\partial \lambda_i}{\partial a_{kl}} = \sum_{k,l=1}^m \frac{a_{kl}}{\lambda_i} \frac{\overline{v}_{i,k} u_{i,l}}{\boldsymbol{v}_i^* \boldsymbol{u}_i} = \frac{\sum_{k,l=1}^m a_{kl} \overline{v}_{i,k} u_{i,l}}{\lambda_i \boldsymbol{v}_i^* \boldsymbol{u}_i} = \frac{\boldsymbol{v}_i^* A \boldsymbol{u}_i}{\lambda_i \boldsymbol{v}_i^* \boldsymbol{u}_i}$$

である．そして，$\boldsymbol{v}_i^* A \boldsymbol{u}_i = (\boldsymbol{v}_i^* A) \boldsymbol{u}_i = (\lambda_i \boldsymbol{v}_i^*) \boldsymbol{u}_i = \lambda_i \boldsymbol{v}_i^* \boldsymbol{u}_i$ であることから，上式の右辺は 1 になる．

■ **演習問題 25** 式 (3.16) から，個体群サイズ $N(t)$ は，

$$N(t) = U(x_{\max}, t) = \int_{x_{\min}}^{x_{\max}} u(s, t) dx$$

であるから，式 (3.18) の両辺を範囲 $[x_{\min}, x_{\max}]$ で x について積分すれば，

$$-\int_{x_{\min}}^{x_{\max}} \mu(x,t) u(x,t) \, dx = \int_{x_{\min}}^{x_{\max}} \frac{\partial}{\partial x} \{g(x,t) u(x,t)\} \, dx + \int_{x_{\min}}^{x_{\max}} \frac{\partial}{\partial t} u(x,t) \, dx$$

$$= \left[g(x,t) u(x,t) \right]_{x_{\min}}^{x_{\max}} + \frac{d}{dt} \int_{x_{\min}}^{x_{\max}} u(x,t) \, dx$$

$$= g(x_{\max}, t) u(x_{\max}, t) - g(x_{\min}, t) u(x_{\min}, t) + \frac{dN(t)}{dt}$$

となる．したがって，仮定 $\beta(x,t) - \mu(x,t) = r$（定数），$g(x_{\max}, t) = 0$ と，式 (3.19) により，

$$\frac{dN(t)}{dt} = g(x_{\min}, t)u(x_{\min}, t) - \int_{x_{\min}}^{x_{\max}} \mu(x,t)u(x,t)\, dx$$

$$= \int_{x_{\min}}^{x_{\max}} \beta(x,t)u(x,t)\, dx - \int_{x_{\min}}^{x_{\max}} \mu(x,t)u(x,t)\, dx$$

$$= \int_{x_{\min}}^{x_{\max}} \{\beta(x,t) - \mu(x,t)\}u(x,t)\, dx = r\int_{x_{\min}}^{x_{\max}} u(x,t)\, dx = rN(t)$$

となり，個体群サイズ N は，Malthus 係数 r の Malthus 型増殖過程に従う．

詳説 この議論からわかるように，$g(x_{\max}, t) = 0$ であるとき，$\beta(x,t) - \mu(x,t) = r - bN(t)$（$r$ と b は正定数）ならば，個体群サイズ N は，logistic 方程式に従うことになる．閉じた個体群に関して，新規個体の産生率を定める係数 β が，状態変数や時刻に依存しない正定数であり，自然死亡率が個体群サイズ N に比例する場合がこの場合に当てはまる．

■ **演習問題 26** $x(t) = G(t; t_1, x_{\min})$ は，定義により，条件 $x(t_1) = x_{\min}$ が課された微分方程式 (3.14) の解である．今，$t \geq t_1$ に対して $T = t - t_1$ とおくと，$T = 0$ のとき $x = x_{\min}$ であり，$T > 0$ に対して，$x(T)$ を考えると，

$$\frac{dx(T)}{dT} = g(x, T)$$

であるから，微分方程式 (3.14) の解としての関数 G の定義により，$x(T) = G(T; 0, x_{\min})$ である．これにより，時刻 t_1 における状態変数の値が $x_{\min}$ であるコホートについて，時刻 $\tau > t_1$ における状態変数の値を ξ とおくと，$T = \tau - t_1$ における状態変数の値が ξ なので，$\xi = G(\tau - t_1; 0, x_{\min})$ が成り立つが，特性曲線の定義により，$\xi = G(\tau; t_1, x_{\min})$ であるから，$G(\tau - t_1; 0, x_{\min}) = G(\tau; t_1, x_{\min})$，すなわち，式 (3.26) が成り立つ．

■ **演習問題 27** 式 (3.29) を式 (3.19) に代入すると次の式が得られる：

$$g(x_{\min}, t)u(x_{\min}, t) = \int_{x_{\min}}^{G(t; 0, x_{\min})} \beta(x,t) u(x_{\min}, t - G^{-1}(x; 0, x_{\min})) \mathrm{e}^{-k_-(x,t)}\, dx$$

$$+ \int_{G(t; 0, x_{\min})}^{x_{\max}} \beta(x,t) u(G(0; t, x), 0)\, \mathrm{e}^{-k_+(x,t)}\, dx \tag{演.32}$$

この式 (演.32) の右辺第 1 項に対して，変数変換 $\tau = t - G^{-1}(x; 0, x_{\min})$ を適用した置換を行う．まず，$t - \tau = G^{-1}(x; 0, x_{\min})$ であるから，$x = G(t - \tau; 0, x_{\min})$ なので，

$$\frac{dx}{d\tau} = -G'(t - \tau; 0, x_{\min})$$

である．ここで，$G(t; 0, x_{\min})$ は，初期条件 $x(0) = x_{\min}$ に対する常微分方程式 (3.14) の解 $x(t) = G(t; 0, x_{\min})$ であるから，

$$G'(t; 0, x_{\min}) = dx(t)/dt = g(x, t) = g(G(t; 0, x_{\min}), t)$$

が成り立つことを使うと，

$$dx = -g(G(t - \tau; 0, x_{\min}), t - \tau)\, d\tau$$

演習問題解説   299

が導かれる。また，$x = x_{\min}$ のとき，
$$\tau = t - G^{-1}(x_{\min}; 0, x_{\min}) = t - 0 = t$$
であり，$x = G(t; 0, x_{\min})$ のとき，
$$\tau = t - G^{-1}(G(t; 0, x_{\min}); 0, x_{\min}) = t - t = 0$$
である。以上の変換により，式 (演.32) の右辺第 1 項を変換した結果，

$$g(x_{\min}, t)u(x_{\min}, t) = \int_0^t \Big\{ \beta(G(t-\tau; 0, x_{\min}), t) u(x_{\min}, \tau) \, \mathrm{e}^{-k_-(G(t-\tau; 0, x_{\min}), t)} \\ \cdot g(G(t-\tau; 0, x_{\min}), t-\tau) \Big\} d\tau \\ + \int_{G(t; 0, x_{\min})}^{x_{\max}} \beta(x, t) u(G(0; t, x), 0) \, \mathrm{e}^{-k_+(x, t)} dx$$
(演.33)

が得られ，式 (3.30) が導かれた。

■ **演習問題 28** μ と β が齢 a にも時刻 t にもよらない正定数であり，初期条件が $u(a, 0) = \delta(a)$（Dirac のデルタ関数）で与えられるとき，von Foerster 方程式 (3.33) についての $u(0, t)$ を与える更新方程式 (3.36) において，

$$F(t) = \beta \int_t^\infty \mathrm{e}^{-\mu t} u(a-t, 0) \, da \\ = \beta \, \mathrm{e}^{-\mu t} \int_t^\infty \delta(a-t) \, da = \beta \, \mathrm{e}^{-\mu t} \int_0^\infty \delta(\zeta) \, d\zeta = \beta \, \mathrm{e}^{-\mu t}$$
$$K(\zeta, t) = \beta \, \mathrm{e}^{-\mu \zeta}$$

となり，更新方程式 (3.36) は，
$$u(0, t) = \beta \, \mathrm{e}^{-\mu t} + \beta \int_0^t \mathrm{e}^{-\mu(t-\tau)} u(0, \tau) \, d\tau = \beta \, \mathrm{e}^{-\mu t} \left[1 + \int_0^t \mathrm{e}^{\mu \tau} u(0, \tau) \, d\tau \right]$$
となる。ここで，$u(0, t) = \phi(t) \, \mathrm{e}^{-\mu t}$ とおくと，この式から，
$$\phi(t) = \beta \left[1 + \int_0^t \phi(\tau) \, d\tau \right]$$
となり，$\phi(0) = \beta$ がわかる。また，両辺を t で微分すると，
$$\frac{d\phi(t)}{dt} = \beta \, \phi(t)$$
であるから，初期条件 $\phi(0) = \beta$ の下での常微分方程式の初期値問題が成立するので，これを解くことにより，容易に $\phi(t) = \beta \mathrm{e}^{\beta t}$ が得られる。したがって，
$$u(0, t) = \beta \, \mathrm{e}^{(\beta - \mu)t}$$
となる。

この結果により，密度分布関数 $u(a,t)$ の時間変動 (3.35) が次のように得られる：

$$u(a,t) = \begin{cases} u(0,t-a)\,\mathrm{e}^{-\mu a} = \beta\,\mathrm{e}^{(\beta-\mu)(t-a)}\,\mathrm{e}^{-\mu a} = \beta\,\mathrm{e}^{(\beta-\mu)t}\,\mathrm{e}^{-\beta a} & \text{if } a < t \\ u(a-t,0)\,\mathrm{e}^{-\mu t} = \delta(a-t)\,\mathrm{e}^{-\mu t} & \text{if } a \geq t \end{cases} \quad (\text{演}.34)$$

したがって，

$$U(a,t) = \int_0^a u(\zeta,t)\,d\zeta = \begin{cases} \displaystyle\int_0^a \beta\,\mathrm{e}^{(\beta-\mu)t}\,\mathrm{e}^{-\beta\zeta}\,d\zeta & \text{if } a < t \\ \displaystyle\int_0^t \beta\,\mathrm{e}^{(\beta-\mu)t}\,\mathrm{e}^{-\beta\zeta}\,d\zeta + \int_t^a \delta(\zeta-t)\,\mathrm{e}^{-\mu t}\,d\zeta & \text{if } a \geq t \end{cases}$$

となり，積分を計算すれば，

$$U(a,t) = \begin{cases} (1-\mathrm{e}^{-\beta a})\,\mathrm{e}^{(\beta-\mu)t} & \text{if } a < t \\ \mathrm{e}^{(\beta-\mu)t} & \text{if } a \geq t \end{cases}$$

が得られる．この場合，時刻 t における個体群サイズは $U(\infty,t) = \mathrm{e}^{(\beta-\mu)t}$ で与えられるので，個体群サイズは指数関数的，すなわち，Malthus 係数 $\beta-\mu$ の Malthus 型の増殖過程を示す．

注記 上記の数理モデルの解析結果には，初期条件から現れる数理的な特殊性が現れている．すなわち，密度分布関数 $u(a,t)$ の時間変動 (演.34) に現れるデルタ関数に注意しなければならない．式 (演.34) は，$a > t$ が満たされるとき，$u(a,t) = 0$ であることを表している．そして，$u(a,a) = \delta(0) = \infty$ である．

デルタ関数を用いて与えられた初期条件 $u(a,0) = \delta(a)$ は，$U(\infty,0) = 1$ を与え，この初期条件は，$t=0$ において誕生した 1 個体のみが存在している状況を意味する．よって，任意の時刻 t において，個体群で最も齢の高い個体はこの初期の個体であり，その齢は t である．すなわち，任意の時刻 t において，齢 t を超える個体は存在しないので，$a > t$ に対して $u(a,t) = 0$ である．上では形式的に $U(\infty,t)$ を時刻 t における個体群サイズとして扱ったが，数理モデリングの意味からは，個体群サイズは $U(t,t)$ である．

■ **演習問題 29** μ と β が齢 a にも時刻 t にもよらない定数である場合に関して，von Foerster 方程式 (3.33) の両辺を $[0,\infty)$ で a について積分すると，$U(\infty,t) := \int_0^\infty u(a,t)\,da$ であるから，

$$\begin{aligned}
-\mu U(\infty,t) &= \int_0^\infty \frac{\partial u(a,t)}{\partial a}\,da + \int_0^\infty \frac{\partial u(a,t)}{\partial t}\,da \\
&= \int_0^\infty \frac{\partial u(a,t)}{\partial a}\,da + \frac{d}{dt}\int_0^\infty u(a,t)\,da \\
&= \lim_{\zeta\to\infty}\bigl[u(a,t)\bigr]_0^\zeta + \frac{dU(\infty,t)}{dt} \\
&= \lim_{a\to\infty} u(a,t) - u(0,t) + \frac{dU(\infty,t)}{dt}
\end{aligned} \quad (\text{演}.35)$$

となる．式 (3.34) から

$$u(0,t) = \beta\int_0^\infty u(a,t)\,da = \beta\,U(\infty,t)$$

であることと，条件 (3.31) により，式 (演.35) は，

$$-\mu\, U(\infty, t) = -\beta\, U(\infty, t) + \frac{dU(\infty, t)}{dt}$$

すなわち，

$$\frac{dU(\infty, t)}{dt} = (\beta - \mu)\, U(\infty, t)$$

となる。この微分方程式を解けば，$U(\infty, t) = U(\infty, 0)\, \mathrm{e}^{(\beta-\mu)t}$ が得られる。

■ **演習問題 30** 【基礎編】付録 B で述べられている Cauchy の定理や Lipschitz 条件は 1 次元常微分方程式に対してであって，この演習問題の背景にある 3 次元常微分方程式にはそのままでは適用できない。そこで，一般の n 次元常微分方程式系の Cauchy の定理や Lipschitz 条件について触れておく。常微分方程式系

$$\frac{dx_1}{dt} = f_1(t, x_1, x_2, \ldots, x_n)$$
$$\frac{dx_2}{dt} = f_2(t, x_1, x_2, \ldots, x_n)$$
$$\vdots$$
$$\frac{dx_n}{dt} = f_n(t, x_1, x_2, \ldots, x_n)$$

は，

$$\boldsymbol{x} = \begin{pmatrix} x_1 \\ x_2 \\ \vdots \\ x_n \end{pmatrix},\ \frac{d\boldsymbol{x}}{dt} = \begin{pmatrix} \dfrac{dx_1}{dt} \\ \vdots \\ \dfrac{dx_n}{dt} \end{pmatrix},\ \boldsymbol{f}(t, \boldsymbol{x}) = \begin{pmatrix} f_1(t, x_1, \ldots, x_n) \\ \vdots \\ f_n(t, x_1, \ldots, x_n) \end{pmatrix}$$

により，次のように書き表すことができる：

$$\frac{d\boldsymbol{x}}{dt} = \boldsymbol{f}(t, \boldsymbol{x}) \tag{演.36}$$

ここで，t は実数，$\boldsymbol{x}$ は n 次元空間 X の点である。実数全体の集合を $\mathbb{R}$ で表し，$\boldsymbol{f}$ は X と $\mathbb{R}$ の積空間 $\mathbb{R} \times X$ の中のある開集合 G において定義されているものとする。

$(\tau, \boldsymbol{\xi}) \in G$ の近傍 U が存在して，$(t, \boldsymbol{x}) \in U$，$(t, \boldsymbol{y}) \in U$ ならば，

$$|\boldsymbol{f}(t, \boldsymbol{x}) - \boldsymbol{f}(t, \boldsymbol{y})| \leq L\, |\boldsymbol{x} - \boldsymbol{y}|$$

が成り立つとき，$\boldsymbol{f}$ は U において **Lipschitz 条件**を満たすという。ただし，L は正の定数であり，

$$|\boldsymbol{f}(t, \boldsymbol{x}) - \boldsymbol{f}(t, \boldsymbol{y})| = \sum_{k=1}^{n} |f_k(t, \boldsymbol{x}) - f_k(t, \boldsymbol{y})|,\quad |\boldsymbol{x} - \boldsymbol{y}| = \sum_{k=1}^{n} |x_k - y_k|$$

である。n 次元常微分方程式系 (演.36) において，次の定理が成り立つ。

定理【**Cauchy の定理**】 $(\tau, \boldsymbol{\xi}) \in G$ に対し，$\boldsymbol{f}$ は $(\tau, \boldsymbol{\xi})$ の近傍 $U \subset G$ において連続であり，かつ，Lipschitz 条件を満たすとする。このとき，$\phi(\tau) = \boldsymbol{\xi}$ を満たす n 次元常微分方程式系 (演.36) の解 $\boldsymbol{x} = \phi(t)$ が，$t = \tau$ を含むある開区間 I においてただ 1 つ存在する。

定理の記述において，「$\phi(\tau) = \boldsymbol{\xi}$ を満たす n 次元常微分方程式系 (演.36) の解 $\boldsymbol{x} = \phi(t)$」を「$t = \tau$ を含むある開区間 I」において求めることを，n 次元常微分方程式系 (演.36) の**初期値問題** (initial value problem) または **Cauchy 問題** (Cauchy problem) という。

たとえば，$\boldsymbol{f}$ が $(\tau, \boldsymbol{\xi})$ の近傍 U において，$\boldsymbol{x}$ について（つまり，$x_1, \ldots, x_n$ について）連続的微分可能ならば，U において Lipschitz 条件が成り立つことは平均値の定理を使って容易に示すことができるから，そのような場合には，上記の Cauchy の定理により，初期値問題の解の存在性と一意性が保証される。本演習問題は，この論理を式 (4.1) の右辺に対して適用すればよい。

■ **演習問題 31** 題意を否定すれば，ある $t_0 \in [0, T)$ が存在して，$I(t_0) = 0$，かつ，
$$0 \leq t < t_0 \text{ において } I(t) > 0$$
が成り立つ。$0 \leq t < t_0$ に対して，式 (4.1) の第 2 式から，
$$\frac{I'(t)}{I(t)} = \sigma S(t) - \rho$$
であるから，この式の両辺を 0 から t まで積分すれば，
$$\int_0^t \frac{I'(u)}{I(u)} du = \int_0^t \{\sigma S(u) - \rho\} du$$
すなわち，
$$I(t) = I(0) \exp \left[\int_0^t \{\sigma S(u) - \rho\} du \right]$$
が得られる。$t \to t_0-$ とすれば，
$$\lim_{t \to t_0-} I(t) = I(0) \lim_{t \to t_0-} \exp \left[\int_0^t \{\sigma S(u) - \rho\} du \right]$$
$$= I(0) \exp \left[\lim_{t \to t_0-} \int_0^t \{\sigma S(u) - \rho\} du \right]$$
が成り立ち，さらに，$S(t)$ と $I(t)$ は区間 $[0, T)$ において連続であるから，
$$I(t_0) = I(0) \exp \left[\int_0^{t_0} \{\sigma S(u) - \rho\} du \right] > 0$$
である。これは背理法の仮定に矛盾する。よって，区間 $[0, T)$ において $I(t) > 0$ であることが示された。

■ **演習問題 32** 結果 (4.7) が成り立つからである。実際，$I(t)$ が図のように振る舞うとすれば，$I(t)$ が狭義単調減少関数から狭義単調増加関数に転じる時間区間において，結果 (4.7) により，$S(t)$ が $S(t) < \rho/\sigma$ の状況から $S(t) > \rho/\sigma$ の状況に変化することになるが，これは $S(t)$ が狭義単調減少関数であることに矛盾する。

■ **演習問題 33** $S(t), I(t), R(t)$ は $t \to \infty$ のとき収束するから，式 (4.1) により，
$$\lim_{t \to \infty} S'(t), \quad \lim_{t \to \infty} I'(t), \quad \lim_{t \to \infty} R'(t)$$
はすべて存在する。すなわち，ある実数 c_1, c_2, c_3 を用いて，
$$\lim_{t \to \infty} S'(t) = c_1, \quad \lim_{t \to \infty} I'(t) = c_2, \quad \lim_{t \to \infty} R'(t) = c_3$$

と表せる。$c_1 > 0$ とすると，$t \geq T$ において
$$S'(t) > \frac{c_1}{2}$$
が成り立つような $T > 0$ が存在するから，この不等式の両辺を T から $t\,(>T)$ まで積分すれば，式
$$S(t) > S(T) + \frac{c_1}{2}(t - T)$$
が得られる。これは，$S(t) \to \infty\,(t \to \infty)$ を意味しており，矛盾である。同様に，$c_1 < 0$ としても矛盾となる結果が得られる。よって，$c_1 = 0$ でなければならない。$c_2 = 0$, $c_3 = 0$ であることも同様に証明できる。

■ 演習問題 34

$$W(t) = \int_0^B \sigma(\beta) i(t, \beta)\, d\beta$$

とおくと，
$$W(t) = \int_0^t \sigma(t-u) P(t-u) S(u) W(u)\, du + f(t) \tag{演.37}$$

が成り立つことがわかる（付録 D 参照）。ここで，
$$f(t) = \begin{cases} \displaystyle\int_t^B \sigma(\beta) i_0(\beta - t) \frac{P(\beta)}{P(\beta - t)}\, d\beta & (t \leq B) \\ 0 & (t > B) \end{cases}$$

である。

$W(t) > 0$ ならば $I(t) > 0$ が成り立つ。なぜならば，ある $t_0 > 0$ に対して，
$$I(t_0) = \int_0^B i(t_0, \beta)\, d\beta = 0$$
とすれば，b の関数 $i(t_0, b)$ が区分的に連続であることから，区間 $[0, B]$ において恒等的に 0 となり，
$$W(t_0) = \int_0^B \sigma(\beta) i(t_0, \beta)\, d\beta = 0$$
という矛盾が得られるからである。よって，$I(t) > 0$ を示すために，以下では $W(t) > 0$ を示す。

仮定 (4.11) により，$W(0) > 0$ である。もしも，常には $W(t) > 0$ でないとすると，ある $t_1 > 0$ が存在して，$W(t_1) = 0$, かつ，
$$0 \leq t < t_1 \text{ において } W(t) > 0$$
が成り立つ。ところが，式 (演.37) から，
$$\int_0^{t_1} \sigma(t_1 - u) P(t_1 - u) S(u) W(u)\, du = 0$$
であり，仮定により，$t = t_1$ の近傍の区間 $(t_1 - \eta, t_1)$ において $W(t) = 0$ が恒等的に成り立つことになるから，矛盾である。この結果，常に $W(t) > 0$ であることが成り立つ。すなわち，常に $I(t) > 0$ である。

一方，$R(t) > 0$ については，仮定により，明らかに，
$$R'(0) = -\int_0^B \frac{i_0(b)}{P(b)}\, dP(b) > 0$$
となり，式 (4.20) により，$R(t)$ は増加関数であるから，$t > 0$ において $R(t) > 0$ が成り立つ。

■ 演習問題 35

$$\log S_0 - \log S(t) = \int_0^B \sigma(\beta) \left\{ -\int_\beta^B S'(a-\beta)\,da \right\} P(\beta)\,d\beta$$
$$+ \int_0^B \frac{i_0(\beta)}{P(\beta)} \left\{ \int_0^{B-\beta} \sigma(\beta+a) P(\beta+a)\,da \right\} d\beta$$
$$+ \int_0^B \sigma(\beta) \left\{ -\int_B^t S'(a-\beta)\,da \right\} P(\beta)\,d\beta$$
$$= \int_0^B \sigma(\beta) \{S_0 - S(B-\beta)\} P(\beta)\,d\beta$$
$$+ \int_0^B \frac{i_0(\beta)}{P(\beta)} \left\{ \int_\beta^B \sigma(u) P(u)\,du \right\} d\beta$$
$$+ \int_0^B \sigma(\beta) \{S(B-\beta) - S(t-\beta)\} P(\beta)\,d\beta$$
$$= \int_0^B \sigma(\beta) \{S_0 - S(t-\beta)\} P(\beta)\,d\beta + \int_0^B \frac{i_0(\beta)}{P(\beta)} \left\{ \int_\beta^B \sigma(u) P(u)\,du \right\} d\beta$$

■ 演習問題 36 式 (4.38) の右辺

$$\sigma\,\mathrm{e}^{-\rho\tau} S(t) I(t-\tau)$$

を既知関数とみなして，$f(t)$ とおけば，式 (4.38) は，

$$\frac{dI(t)}{dt} = -\rho\,I(t) + f(t)$$

と表される。これに

$$I(t) = \phi(t)\,\mathrm{e}^{-\rho t}$$

を代入すると，

$$\phi'(t)\,\mathrm{e}^{-\rho t} - \rho\,\phi(t)\,\mathrm{e}^{-\rho t} = -\rho\,\phi(t)\,\mathrm{e}^{-\rho t} + f(t)$$

が成り立ち，

$$\phi'(t) = f(t)\,\mathrm{e}^{\rho t}$$

が得られる。この両辺を 0 から t まで積分すれば，

$$\phi(t) - \phi(0) = \int_0^t f(u)\,\mathrm{e}^{\rho u}\,du$$

となるから，

$$I(t) = \left[\phi(0) + \int_0^t f(u)\,\mathrm{e}^{\rho u}\,du\right] \mathrm{e}^{-\rho t}$$

が導かれる。この右辺は，$t=0$ のとき，値 $I(0)$ をとるから，$\phi(0)=I(0)$ がわかるので，

$$\begin{aligned}
I(t) &= \left[I(0) + \int_0^t f(u)\,e^{\rho u}\,du\right] e^{-\rho t} \\
&= \left[I(0) + \int_0^t \sigma\,e^{-\rho \tau}S(u)I(u-\tau)\,e^{\rho u}\,du\right] e^{-\rho t} \\
&= I(0)\,e^{-\rho t} + \sigma\,e^{-\rho \tau}e^{-\rho t}\int_0^t S(u)I(u-\tau)\,e^{\rho u}\,du
\end{aligned}$$

が得られる。

■ **演習問題 37** $I(t)>0$ の証明は，系 (4.1) の $I(t)$ の正値性の証明と同様である。$I(t)>0$ ならば，$t>0$ において $R(t)>0$ が成り立つことについては，次のように示せばよい。$R(0)=0$ であっても，$t=0$ のとき，系 (4.47) の第 3 式から，

$$R'(0) = \rho I(0) - \mu R(0) = \rho I(0) > 0$$

なので，$t=0$ の近傍において $R(t)>0$ であることに注意する。$t=0$ の後，$t=t_0$ で初めて $R(t)$ が 0 の値をとったとしよう。すなわち，$R(t_0)=0$，かつ，

$$0 < t < t_0 \text{ において } R(t) > 0$$

が成り立つとすると，$R'(t_0)\leq 0$ が得られるが，系 (4.47) の第 3 式から，

$$R'(t_0) = \rho I(t_0) - \mu R(t_0) = \rho I(t_0) > 0$$

となるので矛盾である。

なお，$S(t)>0$ の証明と同様の手順ではなく，後に出てくる関係式

$$R(t) = R(0)\,e^{-\mu t} + \rho \int_0^t e^{-\mu(t-\tau)}I(\tau)\,d\tau$$

を用いて証明してもよい。この場合，題意は一目瞭然であろう。

■ **演習問題 38** 関係式

$$R(t) = R(0)\,e^{-\mu t} + \rho \int_0^t e^{-\mu(t-\tau)}I(\tau)\,d\tau \tag{演.38}$$

を活用すればよい。

(a) 系 (4.54) において，$\widehat{E}_0$ が大域的に漸近安定であるから，$\forall \varepsilon > 0$，$\exists \delta_1(\varepsilon) > 0$，

$$\left|S(0) - \frac{\lambda}{\mu}\right| < \delta_1,\ |I(0)| < \delta_1 \implies \forall t \geq 0,\ \left|S(t) - \frac{\lambda}{\mu}\right| < \varepsilon,\ |I(t)| < \varepsilon$$

であり，すべての解 $(S(t), I(t))$ に対して，

$$\lim_{t\to\infty} S(t) = \frac{\lambda}{\mu}, \qquad \lim_{t\to\infty} I(t) = 0 \tag{演.39}$$

が成り立つ。

そして，
$$\int_0^t e^{-\mu(t-\tau)}d\tau = \frac{1}{\mu} - \frac{1}{\mu}e^{-\mu t} < \frac{1}{\mu} \tag{演.40}$$

であることに注意すると，$|I(0)| < \delta_1$ ならば，式 (演.38) により，

$$\begin{aligned}|R(t)| &< |R(0)|e^{-\mu t} + \rho\varepsilon\int_0^t e^{-\mu(t-\tau)}d\tau \\ &< |R(0)|e^{-\mu t} + \frac{\rho}{\mu}\varepsilon\end{aligned} \tag{演.41}$$

であるから，$\forall \varepsilon > 0$ に対して，

$$\delta(\varepsilon) = \min\left\{\frac{\varepsilon}{2}, \delta_1(\varepsilon), \delta_1\left(\frac{\mu\varepsilon}{2\rho}\right)\right\}$$

と定めれば，系 (4.47) において，

$$\left|S(0) - \frac{\lambda}{\mu}\right| < \delta, \quad |I(0)| < \delta, \quad |R(0)| < \delta$$
$$\implies \forall t \geq 0, \quad \left|S(t) - \frac{\lambda}{\mu}\right| < \varepsilon, \quad |I(t)| < \varepsilon, \quad |R(t)| < \varepsilon$$

が成り立つ。すなわち，系 (4.47) において E_0 は安定である。

次に，系 (4.47) のすべての解 $(S(t), I(t), R(t))$ が E_0 に収束することを示す。解の成分 $S(t)$, $I(t)$ が式 (演.39) を満たしていることに注意する。式 (演.39) により，$\forall \varepsilon > 0$ に対して，

$$\exists T(\varepsilon) > 0; \quad \forall t \geq T, \quad |I(t)| < \varepsilon$$

が成り立つから，この不等式を用いて式 (演.38) を評価すれば，式 (演.41) と同じ不等式が導かれ，その両辺について $t \to \infty$ とすれば，結果として，

$$\limsup_{t\to\infty} |R(t)| \leq \frac{\rho}{\mu}\varepsilon$$

が得られる。ε は任意であるから，

$$\lim_{t\to\infty} |R(t)| = \limsup_{t\to\infty} |R(t)| = 0$$

であり，題意が示された。

(b)
$$E_*\left(\frac{\rho+\mu}{\sigma}, \frac{\mu}{\sigma}\left\{\frac{\lambda\sigma}{\mu(\rho+\mu)} - 1\right\}, \frac{\rho}{\sigma}\left\{\frac{\lambda\sigma}{\mu(\rho+\mu)} - 1\right\}\right) = (S^*, I^*, R^*)$$

とおく。式 (演.38) により，

$$R(t) - R^* = R(0)e^{-\mu t} + \rho\int_0^t e^{-\mu(t-\tau)}I(\tau)d\tau - R^*$$

演習問題解説

となる。式 (演.40) の等式の部分と $R^* = \rho I^*/\mu$ に注意すれば，

$$\begin{aligned}R(t) - R^* &= R(0)\,\mathrm{e}^{-\mu t} + \rho \int_0^t \mathrm{e}^{-\mu(t-\tau)} I(\tau)\, d\tau - R^* \\ &= R(0)\,\mathrm{e}^{-\mu t} + \rho \int_0^t \mathrm{e}^{-\mu(t-\tau)} I(\tau)\, d\tau - \frac{\rho}{\mu} I^* \\ &= \{R(0) - R^*\}\,\mathrm{e}^{-\mu t} + \rho \int_0^t \mathrm{e}^{-\mu(t-\tau)} \{I(\tau) - I^*\}\, d\tau\end{aligned}$$

が得られるから，(a) の証明とまったく同様な議論により，題意が示される。

■ **演習問題 39** 式 (4.59) から，平衡状態における地域集団 A_i ($i = 1, 2$) に属する個体の部分個体群サイズは，

$$\begin{aligned}\lambda_i - \mu_i S_i - \sigma_i S_i I_i - \alpha_{S,i} S_i + \beta_{S,i} \widetilde{S}_i &= 0 \\ \sigma_i S_i I_i - \rho_i I_i - \mu_i I_i - \alpha_{I,i} I_i + \beta_{I,i} \widetilde{I}_i &= 0 \\ \rho_i I_i - \mu_i R_i - \alpha_{R,i} R_i + \beta_{R,i} \widetilde{R}_i &= 0 \\ -\widetilde{\sigma} \widetilde{S}_i (\widetilde{I}_1 + \widetilde{I}_2) + \alpha_{S,i} S_i - \beta_{S,i} \widetilde{S}_i &= 0 \\ \widetilde{\sigma} \widetilde{S}_i (\widetilde{I}_1 + \widetilde{I}_2) + \alpha_{I,i} I_i - \beta_{I,i} \widetilde{I}_i &= 0 \\ \alpha_{R,i} R_i - \beta_{R,i} \widetilde{R}_i &= 0\end{aligned} \tag{演.42}$$

を満たすので，両辺の和をとることにより，$\lambda_i - \mu_i(S_i + I_i + R_i) = 0$，すなわち，$S_i + I_i + R_i = \lambda_i/\mu_i$ ($i = 1, 2$) が得られる。

■ **演習問題 40** 式 (5.6) により，

$$p_{\omega \omega' \omega''} = q_{\omega / \omega' \omega''} p_{\omega' \omega''}$$

である。右辺にペア近似 (5.7) を用いれば，

$$q_{\omega / \omega' \omega''} p_{\omega' \omega''} \approx q_{\omega / \omega'} p_{\omega' \omega''}$$

となる。さらに，右辺に式 (5.4) を用いれば，

$$q_{\omega / \omega'} p_{\omega' \omega''} = (p_{\omega \omega'} / p_{\omega'})\, p_{\omega' \omega''}$$

を得る。

■ **演習問題 41** 式 (5.4) により，

$$\frac{dq_{S/I}}{dt} = \frac{d}{dt}\left(\frac{p_{SI}}{p_I}\right) = \left(\frac{1}{p_I}\right)\frac{dp_{SI}}{dt} - \left(\frac{p_{SI}}{p_I^2}\right)\frac{dp_I}{dt}$$

となり，系 (5.2) の第 2 式と系 (5.9) の第 2 式を代入して，再び式 (5.4) に注意すればよい。

■ **演習問題 42** 初期条件 $y(x_0) = y_0$ を満たす 1 階の線形微分方程式

$$\frac{dy}{dx} = P(x)\,y + Q(x)$$

の解は,

$$y(x) = e^{\int_{x_0}^{x} P(u)du} \left\{ \int_{x_0}^{x} Q(u)\,e^{-\int_{x_0}^{u} P(v)dv}\,du + y_0 \right\} \tag{演.43}$$

である[*9]。式 (5.22) に対して,変数 x, y を変数 p_S, p_SI に対応させると,

$$P(p_\mathrm{S}) = \left(1 - \frac{1}{z}\right)\frac{1}{p_\mathrm{S}}; \qquad Q(p_\mathrm{S}) = -\left(1 - \frac{1}{z}\right)p_\mathrm{S}^{1-2/z} + \frac{\rho}{\sigma} + \frac{1}{z} \tag{演.44}$$

となる。初期条件 $p_\mathrm{S} = 1$, $p_\mathrm{SI} = 0$ に注意して,式 (演.43) に代入すると,

$$\begin{aligned}
p_\mathrm{SI}(p_\mathrm{S}) &= e^{\int_{1}^{p_\mathrm{S}} \left(1 - \frac{1}{z}\right)\frac{1}{u}du}\left[\int_{1}^{p_\mathrm{S}}\left\{-\left(1 - \frac{1}{z}\right)u^{1-2/z} + \frac{\rho}{\sigma} + \frac{1}{z}\right\}e^{-\int_{1}^{u}\left(1 - \frac{1}{z}\right)\frac{1}{v}dv}du\right] \\
&= e^{\left(1 - \frac{1}{z}\right)\log p_\mathrm{S}}\left[\int_{1}^{p_\mathrm{S}}\left\{-\left(1 - \frac{1}{z}\right)u^{1-2/z} + \frac{\rho}{\sigma} + \frac{1}{z}\right\}e^{-\left(1 - \frac{1}{z}\right)\log u}du\right] \\
&= p_\mathrm{S}^{1-1/z}\left[\int_{1}^{p_\mathrm{S}}\left\{-\left(1 - \frac{1}{z}\right)u^{1-2/z} + \frac{\rho}{\sigma} + \frac{1}{z}\right\}u^{1/z-1}du\right] \\
&= p_\mathrm{S}^{1-1/z}\left[-\left(1 - \frac{1}{z}\right)\int_{1}^{p_\mathrm{S}}u^{-1/z}du + \left(\frac{\rho}{\sigma} + \frac{1}{z}\right)\int_{1}^{p_\mathrm{S}}u^{1/z-1}du\right] \\
&= p_\mathrm{S}^{1-1/z}\left[-(p_\mathrm{S}^{1-1/z} - 1) + \left(\frac{z\rho}{\sigma} + 1\right)(p_\mathrm{S}^{1/z} - 1)\right] \\
&= -p_\mathrm{S}^{2(1-1/z)} + p_\mathrm{S} + \frac{z\rho}{\sigma}\left(p_\mathrm{S} - p_\mathrm{S}^{1-1/z}\right)
\end{aligned}$$

が得られる。

■ **演習問題 43** 関数

$$f(x) := \frac{z + \sigma/\rho}{\sigma/\rho}\,x^{1/z}\left(x^{1/z} - \frac{z}{z + \sigma/\rho}\right)$$

を考える。基本再生産数 $\mathscr{R}_0$ の定義式 (5.14) を用いれば,関数 $f(x)$ を次のように書き直すことができる:

$$f(x) = \frac{z - 2 + \mathscr{R}_0}{\mathscr{R}_0}\,x^{1/z}\left(x^{1/z} - \frac{z - 2}{z - 2 + \mathscr{R}_0}\right) \tag{演.45}$$

$p_\mathrm{S}(\infty)$ についての方程式 (5.25) は,x についての方程式 $x = f(x)$ と同等である。

関数 $f(x)$ の導関数は,

$$f'(x) = \frac{z - 2 + \mathscr{R}_0}{\mathscr{R}_0}\,x^{1/z-1}\left\{\frac{2}{z}x^{1/z} - \frac{z - 2}{(z - 2 + \mathscr{R}_0)z}\right\}$$

$$f''(x) = \frac{z - 2 + \mathscr{R}_0}{\mathscr{R}_0}\,x^{1/z-2}\left\{\frac{2}{z}\left(\frac{2}{z} - 1\right)x^{1/z} - \frac{z - 2}{(z - 2 + \mathscr{R}_0)z}\left(\frac{1}{z} - 1\right)\right\}$$

[*9] 【基礎編】付録 B や,井ノ口 [40],河野 [58] や Kreyszig [59, 60],長瀬 [82],阪井 [103] などの常微分方程式の入門的教科書を参照されたい。

である。今，$z > 2$ として考えてよいので，$\lim_{x \to 0+} f'(x) = -\infty$ であり，$0 < x \ll 1$ なる十分に小さな x に対して，$f(x) < 0$, $f'(x) < 0$, $f''(x) > 0$ であることがわかる。さらに，$f(0) = 0$, $f(1) = 1$,
$$f'(1) = \frac{z - 2 + 2\mathscr{R}_0}{z\mathscr{R}_0} > 0; \quad f''(1) = \frac{(z-2)(3 - z - 2\mathscr{R}_0)}{z^2 \mathscr{R}_0} < 0$$
である。また，これらの性質と，上記の導関数から，関数 $f(x)$ は，$(0,1)$ において，唯一の負の極小値と，唯一の変曲点をもつ連続関数であることがわかる。

これらの性質により，$(0,1)$ における連続関数 $f(x)$ は，0 に十分に近い正の x に対して，単調減少かつ下に凸の関数であり，$f(0) = 0$ なので，$f(x) < x$ が成り立つ。一方，1 に十分に近く，1 より小さな x に対しては，$f(x)$ は単調増加かつ上に凸の関数であり，$f(1) = 1$ であることから，$f'(1) < 1$ ならば $f(x) > x$, $f'(1) \geq 1$ ならば $f(x) < x$ が成り立つ。

したがって，$f'(1) < 1$ ならば，$(0,1)$ において $f(x) = x$ を満たす x の値が唯一存在する。上で求めた $f'(1)$ の表式から，$f'(1) < 1$ であるための必要十分条件は $\mathscr{R}_0 > 1$ であることがわかる。よって，$\mathscr{R}_0 > 1$ のとき，そのときに限り，方程式 $f(x) = x$ は $(0,1)$ に唯一の解をもち，$\mathscr{R}_0 \leq 1$ ならば，方程式 $f(x) = x$ の正の解は $x = 1$ のみである。

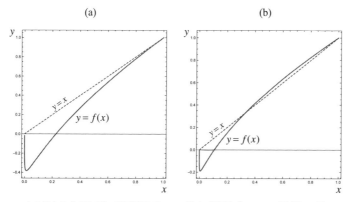

$z = 4$ の場合の式 (演.45) で定義される $y = f(x)$（実線）と $y = x$（破線）のグラフ。
(a) $\mathscr{R}_0 = 0.9$；(b) $\mathscr{R}_0 = 1.5$。

参考文献

[1] K.J. Åström and B. Wittenmark. *Computer Controlled Systems: Theory and Design, Third Edtion*. Prentice-Hall, Upper Saddle River, NJ, 1997.

[2] D.D. Bainov and P.S. Simeonov. *Systems with Impulsive Effect: Stability, Theory and Applications*. Ellis Horwood Ltd., Chichester, 1989.

[3] A.-L. Barabási and R. Albert. Emergence of scaling in random networks. *Science*, Vol. 286 (5439), pp. 509–512, 1999.

[4] M. Begon, J.L. Harper and C.R. Townsend. 生態学 ― 個体から生態系へ [原書第4版]. 京都大学学術出版会, 京都, 2013. (堀 道雄 監訳)

[5] M. Begon, M. Mortimer and D.J. Thompson. *Population Ecology: A Unified Study of Animals and Plants, Third Edition*. Blackwell Science, Oxford, 1996.

[6] H. Caswell. *Matrix Population Models*. Sinauer Associates, Sunderland, 1989.

[7] H. Caswell. *Matrix Population Models, Second Edition*. Sinauer Associates, Sunderland, 2000.

[8] B. Charlesworth. *Evolution in Age-structured Populations*. Cambridge University Press, Cambridge, 1980.

[9] C.W. Clark and M. Mangel. *Dynamic State Variable Models in Ecology: Methods and Applications*. Oxford Series in Ecology and Evolution. Oxford University Press, New York, 2000.

[10] C.W. Clark and R.C. Ydenberg. The risks of parenthood. I. general theory and applications. *Evolutionary Ecology*, Vol. 4, pp. 21–34, 1990.

[11] J.M. Cushing. *An Introduction to Structured Population Dynamics*, Vol. 71 of *CBMS-NSF Regional Conference Series in Applied Mathematics*. Society for Industrial and Applied Mathematics (SIAM), Philadelphia, 1998.

[12] N.B. Davies, J.R. Krebs and S.A. West. *An Introduction to Behavioural Ecology, Fourth Edition*. John Wiley & Sons, 2012.

[13] N.B. Davies, J.R. Krebs and S.A. West. デイビス・クレブス・ウェスト 行動生態学 第4版. 共立出版, 東京, 2015. (野間口・山岸・厳佐 訳)

[14] U. Dieckmann, R. Law and J.A.J. Metz. *The Geometry of Ecological Interactions: Simplifying Spatial Complexity*. Cambridge University Press, Cambridge, 2000.

[15] S.I. Dodson. Zooplankton competition and predation: An experimental test of the size-efficiency hypothesis. *Ecology*, Vol. 55, pp. 605–613, 1974.

[16] 土肥昭夫, 岩本俊孝, 三浦慎悟, 池田 啓. 哺乳類の生態学. 東京大学出版会, 東京, 1997.

[17] R.A. Fisher. *The Genetical Theory of Natural Selection*. Clarendon Press, Oxford, 1930.

[18] J.M. Fryxell and P. Lundberg. *Individual Behavior and Community Dynamics*, Vol. 20

of *Population and Community Biology Series*. Chapman & Hall, London, 1997.

[19] 藤曲哲郎. 確率過程と数理生態学. 日評数学選書. 日本評論社, 東京, 2003.

[20] A.K. Gelig and A.N. Churilov. *Stability and Oscillations of Nonlinear Pulse-Modulated Systems*. Birkhäuser, Boston, 1998.

[21] B.S. Goh. Global stability in many-species systems. *Amer. Natur.*, Vol. 111, pp. 135–143, 1977.

[22] W.S.C. Gurney and R.M. Nisbet. *Ecological Dynamics*. Oxford University Press, Oxford, 1998.

[23] R. Haberman. *Mathematical Models: Mechanical Vibrations, Population Dynamics, and Traffic Flow*. Prentice-Hall, New Jersey, 1977.

[24] R. ハーバーマン. 力学的振動の数学モデル. 現代数学社, 京都, 1981. （熊原啓作 訳）

[25] R. ハーバーマン. 交通流の数学モデル. 現代数学社, 京都, 1981. （中井暉久 訳）

[26] R. ハーバーマン. 生態系の微分方程式 — 個体群成長の数学モデル. 現代数学社, 京都, 1992. （稲垣宣生 訳）

[27] R. Haberman. *Mathematical Models: Mechanical Vibrations, Population Dynamics, and Traffic Flow*, Vol. 21 of *Classics in Applied Mathematics*. Society for Industrial and Applied Mathematics (SIAM), Philadelphia, 1998.

[28] W.M. Haddad, V. Chellaboina and S.G. Nersesov. *Impulsive and Hybrid Dynamical Systems: Stability, Dissipatitivey, and Control, Princeton Series in Applied Mathematics*. Princeton University Press, Princeton, 2006.

[29] J. Hofbauer and K. Sigmund. *The Theory of Evolution and Dynamical Systems*, Vol. 7 of *London Mathematical Society Student Texts*. Cambridge University Press, Cambridge, 1988.

[30] J. Hofbauer and K. Sigmund. *Evolutionary Games and Population Dynamics*. Cambridge University Press, Cambridge, 1998.

[31] ホッフバウアー／シグムント. 進化ゲームと微分方程式. 現代数学社, 京都, 2001. （竹内・佐藤・宮崎 訳）

[32] R.D. Holt. Predation, apparent competition and the structure of prey communities. *Theor. Pop. Biol.*, Vol. 12, pp. 197–229, 1977.

[33] R.D. Holt. Spatial heterogeneity, indirect interactions and the coexistence of prey species. *Am. Nat.*, Vol. 124, pp. 377–406, 1984.

[34] 堀 良通, 大原 雅, 種生物学会（編）. 草木を見つめる科学 — 植物の生活史研究. 文一総合出版, 東京, 2005.

[35] A.I. Houston and J.M. McNamara. *Models of Adaptive Behaviour: An approach based on state*. Cambridge University Press, Cambridge, 1999.

[36] R.N. Hughes, editor. *Diet Selection: An Interdisciplinary Approach to Foraging Behaviour*. Blackwell Scientific Publications, Oxford, 1993.

[37] ミンモ・イアネリ, 稲葉 寿, 國谷紀良. 人口と感染症の数理 — 年齢構造ダイナミクス入門. 東京大学出版会, 東京, 2014.

[38] 稲葉 寿. 数理人口学. 東京大学出版会, 東京, 2002.

[39] 稲葉 寿. 感染症の数理モデル. 培風館, 東京, 2008.

[40] 井ノ口順一. 常微分方程式. 日本評論社ベーシック・シリーズ (NBS), 日本評論社, 東京, 2015.

[41] 石村園子. 大学新入生のための線形代数入門. 共立出版, 東京, 2014.

[42] 伊藤嘉昭, 山村則男, 嶋田正和. 動物生態学. 蒼樹書房, 東京, 1992.

[43] 伊藤嘉昭. 生態学と社会［経済・社会系学生のための生態学入門］. 東海大学出版会, 東京, 1994.

[44] 岩本誠一. 動的計画論, 経済工学シリーズ. （財）九州大学出版会, 福岡, 1987.

[45] 巌佐 庸. 生物の適応戦略 — ソシオバイオロジー的視点からの数理生物学, ライブラリ 生命を探る, 第3巻. サイエンス社, 東京, 1981.

[46] 巌佐 庸. 数理生物学入門 — 生物社会のダイナミックスを探る. HBJ出版局, 東京, 1990.

[47] 巌佐他. 数理生態学, シリーズ・ニューバイオフィジックス, 第10巻. 共立出版, 東京, 1997.

[48] 巌佐 庸. 数理生物学入門 — 生物社会のダイナミックスを探る. 共立出版, 東京, 1998. （改装版）.

[49] 巌佐 庸. 生命の数理. 共立出版, 東京, 2008.

[50] M.J. Jeffries and J.H. Lawton. Enemy-free space and the structure of ecological communities. *Biol. J. Linnean Soc.*, Vol. 23, pp. 269–286, 1984.

[51] M.J. Jeffries and J.H. Lawton. Predator-prey ratios in communities of freshwater invertebrates: the role of enemy free space. *Freshwater Biology*, Vol. 15, pp. 105–112, 1985.

[52] 金子 晃. 基礎演習 微分方程式, ライブラリ数理・情報系の数学講義・別巻3. サイエンス社, 東京, 2015.

[53] 粕谷英一. 行動生態学入門. 東海大学出版会, 東京, 1990.

[54] M.J. Keeling, D.A. Rand and A.J. Morris. Correlation models for childhood epidemics. *Proc. R. Soc. Lond. B*, Vol. 264, pp.1149–1156, 1997.

[55] M.J. Keeling. The effects of local spatial structure on epidemiological invasions. *Proc. R. Soc. Lond. B*, Vol. 266, pp.859–867, 1999.

[56] J.G. Kirkwood. Statistical mechanics of fluid mixtures. *J. Chem. Phys.*, Vol. 3, pp. 300–313, 1935.

[57] 小寺平治. テキスト線形代数. 共立出版, 東京, 2002.

[58] 河野光雄. 社会現象の数理解析 — 微分・積分と現象のモデル化. 中央大学出版部, 東京, 1995.

[59] E. クライツィグ. 常微分方程式 原書第8版, 技術者のための高等数学1. 培風館, 東京, 2006. （近藤・堀 監訳, 北原・堀 訳）

[60] E. Kreyszig. *Advanced Engineering Mathematics, Tenth Edition*. John Wiley & Sons, New York, 2011.

[61] 桑村雅隆. シリーズ・現象を解明する数学 パターン形成と分岐理論 — 自発的パターン発生の力学系入門. 共立出版, 東京, 2015.

[62] V. Lakshmikantham, D.D. Bainov and P.S. Simeonov. *Theory of Impulsive Differential Equations*, Vol. 6 of *Series in Modern Applied Mathematics*. World Scientific, Singapore, 1989.

[63] L.P. Lefkovitch. Census studies on unrestricted populations of *Lasioderma serricorne* (F.) (Coleoptera: Anobiidae). *Journal of Animal Ecology*, Vol. 32, pp. 221–231, 1963.

[64] L.P. Lefkovitch. The study of population growth in organisms grouped by stages. *Biometrics*, Vol. 21, pp. 1–18, 1965.

[65] P.H. Leslie. On the use of matrices in certain population mathematics. *Biometrika*, Vol. 33, pp. 183–212, 1945.

[66] P.H. Leslie. Some further notes on the use of matrices in population mathematics. *Biometrika*, Vol. 35, pp. 213–245, 1948.

[67] M. Mangel and C. Clark. *Dynamic Modeling in Behavioral Ecology*. Monographs in Behavior and Ecology. Princeton University Press, Princeton, New Jersey, 1988.

[68] 増田直紀, 今野紀雄. 複雑ネットワークの科学. 産業図書, 東京, 2005.

[69] 増田直紀, 今野紀雄. 複雑ネットワーク. 近代科学社, 東京, 2010.

[70] H. Matsuda, N. Ogita, A. Sasaki and K. Sato. Statistical mechanics of population: The lattice Lotka-Volterra model. *Prog. Theor. Phys.*, Vol. 88, pp.1035–1049, 1992.

[71] 松田裕之. 環境生態学序説. 共立出版, 東京, 2000.

[72] 松田裕之. ゼロからわかる生態学. 共立出版, 東京, 2004.

[73] 松本忠夫. 動物の生態 ― 脊椎動物の進化生態を中心に ―. 裳華房, 東京, 2015.

[74] R. May and L. Lloyd. Infection dynamics on scale-free networks. *Phys. Rev. E*, Vol. 64, 066112, 2001.

[75] A.G. McKendrick. Applications of mathematics to medical problems. *Proc. Edin. Math. Soc.*, Vol. 44, pp. 98–130, 1926.

[76] J.M. McNamara, A.I. Houston and E.J. Collins. Optimality models in behavioral biology. *SIAM Review*, Vol. 43, No. 3, pp. 413–466, 2001.

[77] J.A.J. Metz and O. Diekmann. *The Dynamics of Physiologically Structured Populations*, Vol. 68 of *Lecture Notes in Biomathematics*. Springer-Verlag, Berlin, 1986.

[78] Y. Moreno, R. Pastor-Satorras and A. Vespignani. Epidemic outbreaks in complex heterogeneous networks. *Eur. Phys. J. B*, Vol. 26, pp. 521–529, 2002.

[79] A.J. Morris. *Representing Spatial Interactions in Simple Ecological Models*. PhD thesis, University of Warwick, UK, 1997.

[80] 中川尚史. 食べる速さの生態学 ― サルたちの採食戦略, 生態学ライブラリー, 第 4 巻. 京都大学学術出版会, 京都, 1999.

[81] 仲井まどか, 大野和朗, 田中利治（編）. バイオロジカル・コントロール ― 害虫管理と天敵の生物学 ―. 朝倉書店, 東京, 2009.

[82] 長瀬道弘. 微分方程式. 裳華房, 東京, 1993.

[83] 中丸麻由子. 進化するシステム, シリーズ 社会システム学 4. ミネルヴァ書房, 京都, 2011.

[84] 生天目章. ゲーム理論と進化ダイナミクス ― 人間関係に潜む複雑系 ―, 相互作用科学シリーズ. 森北出版, 東京, 2004.

[85] 日本生態学会（編）. 行動生態学（沓掛展之・古賀庸憲 担当編集）, シリーズ 現代の生態学 5. 共立出版, 東京, 2012.

[86] 日本生態学会（編）. 生態学と社会科学の接点（佐竹暁子・巌佐 庸 担当編集）, シリーズ 現代の生態学 4. 共立出版, 東京, 2014.

[87] 日本生態学会（編）. 人間活動と生態系（森田健太郎・池田浩明 担当編集）, シリーズ 現代の生態学 3. 共立出版, 東京, 2015.

[88] 日本数理生物学会（編）. 『数』の数理生物学（瀬野裕美 責任編集）, シリーズ 数理生物学要論, 第 1 巻. 共立出版, 東京, 2008.

[89] 日本数理生物学会（編）. 『空間』の数理生物学（瀬野裕美 責任編集）, シリーズ 数理生物学要論, 第 2 巻. 共立出版, 東京, 2009.

[90] 日本数理生物学会（編）. 『行動・進化』の数理生物学（瀬野裕美 責任編集）, シリーズ 数理生物学要論, 第 3 巻. 共立出版, 東京, 2010.

[91] M.A. Nowak. *Evolutionary Dynamics: Exploring the Equations of Life*. Belknap Press (Harvard University Press), 2006.

[92] M.A. Nowak. 進化のダイナミクス ― 生命の謎を解き明かす方程式 ―. 共立出版, 東京,

2008．（竹内・佐藤・巌佐・中岡 監訳）

[93] 大串隆之, 近藤倫生, 椿 宜高（編）. 新たな保全と管理を考える, シリーズ群集生態学 6. 京都大学学術出版会, 京都, 2009.

[94] 大浦宏邦. 社会科学者のための進化ゲーム理論 ― 基礎から応用まで ―. 勁草書房, 東京, 2008.

[95] R. Pastor-Satorras and A. Vespignani. Epidemic spreading in scale-free networks. *Phys. Rev. Lett.*, Vol. 86, pp.3200–3203, 2001.

[96] E.C. Pielou. *An Introduction to Mathematical Ecology*. John Wiley & Sons, London, 1969.

[97] E.C. ピールー. 数理生態学. 産業図書, 東京, 1974.（合田・藤村 訳）

[98] L.C. ポントリャーギン. 常微分方程式, 新版. 共立出版, 東京, 1968.（千葉克裕 訳）

[99] D.A. Rand. Correlation equations and pair approximations for spatial ecologies. In: J. McGlade (ed.), *Advanced Ecological Theory*, pp. 100–142. Blackwell Science, Oxford, 1999.

[100] W. Rudin. *Principles of Mathematical Analysis, Second Edition*. McGraw-Hill, New York, 1964.

[101] W. ルディン. 現代解析学. 共立出版, 東京, 1971.（近藤・柳原 訳）

[102] 佐伯 胖, 亀田達也. 進化ゲームとその展開 [認知科学の探究]. 共立出版, 東京, 2002.

[103] 阪井 章. 応用解析入門. 共立出版, 東京, 1999.

[104] 酒井聡樹, 高田壮則, 近 雅博. 生き物の進化ゲーム ― 進化生態学最前線：生物の不思議を解く ―. 共立出版, 東京, 1999.

[105] 酒井聡樹, 高田壮則, 東樹宏和. 生き物の進化ゲーム ― 進化生態学最前線：生物の不思議を解く ―. 共立出版, 東京, 2012.

[106] 関村利朗, 山村則男. 理論生物学の基礎. 海游舎, 東京, 2012.

[107] 瀬野裕美. 数理生物学 ― 個体群動態の数理モデリング入門 ―. 共立出版, 東京, 2007.

[108] 嶋田正和, 山村則男, 粕谷英一, 伊藤嘉昭. 動物生態学 新版. 海游舎, 東京, 2005.

[109] 白岩謙一. 基礎課程 線形代数入門, サイエンスライブラリ 現代数学への入門, 第 1 巻. サイエンス社, 東京, 1976.

[110] J.W. Silvertown. *Introduction to Plant Population Ecology, Second Edition*. Longman Scientific and Technical, Harlow, 1987.

[111] J.W. Silvertown. 植物の個体群生態学 第 2 版. 東海大学出版会, 東京, 1992.（河野・高田・大原 訳）

[112] H.L. Smith and P. Waltman. *The Theory of the Chemostat ― Dynamics of Microbial Competition*. Cambridge University Press, Cambridge, 1995.

[113] ハル・スミス, ポール・ウォルトマン. 微生物の力学系：ケモスタット理論を通して. 日本評論社, 東京, 2004.（竹内康博 監訳）

[114] D.W. Stephens and J.R. Krebs. *Foraging Theory*. Princeton University Press, Princeton, 1986.

[115] 田島一郎. 解析入門, 岩波全書 325. 岩波書店, 東京, 1981.

[116] 田坂隆士. 解析学入門, 使える数学シリーズ, 第 1 巻. 秀潤社, 東京, 1978.

[117] 寺本 英. ランダムな現象の数学. 吉岡書店, 京都, 1990.

[118] H.R. Thieme. *Mathematics in Population Biology*. Princeton University Press, Princeton, 2003.

[119] ホルスト R. ティーメ. 生物集団の数学（上）― 人口学, 生態学, 疫学へのアプローチ. 日

本評論社, 東京, 2006.（齋藤保久 監訳）

[120] ホルスト R. ティーメ. 生物集団の数学（下）— 人口学, 生態学, 疫学へのアプローチ. 日本評論社, 東京, 2007.（齋藤保久 監訳）

[121] 戸田正直, 中原淳一. ゲーム理論と行動理論, 情報科学講座, 第 C-12-1 巻. 共立出版, 1968.

[122] E. Trucco. Mathematical models for cellular systems. The von Foerster equation. *Bull. Math. Biophys.*, Vol. 27, pp. 285–305, 449–471, 1965.

[123] E. Trucco. Collection functions for non-equivalent cell populations. *J. Theor. Biol.*, Vol. 15, pp. 180–189, 1967.

[124] M. van Baalen. Pair approximations for different spatial geometries. In: U. Dieckmann, R. Law and J.A.J. Metz (eds.), *The Geometry of Ecological Interactions: Simplifying Spatial Complexity*, pp. 359–387, Cambridge University Press, Cambridge, 2000.

[125] P. van den Driessche and J. Watmough. Reproduction numbers and sub-threshold endemic equilibria for compartmental models of disease transmission. *Math. Biosci.*, Vol. 180, pp. 29–48, 2002.

[126] P. van den Driessche and J. Watmough. Further notes on the basic reproduction number. In: F. Brauer, P. van den Driessche and J. Wu (eds.), *Mathematical Epidemiology*, Vol. 1945 of *Lecture Notes in Mathematics*, Springer, Berlin, pp. 159–178, 2008.

[127] J. VanSickle. Analysis of a distributed-parameter population model based on physiological age. *J. theor. Biol.*, Vol. 64, pp. 571–586, 1977.

[128] H. von Foerster. Some remarks on changing populations. In: F. Stohlman (ed.), *The Kinetics of Cellular Proliferation*, pp. 382–407. Grune and Stratton, New York, 1959.

[129] 鷲谷いづみ, 矢原徹一. 保全生態学入門 — 遺伝子から景観まで. 文一総合出版, 東京, 1996.

[130] D.J. Watts and S.H. Strogatz. Collective dynamics of 'small-world' networks. *Nature*, Vol. 393(6684), pp. 440–442, 1998.

[131] M.H. Williamson. *The Analysis of Biological Populations*, Edward Arnold, London, 1972.

[132] 山田明雄, 船越浩海. 細胞増殖の数理. 松本信二, 船越浩海, 玉野井逸朗（編）, 細胞の増殖と生体システム, 第 6 章, pp. 125–165. 学会出版センター, 東京, 1993.

[133] 山内淳. 進化生態学入門 — 数式で見る生物進化. 共立出版, 東京, 2012.

[134] 安田弘法, 城所隆, 田中幸一（編）. 生物間相互作用と害虫管理. 京都大学学術出版会, 京都, 2009.

[135] 吉沢太郎. 微分方程式入門（復刊）, 基礎数学シリーズ. 朝倉書店, 東京, 2004.

あとがき

　本書共同執筆の話をうかがったのは，瀬野先生が基礎編の構想中のとき（あるいはご執筆開始初期）だったかと思います．基礎編，展開編のシリーズ執筆にかける瀬野先生の情熱は，並々ならぬものでした．敬愛する両先生との協同は大変光栄で幸せなのですが，私のような数学と数理生物学の狭間をフラフラした若輩が，その情熱を形にする一役を担ってよいものかと，最初は弱腰でした．しかしながら，仙台や松江での研究打合せの合間，幾度となく基礎編の進捗を楽しそうにお話しする御姿を拝見して，不安よりも挑戦したい気持ちが勝っていきました．はたして私がどれだけ貢献できたか忸怩たるものがありますが，なんとか無事に執筆を終えることができました．本書に共著者として加えて頂いたことを心より感謝いたします．

　手前みそを恐れずに言えば，本書のように，考究的な内容であるにもかかわらず，懇切丁寧な説明，注記や詳説の豊かさ等，細部まで読者への配慮が行き届いた著書は，和書にも洋書にも存在しません．3人の著者の活動拠点が離れており，執筆進行はメールのやりとりで行われたにもかかわらず，細部をこれほどまでに丁寧に仕上げられたのは，我々3人が9年にわたり実施した京都大学数理解析研究所RIMS共同研究の"京都モデコンシリーズ"において培ったチームワーク精神の賜物であり，瀬野先生の情熱を共有できたことが大きな理由と思います．

　「投球技術は下半身の強さから」という野球標語がありますが，本書執筆の達成は，まさに日々の研究教育活動で投じる一球一球を磨くための「下半身強化」に相当したように感じます．これは私にとって財産です．こうした機会に恵まれたことにも感謝しつつ，あとがきといたします．　(Y.S.)

　目の前にある完成した原稿を眺めていると，この数理生物学講義【展開編】に共著者として加えていただいたことに対して，改めて喜びを感じるとともに，感謝の気持ちでいっぱいです．3人の著者は，活動の拠点が仙台，松江，浜松と離れていますのでなかなか一堂に会することはできず，数えきれないほどのメールのやりとりを通して，一番はじめの原稿からは想像できないほど，わかりやすく整理していただきました．

　この本は，「まえがき」にも書かれていますように，新しい内容はほとんど含まれていないのですが，類書には決して見られない特徴をいくつも持っていると自負しています．取り上げた生物現象の題材は，著者の専門を反映して多少の偏りがあるかもしれません．そもそも，この本は（これも「まえがき」にありますように）概論をまとめることを目指したものではないからです．しかし，本書に取り組んでくださった皆さんには，数理生物学における数理モデル解析とはどのようなものかを理解していただけたのみならず，ここでは取り上げなかった別の生物現象に対しても，ご自分で数理モデル解析をするための基本的な知識に加えて，そのためのヒントやコツも得ていただけたのではないかと考えてい

ます．

　また，数理生物学講義【基礎編】も，ぜひ本書と合わせて読むことをお薦めします．この【発展編】の多くの箇所で引用されているという理由からだけではなく，読者にはぜひ知っていただきたい内容が【基礎編】にも書かれているからです．私も，今年度の研究室のゼミで，この【基礎編】を読み始めるところです．　(K.S.)

　【基礎編】と【展開編】の 2 冊から成るこの書籍の出版企画は，【展開編】の著者 3 人が組織・運営した京都大学数理解析研究所共同利用研究「数学と生命現象の連関性の探求 〜新しいモデリングの数理〜」(2013 年 7 月 24–28 日開催) の際の雑談に出てきたことではなかったかと思います．2013 年 12 月 5 日付けのメールでは，私が共著者の二人に最初の企画案を送っています．そして，2014 年 10 月には，共立出版の信沢さんとメールで本企画の出版についての相談もさせていただきました．この書籍の執筆に 3 年を超える月日を費やすことになろうとは予想だにしていませんでした．しかし，今，脱稿後の原稿を眺めて，然もあらんと納得しています．

　執筆のための前準備を始めた 2013 年には，それまでに書き溜めていた素原稿を活用して，それらを基にした内容を組み直す執筆を加えながら構成をまとめていけばいいだろうと考えていました．確かに，結果として，それらの素原稿の内容は，本書籍の主要部分の重要な基になっています．ところが，執筆を進めるにつれ，それらの素原稿の整理と改訂に相当の労力がかかったのはもちろんのこと，内容構成上で現れる「付随すべき事柄」も半端ではなく，さらに，新たな「講究に供すべき構成内容」「考究に要する事柄」の書き下ろしに足を突っ込んでしまいました．執筆に係る新たなこれらの考究は面白いものでした．執筆作業にかかって 2 年目には，この考究を自分の最優先課題とすることに思い切り，それ以降，断らせていただける任はすべてお断りし，自らも余計をできるだけ背負い込まない覚悟で過ごしてきました．共著者の二人にもこの企画に対する私の思いは重々伝わっており，同様に，本書の執筆作業にどっぷり浸かって足掻かれたことと思います．こうして 3 年を超える月日を経て，本書という「作品」に仕上がりましたが，執筆作業が生む新たな考究には限りなく，それらの魅惑的な考究に煽り立てられるままに内容を展開したい誘惑を治めた末です．きっと，共著者の二人も同様の気持ちでしょう．

　本書【展開編】は，読者の考究のための講究という趣旨を強く意識して執筆されています．この趣旨は企画当初から終始一貫していますが，実は，【展開編】の内容は，企画当初の案からはかなり変わってしまいました．その理由は，上記の通り，執筆に係る新たな考究内容の書き下ろしにあることも明白なのですが，何よりも，この趣旨に沿うことが最重要であり，そのための内容の変遷にはまったく頓着しなかったからです．何はともあれ，目指した趣旨の「作品」には曲がりなりにも辿り着けたのではないかと思っています．

　数理モデルを成す構造の数学的解析は，数学の知識があればできるでしょう．しかし，数理モデル解析は，数学の知識による数学的結果を導くことに尽きません．数理モデルによる理論的課題に対する適切な数学的解析のデザインや，解析結果の数理モデリングに基づく合理的な意味・解釈による考察への展開は，数理モデル解析の考究の経験の積み重ねによってこそ高められる研究力です．本書での考究は，読者の研究力の糧になり，新しい地平につながるはずです．　(H.S.)

　一人でも多くの読者が本書のさらに先に進んでくださることを心から願っています．

索 引

【数字】
1-ノルム（1-norm）, 205
2 次感染者, 167

【A】
adaptation dynamics ⇒ 適応ダイナミクス
adaptive ⇒ 適応的
adaptive dynamics ⇒ 適応ダイナミクス
age distribution ⇒ 齢分布
age-classified population ⇒ 齢によって分類された個体群, ⇒ 齢構造をもつ個体群
age-structured population ⇒ 齢構造をもつ個体群
all-or-none ⇒ 全か無か
allocation of effort ⇒ 努力配分
apostatic selection ⇒ 異端選択
apparent competition ⇒ 見かけの競争
asymptotically stable ⇒ 漸近安定
average life span ⇒ 平均寿命

【B】
bang-bang 制御（bang-bang control）, 67, 99, 110
basic contact process ⇒ ベーシックコンタクトプロセス
basic reproduction number ⇒ 基本再生産数
benefit ⇒ 利得
Bernoulli 試行（Bernoulli trial）, 3, 10
Bernoulli 分布（Bernoulli distribution）, 10
Bethe lattice ⇒ ベーテ格子
bifurcation diagram ⇒ 分岐図
binomial distribution ⇒ 二項分布
biological control ⇒ 生物防除
birth rate ⇒ 出生率
bistable situation ⇒ 双安定状態
boundary condition ⇒ 境界条件
boundary equilibrium ⇒ 境界平衡点
boundedness ⇒ 有界性

【C】
Cauchy distribution ⇒ コーシー分布
Cauchy の収束条件, 156, 252, 260
Cauchy の定理, 154, 179, 301
Cauchy 問題（Cauchy problem）⇒ 初期値問題
Cayley tree ⇒ ケイリーツリー
center manifold ⇒ 中心多様体
center manifold theorem ⇒ 中心多様体定理
chaos ⇒ カオス
characteristic curve ⇒ 特性曲線
Chebyshev distance ⇒ チェビシェフ距離
chemostat ⇒ ケモスタット
closed population ⇒ 閉じた個体群
coefficient of birth ⇒ 出生係数
coefficient of death ⇒ 死亡係数
cohort ⇒ コホート
competition coefficient ⇒ 競争係数
competitive exclusion ⇒ 競争排除
complete graph ⇒ 完全グラフ
complex networks ⇒ 複雑ネットワーク
counting process ⇒ 計数過程
cubic lattice space ⇒ 立方格子空間
cumulative frequency ditribution ⇒ 累積頻度分布

【D】
death process ⇒ 死亡過程
death rate ⇒ 死亡率
degree ⇒ 次数
density distribution function ⇒ 密度分布関数
density effect ⇒ 密度効果
diet menu theory ⇒ 餌選択理論
diet selection ⇒ 餌選択
diet selection theory ⇒ 餌選択理論
disease-free equilibrium ⇒ 感染症のない平衡点
distribution function ⇒ 分布関数

dominant eigenvalue ⇒ 優位固有値
dynamic programming ⇒ 動的計画法

【E】
ecological disturbance ⇒ 生態的撹乱
ecological structure ⇒ 生態の構造
effort allocation ⇒ 努力配分
elasticity ⇒ 弾力性
endemic equilibrium ⇒ 感染症常在平衡点
Erlang distribution ⇒ アーラン分布
ESS ⇒ 進化の安定戦略
evolution ⇒ 進化
evolutionarily optimal strategy ⇒ 進化的適応戦略
evolutionarily stable strategy（ESS）⇒ 進化の安定戦略
evolutionary biology ⇒ 進化生物学
expected extinction time ⇒ 期待絶滅時間
expected life span ⇒ 期待寿命
expected population size ⇒ 期待個体群サイズ
exploitative competition ⇒ 搾取型競争
exponential distribution ⇒ 指数分布

【F】
fast process ⇒ 速い過程
final size ⇒ 最終規模
fitness ⇒ 適応度
foraging strategy ⇒ 採餌戦略
foraging theory ⇒ 採餌理論
frequency density ditribution ⇒ 累積密度分布
frequency dependent ⇒ 頻度依存
frequency dependent selection ⇒ 頻度依存選択
frequency-dependent game ⇒ 頻度依存ゲーム

functional response ⇒ 機能的応答
Furry process ⇒ Yule–Furry 過程

【G】
gain ⇒ 利得
game theory ⇒ ゲーム理論
gamma distribution ⇒ ガンマ分布
generalist ⇒ ジェネラリスト, ⇒ 多食性捕食者
generating function ⇒ 母関数
geometric distribution ⇒ 幾何分布
globally asymptotically stable ⇒ 大域的に漸近安定
graph ⇒ グラフ
Gronwall（グロンウォール）の補題, 254, 255
gross reproductive rate ⇒ 総増殖率

【H】
handling time ⇒ 処理時間
hazard function ⇒ ハザード関数
Holling の円盤方程式（Holling's disc equation）, 69, 73, 111
homogeneous Poisson process ⇒ 同次 Poisson 過程
honeycomb lattice space ⇒ 蜂の巣格子空間

【I】
ideal free distribution ⇒ 理想自由分布
impulsive dynamical system, 103
independent increments ⇒ 独立増分
indirect effect ⇒ 間接効果
initial condition ⇒ 初期条件
initial value problem ⇒ 初期値問題
intensity parameter ⇒ 強度パラメータ
interarrival time ⇒ 到着時間列
interior equilibrium ⇒ 内部平衡点
interspecific competition coefficient ⇒ 種間競争係数
intrinsic natural growth rate ⇒ 内的自然増殖率
intrinsic rate of natural increase ⇒ 内的自然増殖率
invariant set ⇒ 不変集合
inverse frequency dependent selection ⇒ 頻度逆依存選択
isocline method ⇒ アイソクライン法

【J】
Jacobian matrix ⇒ ヤコビ行列
Jury の安定性判別法（Jury stability test）, 201, 277

【K】
Kermack–McKendrick モデル, 21, 151, 152, 203, 210, 220
kin selection ⇒ 血縁選択
Kirkwood 近似, 226

【L】
L-stable ⇒ Lyapunov 安定
L^1-ノルム（L^1-norm）⇒ 1-ノルム
Laplace 変換（Laplace transformation）, 132
LaSalle（ラサール）の不変原理（LaSalle's invariance principle）, 45, 183, 261, 268
lattice point ⇒ 格子点
lattice space ⇒ 格子空間
Lefkovitch 行列, 119, 121
Leslie, Patrick Holt, 120
Leslie 行列, 119, 120, 146
Liénard–Chipart の判定条件（Liénard–Chipart criterion）, 275, 276
Liapunov ⇒ Lyapunov
L^∞-ノルム（L^∞-norm）⇒ 最大値ノルム
Lipschitz 条件（Lipschitz condition）, 154, 301
logistic 方程式, 21, 72, 75, 76, 85, 145, 298
loop ⇒ ループ
Lotka–Volterra 競争系（Lotka–Volterra competition system）, 29, 75
Lotka の方程式（Lotka equation）, 137
Lyapunov 安定（Lyapunov stable, L-stable）, 87
Lyapunov 関数（Lyapunov function）, 27, 34, 109, 184, 264, 269, 283
Lyapunov（リヤプノフ）の方法, 45, 183, 261, 263

【M】
M-行列, 273
Malthus growth ⇒ Malthus 型増殖過程
Malthusian coefficient ⇒ Malthus 係数
Malthusian growth ⇒ Malthus 型増殖過程
Malthus 型増殖過程, 4, 5, 11, 12, 132, 144, 179, 298, 300

Malthus 係数（Malthus coefficient; Malthusian coefficient）, 4, 5, 11, 132, 144, 179, 298, 300
Manhattan distance ⇒ マンハッタン距離
map ⇒ 写像
mass-action ⇒ 質量作用
matrix model ⇒ 行列モデル
maximum norm ⇒ 最大値ノルム
McKendrick–von Foerster 方程式 ⇒ von Foerster 方程式
mean field approximation ⇒ 平均場近似
mean fitness ⇒ 平均適応度
mean life span ⇒ 平均寿命
memoryless property ⇒ 無記憶性
menu ⇒ 捕食リスト
monophagous predator ⇒ 単食性捕食者
Monte Carlo simulation ⇒ モンテカルロシミュレーション
Moore neighborhood ⇒ ムーア近傍
mutant type ⇒ 変異型

【N】
natural selection ⇒ 自然選択, 自然淘汰
negative binomial distribution ⇒ 負の二項分布
negatively invariant set ⇒ 負の不変集合
net replacement rate ⇒ 純増殖率
net reproductive rate ⇒ 純増殖率
network ⇒ ネットワーク
neutrally stable ⇒ 中立安定
next generation matrix ⇒ 次世代行列
non-homogeneous Poisson process ⇒ 非同次 Poisson 過程

【O】
on-off 制御（on-off control）, 67
open population ⇒ 開いた個体群
optimal diet selection theory ⇒ 最適餌選択理論
optimal strategy ⇒ 適応戦略, ⇒ 最適戦略

【P】
pair approximation ⇒ ペア近似
Pascal 分布（Pascal distribution）, 3
payoff ⇒ 利得
periodic solution ⇒ 周期解
phenotype ⇒ 表現型
physiological life span ⇒ 生理的寿命

321

physiological structure ⇒ 生理的構造
physiologically structured population ⇒ 生理的構造をもつ個体群
Picard（ピカール）の逐次近似法, 250
Poisson 過程（Poisson process）, 2–4, 7, 21, 22, 229
Poisson 分布（Poisson distribution）, 2, 9, 233
polymorphism ⇒ 多型
polyphagous predator ⇒ 多食性捕食者
polyphagous species ⇒ 多食性種
positively invariant set ⇒ 正の不変集合
positiveness ⇒ 正値性
predation effort ⇒ 捕食努力
predation pressure ⇒ 捕食圧
principal eigenvalue ⇒ 主固有値
principal root ⇒ 主要根
probability [cumulative] distribution function ⇒ 確率（累積）分布関数
probability density function ⇒ 確率密度関数
probability matching ⇒ 確率対応
probability-generating function ⇒ 確率母関数
projection matrix ⇒ 推移行列
proliferation rate ⇒ 分裂率
p-ノルム（p-norm）, 205

【Q】
QSSA ⇒ 準定常状態近似
quasi-stationary state approximation (QSSA) ⇒ 準定常状態近似

【R】
regular graph ⇒ 正則グラフ
renewal equation ⇒ 更新方程式
renewal process ⇒ 再生過程
replicator dynamics ⇒ レプリケータダイナミクス
replicator equation ⇒ レプリケータ方程式
reproductive value ⇒ 繁殖価
Rosenzweig–MacArthur モデル, 75, 79, 112, 290
Routh–Hurwitz の判定条件（Routh–Hurwitz criterion）, 33, 108, 275

【S】
scale-free ⇒ スケールフリー
searching effort ⇒ 探索努力
selection pressure ⇒ 淘汰圧
selfish gene ⇒ 利己的遺伝子
sensitivity ⇒ 感度
sensitivity analysis ⇒ 感度分析
sensitivity matrix ⇒ 感度行列
sexual selection ⇒ 性選択
SIR モデル, 158
SIS モデル, 227
slow process ⇒ 遅い過程
small-world ⇒ スモールワールド
social behaviour ⇒ 社会的行動
social structure ⇒ 社会的構造
specialist ⇒ スペシャリスト
square lattice space ⇒ 正方格子空間
stable ⇒ 安定
stable age distribution ⇒ 安定齢分布
stable state distribution ⇒ 安定状態分布
stage-classified population ⇒ 段階によって分類された個体群
stage-structured population ⇒ 段階構造をもつ個体群
state variable ⇒ 状態変数
stationary age distribution ⇒ 定常齢分布
stationary independent increments ⇒ 定常独立増分
Stieltjes（スティルチェス）積分（Stieltjes integral）, 163, 245
strategy ⇒ 戦略
strict Lyapunov function ⇒ 狭義 Lyapunov 関数
structure ⇒ 構造
structured population ⇒ 構造をもつ個体群
survival distribution ⇒ 生存分布
survival function ⇒ 生存関数
switching predation ⇒ スウィッチング捕食
system of linearized equations ⇒ 線形化方程式系

【T】
threshold theorem ⇒ 閾値定理
transition matrix ⇒ 推移行列
transitivity ⇒ 推移性
trianglular lattice space ⇒ 三角格子空間
truncated Cauchy distribution ⇒ 切断コーシー分布

【V】
von Foerster 方程式, 134, 139, 146, 147, 150
von Neumann neighborhood ⇒ フォン・ノイマン近傍

【W】
weak Lyapunov function ⇒ 弱 Lyapunov 関数
weakly stable ⇒ 弱安定
Weibull 分布, 149
wild type ⇒ 野生型

【Y】
Yule–Furry 過程（Yule–Furry process）, 1, 4

【あ行】
アイソクライン法, 182, 183
アーラン分布（Erlang distribution）, 236
安定（stable）⇒ Lyapunov 安定
安定状態分布（stable state distribution）, 122
安定齢分布（stable age distribution）, 124, 144
閾値定理（threshold theorem）, 272, 273
異端選択（apostatic selection）, 93
餌選択（diet selection）, 64–66
餌選択理論（diet selection theory; diet menu theory）, 63, 64, 69, 86, 96
円盤方程式（disc equation）⇒ Holling の円盤方程式
遅い過程（slow process）, 106

【か行】
カオス（chaos）, 57, 114
確率対応（probability matching）, 98
確率母関数（probability-generating function）, 2, 3
確率密度関数（probability density function）, 7, 130
確率（累積）分布関数（probability [cumulative] distribution function）, 7, 130
感受性 ⇒ 感度
感受性分析 ⇒ 感度分析
間接効果（indirect effect）, 42
完全グラフ（complete graph）, 205, 222
感染症常在平衡点（endemic equilibrium）, 181
感染症のない平衡点（disease-free equilibrium）, 175, 181
感染症流行平衡点 ⇒ 感染症常在平衡点
感染齢, 159
感度（sensitivity）, 128
感度行列（sensitivity matrix）, 128
感度分析（sensitivity analysis）, 126

ガンマ分布 (gamma distribution), 236
幾何分布 (geometric distribution), 21
期待個体群サイズ (expected population size), 3, 10
期待寿命 (expected life span), 7, 8, 14, 20, 280
期待絶滅時間 (expected extinction time), 16
機能的応答 (functional response), 73, 96, 97
基本再生産数 (basic reproduction number), 21, 153, 166, 167, 186, 272
境界条件 (boundary condition), 132
境界平衡点 (boundary equilibrium), 181
狭義 Lyapunov 関数 (strict Lyapunov function), 45, 54, 56, 109, 264
競争緩和, 40
競争係数 (competition coefficient), 29, 75
競争排除 (competitive exclusion), 30
強度パラメータ (intensity parameter), 229, 233
行列モデル (matrix model), 119
クラスター係数 (clustering coefficient), 226
グラフ (graph), 226, 251
グラフ理論, 205
グロンウォールの補題 ⇒ Gronwall の補題
計数過程 (counting process), 230
ケイリーツリー (Cayley tree), 225
ゲーム理論 (game theory), 70, 93, 241
血縁選択 (kin selection), 117
ケモスタット (chemostat), 178
コイン投げ, 3, 10
格子空間 (lattice space), 204
格子点 (lattice point), 204
更新方程式 (renewal equation), 137, 140, 299
構造 (structure), 117
構造をもつ個体群 (structured population), 117
コーシー分布 (Cauchy distribution), 15
コホート (cohort), 6, 133

【さ行】
採餌戦略 (foraging strategy), 98, 289
最終規模 (final size), 153, 214, 220
採餌理論 (foraging theory), 63

再生過程 (renewal process), 235
再生方程式 ⇒ 更新方程式
最大ノルム (maximum norm), 205
最適餌選択理論 (optimal diet selection theory), 64, 67, 69, 86
最適戦略 (optimal strategy), 70
搾取型競争 (exploitative competition), 23, 26, 71, 75
三角格子空間 (trianglular lattice space), 204, 224
ジェネラリスト (generalist), 多食性種 (polyphagous species), 29, 46, 50, 71, 75
次数 (degree), 227
指数分布 (exponential distribution), 7, 12, 144, 235, 236
次世代行列 (next generation matrix), 190, 271, 273
自然選択 (自然淘汰, natural selection), 63, 65, 70, 86, 93
自然淘汰 (自然選択, natural selection), 49, 63, 65, 72, 78, 93, 115
質量作用 (mass-action), 160
死亡過程 (death process), 6, 147
死亡係数 (coefficient of death), 4
死亡率 (death rate), 4
射影行列 (projection matrix) ⇒ 推移行列
社会的構造 (social structure), 117
社会的行動 (social behaviour), 117
弱 Lyapunov 関数 (weak Lyapunov function), 264
弱安定 (weakly stable) ⇒ Lyapunov 安定
写像 (map), 251
周期解 (periodic solution), 37
種間競争係数 (interspecific competition coefficient), 29
主固有値 (principal eigenvalue), 124
出生係数 (coefficient of birth), 4
出生率 (birth rate), 4
主要根 (principal root), 124
純再生産率 ⇒ 純増殖率
純増殖率 (純繁殖率, 純再生産率, net reproductive rate, net replacement rate), 18, 77, 80, 86, 89, 90, 293
準定常状態近似 (quasi-stationary state approximation; QSSA), 106

純繁殖率 ⇒ 純増殖率
状態変数 (state variable), 118
初期条件 (initial condition), 132
初期値問題 (initial value problem), 302
処理時間 (handling time), 64, 66
進化 (evolution), 49, 63, 65, 70
進化生物学 (evolutionary biology), 93
進化的安定戦略 (ESS: Evolutionarily Stable Strategy), 93
進化的適応戦略 (evolutionarily optimal strategy), 117
推移行列 (transition matrix), 119, 120
推移性 (transitivity), 227
スウィッチング捕食 (switching predation), 96
スケールフリー (scale-free), 226
スティルチェス積分 ⇒ Stieltjes 積分
スペシャリスト (specialist) ⇒ 単食性捕食者, 29
スモールワールド (small-world), 226
性選択 (sexual selection), 117
正則グラフ (regular graph), 227
生存関数 (survival function), 149
生存分布 (survival distribution), 149
生態的撹乱 (ecological disturbance), 29, 40
生態的構造 (ecological structure), 117
正値性 (positiveness), 25, 154
正の不変集合 (positively invariant set), 268
生物防除 (biological control), 41
正方格子空間 (square lattice space), 204, 225, 226
生理的構造 (physiological structure), 117
生理的構造をもつ個体群 (physiologically structured population), 118
生理的寿命 (physiological life span), 16
切断コーシー分布 (truncated Cauchy distribution), 15
ゼネラリスト ⇒ ジェネラリスト
遷移行列 ⇒ 推移行列
全か無か (all-or-none), 96, 99
漸近安定 (asymptotically stable), 264
線形化方程式系 (system of linearized equations), 217

戦略 (strategy), 64, 70, 86
双安定状態 (bistable situation), 32, 36
総再生産率 ⇒ 総増殖率
総増殖率 (総再生産率, gross reproductive rate), 18

【た行】
大域的に漸近安定 (globally asymptotically stable), 264
多型 (polymorphism), 93, 95
多食性種 (polyphagous species) ⇒ ジェネラリスト
多食性捕食者 (polyphagous predator; generalist), 50
段階構造をもつ個体群 (stage-structured population), 118
段階によって分類された個体群 (stage-classified population), 118
探索努力 (searching effort), 96
単食性捕食者 (monophagous predator), 29, 71
弾力性 (elasticity), 128
チェビシェフ距離 (Chebyshev distance) ⇒ 最大値ノルム
中心多様体 (center manifold), 83
中心多様体定理 (center manifold theorem), 83
中立安定 (neutrally stable) ⇒ Lyapunov 安定
定常独立増分 ⇒ 独立増分
定常齢分布 (stationary age distribution), 140–142, 144
適応戦略 (optimal strategy), 64
適応ダイナミクス (adaptive dynamics, adaptation dynamics), 93, 95
適応的 (adaptive), 64, 65, 70
適応度 (fitness), 72, 93, 94, 241
敵のいない空間をめぐる競争 ⇒ 見かけの競争
等傾斜線法 ⇒ アイソクライン法
同次 Poisson 過程 (homogeneous Poisson process), 230, 235
同時出生集団 ⇒ コホート
淘汰圧 (selection pressure), 49
到着時間列 (interarrival time), 234
動的計画法 (dynamic programming), 115
等変位線法 ⇒ アイソクライン法
特性曲線 (characteristic curve), 132–134
独立増分 (independent increments), 230, 235

閉じた個体群 (closed population), 120, 121, 129, 141
努力配分 (effort allocation; allocation of effort), 96

【な行】
内的自然増加率 ⇒ 内的自然増殖率
内的自然増殖率 (intrinsic natural growth rate; intrinsic rate of natural increase; intrinsic growth rate), 23, 28, 43, 50, 75
内的自然繁殖率 ⇒ 内的自然増殖率
内部平衡点 (interior equilibrium), 181
二項分布 (binomial distribution), 10
ネットワーク (network), 226

【は行】
ハザード関数 (hazard function), 148
蜂の巣格子空間 (honeycomb lattice space), 204, 225
速い過程 (fast process), 106
繁殖価 (reproductive value), 124
ピカールの逐次近似法 ⇒ Picard の逐次近似法
非同次 Poisson 過程 (non-homogeneous Poisson process), 2, 229
表現型 (phenotype), 93
開いた個体群 (open population), 120, 121, 141, 296
頻度依存 (frequency dependent), 93
頻度依存ゲーム (frequency-dependent game), 70
頻度依存選択 (frequency dependent selection), 93
頻度逆依存選択 (inverse frequency dependent selection), 93
頻度分布関数 (frequency distribution function), 149
頻度密度分布 (frequency density distribution), 11, 130, 140
風土病化平衡点 ⇒ 感染症常在平衡点
フォン・ノイマン近傍 (von Neumann neighborhood), 205
複雑ネットワーク (complex networks), 226
負の二項分布 (negative binomial distribution), 3
負の不変集合 (negatively invariant set), 268

不変集合 (invariant set), 268
分岐図 (bifurcation diagram), 36, 38, 46
分布関数 (distribution function), 129
分裂率 (proliferation rate), 4
ペア近似 (pair approximation), 210, 211
平均寿命 (average [mean] life span), 11, 13, 14
平均適応度 (mean fitness), 72, 241
平均場近似 (mean field approximation), 210
閉路 ⇒ ループ
ベーシックコンタクトプロセス (basic contact process), 227
ベーテ格子 (Bethe lattice), 225
変異型 (mutant type), 49, 94
母関数 (generating function) ⇒ 確率母関数
捕食圧 (predation pressure), 70, 96, 97
捕食努力 (predation effort), 96
捕食リスト (menu), 67
ポワソン過程 ⇒ Poisson 過程
ポワソン分布 ⇒ Poisson 分布

【ま行】
巻き添え競争 ⇒ 見かけの競争
マンハッタン距離 (Manhattan distance) ⇒ 1-ノルム
見かけの競争 (apparent competition), 42, 71, 85, 89–91, 93, 100, 109, 112
密度効果 (density effect), 21, 23, 28, 29, 43, 50, 119, 145
密度分布関数 (density distribution function), 129, 149, 159
ムーア近傍 (Moore neighborhood), 205
無記憶性 (memoryless property), 236
群れ (group), 117
モンテカルロシミュレーション (Monte Carlo simulation), 214

【や行】
ヤコビ行列 (Jacobian matrix), 30, 51, 217, 286, 290–292, 294
野生型 (wild type), 49, 94
優位固有値 (dominant eigenvalue), 124
有界性 (boundedness), 25, 155
ユール–ファーリ過程 ⇒ Yule–Furry 過程
余命, 149

【ら行】

ラサールの不変原理 ⇒ LaSalle の不変原理
利己的遺伝子 (selfish gene), 114
理想自由分布 (ideal free distribution), 98
立方格子空間 (cubic lattice space), 204
利得 (payoff, gain, benefit), 72, 241
リヤプノフの方法 ⇒ Lyapunov の方法
累積頻度分布 (cumulative frequency distribution), 12, 130
ループ (loop), 224
齢構造をもつ個体群 (age-structured population), 118, 119
齢によって分類された個体群 (age-classified population), 118, 119
齢分布 (age distribution), 118
レギュラー・ランダム・グラフ, 227
レスリー行列 ⇒ Leslie 行列
レフコビッチ行列 ⇒ Lefkovitch 行列
レプリケータダイナミクス (replicator dynamics), 69, 72
レプリケータ方程式 (replicator equation), 70, 72, 75, 237, 240, 241

【わ行】

ワイブル分布 ⇒ Weibull 分布

著者紹介

齋藤保久（さいとう やすひさ）

2002年	大阪府立大学大学院工学研究科博士後期課程電気・情報系専攻数理工学分野修了
現　在	島根大学大学院総合理工学研究科数理科学領域・准教授，博士（工学）
専門分野	数学（関数方程式論），数理生物学
主要著書	『微生物の力学系—ケモスタット理論を通して』（分担訳，竹内康博 監訳，日本評論社，2004），『生物集団の数学—人口学，生態学，疫学へのアプローチ 上巻・下巻』（監訳・分担訳，日本評論社，2006, 2008），『理工系 微分方程式—解き方から基礎理論への入門』（宇佐美広介らと共著，培風館，2017）

佐藤一憲（さとう かずのり）

1993年	九州大学大学院理学研究科博士後期課程修了
現　在	静岡大学大学院総合科学技術研究科・准教授，博士（理学）
専門分野	数理生態学
主要著書	『微生物の力学系—ケモスタット理論を通して』（分担訳，竹内康博 監訳，日本評論社，2004），『シリーズ 数理生物学要論 巻2』（分担執筆，日本数理生物学会 編，瀬野裕美 責任編集，共立出版，2009），『生物数学入門—差分方程式・微分方程式の基礎からのアプローチ』（分担訳，竹内康博ら監訳，共立出版，2011），『理論生物学の基礎』（分担執筆，関村利朗・山村則男 編，海游舎，2012），『数理モデリング入門—ファイブ・ステップ法』（分担訳，共立出版，2015）など

瀬野裕美（せの ひろみ）

1989年	京都大学大学院理学研究科博士後期課程（生物物理学）研究指導認定同日退学
現　在	東北大学大学院情報科学研究科・教授，理学博士（京都大学）
専門分野	数理生物学
主要著書	『医学・生物学とフラクタル解析—生物に潜む自己相似性を探る』（品川嘉也と共著，東京書籍，1992），『数理生態学』（シリーズ・ニューバイオフィジックス⑩，分担執筆，巌佐 庸 編，共立出版，1997），『姓の継承と絶滅の数理生態学—Galton-Watson 分枝過程によるモデル解析』（佐藤葉子と共著，京都大学学術出版会，2003），『数理生物学—個体群動態の数理モデリング入門』（共立出版，2007），『シリーズ 数理生物学要論 巻1～巻3』（日本数理生物学会 編，瀬野裕美 責任編集・分担執筆，共立出版，2008, 2009, 2010），『数理生物学講義【基礎編】数理モデル解析の初歩』（共立出版，2016）など

数理生物学講義【展開編】 数理モデル解析の講究
An Introductory Course in Mathematical Biology II:
Further steps into the analysis of mathematical models

左から齋藤，佐藤，瀬野

NDC 461.9, 501.1, 461　　　　　　　　　　　　　　　検印廃止　ⓒ 2017

2017 年 9 月 15 日　初版 1 刷発行

著　者　齋藤保久・佐藤一憲・瀬野裕美
発行者　南條光章
発行所　共立出版株式会社　　[URL] http://www.kyoritsu-pub.co.jp/
　　　　〒112-0006　東京都文京区小日向 4-6-19
　　　　電　話　03-3947-2511（代表）　　振替口座　00110-2-57035

印　刷　加藤文明社
製　本　協栄製本　　　　　　　　　　　　　　　　　　　　Printed in Japan

ISBN 978-4-320-05782-1　　　　　　　　　　　　　一般社団法人
　　　　　　　　　　　　　　　　　　　　　　　　自然科学書協会
　　　　　　　　　　　　　　　　　　　　　　　　　　会　員

JCOPY ＜出版者著作権管理機構委託出版物＞
本書の無断複製は著作権法上での例外を除き禁じられています．複製される場合は，そのつど事前に，
出版者著作権管理機構（TEL：03-3513-6969，FAX：03-3513-6979，e-mail：info@jcopy.or.jp）の
許諾を得てください．

日本数理生物学会 編集

シリーズ 数理生物学要論
全3巻

瀬野裕美 責任編集

本シリーズは，数理生物学が蓄積してきたこれまでの知見を体系的に概観することにより，数理生物学の今後の新しい可能性を探る礎を提供し，さらには生命科学を学ぶ若い世代はもちろん，自然，社会，人文科学の諸学問分野の研究者へも現代の数理生物学の魅力を発信することを目的として企画された．昨今，数理生物学に関する入門的専門書は，英文，和文の良書が少なからず出版されている．そうした中で，本シリーズでは，現在，日本数理生物学会の最前線で活躍している研究者を中心に執筆者を構成し，それぞれの専門に裏打ちされた研究の魅力を伝えることに重きをおいて編まれている． 【各巻：B5判・並製・220〜236頁・定価（本体4,600円＋税）】

巻1 「数」の数理生物学

稲葉　寿・岩見真吾・梯　正之・梶原　毅・酒井憲司・佐々木　徹・
瀬野裕美・高田壮則・竹内康博・中岡慎治・中島久男・松田裕之・宮崎倫子

【目次】個体群動態の数理モデリング序論(個体群動態の基本要素他)／群集構造の安定性／時間遅れのモデリング／免疫ダイナミクス(免疫数理モデルの安定性他)／構造化個体群ダイナミクス(線形構造化モデルの漸近的マルサス法則他)／理論疫学：数理モデルによる感染症流行の分析／植物個体群のダイナミクスと進化／個体数変動の非線形時系列解析／生物個体群の絶滅リスク

巻2 「空間」の数理生物学

巌佐　庸・川崎廣吉・杵崎のり子・小林　亮・佐藤一憲・重定南奈子・
関村利朗・泰中啓一・高須夫悟・難波利幸・本多久夫・望月敦史

【目次】不均一環境下における生物集団の分布拡大パターン／パッチ状環境における群集動態モデル／メタ個体群モデル／格子空間における個体群動態／ペア近似による格子モデルの解析／個体性を保ったダイナミクスモデル／蝶の羽のカラーパターンとその多様性の生成／分岐構造形成の数理モデル／ミクロとマクロをつなぐ多面体細胞モデル／フェーズフィールドモデル

巻3 「行動・進化」の数理生物学

巌佐　庸・江副日出夫・酒井聡樹・佐々木　顕・瀬野裕美・中丸麻由子・
西森　拓・山村則男・若野友一郎

【目次】適応と進化(進化の結果としての生物のあり方他)／動物の交配戦略(交配動態他)／植物の繁殖戦略(植物における性投資他)／動的計画法による最適行動連鎖(行動選択の連鎖の数理モデリング他)／アリの採餌ダイナミクスと数理モデル(アリの採餌行動他)／寄生と相利共生の進化(病毒性の進化他)／軍拡競争・共進化・種分化／人間社会と協力・学習の進化(協力行動の進化他)

http://www.kyoritsu-pub.co.jp/ 　共立出版　（価格は変更される場合がございます）